# Basiswissen Verbrennungsmotor

Klaus Schreiner

# Basiswissen Verbrennungsmotor

Fragen – rechnen – verstehen – bestehen

3., erweiterte und aktualisierte Auflage

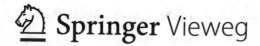 Springer Vieweg

Klaus Schreiner
Fakultät Maschinenbau, HTWG Konstanz
Konstanz, Deutschland

ISBN 978-3-658-29225-6      ISBN 978-3-658-29226-3   (eBook)
https://doi.org/10.1007/978-3-658-29226-3

Die Deutsche Nationalbibliothek verzeichnet diese Publikation in der Deutschen Nationalbibliografie; detaillierte
bibliografische Daten sind im Internet über http://dnb.d-nb.de abrufbar.

Planung/Lektorat: Eric Blaschke
Springer Vieweg ist ein Imprint der eingetragenen Gesellschaft Springer Fachmedien Wiesbaden GmbH und ist
ein Teil von Springer Nature.
Die Anschrift der Gesellschaft ist: Abraham-Lincoln-Str. 46, 65189 Wiesbaden, Germany

# Vorwort zur 3. Auflage

Es ist unglaublich, wie rasant sich momentan die Fahrzeugwelt ändert. Neue Abgasvorschriften werden schneller definiert und umgesetzt, als das früher der Fall war. Ursache hierfür ist die Abgasaffäre, die in den letzten Jahren aufgedeckt wurde. Das, was in der 1. Auflage des Buches im Jahr 2011 schon vermutet wurde, hat sich mittlerweile bewahrheitet: Viele Fahrzeughersteller nutzten Gesetzeslücken in der europäischen Gesetzgebung aus, um die Fahrzeuge zwischen sparsamem Betrieb und schadstoffarmem Betrieb umschalten zu können.

In den letzten Monaten habe ich die 2. Auflage meines Buches überarbeitet und an vielen Stellen aktualisiert. Sechs neue Aufgaben wurden hinzugefügt. Ich hoffe, dass auch diese nun vorliegende 3. Auflage das Interesse der Leserinnen und Leser findet. Das Konzept des Buches wurde unverändert beibehalten. Viele positive Rückmeldungen haben mich ermutigt, dem problemorientierten didaktischen Ansatz treu zu bleiben. Auch der Springer-Verlag unterstützt dieses Konzept von Anfang an.

Für die neuen Leserinnen und Leser möchte ich das Konzept nochmals kurz erklären:

**Fragen** – Aus der modernen Didaktik ist bekannt, dass Lernende sich Neues dann gut merken können, wenn sie es sich selbst erarbeitet haben. Das Interesse an Neuem kann sehr geweckt werden, wenn man von einer konkreten Fragestellung ausgeht und sich dann die zur Lösung des Problems notwendige Theorie erarbeitet. Dieses problemorientierte Lernen ist eine aktuelle, neue Lehrmethode an den Hochschulen und ist auch die Methode, die hinter diesem Buch steht. Während bisherige Lehrbücher das Thema eher ausgehend von der Theorie aufbereiten und dann am Ende jedes Kapitels konkrete Beispiele aufzeigen, geht dieses Buch gerade anders vor. Es werden Fragen gestellt und diese dann beantwortet. Die Theorie wird erst dann hergeleitet, wenn man sie benötigt.

**Rechnen** – Viele der Fragestellungen, die in diesem Buch behandelt werden, werden gelöst, indem physikalische Grundlagen hergeleitet und Beispiele durchgerechnet werden. Alle Aufgaben wurden konsequent mit dem Tabellenkalkulationsprogramm MS-Excel® gerechnet. Die entsprechenden Excel-Dateien sind im Internet unter www.springer.com beim Buch zu finden. In diesem Buch werden immer wieder Tipps zum Arbeiten mit Excel gegeben, wodurch man nicht nur „Motorisches" lernt, sondern sich auch in Excel weiterbildet.

**Verstehen** – Das vorliegende Buch versucht, Studierenden und interessierten Laien einen neuartigen Zugang zum Gebiet der Verbrennungsmotoren zu geben und Verständnis für die verbrennungsmotorische Denkweise zu vermitteln. Die Leserin und der Leser können dieses Buch einfach von vorne nach hinten durcharbeiten. Sie können aber auch eine interessante Fragestellung aus dem Inhaltsverzeichnis auswählen und dort in das Thema einsteigen. Die Stichwort-Tabellen im Anhang geben an, welche Grundlagen und Gleichungen man zur Bearbeitung der jeweiligen Fragestellungen benötigt und in welchem Kapitel diese Themen zum ersten Mal hergeleitet wurden. So kann man sich fehlendes Wissen problemlos aneignen.

**Prüfung bestehen** – Das Niveau vieler Aufgaben entspricht dem Klausurniveau in unseren Maschinenbau-Studiengängen an der HTWG Konstanz. Insofern ist das Durcharbeiten dieses Buches eine gute Vorbereitung auf die Prüfung. Auch die typischen Verständnisfragen werden in diesem Buch behandelt. Deswegen eignet sich das Buch gut für das Selbststudium. Die Lernziele, die mit der jeweiligen Aufgabe erreicht werden sollen, stehen am Anfang jedes Kapitels. Die wesentliche Aussage, die sich aus der Beantwortung der jeweiligen Frage ergibt und die das Gelernte zusammenfasst, steht am Kapitelende. Im Buch werden etwa 110 Fragen und Aufgaben aus dem Bereich der Verbrennungsmotoren behandelt. Die Fragen sind teilweise Standardprobleme, wie sie in vielen Lehrbüchern zu finden sind. Zum anderen handelt es sich um neu entwickelte Beispiele, die in meinen Lehrveranstaltungen entstanden sind. Häufig waren die guten Rückfragen meiner Studierenden Anlass, ein Problem neu zu durchdenken und es dann für dieses Buch aufzuarbeiten.

Einige der Beispiele, insbesondere einige der Selbstversuche mit einem Fahrzeug, wurden von den Studentinnen und Studenten selbst entwickelt. In unserem Bachelor-Studiengang müssen alle Studierenden in ihrem 3. Semester in Zweier-Teams ein Experiment mit einem Pkw oder einem Fahrrad selbst definieren, durchführen und dann darüber einen kurzen Bericht erstellen. Bei diesen Experimenten wurden sehr viele neue Ideen entwickelt, über die ich immer wieder staune. Ich freue mich auf weitere gute Anregungen durch meine Studierenden und die Leserschaft.

Ich danke dem Springer Vieweg Verlag, insbesondere Cheflektor Thomas Zipsner, der schon 2011 von der Buchidee sofort begeistert war und im Rahmen des Lektorats viele hilfreiche Tipps gegeben hat.

Besonders danke ich meiner Frau Bernita, die mich in nunmehr seit über 39 Ehejahren unterstützt, ermutigt und begleitet. Ihre teilweise ganz gegensätzlichen Begabungen und ihre sonderpädagogische Denkweise haben dazu geführt, dass ich öfter versucht habe, die Zusammenhänge noch einfacher und lebenspraktischer zu erklären.

Ich hoffe, dass der in diesem Buch gewählte problemorientierte Ansatz die Zustimmung der Leserinnen und Leser findet. Ich würde mich freuen, wenn diese immer wieder einmal zum Buch greifen, darin schmökern und dann erstaunt sind, wie vielfältig und interessant das Gebiet der Verbrennungsmotoren ist. Vielleicht entdecken sie darin auch immer wieder neue Aspekte des verbrennungsmotorischen Denkens.

Über Rückmeldungen, Hinweise auf eventuelle Fehler und Verbesserungsvorschläge sowie neue Ideen für die nächste Auflage freue ich mich sehr.

Konstanz
im Oktober 2019

Klaus Schreiner

# Inhaltsverzeichnis

# Abkürzungsverzeichnis

| | |
|---|---|
| A | Index für Abgas |
| $A_K$ | Kolbenquerschnittsfläche |
| ASP | Index für Arbeitsspiel |
| $a$ | Beschleunigung |
| ab | Index für „abgeführt" |
| $B$ | Index für Kraftstoff |
| $B_{Reifen}$ | Breite des Reifens |
| $b$ | Breite |
| $b_e$ | effektiver, spezifischer Kraftstoffverbrauch |
| $b_{e,opt}$ | Bestwert des effektiven, spezifischen Kraftstoffverbrauchs im Kennfeld |
| $b_s$ | streckenbezogener Kraftstoffmassenverbrauch |
| C | Kohlenstoff |
| $c$ | Kohlenstoffmassenanteil/Konstante |
| $c_p$ | spezifische isobare Wärmekapazität |
| $c_v$ | spezifische isochore Wärmekapazität |
| $c_W$ | Luftwiderstandsbeiwert |
| $D$ | Durchmesser/Zylinderdurchmesser |
| DVA | Index für Druckverlaufsanalyse |
| $d_{Felge}$ | Felgendurchmesser |
| $d_{Rad}$ | Raddurchmesser |
| $F$ | Kraft |
| $F_{cw}$ | Luftwiderstandskraft |
| $F_{Gewicht}$ | Gewichtskraft |
| $F_{roll}$ | Rollwiderstandskraft |
| $F_{steig}$ | Steigungskraft |
| G | Index für Gas |
| GD | Index für Gleichdruckprozess |
| GR | Index für Gleichraumprozess |
| $g$ | Erdbeschleunigungskonstante |
| H | Wasserstoff |

| | |
|---|---|
| $P_{\mathrm{Motor}}$ | Motorleistung |
| $P_r$ | Reibleistung |
| $P_{\mathrm{Rad}}$ | Leistung am Rad |
| $P_V$ | Verdichterantriebsleistung |
| $p$ | Druck |
| $p_e$ | effektiver Mitteldruck (auch $p_{\mathrm{me}}$) |
| $p_i$ | innerer oder indizierter Mitteldruck (auch $p_{\mathrm{mi}}$) |
| $p_L$ | Ladedruck |
| $p_{\max}$ | Verbrennungshöchstdruck |
| $p_r$ | Reibmitteldruck (auch $p_{\mathrm{mr}}$) |
| $p_U$ | Umgebungsdruck |
| $\dot{Q}$ | Wärmestrom |
| $Q_B$ | im Kraftstoff enthaltene Energie |
| $\dot{Q}_B$ | im Kraftstoff enthaltener Wärmestrom |
| $\dot{Q}_W$ | Wandwärmestrom |
| $q$ | spezifische Wärme/stöchiometrischer Koeffizient |
| $R$ | Gaskonstante |
| R | Index für „radial" |
| $r$ | Kurbelradius |
| red | Index für „reduziert" |
| $r_G$ | Grundkreisradius des Nockens |
| rot | Index für „rotierend" |
| S | Schwefel |
| $s$ | Kolbenhub/Kolbenweg/Weg |
| Saugrohr | Index für den Zustand im Saugrohr |
| SCR | Selektive katalytische Reduktion (Stickoxidreduzierung durch Harnstoffzugabe) |
| $s/D$ | Hub-Bohrung-Verhältnis |
| $T$ | Temperatur |
| T | Index für Turbine/Index für „tangential" |
| $T_U$ | Umgebungstemperatur |
| $t$ | Zeit |
| $\Delta t_{\mathrm{ASP}}$ | Zeitdauer für ein Arbeitsspiel |
| $UT$ | unterer Totpunkt |
| U | Index für Umgebungszustand |
| $u$ | spezifische innere Energie |
| $u_{\mathrm{Rad}}$ | Radumfang |
| $V$ | Volumen |
| V | Index für Ventil oder für Verdichter |
| $\dot{V}_B$ | Kraftstoffvolumenstrom |

| | |
|---|---|
| $V_C$ | Kompressionsvolumen |
| $V_H$ | Motorhubvolumen |
| $V_h$ | Hubvolumen eines Zylinders |
| $\dot{V}_L$ | Luftvolumenstrom |
| $V_S$ | streckenbezogener Kraftstoffvolumenverbrauch |
| $v$ | Fahrzeuggeschwindigkeit/Geschwindigkeit/spezifisches Volumen |
| $v_{Auto}$ | Fahrzeuggeschwindigkeit |
| $v_m$ | mittlere Kolbengeschwindigkeit |
| $W_e$ | effektive Arbeit |
| $W_i$ | innere Arbeit |
| $W_r$ | Reibarbeit |
| $W_V$ | Volumenänderungsarbeit |
| $w_V$ | spezifische Volumenänderungsarbeit |
| $x$ | Koordinate/stöchiometrischer Koeffizient |
| $y$ | Koordinate/stöchiometrischer Koeffizient |
| $z$ | Zahl der Zylinder |
| zu | Index für „zugeführt" |
| zyl | Index für Zustand im Zylinder |
| $\alpha$ | Wärmeübergangskoeffizient |
| $\beta$ | Steigungswinkel/Winkel |
| $\gamma$ | Winkel |
| $\varepsilon$ | Verdichtungsverhältnis |
| $\eta_e$ | effektiver Wirkungsgrad |
| $\eta_{Getriebe}$ | Getriebewirkungsgrad |
| $\eta_g$ | Gütegrad |
| $\eta_i$ | innerer Wirkungsgrad |
| $\eta_m$ | mechanischer Wirkungsgrad |
| $\eta_{T,isen}$ | isentroper Turbinenwirkungsgrad |
| $\eta_U$ | Umsetzungsgrad |
| $\eta_{V,isen}$ | isentroper Verdichterwirkungsgrad |
| $\theta$ | Nockenwinkel |
| $\kappa$ | Isentropenexponent |
| $\lambda$ | Luftverhältnis |
| $\lambda_a$ | Luftaufwand |
| $\lambda_l$ | Liefergrad |
| $\lambda_{Pl}$ | Pleuelstangenverhältnis |
| $\mu$ | Rollwiderstandskoeffizient |
| $\xi$ | Massenanteil |
| $\Pi$ | Druckverhältnis |
| $\rho$ | Dichte ( $\rho = 1 / v$ ) |
| $\rho_B$ | Kraftstoffdichte |

| | |
|---|---|
| $\rho_N$ | Krümmungsradius der Nockenkurve |
| $\rho_U$ | Dichte der Umgebungsluft |
| $\sigma$ | Ventilsitzwinkel |
| $\varphi$ | Kurbelwinkel |
| $\psi$ | Molanteil, Volumenanteil |
| $\omega$ | Winkelgeschwindigkeit |

# Abbildungsverzeichnis

# Tabellenverzeichnis

# Fahrwiderstand und Motorleistung

1

Verbrennungsmotoren werden in ganz unterschiedlichen Bereichen eingesetzt. Mit unterschiedlichen Motorgrößen findet man sie in Rasenmähern, Motorrädern, Pkw und Lkw, in landwirtschaftlichen Fahrzeugen, Lokomotiven, Schiffen und im Bereich der Energieversorgung. Die Berechnung der Verbrennungsmotoren ist weitgehend unabhängig vom Anwendungsfall. Im vorliegenden Buch werden im Allgemeinen Beispiele aus dem Bereich der Pkw verwendet, weil diese Anwendung den meisten Leserinnen und Lesern geläufig ist. Die physikalischen Gleichungen gelten aber auch für die anderen Anwendungsarten.

In diesem ersten Kapitel des Buches geht es um die Frage, wie man den Leistungsbedarf eines Kraftfahrzeuges berechnen kann. Daraus ergibt sich dann automatisch die Leistung, die der Motor bereitstellen muss.

## 1.1 Welche Leistung benötigt die A-Klasse bei einer Geschwindigkeit von 180 km/h?

**Der Leser/die Leserin lernt:**

Luftwiderstandskraft|Rollwiderstandskraft|mechanischer Wirkungsgrad des Antriebsstrangs|thermische Zustandsgleichung|Luftdichte. ◀

An einem Auto, das mit konstanter Geschwindigkeit $v_{Auto}$ fahren soll, muss ein Kräftegleichgewicht vorliegen: Alle Kräfte, die das Fahrzeug abbremsen wollen, müssen durch Antriebskräfte vom Motor kompensiert werden. Wenn die Motorkraft größer als

**Elektronisches Zusatzmaterial** Die elektronische Version dieses Kapitels enthält Zusatzmaterial, das berechtigten Benutzern zur Verfügung steht https://doi.org/10.1007/978-3-658-29226-3_1.

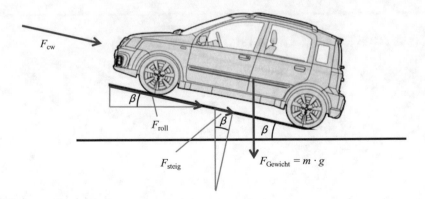

**Abb. 1.1**  Kräfte am Fahrzeug

notwendig ist, dann wird das Fahrzeug beschleunigt. Wenn die Motorkraft nicht ausreicht, dann wird das Auto langsamer.

An einem Fahrzeug wirken drei abbremsende Kräfte (vergleiche Abb. 1.1).

Die Luftwiderstandskraft ($F_{cw}$), die Rollwiderstandskraft ($F_{roll}$) und die Steigungskraft ($F_{steig}$) berechnen sich folgendermaßen (vergleiche Haken [1]):

$$F_{cw} = \frac{\rho}{2} \cdot v_{Auto}^2 \cdot c_W \cdot A$$

$$F_{roll} = \mu \cdot m \cdot g \cdot \cos \beta$$

$$F_{steig} = m \cdot g \cdot \sin \beta.$$

Dabei sind $\rho$ die Luftdichte, $v$ die Fahrzeuggeschwindigkeit, $c_W$ der Luftwiderstandsbeiwert, $A$ die Fahrzeugquerschnittsfläche (Stirnfläche), $\mu$ der Rollwiderstandsbeiwert, $m$ die Fahrzeugmasse, $g$ die Erdbeschleunigungskonstante ($g = 9{,}81\ \mathrm{m/s^2}$) und $\beta$ der Steigungswinkel.

Auf ebener Strecke entfällt die Steigungskraft, da $\beta = 0°$. Die Summe dieser Kräfte muss durch den Motor kompensiert werden. Der Zusammenhang mit der Leistung am Rad ergibt sich aus: Arbeit ist Kraft mal Weg, Leistung ist Arbeit pro Zeit, also Kraft mal Geschwindigkeit. Die benötigte Vortriebleistung ist also

$$P_{Rad} = (F_{cw} + F_{roll} + F_{steig}) \cdot v_{Auto}.$$

Die Leistung am Rad entspricht genau der Motorleistung, wenn auf dem Weg vom Motor zum Rad keine Verluste auftreten. Bei modernen Getrieben kann man einen Getriebewirkungsgrad $\eta_{Getriebe}$ von etwa 92 % annehmen. Also muss die Motorleistung entsprechend größer sein:

$$P_{Motor} = \frac{P_{Rad}}{\eta_{Getriebe}} = \frac{1}{\eta_{Getriebe}} \cdot (F_{cw} + F_{roll} + F_{steig}) \cdot v_{Auto}.$$

Aus Autozeitschriften oder Prospekten kann man einige Werte für ein Fahrzeug entnehmen. Beispielsweise findet man für die A-Klasse (A 200 Classic) einen $c_W$-Wert von 0,31, eine Stirnfläche von 2,4 m$^2$ und eine Masse von 1270 kg.

Lediglich der Rollwiderstandsbeiwert wird nicht angegeben. Aus der Literatur [2] kann man einen Wert von beispielsweise 0,015 entnehmen. Die Luftdichte $\rho$ ergibt sich aus der thermischen Zustandsgleichung für ideale Gase:

$$p \cdot V = m \cdot R \cdot T$$

$$p \cdot \frac{V}{m} = R \cdot T$$

$$p \cdot v = R \cdot T$$

$$p = \frac{1}{v} \cdot R \cdot T$$

$$p = \rho \cdot R \cdot T$$

mit dem Luftdruck $p$, dem Volumen V, der Masse $m$, dem spezifischen Volumen $v$, der spezifischen Gaskonstanten $R$ von Luft (287 J/kg/K) und der absoluten Temperatur $T$. (Thermodynamische Grundlagen findet man beispielsweise im Buch von Langeheinecke [3].)

Das Ergebnis in der zugehörigen Excel-Tabelle[1] zeigt, dass die Motorleistung zur Einhaltung einer konstanten Geschwindigkeit von 180 km/h mit 70,2 kW relativ gering ist. (Als Einführung in Excel gibt es auf dem Markt verschiedene Bücher. Für die Berechnungen in Excel sind besonders die Bücher von Nahrstedt [4] und Martin [5] zu empfehlen.)

Daimler gibt für die A-Klasse eine Höchstgeschwindigkeit von 200 km/h bei einer Motordrehzahl von 5750/min an. Die maximale Motorleistung kann man dabei mit 100 kW der Quelle entnehmen. In der gesamten Rechnung gibt es zwei Schätzgrößen, die nicht genau bekannt sind, nämlich den Rollwiderstandsbeiwert und den Getriebewirkungsgrad. Man kann einen von ihnen festlegen und den anderen nun so manipulieren, dass sich in der Berechnung exakt der von Mercedes angegebene Leistungsbedarf ergibt. (Wenn man einen Getriebewirkungsgrad schätzt, dann ergibt sich also ein bestimmter Rollwiderstandsbeiwert. Letztlich ergibt sich aus den Regeln der Mathematik, dass man aus einer Bedingung nicht zwei Unbekannte ermitteln kann.) Durch Probieren findet man zueinanderpassende Kombinationen (Tab. 1.1).

Jede dieser Varianten erfüllt die Bedingung, dass für eine Geschwindigkeit von 200 km/h eine Motorleistung von 100 kW benötigt wird. Man wählt nun aus diesen Varianten diejenige aus, bei der beide Parameter sinnvoll erscheinen. Wenn man nicht allzu weit von den Literaturwerten ($\eta_{\text{Getriebe}} = 0,92$ und $\mu = 0,015$) sein möchte, dann

---

[1]Die zum Buch gehörenden Excel-Dateien sind im Internet unter www.springer-vieweg.de direkt beim Buch in der rechten Spalte unter „Zusätzliche Informationen" zu finden.

**Tab. 1.1** Verschiedene
Kombinationen von
Getriebewirkungsgrad und
Rollwiderstandsbeiwert

| Variante | Getriebewirkungsgrad | Rollwiderstandsbeiwert |
|----------|----------------------|------------------------|
| 1 | 0,88 | 0,0176 |
| 2 | 0,90 | 0,0205 |
| 3 | 0,92 | 0,0234 |
| 4 | 0,94 | 0,0263 |
| 5 | 0,96 | 0,0292 |
| 6 | 0,98 | 0,0321 |
| 7 | 1,00 | 0,0349 |

bietet sich beispielsweise die Variante 2 an. Mit diesen Werten erhöht sich der Leistungsbedarf für 180 km/h auf etwa 75,6 kW.

Excel kann diese Zielwertsuche auch selbst vornehmen. Unter Excel findet man die
Zielwertsuche je nach Programmversion unter Daten/Datentools/Was-wäre-wenn-Ana-
lyse/Zielwertsuche oder Daten/Datentools/Prognose. Bei der Zielwertsuche gibt man an,
in welcher Zelle welcher Wert stehen soll und welcher Zelleninhalt verändert werden
darf. Dies ist eine sehr nützliche Funktion bei der Anpassung von Parametern!

---

**Zusammenfassung**

Der Roll- und der Luftwiderstand erfordern bei der A-Klasse für die Einhaltung einer
konstanten Geschwindigkeit von 180 km/h eine Motorleistung von ca. 75 kW. ◀

---

## 1.2    Wie groß ist der Benzinverbrauch in l/(100 km) bei 180 km/h?

---

**Der Leser/die Leserin lernt:**

Luftwiderstandskraft|Rollwiderstandskraft|mechanischer Wirkungsgrad des Antriebs-
strangs|thermische Zustandsgleichung|Luftdichte. ◀

Nachdem im letzten Kapitel berechnet wurde, wie groß der Leistungsbedarf für eine
Geschwindigkeit von 180 km/h ist, ist es interessant abzuschätzen, wie groß dann
dabei der Kraftstoffverbrauch ist. Kraftstoff enthält eine bestimmte Energiemenge, die
durch den Heizwert $H_U$ beschrieben wird. Er gibt an, wie viel Energie in einem Kilogramm Kraftstoff enthalten ist. Für handelsübliche Kraftstoffe kann man die entsprechenden Werte der Stoffwertetabelle (Anhang) entnehmen. Bei Ottokraftstoff beträgt
der Wert 42.000 kJ/kg. Dieser Energieinhalt kann nur teilweise in mechanische Arbeit
umgewandelt werden. Ein guter Schätzwert für diesen Anteil, den man den effektiven
Wirkungsgrad $\eta_e$ des Verbrennungsmotors nennt, ist bei Ottomotoren und Nennleistung
ca. 30 %, bei Dieselmotoren und Nennleistung ca. 35 %.

**Nachgefragt: Wie schreibt man Einheiten normgerecht?**

Die Schreibweise von physikalischen Größen und Einheiten ist zwar in den internationalen Normen geregelt (vergleiche [6, 7, 8]). Weil sich aber viele nicht daran halten, weiß mancher Leser/manche Leserin überhaupt nicht, was richtig ist. Deswegen werden hier einige Anmerkungen zu diesem Thema gemacht.

Eine physikalische Größe besteht aus einem Zahlenwert und einer Einheit. Diese beiden werden multiplikativ miteinander verbunden. Die Angabe $s = 3$ km meint also $s = 3 \cdot$ km. Das Multiplikationszeichen darf man, wie in der Mathematik üblich, zwischen Zahl und Buchstaben weglassen. Das Formelzeichen der physikalischen Größe wird kursiv geschrieben, die Einheit nicht. Zwischen Zahl und Einheit steht ein Leerzeichen (Festabstand). Das Multiplikationszeichen darf man aber nicht zwischen zwei Zahlen weglassen: $132 \neq 13 \cdot 2$. Deswegen kann man eine Drehzahl nicht als $n = 1000$ 1/min schreiben, sondern muss schreiben $n = 1000 \bullet$ 1/min oder normgerecht $n = 1000/$min oder $n = 1000$ min$^{-1}$.

Seit der Einführung der SI-Einheiten im Jahr 1972 darf man die Einheit nicht mehr in eckige Klammern schreiben. Falsch ist also eine Schreibweise wie $s = 3$ [km], auch wenn mehr als 90 % aller Ingenieure das tun. Was man gemäß der Norm tun darf und soll, ist die Division durch die Einheit: $\frac{s}{km} = 3$. Die Schreibweise $\frac{s}{km}$ ist neben „$s$ in km" gemäß der Norm die bevorzugte Bezeichnung von Koordinatenachsen in Diagrammen und von Überschriften in Tabellen.

Produkte von Einheiten werden entweder mit Leerzeichen oder mit Multiplikationszeichen geschrieben, also $W = 5$ kW h $= 5$ kW $\bullet$ h. Das wird dann bei einigen in der Thermodynamik wichtigen Größen kompliziert: Wenn die Gaskonstante von Luft als $R = 287$ J/kg K geschrieben wird, dann ist unklar, ob die Einheit K im Zähler oder im Nenner steht. Die Norm schlägt vor, in diesem Fall einen Bruchstrich statt des Schrägstriches zu verwenden: $R = 287 \frac{J}{kg\,K}$. Im Fließtext ist das aber nicht immer praktisch. Dann schlägt die Norm die Schreibweise $R = 287$ J/(kg K) oder $R = 287$ J/(kg $\bullet$ K) vor. Diese Schreibweise wird auch im vorliegenden Buch verwendet. Gleiches gilt für den bei Pkw gerne verwendeten streckenbezogenen Kraftstoffverbrauch. Statt, wie in der Werbung üblich, $V_S = 5$ l/100 km zu schreiben, wird hier die Schreibweise $V_S = 5$ l/(100 km) verwendet.

Die SI-Norm lässt übrigens manche Einheiten wie bar oder Liter zu, auch wenn sie genaugenommen außerhalb der Norm sind. Die Einheit PS ist aber definitiv seit 1972 abgeschafft. Sie wird aber neuerdings wieder gerne verwendet, weil ein Auto mehr PS als kW hat …

$$P_e = \eta_e \cdot \dot{m}_B \cdot H_U$$

Für die im Abschn. 1.1 berechnete Leistung des Ottomotors von 75,6 kW wird also folgender Kraftstoffmassenstrom benötigt:

$$\dot{m}_B = \frac{P_e}{\eta_e \cdot H_U} = 21{,}6 \ \frac{kg}{h}.$$

Mit der Kraftstoffdichte $\rho$, die bei Ottokraftstoff gemäß der Stoffwertetabelle (Anhang) 0,76 kg/l beträgt, ergibt sich ein Kraftstoffvolumenstrom vom

$$\dot{V}_B = \frac{\dot{m}_B}{\rho} = 28{,}4 \ \frac{l}{h}.$$

Da das Fahrzeug dabei mit einer Geschwindigkeit von 180 km/h fährt, ergibt sich ein streckenbezogener Kraftstoffverbrauch von

$$V_S = \frac{\dot{V}_B}{v_{Auto}} = 15{,}8 \ \frac{l}{100 \ km}.$$

Falls der geschätzte effektive Wirkungsgrad in Wirklichkeit etwas anders ist, dann ergibt sich auch ein entsprechend anderer Kraftstoffverbrauch. Wenn man aber davon ausgeht, dass er zwischen 27 % und 33 % liegt, dann liegt der Kraftstoffverbrauch zwischen 14,4 l/(100 km) und 17,5 l/(100 km).

---

**Zusammenfassung**

Der effektive Wirkungsgrad des Motors und der Leistungsbedarf des Fahrzeuges legen den streckenbezogenen Kraftstoffverbrauch eindeutig fest. Er liegt beispielsweise bei der A-Klasse von Mercedes und einer Geschwindigkeit von 180 km/h bei etwa 15 l/(100 km). ◄

---

## 1.3  Welche Leistung wird bei einer Geschwindigkeit von 50 km/h benötigt? Wie groß ist dann der effektive Motorwirkungsgrad, wenn der Benzinverbrauch 5 l/(100 km) beträgt?

---

**Der Leser/die Leserin lernt:**

Zielwertsuche in Excel. ◄

Gemäß den Überlegungen von Abschn. 1.1 ergibt sich bei einer Fahrgeschwindigkeit von 50 km/h eine notwendige Motorleistung von 4,1 kW – nicht gerade viel. Das hängt damit zusammen, dass der Leistungsbedarf zur Überwindung des Luftwiderstandes in dritter Potenz mit der Fahrzeuggeschwindigkeit und der zur Überwindung des Rollwiderstandes linear mit der Fahrzeuggeschwindigkeit steigt. (Das gilt für einen konstanten Rollwiderstandsbeiwert. Falls er sich aber beispielsweise linear mit der Geschwindigkeit ändert, dann hängt der Leistungsbedarf quadratisch von der Fahrzeuggeschwindigkeit ab (vergleiche Abschn. 1.4).)

Bei einem effektiven Motorwirkungsgrad von 30 %, wie er in Abschn. 1.2 bei Vollgas angenommen wurde, ergäbe sich ein streckenbezogener Kraftstoffverbrauch von 3,1 l/(100 km). Die Excel-Zielwertsuche ergibt einen effektiven Motorwirkungsgrad von 18,5 %, wenn sich stattdessen ein Verbrauch von 5 l/(100 km) einstellt. Die Ursachen für diese Verbrauchsverschlechterung werden in Abschn. 4.8 behandelt.

---

**Zusammenfassung**

Die Motorleistung zur Einhaltung einer konstanten Geschwindigkeit von 50 km/h ist mit etwa 4 kW sehr gering. Der Kraftstoffverbrauch ist im Stadtverkehr allerdings recht hoch. Das gilt auch dann, wenn man mit konstanter Geschwindigkeit fährt. Die Ursache hierfür ist, dass der Motor bei kleiner Leistungsabgabe einen sehr schlechten Wirkungsgrad hat. Wenn man im Stop-and-go-Verkehr unterwegs ist, dann ist der Verbrauch deutlich höher als bei konstanter Geschwindigkeit. ◄

---

## 1.4  Was ist beim Pkw wichtiger: der Rollwiderstand oder der Luftwiderstand?

**Der Leser/die Leserin lernt:**

Methode der linearen Interpolation|Größenordnung der Fahrwiderstandskräfte. ◄

Mit den im Abschn. 1.1 vorgestellten Gleichungen kann der Leistungsbedarf für eine konstante Geschwindigkeit auf ebener Strecke für Geschwindigkeiten zwischen 0 km/h und Maximalgeschwindigkeit berechnet werden. Viele Autoren verwenden einen Rollwiderstandskoeffizienten, der nicht konstant, sondern geschwindigkeitsabhängig ist. Er wird beispielsweise bei 50 km/h mit 0,008 und bei 150 km/h mit 0,015 angenommen. Dazwischen soll linear interpoliert werden.

Die lineare Interpolation (vergleiche Papula [9]) ist, nach Meinung des Autors, in der Technik neben der Prozentrechnung eine der wichtigsten mathematischen Methoden. Sie besagt, dass man den Verlauf einer linearen Abhängigkeit $y(x)$ durch die Vorgabe von zwei Punkten 1 und 2 festlegt. Stützstellen dazwischen werden mit der Geradengleichung berechnet. Wenn Werte außerhalb des Bereiches zwischen den Punkten 1 und 2 benötigt werden, dann kann man gegebenenfalls auch die Geradengleichung verwenden (Extrapolation). Wenn man sich aber in großer Entfernung von den Stützstellen befindet, kann die Extrapolation zu physikalisch unsinnigen Werten führen. Deswegen führt man die Extrapolation nicht immer durch, sondern begrenzt Werte außerhalb des durch die Stützstellen 1 und 2 definierten Bereiches manchmal mit den Funktionswerten bei den Punkten 1 bzw. 2 (vergleiche Abb. 1.2).

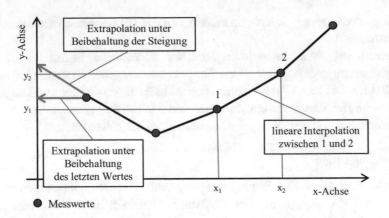

**Abb. 1.2** Lineare Interpolation und Extrapolation

Die Gleichung für die lineare Interpolation (vergleiche [9]) lautet:

$$\frac{y - y_1}{x - x_1} = \frac{y_2 - y_1}{x_2 - x_1} = m,$$

$$y = \frac{y_2 - y_1}{x_2 - x_1} \cdot (x - x_1) + y_1.$$

Excel bietet leider keine Funktion für die lineare Interpolation an. Deswegen muss die Gleichung für die lineare Interpolation selbst programmiert werden.[2] Als Ergebnis der Fahrleistungsberechnung ergibt sich folgende Abb. 1.3.

Man kann dem Bild entnehmen, dass bei kleinen Geschwindigkeiten der Rollwiderstand wesentlich zum Gesamtwiderstand beiträgt und bei großen Geschwindigkeiten der Luftwiderstand (Differenz zwischen Gesamtleistungsbedarf und Rollleistung). Die Vergrößerung des Bereiches der kleinen Geschwindigkeiten (vergleiche Abb. 1.4) zeigt sehr deutlich, wie gering der Leistungsbedarf für eine konstante Geschwindigkeit im Stadtverkehr ist und dass dabei der Rollwiderstand die Hauptverlustquelle ist. Allerdings muss man berücksichtigen, dass man im Allgemeinen in der Stadt nicht mit gleichmäßiger Geschwindigkeit fahren kann, sondern häufig beschleunigen und abbremsen muss. Das erhöht den Kraftstoffverbrauch wesentlich.

---

[2]Man kann für die lineare Interpolation auch eine weitere Excel-Funktion zweckentfremden: Die Funktion TREND ermittelt eine Ausgleichsgerade zwischen mehreren Stützstellen und berechnet dann den y-Wert an einer vorgegebenen Stelle x. Wenn man die Zahl der Stützstellen auf zwei begrenzt, dann ist die Ausgleichsgerade exakt die Interpolationsgerade.

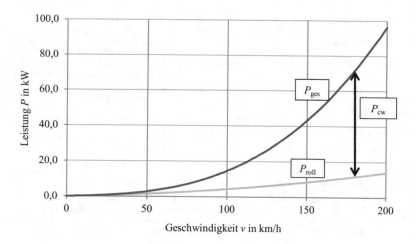

**Abb. 1.3**  Leistungsbedarf zur Überwindung des Rollwiderstands und des Luftwiderstands

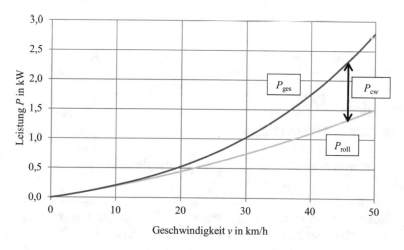

**Abb. 1.4**  Leistungsbedarf zur Überwindung des Rollwiderstands und des Luftwiderstands bei kleinen Geschwindigkeiten

**Zusammenfassung**

Bei kleinen Fahrzeuggeschwindigkeiten spielt der Rollwiderstand die größte Rolle. Bei großen Geschwindigkeiten ist der Luftwiderstand viel größer als der Rollwiderstand. ◄

**Tab. 1.2**  Typische Zahlenwerte für die Berechnung des Leistungsbedarfs von Pkw

| Luftwiderstandsbeiwert | $c_W$ | 0,29 … 0,32 |
|---|---|---|
| Fahrzeugquerschnittsfläche | $A$ | 2,2 m$^2$ oder 85 % der mit der Fahrzeugbreite und der Höhe berechneten Rechteckfläche |
| Rollwiderstandsbeiwert | $\mu$ | 0,015 |
| Getriebewirkungsgrad | $\eta_{\text{Getriebe}}$ | 0,90 |
| Effektiver Motorwirkungsgrad bei Nennleistung | $\eta_e$ | 0,30 (Ottomotor) 0,35 (Dieselmotor) |
| Effektiver Motorwirkungsgrad im Bestpunkt bei hoher Last und mittlerer Drehzahl | $\eta_e$ | 0,37 (Ottomotor) 0,42 (Dieselmotor) |
| Effektiver Motorwirkungsgrad im Stadtverkehr | $\eta_e$ | 0,10 (sportlicher Ottomotor) 0,15 (normaler Ottomotor) 0,20 (Kleinwagen mit Dieselmotor) |
| Effektiver Motorwirkungsgrad im Leerlauf | $\eta_e$ | 0,00 |

## 1.5    Was sind typische Zahlenwerte, um den Leistungsbedarf eines Pkw zu berechnen?

**Der Leser/die Leserin lernt:**

typische Kenngrößen von Pkw. ◀

Typische Zahlenwerte für die Berechnung des Leistungsbedarfs zeigt die Tab. 1.2.

## 1.6    Könnte man mit einem modernen Fahrzeug einen Kraftstoffverbrauch von 1 l/(100 km) realisieren?

**Der Leser/die Leserin lernt:**

technische  Herausforderung, um ein 1-l-Auto zu bauen. ◀

In der Presse ist immer wieder vom sogenannten 1-l-Auto die Rede. Mit den in den bisherigen Kapiteln hergeleiteten Gleichungen lässt sich abschätzen, welche Anforderungen ein Fahrzeug erfüllen müsste, mit dem man einen Kraftstoffverbrauch von 1 l/(100 km) realisieren möchte.

Wichtig für den Kraftstoffverbrauch sind die Fahrzeugquerschnittsfläche, der Luftwiderstandsbeiwert, der Rollwiderstandsbeiwert, der Motor- und der Getriebewirkungsgrad und natürlich das Fahrzeuggewicht. Die Werte in Tab. 1.3 gelten als heute hervorragend für Pkw.

**Tab. 1.3** Kenngrößen eines besonders sparsamen Pkw

| Luftwiderstandsbeiwert | $c_W$ | 0,25 |
|---|---|---|
| Rollwiderstandsbeiwert | $\mu$ | 0,008 |
| Motorwirkungsgrad (Dieselmotor) | $\eta_e$ | 0,42 |
| Getriebewirkungsgrad | $\eta_{Getriebe}$ | 0,95 |

Wenn man nun von einem Pkw ausgeht, der 1000 kg wiegt und eine Querschnittsfläche von 1,8 m² hat, dann ergeben sich die in Tab. 1.4 gezeigten Kraftstoffverbräuche in Abhängigkeit von der Fahrgeschwindigkeit.

Man kann aus der Tabelle deutlich entnehmen, dass bei dem gewählten Fahrzeug ein streckenbezogener Kraftstoffverbrauch von 1 l/(100 km) selbst bei konstanter Fahrgeschwindigkeit und einer optimalen Getriebeabstimmung nur bei Geschwindigkeiten von weniger als 60 km/h erreichbar ist. Wenn man auch bei höheren Geschwindigkeiten oder bei dynamischem Fahren (Beschleunigen und Abbremsen) diesen guten Verbrauch erreichen möchte, dann muss man zu unkonventionellen Fahrzeugauslegungen gehen. Beispielsweise könnte man das Fahrzeuggewicht durch Leichtbau und eventuellen Verzicht auf Fahrsicherheit oder Komfort absenken. Oder man könnte die Fahrzeugquerschnittsfläche durch ein Konzept mit zwei hintereinanderliegenden Sitzen verkleinern. Oder man könnte Fahrradreifen montieren, die einen deutlich niedrigeren Rollwiderstandsbeiwert aufweisen als Pkw-Reifen. Letztlich ist das 1-l-Auto eine Herausforderung, die zu ganz neuen Fahrzeugkonzepten führen wird.

Volkswagen hat als 1-l-Auto den XL1 vorgestellt (vergleiche [10]). Dieser hat einen $c_W$-Wert von 0,189, eine Stirnfläche von 1,5 m², ein Gewicht von 795 kg unter Verwendung von sehr viel leichtem carbonfaserverstärktem Kunststoff (CFK), ein Plug-in-Hybridsystem, ein Siebengang-Doppelkupplungsgetriebe und einen 2-Zylinder-TDI-Motor.

Bei den obigen Berechnungen wurde davon ausgegangen, dass der Verbrennungsmotor bei jeder Fahrgeschwindigkeit seinen optimalen Wirkungsgrad hat. Das ist aber nicht so. Im Abschn. 4.8 wird erklärt, warum Verbrennungsmotoren im Teillastgebiet nicht ihren optimalen Wirkungsgrad erreichen.

**Tab. 1.4** Streckenbezogener Kraftstoffverbrauch eines besonders sparsamen Pkw

| Geschwindigkeit in km/h | Streckenbezogener Kraftstoffverbrauch in l/(100 km) |
|---|---|
| 30 | 0,68 |
| 50 | 0,91 |
| 80 | 1,47 |
| 100 | 1,99 |

**Zusammenfassung**

Ein 1-l-Auto kann nur mit neuen Fahrzeugkonzepten (leichter, kleiner, weniger Komfort) realisiert werden. ◀

## 1.7   Wie effizient sind Pkw-Motoren im Stadtverkehr?

**Der Leser/die Leserin lernt:**

Pkw-Verbrennungsmotoren haben im Stadtverkehr einen sehr schlechten Wirkungsgrad. ◀

Autofahrer wissen, dass Pkw im Stadtverkehr einen relativ hohen streckenbezogenen Kraftstoffverbrauch haben. Das kann man mit folgenden Abschätzungen leicht nachprüfen:

Ein Pkw mit Benzinmotor hat einen Leerlaufverbrauch (Kraftstoffvolumenstrom) in einer Größenordnung von etwa 1 l/h (vergleiche Abschn. 6.3). Wenn man in der Stadt mit geringer Geschwindigkeit fährt, ist der Kraftstoffvolumenstrom kaum höher. Bei einer konstanten Fahrzeuggeschwindigkeit von 10 km/h würde sich ein streckenbezogener Kraftstoffverbrauch von 10 l/(100 km) ergeben. Der Kraftstoffvolumenstrom entspricht einem Kraftstoffmassenstrom von

$$\dot{m}_B = \rho_B \cdot \dot{V}_B = 0{,}76\frac{\text{kg}}{\text{l}} \cdot 1\frac{\text{l}}{\text{h}} = 0{,}76\frac{\text{kg}}{\text{h}} = 0{,}211\frac{\text{g}}{\text{s}}$$

Mit dem Heizwert von Benzin ergibt sich eine Kraftstoff-Heizleistung von

$$\dot{Q}_B = \dot{m}_B \cdot H_U = 0{,}211\frac{\text{g}}{\text{s}} \cdot 42000\frac{kJ}{\text{kg}} = 8{,}87\,\text{kW}$$

Diese knapp 10 kW entsprechen beispielsweise auch der Wärmeleistung der Heizung eines Einfamilienhauses.

Natürlich benötigt der Pkw keine Motorleistung von 10 kW, um mit einer Geschwindigkeit von 10 km/h zu fahren. In Abschn. 1.4 wurde gezeigt, dass für diese Geschwindigkeit deutlich weniger als 1 kW an Leistung am Rad benötigt wird. Bedingt durch den sehr schlechten Wirkungsgrad des Motors geht der Rest der Kraftstoff-Heizleistung als Abwärme in die Umgebung.

In der Stadt fährt man üblicherweise aber nicht mit einer konstanten Geschwindigkeit, sondern bewegt sich im Stop-and-go-Verkehr. Deswegen folgt hier eine zweite Abschätzung:

Ein Autofahrer fährt eine Strecke von 5 km innerhalb von 10 min durch eine Stadt. Das entspricht einer Durchschnittgeschwindigkeit von 30 km/h. Der Bordcomputer gibt einen streckenbezogenen Kraftstoffverbrauch von beispielsweise 8 l/(100 km) an. Den kann man in einen Kraftstoffmassenstrom von 1,82 kg/h umrechnen. Mit der gleichen Vorgehensweise wie zuvor ergibt sich eine Kraftstoff-Heizleistung von 21,3 kW. Das ist nun die Wärmeleistung von mehr als zwei Einfamilienhäusern.

Wenn man sich das genauer überlegt, dann kommt man ins Grübeln: Ein Pkw im Stadtverkehr ist so, wie wenn zwei oder mehr Einfamilienhäuser ihre Heizung voll aufdrehen, alle Fenster öffnen und so die Umwelt aufheizen: eine schlechte Bilanz!

### Zusammenfassung

Pkw-Verbrennungsmotoren haben im Stadtverkehr einen sehr schlechten Wirkungsgrad. Die im Motor verbrannte Kraftstoff-Heizleistung nimmt schnell die Werte von mehreren Hausheizungen an. ◄

# Kraftstoffe und Stöchiometrie

Jeder Verbrennungsmotor verbrennt Kraftstoff. Dabei wird versucht, einen möglichst großen Teil der Kraftstoffenergie in mechanische Arbeit umzuwandeln. Egal, ob es sich beim Kraftstoff um Benzin, Diesel, Bioethanol oder Wasserstoff handelt, für die Verbrennung wird Sauerstoff ($O_2$) benötigt. Dazu wird Luft angesaugt. Von dieser Luft wird aber nur der Sauerstoff verwendet. Alle anderen Bestandteile strömen weitgehend unbeteiligt durch den Motor und finden sich im Abgas wieder. Im ungünstigen Fall reagieren kleine Luft-Stickstoffmengen ($N_2$) mit dem Luft-Sauerstoff zu unerwünschten Stickoxiden ($NO_x$).

Der im Kraftstoff enthaltene Kohlenstoff reagiert mit Sauerstoff zu Kohlendioxid ($CO_2$). Der im Kraftstoff enthaltene Wasserstoff reagiert zu Wasser ($H_2O$). In Abhängigkeit von den Kohlenstoff- und Wasserstoffanteilen im Kraftstoff entstehen mehr oder weniger große Mengen an $CO_2$ und $H_2O$. Nur bei reinem Wasserstoff als Kraftstoff entsteht kein Kohlendioxid. Bei allen anderen Kraftstoffen muss $CO_2$ gebildet werden.

Dieses $CO_2$ kann bei einem gegebenen Kraftstoff nur dadurch verringert werden, dass man weniger Kraftstoff verbrennt. Man kann es nicht durch irgendwelche Arten von Abgaskatalysatoren verringern, wie es beispielsweise bei den Schadstoffen HC (unvollständig verbrannte Kohlenwasserstoffverbindungen), CO (Kohlenmonoxid), $NO_x$ (Stickoxide) und Partikel (im Wesentlichen Ruß (Kohlenstoff C)) möglich ist. Diese vier zuletzt genannten Abgaskomponenten sind die vom Gesetzgeber limitierten Schadstoffe, deren Grenzwerte in den europäischen Abgasvorschriften Euro 5 oder Euro 6 festgelegt sind. Auch wenn $CO_2$ für die Umwelt schädlich ist, zählt es aus verbrennungsmotorischer Sicht doch nicht zu den Schadstoffen, weil man seine Entstehung letztlich nicht verhindern kann.

---

**Elektronisches Zusatzmaterial** Die elektronische Version dieses Kapitels enthält Zusatzmaterial, das berechtigten Benutzern zur Verfügung steht https://doi.org/10.1007/978-3-658-29226-3_2.

## 2.1    Wie viel $CO_2$ wird von einem Auto produziert, das einen Kraftstoffverbrauch von 5 l/(100 km) hat?

**Der Leser/die Leserin lernt:**

Molmasse|stöchiometrische Berechnungen|Zusammenhang zwischen Kraftstoffverbrauch und $CO_2$-Emissionen. ◄

Bei der Verbrennung von Kraftstoff im Motor wird Kohlendioxid ($CO_2$) produziert. Dieses $CO_2$ entsteht durch die Verbrennung des im Kraftstoff enthaltenen Kohlenstoffs C mit Luftsauerstoff $O_2$. Die Reaktionsgleichung lautet:

$$C + O_2 \quad \rightarrow \quad CO_2.$$

Die Molmasse von C beträgt 12 g/mol, die von Sauerstoff O beträgt 16 g/mol (vergleiche die Stoffwertetabelle im Anhang). 12 g Kohlenstoff verbrennen also mit 32 g Sauerstoff zu 44 g Kohlendioxid. Wenn bekannt ist, wie groß der Kohlenstoffmassenanteil im Kraftstoff ist, dann kann man aus dem Kraftstoffmassenstrom den $CO_2$-Massenstrom berechnen.

Ottokraftstoff hat gemäß der Stoffwertetabelle üblicherweise einen Kohlenstoffmassenanteil von $c = 84\,\%$. Aus dem streckenbezogenen Kraftstoffverbrauch von 5 l/(100 km) ergibt sich dann gemeinsam mit der Kraftstoffdichte eine streckenbezogene Kohlendioxidproduktion von 117 g/km:

$$m_{CO_2,s} = \frac{44}{12} \cdot c \cdot V_s \cdot \rho.$$

**Zusammenfassung**

Es besteht ein eindeutiger Zusammenhang zwischen dem streckenspezifischen Kraftstoffverbrauch und den $CO_2$-Emissionen eines Pkw. Ein streckenbezogener Benzinverbrauch von beispielsweise 5 l/(100 km) entspricht einer $CO_2$-Produktion von 117 g/km. Deswegen würde es eigentlich genügen, im Autoprospekt nur eine Größe anzugeben. ◄

## 2.2    BMW gibt den Kraftstoffverbrauch seines 6-Zylinder-Ottomotors im M3 CSL mit 11,9 l/(100 km) an. Gleichzeitig behauptet BMW, dass die $CO_2$-Emission des Motors 287 g/km betrage. Passt das zusammen?

**Der Leser/die Leserin lernt:**

$CO_2$-Emissionen von Otto- und Diesel-Kraftstoff. ◄

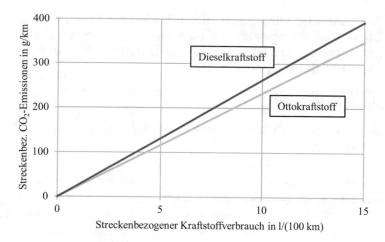

**Abb. 2.1** Zusammenhang zwischen dem streckenbezogenen Kraftstoffverbrauch und den streckenbezogenen $CO_2$-Emissionen

Analog zu den Berechnungen in Abschn. 2.1 ergibt sich bei einem Benzinverbrauch von 11,9 l/(100 km) eine $CO_2$-Emission von 278,6 g/km. Der Unterschied zu den Angaben von BMW kann sich nur aus anders gewählten Eingabedaten ergeben. Mit der Zielwertsuche von Excel kann man berechnen, dass man eine Benzindichte von 0,783 kg/l (statt 0,76 kg/l) oder einen Kohlenstoffmassenanteil von 86,5 % (statt 84 %) benötigt, um die Angaben von BMW zu verifizieren. Weil die Kraftstoffdichte und -zusammensetzung variieren und die europäische Norm EN 228 das auch zulässt, kann man die Unterschiede damit begründen.

Momentan verwenden die Autohersteller, wie man leicht durch die Analyse von Prospektangaben ermitteln kann, folgende Umrechnung zwischen dem streckenbezogenen Kraftstoffverbrauch $V_S$ und den streckenbezogenen $CO_2$-Emissionen $mCO_2,S$ (vergleiche Abb. 2.1):

$$\text{Ottokraftstoff:} \quad \frac{m_{CO_2,S}}{\frac{g}{km}} = 23,3 \cdot \frac{V_S}{\frac{l}{100\,km}},$$

$$\text{Dieselkraftstoff:} \quad \frac{m_{CO_2,S}}{\frac{g}{km}} = 26,3 \cdot \frac{V_S}{\frac{l}{100\,km}}.$$

**Zusammenfassung**

Geringfügige scheinbare Inkompatibilitäten zwischen den streckenbezogenen Kraftstoffverbrauch und den $CO_2$-Emissionen hängen mit den verwendeten Werten für die Kraftstoffzusammensetzung und die Kraftstoffdichte zusammen. ◄

## 2.3  Ein Fahrzeug wird wahlweise mit einem Otto- und einem Dieselmotor angeboten. Beide Varianten haben einen Kraftstoffverbrauch von 5 l/(100 km). Sind die beiden Motoren dann „gleich gut"?

**Der Leser/die Leserin lernt:**

Ursache, warum Dieselfahrzeuge einen besseren streckenbezogenen Kraftstoffverbrauch haben als Benzinfahrzeuge. ◄

Zunächst einmal sieht es so aus, als ob ein identischer Kraftstoffverbrauch von 5 l/(100 km) auf „gleich gute" Motoren hindeutet. Die Frage ist aber, ob 5 Liter Otto- und Dieselkraftstoff die gleiche Energiemenge mit sich tragen und diese dann dem Motor zur Verfügung stellen. Das ist aber nicht so, wie man der Stoffwertetabelle im Anhang entnehmen kann. Die auf die Masse bezogenen Heizwerte von Benzin und Diesel sind mit 42.000 kJ/kg bzw. 42.800 kJ/kg durchaus ähnlich. An der Tankstelle wird Kraftstoff aber nicht nach Masse, sondern nach Volumen gekauft. Und auch die streckenbezogenen Verbräuche $V_s$ werden in Liter pro 100 km und nicht in Kilogramm pro 100 km angegeben. Um den Heizwert auf das Volumen umzurechnen, wird die Kraftstoffdichte benötigt. Mit Werten von 0,76 kg/l (Benzin) bzw. 0,84 kg/l (Diesel) ergeben sich die folgenden volumenbezogenen Heizwerte:

$$\text{Benzin}: \quad H_{\text{U, Volumen}} = \rho \cdot H_{\text{U, Masse}} = 0{,}76\,\frac{\text{kg}}{\text{l}} \cdot 42.000\,\frac{\text{kJ}}{\text{kg}} = 31.920\,\frac{\text{kJ}}{\text{l}},$$

$$\text{Diesel}: \quad H_{\text{U, Volumen}} = \rho \cdot H_{\text{U, Masse}} = 0{,}84\,\frac{\text{kg}}{\text{l}} \cdot 42.800\,\frac{\text{kJ}}{\text{kg}} = 35.952\,\frac{\text{kJ}}{\text{l}}.$$

Diesel enthält also, wenn man das Kraftstoffvolumen betrachtet, 12,6 % mehr Energie als Benzin. Der Energieinhalt von 5 l Benzin ist demnach in 4,44 l Diesel enthalten. Die Motoren würden mit der angebotenen Energiemenge gleich effizient umgehen, wenn der Dieselmotor einen Verbrauch von 4,44 l/(100 km) hätte.

**Zusammenfassung**

Die Aussage, dass zwei Fahrzeuge gleich effizient sind, wenn das eine 5 l/(100 km) an Ottokraftstoff und das andere 5 l/(100 km) an Dieselkraftstoff benötigt, sind aus motorischer Sicht unseriös. Denn Dieselkraftstoff enthält pro Liter deutlich mehr Energie als Ottokraftstoff. ◄

## 2.4   Was sind die wesentlichen Unterschiede zwischen Otto- und Dieselmotoren?

---

**Der Leser/die Leserin lernt:**

Unterschiede zwischen Otto- und Dieselmotoren|Bedeutung der Drosselklappe beim Ottomotor|Unterschied zwischen Saugrohreinspritzung und Direkteinspritzung beim Ottomotor|Unterschied zwischen Homogenbetrieb und Ladungsschichtung|Bedeutung der Aufladung. ◄

---

Mit den Teilbildern in Abb. 2.2 soll der grundsätzliche Unterschied zwischen Otto- und Dieselmotoren anschaulich erklärt werden. Die Erklärung ist sehr bildhaft, um dem Leser/der Leserin einen leichten Zugang zu einer komplizierten Problematik zu geben.

Auf der linken Seite ist schematisch ein Ottomotor mit einer Saugrohreinspritzung dargestellt, auf der rechten Seite ein Dieselmotor. Oben ist jeweils der Betrieb bei Volllast, unten der bei Schwachlast dargestellt. Beide Motoren sollen das gleiche Hubvolumen haben.

Beim Ladungswechsel saugt der Dieselmotor ein „volle Ladung" Luft an. Am Ende des Ladungswechsels befindet sich im Zylinder so viel Luft, wie darin Platz ist. Genau

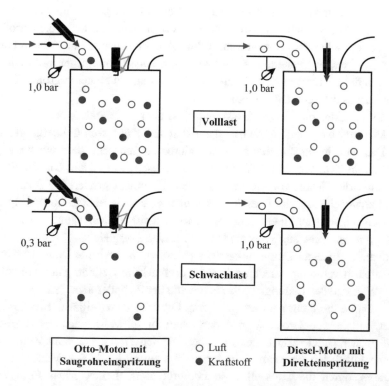

**Abb. 2.2** Ottomotor mit Saugrohreinspritzung und Dieselmotor mit Direkteinspritzung

genommen ist im Zylinder also das Hubvolumen mit Luft gefüllt. Die Luftmasse ergibt sich aus der Dichte der Luft. Im Bild ist diese „volle Ladung" durch 10 „Luftteilchen" verdeutlicht.

Der Ottomotor saugt ebenfalls eine „volle Ladung" an. Weil der Ottomotor aber ein Kraftstoff-Luft-Gemisch ansaugt, passen keine 10 Luftteilchen mehr in den Zylinder. Denn der Kraftstoff benötigt auch etwas Platz. Im Bild ist das durch 9 Luftteilchen dargestellt.

Ottomotoren verbrennen den Kraftstoff mit einem Luftverhältnis$\lambda = 1$ (vergleiche Abschn. 2.9). Das ist im Bild oben links durch die gleiche Anzahl von Kraftstoffteilchen dargestellt. Natürlich benötigt man für die Verbrennung einer bestimmten Kraftstoffmasse etwa 14-mal so viel Luft (vergleiche Abschn. 2.8). Im Bild soll die gleiche Zahl von Kraft- und Luftteilchen aber sagen, dass das Mischungsverhältnis stöchiometrisch ist, dass also das Luftverhältnis gleich 1 ist.

Dieselkraftstoff benötigt einen Luftüberschuss von etwa $\lambda = 1,4$, damit er weitgehend rußfrei verbrennt. Wenn sich im Zylinder 10 Luftteilchen befinden, dann können in dieser Luft nicht, wie das bei Ottokraftstoff möglich wäre, 10 Kraftstoffteilchen verbrannt werden, sondern nur etwa 7. Deswegen sind im Bild nur 7 Kraftstoffteilchen eingetragen.

Das bedeutet konkret: Weil ein Dieselmotor mit Luftüberschuss betrieben werden muss und weil in ein bestimmtes Zylindervolumen nur eine bestimmte Gasmenge passt, kann ein Dieselmotor nicht so viel Kraftstoff verbrennen wie ein gleich großer Ottomotor. Deswegen hat ein Dieselmotor (ohne Abgasturboaufladung, wie gleich noch gezeigt wird) weniger Leistung als ein Ottomotor. Hinzu kommt, dass ein Dieselmotor aus Gründen der begrenzten Zeit für die Gemischbildung auch keine großen Drehzahlen fahren kann, was die Leistung weiter einschränkt.

Im Schwachlastbetrieb sehen die Verhältnisse aber ganz anders aus: Wenn eine nur geringe Motorleistung benötigt wird, dann darf auch nur wenig Kraftstoff verbrannt werden. Das wird in den unteren Bildern dadurch ausgedrückt, dass nur wenige Kraftstoffteilchen im Zylinder sind (3 Teilchen beim Dieselmotor). Dem Dieselmotor ist das egal. Er kann die kleine Kraftstoffmenge auch mit einem großen Luftüberschuss verbrennen. Deswegen saugt der Dieselmotor immer eine volle Menge Luft an, in der dann (je nach Leistungswunsch) mehr oder weniger viel Kraftstoff verbrannt wird.

Der Ottomotor kann aus verschiedenen Gründen (vergleiche Abschn. 2.6) nur mit einem stöchiometrischen Gemisch betrieben werden. Wenn im Schwachlastbetrieb nur wenig Kraftstoff verbrannt werden soll, dann darf sich im Zylinder auch nur wenig Luft befinden. Während des Ladungswechsels möchte der Zylinder aber „eine volle Ladung" ansaugen. Damit das nicht passiert, wird dem Ottomotor im Teillastgebiet das „Atmen" erschwert, indem eine Drosselklappe das Saugrohr teilweise versperrt. Dadurch entsteht ein großer Druckverlust, der für einen kleinen Druck vor dem Zylinder, damit eine kleine Luftdichte vor dem Zylinder und dadurch eine kleine Masse im Zylinder sorgt. Dieser durch die Drosselklappe hervorgerufene Druckverlust führt zu einem hohen Kraftstoffverbrauch des Ottomotors im Schwachlastbetrieb (beispielsweise im

Stadtverkehr). Deswegen sind in der Darstellung 4 Kraftstoffteilchen und 4 Luftteilchen eingetragen. Der Ottomotor benötigt mehr Kraftstoff als der Dieselmotor, um im
Schwachlastgebiet die gleiche Leistung abzugeben: Er hat einen schlechteren Wirkungsgrad. Viele aktuelle Entwicklungsprojekte wie vollvariable Ventilsteuerungen versuchen,
die Drosselklappe zu ersetzen, um den Kraftstoffverbrauch des Ottomotors im Stadtverkehr deutlich zu verbessern.

Eine weitere Möglichkeit, auf die Drosselklappe zu verzichten, ist die Benzin-Direkteinspritzung mit Ladungsschichtung, die in Abb. 2.3 erläutert wird.

Beim direkt einspritzenden Ottomotor werden Luft und Kraftstoff nicht im Saugrohr gemischt. Vielmehr saugt der Motor (wie ein Dieselmotor) reine Luft an und der
Kraftstoff wird direkt in den Zylinder eingespritzt. Dadurch gelangt dann beim Ladungswechsel genauso viel Luft in den Zylinder wie beim Dieselmotor, in unserem Beispiel
also 10 Luftteilchen. Weil der Ottomotor mit $\lambda = 1$ arbeitet, können nun auch 10 Teile
Kraftstoff eingespritzt werden: Der direkt einspritzende Ottomotor hat etwas mehr
Leistung als der Ottomotor mit Saugrohreinspritzung. (Ein weiterer Grund, warum
er mehr Leistung hat, liegt darin begründet, dass der Kraftstoff durch die Direkteinspritzung im Zylinder verdampft. Bei dieser Verdampfung kühlt der Zylinder ab, was
günstig bezüglich der Klopfgefahr und der Luftdichte im Zylinder ist. Beides hilft ebenfalls, die Leistung zu steigern.)

**Abb. 2.3**  Ottomotor mit
Direkteinspritzung

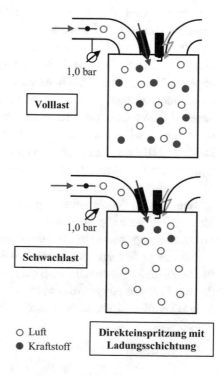

Im Teillast- und Schwachlastgebiet hat der direkt einspritzende Ottomotor weitere Vorteile. Wenn es gelingt, den Kraftstoff sehr spät und in unmittelbarer Nähe der Zündkerze einzuspritzen, dann kann man der Zündkerze „vorgaukeln", im Zylinder wäre ein Luftverhältnis von 1. In Wirklichkeit kann sich in einiger Entfernung von der Zündkerze ein Gemisch mit einem deutlichen Luftüberschuss befinden.

Für die Zündung des Ottomotors genügt es, wenn bei der Zündkerze ein stöchiometrisches Gemisch vorliegt. Das bedeutet, dass man den Ottomotor „mit Ladungsschichtung" mit einem deutlichen Luftüberschuss betreiben kann. Man kann in dieser Phase die Drosselklappe voll geöffnet lassen. Dadurch treten praktisch keine Druckverluste auf und der Kraftstoffverbrauch ist deutlich geringer als beim Ottomotor mit Saugrohreinspritzung.

Allerdings muss man feststellen, dass es technisch überhaupt nicht einfach ist, diese Ladungsschichtung zu realisieren. Man benötigt hierfür sehr schnell und präzise arbeitende Einspritzdüsen, sogenannte Piezo-Einspritzdüsen. Deswegen verwenden nicht viele der heute vermehrt entwickelten direkt einspritzenden Ottomotoren die Ladungsschichtung. Die meisten nutzen zwar die Vorteile der Benzindirekteinspritzung im Volllastgebiet, betreiben den Motor aber im Homogenbetrieb ohne Luftüberschuss. Deswegen können diese Motoren nicht auf die Drosselklappe verzichten und haben auch keinen Verbrauchsvorteil im Schwachlastgebiet.

Die direkt einspritzenden Ottomotoren mit Ladungsschichtung haben im Schwachlastgebiet die Drosselklappe voll geöffnet. Sie können auf sie aber nicht vollständig verzichten, weil das Prinzip der Ladungsschichtung bei großen Drehzahlen noch nicht funktioniert. Bei großen Drehzahlen muss man mit der Benzineinspritzung sehr früh im Arbeitsspiel anfangen, damit man in der zur Verfügung stehenden kurzen Zeit die volle Kraftstoffmenge einspritzen kann. Wenn man aber früh mit der Einspritzung beginnt, dann stellt sich ein homogenes Gemisch ein. Die Direkteinspritzer mit Ladungsschichtung schalten also bei zunehmender Motordrehzahl irgendwann auf ein homogenes Brennverfahren mit teilweise geschlossener Drosselklappe um. Das erfordert ein elektronisches Gaspedal und einen großen Applikationsaufwand in der Motorelektronik. Denn der Fahrer darf davon nichts bemerken. Schlimm wäre es, wenn es beim Umschalten von einem Brennverfahren auf das andere zu einer plötzlichen Änderung der Motorleistung kommen würde.

Beim ersten Beispiel wurde gezeigt, dass der Dieselmotor bei Volllast eine deutlich kleinere Leistung abgibt als der Ottomotor. Auch hierfür gibt es eine Lösung: die Abgasturboaufladung. Moderne Dieselmotoren besitzen eine Aufladung, bei der die Luft mit Überdruck in den Zylinder gedrückt wird. Auf diese Weise kann man sehr viel mehr Luft in den Zylinder bekommen als beim reinen Saugmotor. Abb. 2.4 zeigt einen Dieselmotor, der die Luft mit einem Absolutdruck von 2,5 bar statt 1 bar in den Zylinder einströmen lässt. Das führt dann dazu, dass sich im Zylinder auch fast 2,5-mal so viel Luftmasse befindet.

**Abb. 2.4** Aufgeladener
Dieselmotor

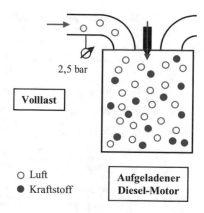

Wegen der Verluste bei der Abgasturboaufladung ist in der Abbildung aber nur die doppelte Anzahl von Luftteilchen eingetragen, nämlich 20 Stück. Mit dieser Luftmenge können insgesamt 14 Kraftstoffteilchen verbrennen, was dann dazu führt, dass der aufgeladene Dieselmotor mehr Drehmoment als der Ottomotor mit Saugrohreinspritzung aufweist. Das ist auch der Grund, warum die deutschen Autofahrer gerne Pkw mit Dieselmotoren kaufen: Sie sind drehmomentstark und erlauben es, auch bei kleinen Drehzahlen gut beschleunigen zu können.

Der Leser/die Leserin wird nun bestimmt fragen, warum man nicht auch den Ottomotor auflädt, um hier ebenfalls zu einer Leistungssteigerung zu kommen. In deutschen Pkw werden in der Tat zunehmend aufgeladene Ottomotoren eingesetzt. Allerdings kann man Dieselmotoren viel besser und höher aufladen als Ottomotoren, weil bei Letzteren die Gefahr des gefährlichen Klopfens durch die Aufladung zunimmt. Während heute Ottomotoren bis zu Absolutdrücken von etwa 2 bar aufgeladen werden, kann man Dieselmotoren auf 3 bar oder auch deutlich mehr aufladen.

Die Tab. 2.1 fasst einige wichtige Unterschiede zwischen Otto- und Dieselmotoren zusammen. Es handelt sich dabei um typische Zahlenwerte, die im konkreten Einzelfall aber auch anders sein können.

Weitere Unterschiede zwischen Otto- und Dieselmotoren sind:

### Der Dieselmotor hat den besseren Kraftstoffverbrauch:

- Er hat geringe Ladungswechselverluste, weil er keine Drosselklappe besitzt.
- Er verträgt ein hohes Verdichtungsverhältnis, weil keine Klopfgefahr besteht.
- Er verfügt über eine steilere Kraftstoff-Umsatzrate, weil die Verbrennung heftiger ist.
- Er profitiert vom größeren volumetrischen Heizwert des Kraftstoffes.
- Er wird bei einem hohen Luftverhältnis betrieben und hat deswegen günstigere Stoffwerte sowie geringere Wärmeübergangsverluste.

**Tab. 2.1** Unterschiede zwischen Otto- und Dieselmotoren

|  | Dieselmotor mit Direktein-spritzung | Ottomotor mit Saugrohrein-spritzung |
|---|---|---|
| Zündung | Selbstzündung | Fremdzündung |
| Verdichtungsverhältnis | 16 … 20 | 8 … 12 |
| Verdichtungsenddruck in bar | 30 … 100 | 12 … 60 |
| Verdichtungsendtemperatur in °C | 700 … 900 | 400 … 600 |
| Verbrennungshöchstdruck in bar | 65 … 180 (220) | 40 … 120 |
| Effektiver Wirkungsgrad in % | 35 … 45 | 26 … 37 |
| Maximale Abgastemperatur in °C | 500 … 800 | 700 … 1200 |
| Maximale Drehzahl in 1/min | 4500 | 6000 |
| Gasförmige Rohemissionen | Niedrig | Hoch |
| Partikel-Emissionen | Hoch | Niedrig |

**Der Dieselmotor hat eine geringere Hubraumleistung:**
- Bei ihm ist die maximale Drehzahl durch den Zeitbedarf für Gemischbildung, Zündung und Verbrennung begrenzt.
- Er kann wegen der Gefahr der Rußbildung nur eine begrenzte Kraftstoffmenge verbrennen.

**Weitere Nachteile des Dieselmotors:**
- Er hat eine höhere spezifische Masse wegen der hohen Verbrennungshöchstdrücke.
- Er verursacht höhere Fertigungskosten insbesondere wegen der Einspritzanlage und der Abgasnachbehandlungsanlage.

**Nachteil des Ottomotors:**
- Wegen der Klopfgefahr sind die Möglichkeiten zur Erhöhung des Verdichtungsverhältnisses und zur Aufladung begrenzt.

Bei Motoren mit größerem Zylinderhubvolumen spielen die Nachteile des Dieselmotors eine kleinere Rolle, da große Motoren wegen der Begrenzung der mittleren Kolbengeschwindigkeit ohnehin eine kleinere Drehzahl haben (vergleiche Abschn. 4.21). Außerdem werden große Motoren fast immer als Dieselmotoren gebaut, weil in einem großen Ottomotor die Flammenwege von der Zündkerze bis zur Brennraumwand zu lang wären.

## 2.5  Warum benötigt ein Dieselmotor Luftüberschuss, während ein Ottomotor mit einem stöchiometrischen Gemisch auskommt?

**Der Leser/die Leserin lernt:**

Bedeutung des Luftüberschusses für den Dieselmotor. ◄

Es ist klar, dass Kraftstoff nur dann vollständig verbrennen kann, wenn genügend Luft vorhanden ist. Das stöchiometrisch notwendige Mischungsverhältnis wird durch ein Luftverhältnis $\lambda = 1$ beschrieben. Wenn Dieselmotoren mit $\lambda = 1$ betrieben werden, neigen sie aber sehr stark zur Rußbildung. Das hängt mit den Besonderheiten der dieselmotorischen Gemischbildung zusammen (vergleiche Abschn. 2.6). Dieselkraftstoff wird erst unmittelbar vor dem Verbrennungsbeginn in den Brennraum eingespritzt (Direkteinspritzung). Der Kraftstoff liegt dabei fein zerstäubt in Form von winzigen Tropfen in mehreren Kraftstoffstrahlen vor. Der flüssige Kraftstoff muss innerhalb kürzester Zeit verdampfen. Gleichzeitig muss Luft in die Nähe der Tropfen gelangen. Weil für diesen Vorgang nur wenige Millisekunden zur Verfügung stehen, kann es passieren, dass der Sauerstoff nicht nahe genug an die Kraftstoffmoleküle kommt. Dann verbrennen diese nur unvollständig und es bleibt Ruß im Abgas übrig. Man kann dieses Problem verringern, indem man mehr Luft als notwendig ($\lambda > 1$) im Brennraum bereithält. Bei modernen Motoren liegt das minimale Luftverhältnis, bei dem Rußbildung noch nicht in großem Maße auftritt, bei etwa 1,3 oder 1,4.

Übrigens leiden auch direkt einspritzende Ottomotoren unter der Gefahr der Rußbildung. Deswegen werden in der europäischen Abgasgesetzgebung Euro 5 und Euro 6 Rußgrenzwerte auch für direkt einspritzende Ottomotoren vorgeben.

**Zusammenfassung**

Ein Dieselmotor benötigt einen Luftüberschuss, weil durch die sehr späte Direkteinspritzung nur wenig Zeit für die Vermischung von Luft und Kraftstoff zur Verfügung steht. Mit einem entsprechenden Luftüberschuss findet der Kraftstoff trotz der kurzen Zeit genügend Sauerstoff für die Verbrennung vor. ◄

## 2.6  Warum funktioniert die ottomotorische Verbrennung nur bei einem Luftverhältnis von etwa 1, während der Dieselmotor mit nahezu jedem Luftverhältnis betrieben werden kann?

**Der Leser/die Leserin lernt:**

Unterschied zwischen der ottomotorischen und der dieselmotorischen Verbrennung. ◄

Kraftstoff, egal ob es sich um Otto- oder Dieselkraftstoff handelt, lässt sich nur bei einem Luftverhältnis von etwa 1 entzünden. Genau genommen liegt zündfähiges Gemisch im Bereich von etwa $0{,}6 < \lambda < 1{,}4$ vor. Nur bei solchen Mischungsverhältnissen kann bei handelsüblichen Kraftstoffen die Verbrennung beginnen.

Beim Ottomotor muss man dafür sorgen, dass zwischen den Elektroden der Zündkerze ein entsprechendes Luftverhältnis vorliegt. Ottomotoren mit Saugrohreinspritzung werden homogen betrieben. Das bedeutet, dass Kraftstoff und Luft relativ lange Zeit für die Vermischung haben und deswegen das Mischungsverhältnis überall im Brennraum gleich ist (homogen). Ottomotoren mit Direkteinspritzung (DI-Ottomotoren) können auch mit einem inhomogenen Gemisch betrieben werden. Es muss nur im Bereich der Zündkerze das Luftverhältnis im zündfähigen Bereich liegen. Deswegen kann man Ottomotoren mit Direkteinspritzung auch mit sogenannter Ladungsschichtung betreiben: Überschüssige Luft wird vor der Zündkerze „versteckt". In der Nähe der Zündkerze wird durch eine sehr späte Einspritzung für das notwendige Mischungsverhältnis gesorgt. Dadurch kann der Kraftstoff im DI-Ottomotor auch dann zünden, wenn das über den gesamten Brennraum gemittelte Luftverhältnis deutlich über eins liegt. Luftüberschuss bedeutet, dass man die Drosselklappe weniger weiter schließen muss und deswegen weniger Ladungswechselverluste auftreten. Theoretisch könnte ein derart betriebener DI-Ottomotor im Europäischen Fahrzyklus Kraftstoff in einer Größenordnung von ca. 25 % einsparen.

Die meisten DI-Ottomotoren, die zurzeit in europäischen Pkw eingebaut sind, werden nicht mit Ladungsschichtung, sondern mit $\lambda = 1$ betrieben. Sie können also nicht von geringeren Ladungswechselverlusten profitieren. Das hängt damit zusammen, dass es nicht einfach ist, bei Luftüberschuss für ein zündfähiges Gemisch in der Nähe der Zündkerze zu sorgen. Das geht nur, wenn der Kraftstoff zeitlich und mengenmäßig hochpräzise in die Nähe der Zündkerze gespritzt wird. Hierfür werden die modernen, teuren Piezo-Einspritzelemente eingesetzt. Wenn man zu früh einspritzt, dann ist der Kraftstoff an der Zündkerze „vorbeigeflogen", wenn der Funke übertritt. Wenn man zu spät einspritzt, dann findet der Zündfunke noch keinen Kraftstoff vor.

Beim Dieselmotor ist die Gemischbildung viel einfacher. Dort, wo ein Dieseltropfen noch flüssig und damit noch nicht verdampft ist, liegt ein Luftverhältnis $\lambda = 0$ vor. In größerer Entfernung vom Tropfen liegt reine Luft mit einem Luftverhältnis $\lambda \to \infty$ vor. Zwischen diesen beiden Extremen liegen beliebige Kraftstoff-Luft-Mischungsverhältnisse vor. Irgendwo wird auch $\lambda \approx 1$ und damit zündfähiges Gemisch sein. Dort beginnt die Verbrennung. Beim Ottomotor muss man also dafür sorgen, dass sich zwischen den Elektroden der Zündkerze zündfähiges Gemisch befindet. Beim Dieselmotor muss man nur dafür sorgen, dass der Kraftstoff möglichst fein zerstäubt ist und dass die Luft in die Kraftstoffstrahlen eindringt. Dann bildet sich automatisch irgendwo ein zündfähiges Gemisch.

Interessant ist übrigens, dass es im dieselmotorischen Brennraum nicht nur einen Ort gibt, an dem die Verbrennung beginnt. Es ist vielmehr so, dass in der Nähe von jedem kleinen Tropfen zündfähiges Gemisch entstehen und damit die Verbrennung beginnen kann. Wenn der erste Kraftstofftropfen soweit verdampft ist, dass er anfangen möchte zu brennen, dann wollen das auch viele andere Tropfen. Die dieselmotorische Verbrennung beginnt also nahezu gleichzeitig an sehr vielen Stellen im Brennraum. Deswegen ist der Verbrennungsbeginn sehr heftig und laut: das dieselmotorische „Nageln ". Um dieses unangenehme Geräusch zu minimieren, wendet man bei modernen Dieselmotoren die Voreinspritzung an. Zunächst wird eine möglichst kleine Kraftstoffmenge eingespritzt. Diese verbrennt heftig, aber nicht besonders laut, weil es ja nur eine kleine Menge war. Sobald die Voreinspritzmenge brennt, spritzt man mit der Haupteinspritzung die restliche Kraftstoffmenge ein. Diese verbrennt sanft, weil der Brennraum durch die Vorverbrennung schon erwärmt ist und deswegen der Kraftstoff besser verdampft und sich leicht entzündet.

> **Zusammenfassung**
>
> Bei der dieselmotorischen Verbrennung beginnt die Verbrennung dort, wo optimale Bedingungen vorliegen. Ein solcher Ort findet sich im Brennraum praktisch immer. Bei der ottomotorischen Verbrennung müssen bei der Zündkerze optimale Bedingungen vorliegen. Das geht nur mit einem annähernd stöchiometrischen Gemisch. ◄

## 2.7   Welche Vorteile hat der direkt einspritzende Ottomotor gegenüber dem mit Saugrohreinspritzung?

> **Der Leser/die Leserin lernt:**
>
> Unterschied zwischen der Saugrohreinspritzung und der Direkteinspritzung beim Ottomotor. ◄

Die in den letzten Jahren vorgestellten neu entwickelten Ottomotoren haben zunehmend Benzindirekteinspritzung. Diese Technik ist aufwändiger und teurer als die Saugrohreinspritzung, weil mit deutlich höheren Einspritzdrücken gearbeitet werden muss, um den Kraftstoff in die schon im Zylinder verdichtete Luft einzuspritzen. Diese neue Technik hat folgende Vor- und Nachteile:

**Vorteile der Benzin-Direkteinspritzung:**

- Der direkt in den Zylinder eingespritzte Kraftstoff verdampft dort und kühlt dabei den Zylinder ab, was zu einer besseren Füllung und zu einer verringerten Klopfgefahr führt. Gleichzeitig werden die Wandwärmeverluste reduziert.
- Wenn der DI-Ottomotor mit Ladungsschichtung betrieben wird, dann kann die Drosselklappe voll geöffnet bleiben. Das führt zu weniger Ladungswechselverlusten und damit zu einem besseren Kraftstoffverbrauch.

- Der Luftüberschuss führt zu anderen Stoffwerten und dadurch besseren thermischen Wirkungsgraden.
- Der Restgasgehalt im Zylinder kann besser eingestellt werden, was zu einer besseren Laufruhe führt.

**Nachteile der Benzin-Direkteinspritzung:**
- Eine optimale Gemischbildung ist nur sehr schwierig zu realisieren.
- Es besteht die Gefahr eines Kraftstofffilms auf der Zylinderwand, was zu hohen HC-Emissionen und zu einer Schmierölverdünnung führen kann.
- Die Kraftstoff-Hochdruckpumpe hat eine erhöhte Antriebsleistung.

## 2.8   Welches Luftvolumen wird benötigt, um 1 l Benzin zu verbrennen?

**Der Leser/die Leserin lernt:**

Mindestluftmenge|Mindestsauerstoffmenge|Kraftstoffzusammensetzung. ◀

Verbrennungsmotoren werden im Allgemeinen mit Kohlenwasserstoffverbindungen als Kraftstoffe betrieben. Die handelsüblichen Kraftstoffe sind ein Gemisch von Hunderten verschiedener Moleküle. In der hier vorgestellten vereinfachten Betrachtungsweise wird ein künstlicher Kraftstoff $C_xH_y$ verwendet, den es in Wirklichkeit aber so nicht gibt. $C_xH_y$ verbrennt mit Sauerstoff gemäß der Reaktionsgleichung

$$C_xH_y + \left(x + \frac{y}{4}\right) \cdot O_2 \quad \rightarrow \quad x \cdot CO_2 + \frac{y}{2} \cdot H_2O$$

zu Kohlendioxid ($CO_2$) und Wasser ($H_2O$). Sauerstoff ($O_2$) wird als Bestandteil der Luft verwendet. Deswegen treten bei der Verbrennung auch die anderen Luftbestandteile auf. Für die hier verwendete vereinfachte Betrachtungsweise wird davon ausgegangen, dass Luft nur aus Sauerstoff und Stickstoff ($N_2$) besteht. Die Zusammensetzung der Luft in Molanteilen sei $\psi_{O2} = 21\,\%$ und $\psi_{N2} = 79\,\%$. (Bei idealen Gasen entsprechen die Molanteile den Volumenanteilen.) Dann ändert sich die Reaktionsgleichung zu

$$C_xH_y + \left(x + \frac{y}{4}\right) \cdot O_2 + \frac{79}{21} \cdot \left(x + \frac{y}{4}\right) \cdot N_2$$
$$\rightarrow \quad x \cdot CO_2 + \frac{y}{2} \cdot H_2O + \frac{79}{21} \cdot \left(x + \frac{y}{4}\right) \cdot N_2.$$

Falls die Verbrennung vollständig ist, entstehen keine weiteren Reaktionsprodukte. Im realen Motor bilden sich allerdings wegen der unvollständigen Verbrennung zusätzlich Kohlenmonoxid (CO), einige verschiedene Stickoxidverbindungen (Sammelbegriff $NO_x$), viele verschiedene Kohlenwasserstoffverbindungen (Sammelbegriff HC) sowie Ruß (C).

Wenn der Kraftstoff Sauerstoff enthält, was beispielsweise bei Biodiesel oder Ethanol der Fall ist, dann ändert sich die Reaktionsgleichung zu

$$C_xH_yO_q + \left(x + \frac{y}{4} - \frac{q}{2}\right) \cdot O_2 + \frac{79}{21} \cdot \left(x + \frac{y}{4} - \frac{q}{2}\right) \cdot N_2,$$

$$\rightarrow \quad x \cdot CO_2 + \frac{y}{2} \cdot H_2O + \frac{79}{21} \cdot \left(x + \frac{y}{4} - \frac{q}{2}\right) \cdot N_2.$$

Aus der Reaktionsgleichung kann unter Verwendung der Molmassen der stöchiometrische Luftbedarf berechnet werden:

Ein Molekül $C_xH_yO_q$ benötigt $\left(x + \frac{y}{4} - \frac{q}{2}\right)$ Moleküle $O_2$. Die Molmasse von $C_xH_yO_q$ beträgt $M_B = (x \cdot 12 + y \cdot 1 + q \cdot 16)\frac{g}{mol}$, die von $O_2$ beträgt 32 g/mol. Also werden $\left(x + \frac{y}{4} - \frac{q}{2}\right) \cdot 32$ g Sauerstoff für $(x \cdot 12 + y \cdot 1 + q \cdot 16)$ g Kraftstoff benötigt. Die Mindestsauerstoffmasse $O_{min}$ beträgt demnach

$$O_{min} = \frac{\left(x + \frac{y}{4} - \frac{q}{2}\right) \cdot M_{O_2}}{M_B} - \frac{\left(x + \frac{y}{4} - \frac{q}{2}\right) \cdot 32}{x \cdot 12 + y \cdot 1 + q \cdot 16}.$$

In Luft beträgt der Massenanteil von Sauerstoff ca. 23 %. (Achtung: Dieser Zahlenwert ist anders als der Molanteil von 21 %, der zuvor genannt wurde.) Also kann man eine Mindestluftmasse definieren zu

$$L_{min} = \frac{100}{23} \cdot O_{min} = \frac{100}{23} \cdot \frac{\left(x + \frac{y}{4} - \frac{q}{2}\right) \cdot M_{O_2}}{M_B} = \frac{100}{23} \cdot \frac{\left(x + \frac{y}{4} - \frac{q}{2}\right) \cdot 32}{x \cdot 12 + y \cdot 1 + q \cdot 16}.$$

Von Kraftstoffen sind meistens nicht die künstlich definierten stöchiometrischen Koeffizienten $x$, $y$ und $q$ bekannt, sondern die Massenanteile $\xi_C$, $\xi_H$ und $\xi_O$. Der Zusammenhang zwischen den Massenanteilen $\xi$ und den stöchiometrischen Koeffizienten ist:

$$\xi_C = x \cdot \frac{M_C}{M_B},$$

$$\xi_H = y \cdot \frac{M_H}{M_B},$$

$$\xi_O = q \cdot \frac{M_O}{M_B}.$$

Die Mindestluftmasse kann also auch geschrieben werden als

$$L_{min} = \frac{100}{23} \cdot \frac{\left(x + \frac{y}{4} - \frac{q}{2}\right) \cdot M_{O_2}}{M_B}$$

$$= \frac{100}{23} \cdot \frac{\left(\xi_C \cdot \frac{M_B}{M_C} + \frac{1}{4} \cdot \xi_H \cdot \frac{M_B}{M_H} - \frac{1}{2} \cdot \xi_O \cdot \frac{M_B}{M_O}\right) \cdot M_{O_2}}{M_B}$$

$$= \frac{100}{23} \cdot \left(\frac{\xi_C}{12} + \frac{1}{4} \cdot \frac{\xi_H}{1} - \frac{1}{2} \cdot \frac{\xi_O}{16}\right) \cdot 32$$

$$= 139{,}1 \cdot \left(\frac{\xi_C}{12} + \frac{\xi_H}{4} - \frac{\xi_O}{32}\right).$$

Beispiel: Ein benzinähnlicher Modellkraftstoff habe die Massenanteile

$$\xi_C = 0{,}84, \quad \xi_H = 0{,}14 \quad \text{und} \quad \xi_O = 0{,}02 .$$

Die Molmasse betrage $M_B = 190$ g/mol.

Dann ergeben sich die stöchiometrischen Koeffizienten zu

$x = 13{,}30, y = 26{,}60, q = 0{,}24$.

Man könnte also die chemische Formel des Kraftstoffes schreiben als $C_{13,3}H_{26,6}O_{0,24}$. Dieses Molekül existiert natürlich nicht. Es ist nur eine vereinfachende Schreibweise. Die Mindestluftmasse berechnet sich zu $L_{min} = 14{,}52$. Für die Verbrennung von 1 kg Kraftstoff werden also 14,52 kg Luft benötigt.

Hinweis: Die Einheit der Mindestluftmenge ist 1. Man kann sie auch als kg/kg oder g/g angeben. Letztlich kürzen sich diese Brüche aber zur Einheit 1. Eine Angabe in der Form „kg Luft/kg Kraftstoff" entspricht nicht den SI-Normen, weil man die Einheit nicht mit einem Zusatz versehen darf, der aussagen soll, was man meint. Man darf auch nicht sagen: „Der Druck beträgt 3 bar absolut." Vielmehr formuliert man gemäß den SI-Normen folgendermaßen: „Der absolute Druck beträgt 3 bar."

Diese Zahlen beschreiben das Grundproblem von Verbrennungsmotoren: Zur Verbrennung von 1 kg Kraftstoff, das entspricht je nach Kraftstoffsorte einem Volumen von gut einem Liter, wird eine Luftmasse von ca. 14,5 kg benötigt. Diese entspricht aber einem Volumen von ca. 12 m$^3$, also ca. 12.000 l. Es ist viel schwieriger, 12.000 l Luft in den Motor zu bringen als etwa 1 l Kraftstoff. Die Verbesserung der Leistungsdichte von Verbrennungsmotoren hat deswegen oft etwas damit zu tun, wie man mehr Luft in die Zylinder bringt (z. B. variable Saugrohrlänge, Mehrventiltechnik, Aufladung).

---

**Zusammenfassung**

Für die Verbrennung von 1 l Benzin werden ca. 12.000 l Luft benötigt. Eine Hauptaufgabe der Motorenentwicklung ist es, die Luftzufuhr in die Zylinder zu verbessern. Denn nur mit mehr Luft kann man auch mehr Kraftstoff verbrennen. ◄

---

**Nachgefragt: Was wäre, wenn jetzt plötzlich nur noch Benzin-Pkw gekauft werden?**

Im letzten Jahrzehnt ist in der Europäischen Union der Anteil der Dieselfahrzeuge bei den Neuwagen auf etwa 50 % gestiegen. Das wurde hinsichtlich der Kraftstoffversorgung problematisch. Denn Dieselkraftstoff wird wie Benzin in einer Raffinerie aus Erdöl hergestellt. Und dort kann man das Verhältnis von Benzin zu Diesel nicht beliebig ändern. Der Benzinanteil an den Raffinerieprodukten (Flüssiggas, Naphtha, Benzin, Kerosin, Diesel, Heizöl, Schweröl und Bitumen) kann zwischen 20 % und 40 % betragen. Der Dieselanteil kann zwischen 25 % und 40 % liegen. Die Mineralölindustrie erklärte, dass in den letzten Wintern teilweise

Benzin von Europa nach USA und Diesel von USA nach Europa transportiert werden musste, weil der Verbrauch in diesen Ländern so unterschiedlich ist.

Bedingt durch die strengere Abgasgesetzgebung und die Diesel-Affäre ist in den letzten Jahren der Dieselanteil zurückgegangen. Hinsichtlich der Kraftstoffversorgung ist das zu begrüßen. Hinsichtlich der $CO_2$-Emissionen ist das aber problematisch, weil Benzin-Motoren mehr $CO_2$ produzieren als Diesel-Motoren.

## 2.9  Was passiert bei der Verbrennung, wenn man dem Kraftstoff zu viel oder zu wenig Luft zur Verfügung stellt?

**Der Leser/die Leserin lernt:**

Luftverhältnis|fettes Gemisch|mageres Gemisch. ◄

In Abschn. 2.8 wurde die Mindestluftmenge $L_{min}$ hergeleitet. Sie gibt an, wie viel Luft zur Verbrennung einer bestimmten Kraftstoffmasse benötigt wird. Wenn diese Mischung stimmt, dann nennt man sie stöchiometrisch und sagt, dass das Luftverhältnis $\lambda = 1$ ist. Wenn ein Luftüberschuss vorliegt, dann spricht man von einem „mageren " Gemisch mit einem Luftverhältnis $\lambda > 1$. Bei Luftmangel ist das Gemisch „fett " und $\lambda < 1$. Die Definition des Luftverhältnisses lautet:

$$\lambda = \frac{m_{Luft}}{m_{Luft,\ stöchiometrisch}} = \frac{m_{Luft}}{m_B \cdot L_{min}}.$$

Bei magerem Gemisch befindet sich im Abgas noch unverbrannter Luftsauerstoff, die Restsauerstoffmenge. Bei fettem Gemisch kann der Kraftstoff nicht vollständig verbrannt werden. Das bedeutet nun nicht, dass im Abgas flüssiger Kraftstoff wäre. Vielmehr verbrennt der Kraftstoff nicht vollständig und es befinden sich im Abgas die Reaktionsprodukte der unvollständigen Kraftstoffverbrennung. Das sind im Wesentlichen Kohlenmonoxid CO, dem Sauerstoff zur Bildung von $CO_2$ fehlt, und einige Kohlenwasserstoffverbindungen (Sammelbezeichnung HC), denen Sauerstoff zur Bildung von Wasser und $CO_2$ fehlt. Im Magerbetrieb enthält das Abgas vor allem verschiedene Stickoxid-Verbindungen als Schadstoffe.

**Zusammenfassung**

Bei Luftmangel, also fettem Betrieb, enthält das Abgas relativ viel CO und HC. Bei Luftüberschuss, also magerem Betrieb, enthält das Abgas relativ viel $NO_x$. ◄

**Nachgefragt: Was hat es mit dem Sauerstoff im Biokraftstoff auf sich?**

Man hört Fahrzeugklassen im Jahr 2018 an den Pkw-Neuzulassungen unde und dass das positiv für die Verbrennung sei. Das ist so auch richtig. Die gewöhnlichen Otto- und Dieselkraftstoffe enthalten praktisch keinen Sauerstoff und müssen den für die Verbrennung notwendigen Sauerstoff der Luft entnehmen. Biodiesel hat einen Sauerstoff-Massenanteil von etwa 11 % und Bioethanol einen von etwa 35 %. Das bedeutet, dass diese beiden Biokraftstoffe tatsächlich weniger Luft für die Verbrennung benötigen als die konventionellen Kraftstoffe. Diese benötigen eine Mindestluftmenge $L_{min}$ von etwa 14,5, während dieser Zahlenwert bei Biodiesel 12,5 und bei Ethanol nur 9,07 beträgt. Insofern kann man in die vom Motor angesaugte Luftmasse eine größere Biokraftstoffmasse einspritzen als konventionellen Kraftstoff. Allerdings ist der Heizwert von Biokraftstoffen (37,1 MJ/kg bei Biodiesel und 26,8 MJ/kg bei Ethanol) so gering, dass man trotz der erhöhten Einspritzmenge nicht mehr Leistung aus dem Motor herausholen kann.

Der Sauerstoff im Biokraftstoff ist übrigens kein „freier" Sauerstoff, den man irgendwie herausfiltern könnte. Er ist chemisch gebunden, so wie Wasser ($H_2O$) eben auch chemisch gebundenen Sauerstoff enthält.

## 2.10   Wie lange reichen eigentlich noch die Erdölvorräte?

**Der Leser/die Leserin lernt:**

Vielfalt  alternativer Kraftstoffe. ◄

Die einfache Antwort ist: Die Erdölvorräte werden nie aufgebraucht sein. Denn je weniger Öl es geben wird, umso höher werden die Preise steigen. Die letzten Vorräte werden dann so teuer sein, dass sie niemand mehr bezahlen möchte.

Die entscheidende Frage ist deswegen nicht, wie lange das Erdöl noch reicht, sondern wie lange es noch einigermaßen bezahlbar bleibt. Sobald die weltweite Nachfrage nach Erdöl höher wird als die Menge, die gefördert werden kann, werden die Preise stark ansteigen. Diesen Punkt der weltweiten Verknappung von Erdöl nennt man „Peak Oil". Manche Experten schätzen, dass der Peak-Oil-Punkt noch in diesem Jahrzehnt erreicht wird, andere sprechen von den 20er- oder 30er-Jahren in diesem Jahrhundert. Momentan versucht man, diesen Punkt vor sich herzuschieben, indem man zum einen den Kraftstoffverbrauch reduziert und zum anderen Erdölkraftstoffe durch alternative Kraftstoffe ersetzt. (Der Trend hin zur Elektromobilität wird die Erdölvorräte ebenfalls schonen.)

Als Alternativkraftstoffe bieten sich an:

- Biokraftstoffe wie Biodiesel oder Bioethanol,
- Synthetische Kraftstoffe, die aus Erdgas (gas to liquid – GTL) oder Biomasse (biomass to liquid – BTL) hergestellt werden,
- Erdgas,
- Flüssiggas,
- Wasserstoff.

Biokraftstoffe wie Biodiesel oder Bioethanol sind bewährte Kraftstoffe, die nach gewissen Änderungen am Motor problemlos eingesetzt werden können. Sie sind von der Ökobilanz her (vergleiche Abschn. 2.13) sehr günstig und relativ preiswert. Allerdings sind sie in letzter Zeit in Verruf geraten, weil ihre Produktion immer in Konkurrenz zur Nahrungsmittelproduktion steht und dadurch die Lebensmittelpreise steigen können. Man kann davon ausgehen, dass sie mittelfristig eine größere Rolle spielen werden und sie insbesondere in der sogenannten 3. Welt die irgendwann teureren Erdölkraftstoffe ablösen werden. Prinzipiell gilt aber, dass die auf einer Ackerfläche wachsende Biomasse immer nur einmal genutzt werden kann: entweder als Lebensmittel oder für die stoffliche Verwendung oder zur Energieversorgung. Letztlich legt der Gesetzgeber durch Vorschriften, Steuern und Subventionen fest, was der Landwirt anpflanzt.

Synthetische Kraftstoffe sind relativ teuer, haben aber den Vorteil, dass sie mit genau definierten Eigenschaften hergestellt werden können. Deswegen sind sie besonders für Fahrzeuge prädestiniert, die extrem emissionsarm sein sollen. Bei den BTL-Kraftstoffen argumentiert man immer, dass sie statt Lebensmittel biologische Abfallstoffe verwenden werden. Allerdings gibt es in den Industriestaaten kaum biologische Abfallstoffe, weil diese weitgehend kompostiert werden und damit schon eine Rolle im Ökokreislauf spielen. GTL ist ein sehr interessanter Kraftstoff, weil die Erdgasvorräte noch viel länger reichen werden als die Erdölvorräte. Zudem wird momentan immer noch weltweit Erdgas in großem Umfang abgefackelt, weil bei der Erdölförderung Erdgas an die Oberfläche gelangt, das niemand haben möchte.

Erdgas selbst kann auch als Gas verwendet werden. Der Vorteil von Erdgas ist, dass es in großer Menge verfügbar ist und sauberer als Benzin oder Diesel verbrennt. Allerdings benötigt Erdgas im Fahrzeug etwa 4-mal so viel Platz wie Benzin oder Diesel. Es wird in Druckbehältern gespeichert, die entweder sehr schwer (Stahl) oder sehr teuer (Verbundwerkstoffe) sind.

Flüssiggas (Autogas) ist ein Gemisch aus Propan und Butan. Es ist ein in vielen Ländern bewährter Kraftstoff, der nicht viel mehr Platz im Fahrzeug benötigt als Benzin oder Diesel. Allerdings wird Flüssiggas aus Erdöl hergestellt und ist deswegen kein Ersatz für die zur Neige gehenden Erdölkraftstoffe.

Wasserstoff ist im Motor insofern ein idealer Kraftstoff, als er $CO_2$-frei verbrennt. Allerdings entsteht heute bei der Produktion von Wasserstoff aus Erdgas eine große $CO_2$-Menge (vergleiche Abschn. 2.13). Von der Ökobilanz her ist Wasserstoff nur dann

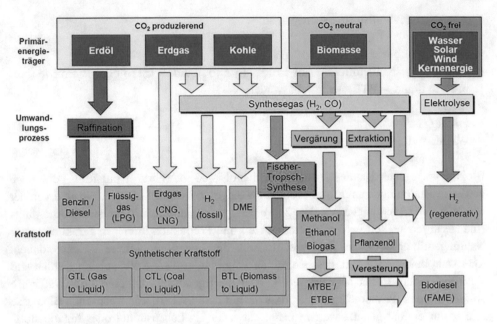

**Abb. 2.5**  Kraftstoffpfade nach Robert Bosch GmbH [11]

interessant, wenn er unter Verwendung von regenerativen Energieträgern hergestellt wird. Dann ist Wasserstoff aber sehr teuer. Wasserstoff wird in Fahrzeugen in Druckbehältern gespeichert und benötigt etwa 5-mal so viel Platz wie Benzin oder Diesel.

Zusammenfassend zeigt Abb. 2.5 die Vielzahl von möglichen Kraftstoffen und ihre Herkunft.

---

**Zusammenfassung**

In den nächsten Jahrzehnten ist mit einer deutlichen Verknappung des weltweit verfügbaren Erdöls zu rechnen. ◄

---

## 2.11  Sind die Pkw wirklich die Hauptverursacher der $CO_2$-Emissionen?

---

**Der Leser/die Leserin lernt:**

Verursacher der $CO_2$-Emissionen. ◄

---

Wenn man in Deutschland die öffentliche Meinung aufmerksam verfolgt, dann hat man den Eindruck, dass die Pkw die Hauptverursacher der $CO_2$-Emissionen sind. Dem ist aber nicht so. Die Tab. 2.2 zeigt Daten des Umweltbundesamtes [12] aus dem Jahr 2017.

**Tab. 2.2** Hauptverursacher der $CO_2$-Emission in Deutschland im Jahr 2017 nach Daten des Umweltbundesamtes [12]

| Verursacher | Anteil an den $CO_2$-Emissionen in % |
|---|---|
| Energiewirtschaft | 38,6 |
| Verkehr | 20,8 |
| Verarbeitendes Gewerbe | 20,8 |
| Haushalte und Kleinverbraucher | 17,1 |
| Industrieprozesse | 5,9 |

Man erkennt, dass in Deutschland nur etwa 21 % der $CO_2$-Emissionen vom Verkehr verursacht werden.

Wenn man die Autofahrer befragt, dann meinen viele, dass die großen SUV-Fahrzeuge das meiste $CO_2$ produzieren. Wie die Tab. 2.3 und die Abb. 2.6 für die Pkw-Neuzulassungen im Jahr 2018 zeigen, stimmt das nur teilweise. Die SUVs sind zu etwa 19 % an den $CO_2$-Emissionen beteiligt. Das passt ungefähr zu Ihrem Marktanteil von etwa 18 %. Die Minis, Kleinwagen und die Kompaktklasse produzieren etwa ein Drittel der $CO_2$-Emissionen.

Die europäische Gesetzgebung limitiert den Kraftstoffverbrauch der Pkw durch einen $CO_2$-Grenzwert. Über diesen Grenzwert wurde im Vorfeld lange gestritten. Nach dem Willen einiger europäischer Länder sollte er für alle Pkw gleich sein. Das hätte bedeutet,

**Tab. 2.3** Anteil der Fahrzeugklassen im Jahr 2018 an den Pkw-Neuzulassungen und an den $CO_2$-Emissionen nach Daten von [50] und [51]

| Fahrzeugklasse | Anteil an den Neuzulassungen in % | Anteil an den $CO_2$-Emissionen in % |
|---|---|---|
| Minis | 7,0 | 5,7 |
| Kleinwagen | 14,5 | 12,1 |
| Kompaktklasse | 22,0 | 20,1 |
| Mittelklasse | 10,9 | 11,2 |
| Obere Mittelklasse | 3,8 | 4,2 |
| Oberklasse | 0,9 | 1,1 |
| SUVs | 18,3 | 18,9 |
| Geländewagen | 8,8 | 11,1 |
| Sportwagen | 1,2 | 1,8 |
| Mini-Vans | 2,3 | 2,2 |
| Großraum-Vans | 3,6 | 3,9 |
| Ultilties | 4,7 | 5,5 |
| Wohnmobile | 1,4 | 2,2 |

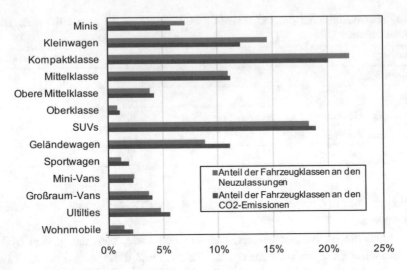

**Abb. 2.6** Anteil der Fahrzeugklassen im Jahr 2018 an den Pkw-Neuzulassungen und an den $CO_2$-Emissionen nach Daten von [50] und [51]

dass beispielsweise eine S-Klasse oder ein Van keinen größeren Kraftstoffverbrauch haben darf als ein Kleinwagen. Andere europäische Länder argumentierten, dass das nicht nachvollziehbar sei, weil große und insbesondere schwere Fahrzeuge eben aus physikalischen Gründen einen höheren Verbrauch haben müssten. Letztlich wurde in der Gesetzgebung eine leichte Abhängigkeit vom Fahrzeuggewicht berücksichtigt.[1]

---

**Zusammenfassung**

In Deutschland tragen die Pkw nur zu etwa 21 % zur $CO_2$-Produktion bei. ◄

---

## 2.12  Kann sich im Winter hinter einem Wasserstoffbus Glatteis bilden?

**Der Leser/die Leserin lernt:**

stöchiometrische Berechnung bei der Wasserstoffverbrennung. ◄

---

[1]Der Autor erinnert sich noch an die Zeit, als seine drei Kinder im Teenageralter beim Kauf eines neuen Fahrzeuges so lange über die schlechten Sitzmöglichkeiten auf der Rückbank eines Pkw geklagt haben, bis er dann einen Van mit Einzelsitzen für alle Personen gekauft hat. Alternativ wären ja auch drei Smarts möglich gewesen. Dann müsste doch der Van den dreifachen Verbrauch eines Smart-Kleinwagen haben dürfen, oder?

Die Verwaltung einer deutschen Großstadt überlegt sich, ob sie die städtischen Busse auf den Betrieb mit Wasserstoff statt Diesel umrüsten soll. Die Befürworter freuen sich über die Tatsache, dass Wasserstoffmotoren kein $CO_2$ emittieren und somit die Umwelt entlastet wird. Die Gegner des Projektes befürchten, dass sich im Winter folgendes Problem ergeben könnte: Wasserstoffmotoren emittieren Wasser als Reaktionsprodukt der Verbrennung. Dieses Wasser könnte im Winter kondensieren und einen Eisfilm auf der Straße bilden, der dann zu unerwarteter Straßenglätte führen könnte.

Mit folgenden überschlägigen Berechnungen kann man grob abschätzen, ob das geschilderte Problem wirklich auftreten kann. Dabei werden die Abschätzungen bewusst so gewählt, dass man auf der sicheren Seite ist.

Wenn der Diesel-Stadtbus einen Kraftstoffverbrauch von 30 l/(100 km) hat und dabei mit einer Geschwindigkeit von 50 km/h fährt, so entspricht das einem Verbrauch von 15 l/h. (Diese Werte sind sehr hoch geschätzt.) Bei einer Dieselkraftstoff-Dichte von 0,84 kg/l ergibt das einen Diesel-Massenstrom von 12,6 kg/h. Das entspricht, unter Verwendung des Heizwertes von Dieselkraftstoff, einem Energiestrom von 539 MJ/h. Unter Verwendung des Heizwertes von Wasserstoff (vergleiche Stoffwertetabelle im Anhang) ergibt sich, dass ein Wasserstoff-Massenstrom von 4,5 kg/h den gleichen Energieinhalt hat.

Mit der Reaktionsgleichung

$$H_2 + \frac{1}{2}O_2 \quad \rightarrow \quad H_2O$$

kann man ausrechnen, dass bei der Verbrennung von 2 g Wasserstoff 18 g Wasser entstehen. Aus dem Wasserstoff-Massenstrom von 4,5 kg/h entstehen also 40,5 kg Wasser pro Stunde. Da der Bus mit einer Geschwindigkeit von 50 km/h fährt, verteilt sich das Wasser mit 0,81 kg/km. Im schlimmsten Fall verteilt sich das Wasser komplett auf der Straße und geht nicht in die Luft. Wenn man von einer Wasserspur mit einer Breite von 1 m ausgeht, so verteilt sich das Wasser mit 0,8 g/m². Da die Dichte von Wasser 1 kg/l beträgt, entspricht das auch 0,8 ml/m² oder einer Wasserhöhe von 0,8 μm. Man kann davon ausgehen, dass eine Eisschichtdicke von weniger als 1 μm nicht zu Glatteis führt. Wenn der Bus allerdings längere Zeit an einer Haltestelle steht, so ist eine Eisbildung grundsätzlich nicht auszuschließen.

### Zusammenfassung

Einem Dieselverbrauch von 15 l/h entspricht aus energetischer Sicht ein Wasserstoffverbrauch von etwa 4,5 kg/h. Dabei werden etwa 40 kg Wasser pro Stunde produziert. Bei normalem Fahrbetrieb ist nicht mit einer Glatteisbildung auf der Straße zu rechnen. ◄

## 2.13    Ist ein Pkw mit einer Wasserstoff-Brennstoffzelle eigentlich $CO_2$-frei?

---

**Der Leser/die Leserin lernt:**

Well-to-Wheel-Studie|offener und geschlossener $CO_2$-Kreislauf. ◄

---

Bei der Verbrennung von Kraftstoffen, die Kohlenwasserstoff-Verbindungen enthalten, entstehen als Verbrennungsprodukte $CO_2$ und $H_2O$. Bei der Verbrennung von Wasserstoff entsteht nur Wasser. Diese Aussagen gelten sowohl für die Verbrennung von Kraftstoffen in Verbrennungsmotoren als auch für die chemische Umwandlung in Brennstoffzellen. Insofern ist eine mit Wasserstoff betriebene Brennstoffzelle $CO_2$-frei. Allerdings unterscheidet man bei der seriösen $CO_2$-Bilanz eines Antriebs zwischen der $CO_2$-Menge, die im Betrieb des Fahrzeuges entsteht, und der $CO_2$-Menge, die bei der Herstellung und der Bereitstellung des Kraftstoffes entsteht. Derartige Ökobilanzen nennt man Well-to-Wheel-Analysen („von der Quelle bis zum Rad").

2007 wurde eine große Studie von CONCAWE, EUCAR und JRC durchgeführt. Auf einer Website von Daimler kann man deren Ergebnisse für viele Antriebskombinationen berechnen lassen [13]. Abb. 2.7 zeigt einige Ergebnisse der Studie für einen typischen Pkw mit einer Reichweite von 600 km. Bei den Elektrofahrzeugen ist die Reichweite aber nicht so groß. Die Batteriegewichte sind auf Werte von 1000 kg bei Li-Ionen- bzw. 3000 kg bei Nickel-Metallhydrid-Akkus beschränkt.

Deutlich kann man die beiden unterschiedlichen $CO_2$-Produktionsarten auf dem Weg zum Tank (Well-to-Tank) und vom Tank über den Antrieb bis zum Rad (Tank-to-Wheel) erkennen. Man kann ablesen, dass beim Ottomotor 23 g/km $CO_2$ bei der Kraftstoffbereitstellung und 139 g/km im Fahrzeug entstehen. Wenn Wasserstoff in einer Brennstoffzelle zur Bereitstellung von elektrischer Energie verwendet wird, so entsteht wie beim reinen Wasserstoffmotor im Fahrzeug kein $CO_2$. Bei der Herstellung von Wasserstoff aus Erdgas entstehen aber 115 g/km an $CO_2$. Erst bei der regenerativen Bereitstellung von Wasserstoff durch Elektrolyse aus Wasser mit Hilfe beispielsweise von Windenergie entsteht ein wirklich nahezu $CO_2$-freier Well-to-Wheel-Weg. Die regenerative Produktion von Wasserstoff aus Wasser kostet aber ca. 3-mal (Windenergie) bis 10-mal (Fotovoltaik) so viel wie die Wasserstoffherstellung aus Erdgas, sodass aus heutiger Sicht die ökologische Wasserstoffwirtschaft noch lange nicht ökonomisch ist.

Bei den Elektrofahrzeugen ist die Ökobilanz nur dann gut, wenn der Strom regenerativ hergestellt wird. Das E-Fahrzeug mit den alten Nickel-Metallhydrid-Akkus (300 kg) hat einen sehr schlechten $CO_2$-Wert, weil das Fahrzeug außerordentlich schwer ist.

Interessant ist auch die Ökobilanz von Biokraftstoffen. Man sieht bei Biodiesel (RME), Bioethanol und BTL (Biomass-to-Liquid, ein Biokraftstoff der sogenannten 2.

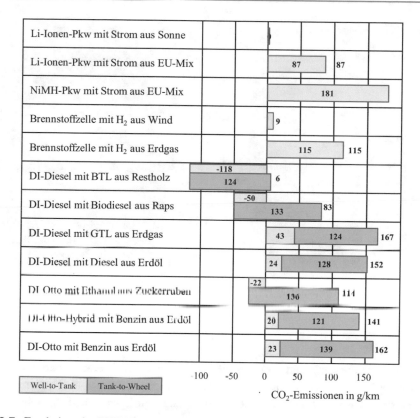

**Abb. 2.7**   Ergebnisse der EUCAR-Studie nach [13]

Generation), dass die CO$_2$-Bilanz teilweise deutlich besser ist als bei einem Brennstoff-zellenfahrzeug mit Wasserstoff aus Erdgas. Der negative Zahlenwert bei der Herstellung der Biokraftstoffe repräsentiert die CO$_2$-Menge, die beim Wachsen der Pflanzen durch die Fotosynthese in Sauerstoff umgewandelt wird. Letztlich ermöglichen Biokraftstoffe eine deutliche Reduzierung der CO$_2$-Menge. Natürlich müssen dabei soziale, ethische und politische Aspekte mit berücksichtigt werden. Solange in Europa aber Ackerflächen brachliegen, ist zumindest in dieser Region die Produktion von Biokraftstoffen eine sinn-volle Option.

Abb. 2.8 zeigt den Unterschied zwischen dem sogenannten offenen CO$_2$-Kreis-lauf und dem geschlossenen CO$_2$-Kreislauf. Beim geschlossenen CO$_2$-Kreislauf wird im Verbrennungsmotor CO$_2$ in ähnlicher Menge produziert, wie es die Pflanzen kurze Zeit vorher im Rahmen der Fotosynthese beim Wachstum beseitigt haben. Beim offenen CO$_2$-Kreislauf fanden die Fotosynthese-Reaktionen von Jahrmillionen statt und helfen deswegen heute nicht bei der Begrenzung der CO$_2$-Konzentration in der Erdatmosphäre.

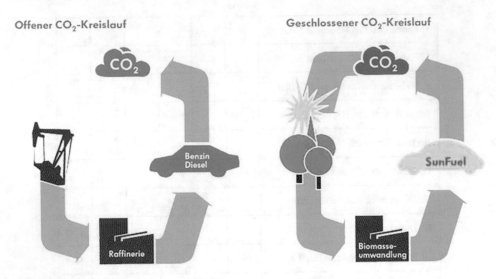

**Abb. 2.8** Offener und geschlossener $CO_2$-Kreislauf nach Volkswagen [14]

---

**Zusammenfassung**

Bei der Herstellung von Wasserstoff aus Erdgas wird eine große $CO_2$-Menge produziert. Ein Wasserstoffauto entspricht deswegen etwa einem 3- oder 4-l-Auto. Wenn der Wasserstoff dagegen regenerativ erzeugt wird, was allerdings sehr teuer ist, dann entsteht fast kein $CO_2$. ◄

---

## 2.14  Wie ist das mit der $CO_2$-Strafsteuer für Neufahrzeuge?

**Der Leser/die Leserin lernt:**

Große $CO_2$-Emissionen werden bei Pkw strenger bestraft als bei Industrieanlagen. ◄

Die europäische Gesetzgebung sieht eine Strafsteuer vor, wenn ein Neuwagen mehr $CO_2$ produziert, als es der Gesetzgeber erlaubt. Vereinfacht gesagt muss pro Gramm $CO_2$, das der Neuwagen pro Kilometer mehr als erlaubt produziert, einmalig eine Strafe von 95 EUR bezahlt werden. (Die Gesetzgebung ist natürlich viel komplizierter. Für diese kleine Rechenaufgabe sollen diese Angaben aber genügen.) Wenn ein Pkw also beispielsweise 130 g $CO_2$ pro Kilometer produziert, der Gesetzgeber aber nur 95 g/km erlaubt, dann muss der Kunde beim Fahrzeugkauf eine Strafe in Höhe von 35 * 95 EUR = 3325 EUR bezahlen. Man kann sich vorstellen, dass der Kunde diese knapp 3500 EUR lieber für Technik ausgibt, die ihm hilft, Kraftstoff zu sparen, als sie „dem Staat einfach zu schenken".

Diese Art von Bestrafung für eine erhöhte $CO_2$-Produktion ist in der Industrie schon lange bekannt. Dort nennt man das den Handel mit $CO_2$-Emissions-Zertifikaten. Diese Zertifikate werden in Europa an der Börse gehandelt. Viele Jahre lang lag der Preis bei etwa 5 EUR pro Tonne emittiertem $CO_2$. Seit 2017 steigt er deutlich an und liegt 2019 bei etwa 30 EUR pro Tonne $CO_2$. Wie ist dieser Preis im Vergleich zur $CO_2$-Strafsteuer für Pkw zu bewerten?

Wenn man davon ausgeht, dass ein Pkw eine Fahrstrecke von insgesamt 200.000 km fährt, dann produziert er in dieser Zeit bei einem $CO_2$-Wert von 95 g/km insgesamt 19 Tonnen $CO_2$. Bei einem Verbrauch von 130 g/km sind es 26 Tonnen. Das bedeutet, dass dieses Mehr von 7 Tonnen $CO_2$ mit 3325 EUR bezahlt werden muss. Das ergibt dann einen Preis von 475 EUR pro Tonne $CO_2$. Im Vergleich zu den etwa 5 bis 30 EUR, die ein Industriebetrieb für seine $CO_2$-Emission bezahlen muss, ist das Kohlendioxid aus Pkw ungefähr 20- bis 100-mal teurer. Eigenartig, oder? 2019 fordert die Umweltschutzbewegung einen $CO_2$-Preis von bis zu 180 EUR pro Tonne. Selbst bei diesem Preis ist das $CO_2$ aus Pkw immer noch teurer als das aus Industrieanlagen.

Ein weiterer Problempunkt ist, dass die Gesetzgebung der EU die $CO_2$-Emissionen bei der Bereitstellung der Energie nicht berücksichtigt. Das führt dazu, dass Strom als $CO_2$-frei bewertet wird, obwohl das nur bei komplett regenerativ erzeugtem Strom der Fall wäre. Bei dem aktuellen (2018) Strommix in Deutschland entstehen bei der Herstellung von Strom etwa 474 g $CO_2$ pro kWh.

Das ist auch ein Grund, warum sich regenerativ hergestellte synthetische Kraftstoffe sehr schwer tun. Denn die $CO_2$-Reduzierung, die mit ihrer Herstellung einhergeht, wird nicht eingerechnet.

---

**Zusammenfassung**

Der Gesetzgeber bestraft $CO_2$ aus Pkw wesentlich strenger als $CO_2$ aus Industrieanlagen. ◄

---

## 2.15   Warum haben Erdgasfahrzeuge eine kleinere Reichweite als Benzinfahrzeuge?

**Der Leser/die Leserin lernt:**

Auswirkung  des geringen volumetrischen Heizwerts von Erdgas auf die Tankgröße.
◄

Der Fiat Multipla war auch als Erdgasfahrzeug lieferbar. Hierbei besitzt der Multipla vier Erdgasflaschen mit einem Volumen von jeweils 54 Litern, in denen sich Erdgas bei einem maximalen Druck von 200 bar befindet. Bei einer geschätzten Gastemperatur von 300 K kann man mit der thermischen Zustandsgleichung für ideale Gase die Gasmasse bestimmen. (Die Stoffwerte von Erdgas, das im Wesentlichen aus Methan besteht, kann man der Stoffwertetabelle im Anhang entnehmen.) Mit dem Heizwert ergibt sich dann die Energie, die in 216 l Gas enthalten ist. Wenn man annimmt, dass der Wirkungsgrad des Motors im Erdgasbetrieb genauso groß ist wie im Benzinbetrieb, dann muss Benzin den gleichen Energieinhalt haben, um die gleiche Reichweite zu erzielen. Unter Verwendung des Heizwertes von Benzin ergibt sich dann eine Kraftstoffmasse von 33 kg, was einem Volumen von 43 l entspricht.

Man kann an diesem Beispiel gut sehen, dass man gegenüber dem Benzinbetrieb bei Erdgas etwa das fünffache Tankvolumen benötigt, um die gleiche Reichweite zu erzielen. Dies gilt übrigens näherungsweise auch für den Wasserstoffbetrieb, egal, ob der Wasserstoff in einem Verbrennungsmotor oder in einer Brennstoffzelle genutzt wird.

---

**Zusammenfassung**

Bei Erdgasfahrzeugen muss der Tank etwa 5-mal so groß sein wie bei Benzinbetrieb, wenn man die gleiche Reichweite erzielen möchte. ◄

## 2.16   Lohnt es sich, E10 zu tanken?

---

**Der Leser/die Leserin lernt:**

notwendiger  Preisvorteil von E10 gegenüber Super 95, damit sich das Tanken lohnt.
◄

Die Einführung von E10 (Benzin mit einer Beimischung von bis zu 10 % Bioethanol) war und ist in Deutschland sehr umstritten. Angeblich steigt damit der Kraftstoffverbrauch des Fahrzeuges. Außerdem seien Biokraftstoffe ohnehin ethisch nicht zu vertreten. An dieser Stelle soll nicht auf das zweite Argument eingegangen werden, weil die Diskussion darüber sehr aufgeheizt und teilweise auch unsachlich ist. Eine ausgewogene Diskussion würde den Rahmen des Buches sprengen.

Das erste Argument kann aber leicht nachgerechnet werden. Ethanol hat einen deutlich geringeren Heizwert als Benzin. Bei Benzin geht man von einem durchschnittlichen Wert $H_U = 42$ MJ/kg aus. (Je nach Raffinerie und Herkunft des Rohöls variiert der Heizwert, vergleiche zum Beispiel [15]). Der entsprechende Zahlenwert von Ethanol liegt bei $H_U = 26{,}8$ MJ/kg. Das bedeutet, dass der massenbezogene Energieinhalt von Ethanol deutlich geringer ist als der von Benzin. Allerdings wird Kraftstoff in Deutschland nach dem Volumen bezahlt. Der auf das Volumen bezogene Heizwert ergibt sich unter Berücksichtigung der Kraftstoffdichte. Sie beträgt bei Benzin $\rho = 0{,}76$ kg/l (zulässiger Bereich in der Norm EN 228 : 0,720 … 0,775 kg/l) und bei Ethanol $\rho = 0{,}789$ kg/l. Damit ergibt sich ein volumenbezogener Heizwert von 31,9 MJ/l bei Benzin und von 21,1 MJ/l bei Ethanol.

Der an Tankstellen verfügbare Superkraftstoff mit einer Oktanzahl von 95 enthält bis zu 5 % Bioethanol. Man könnte ihn also auch als E5 bezeichnen. E10 enthält 10 % Ethanol. Unter der Annahme, dass es sich hier um Volumenanteile handelt, ergibt sich für Superbenzin (E5) ein volumenbezogener Heizwert von 31,4 MJ/l und für E10 ein Wert von 30,8 MJ/l. Das bedeutet, dass E10 knapp zwei Prozent weniger Energie pro Volumen enthält als Superbenzin. Deswegen sollte der Kraftstoffpreis an der Tankstelle auch etwa 3 ct pro Liter günstiger sein. An den meisten Tankstellen ist E10 etwa 2 ct preiswerter als Superbenzin (Stand: 2019). Das bedeutet, dass sich das Tanken von E10 finanziell geringfügig positiv auswirken kann, wenn sich der Motor mit E10 genauso verhält wie mit E5. Allerdings ist dieser kleine Vorteil kaum „erfahrbar", weil die natürliche Verbrauchsschwankung durch die Fahrweise und den Verkehr im Allgemeinen viel größer ist. Letztlich muss man also noch andere Argumente berücksichtigen, um sich für oder gegen E10 zu entscheiden.

> **Zusammenfassung**
>
> Aus finanzieller Sicht lohnt sich das Tanken von E10, wenn der Literpreis etwa 3 ct günstiger ist als der von Super 95. ◄

## 2.17 Welche Schadstoffe findet man im Abgas eines Verbrennungsmotors?

> **Der Leser/die Leserin lernt:**
>
> Schadstoffe im Abgas von Verbrennungsmotoren|$NO_x$-Ruß-Trade-off|SCR-System. ◄

Die heutigen Kraftstoffe bestehen meistens aus Kohlenwasserstoffverbindungen. Der im Kraftstoff enthaltene Kohlenstoff reagiert mit dem Luftsauerstoff zu Kohlendioxid. Der im Kraftstoff enthaltene Wasserstoff reagiert mit dem Luftsauerstoff zu Wasser. Kohlendioxid gehört damit nicht zu den Schadstoffen eines Verbrennungsmotors, auch wenn es für die Umwelt schädlich ist. Denn $CO_2$ ist ein normales Reaktionsprodukt der motorischen Verbrennung.

Dagegen sind Kohlenmonoxid (CO), Ruß (C), verschiedene Stickoxidverbindungen (Sammelbegriff $NO_x$) sowie verschiedene Kohlenwasserstoffverbindungen (Sammelbegriff HC) Schadstoffe, weil ihre Entstehung vermieden werden kann oder weil sie zumindest in einer Abgasreinigungsanlage in unproblematische Komponenten umgewandelt werden können. Die Konzentration dieser Schadstoffe im ungereinigten Abgas von Verbrennungsmotoren beträgt insgesamt etwa 0,1 % bis 1 %. Die genaue Messung dieser Konzentrationen erfordert eine sehr aufwändige Messtechnik, die mehrere Hunderttausend Euro kostet und die sich normale Autowerkstätten oder der TÜV nicht leisten können. Mit den Geräten, die die Werkstätten einsetzen, können die Schadstoffkonzentration nur sehr ungenau gemessen werden.

Bei Ottomotoren ist die Abgasreinigung relativ einfach mit dem sogenannten 3-Wege-Katalysator möglich. Dieser heißt nicht 3-Wege-Kat, weil das Abgas drei verschiedene

Wege einschlagen würde. Vielmehr handelt es sich um eine schlechte Übersetzung aus dem Englischen. Sie meint, dass mit dem Katalysator die drei typischen ottomotorischen Schadstoffkomponenten CO, HC und $NO_x$ beseitigt werden können. Im Wesentlichen sorgt der Katalysator dafür, dass die Stickoxide ihren Sauerstoff an die CO- und HC-Moleküle abgeben, damit diese zu $H_2O$ und $CO_2$ oxidieren können. Der Stickstoff der Stickoxide selbst ist ebenso unschädlich wie der in großer Menge vorhandene Luft-stickstoff. Damit diese chemischen Reaktionen im Katalysator ablaufen können, muss das Mischungsverhältnis von HC und CO auf der einen Seite und das von $NO_x$ auf der anderen Seite so sein, dass diese Komponenten nahezu vollständig beseitigt werden. Wenn das Mischungsverhältnis nicht stimmt und beispielsweise zu viele Stickoxide vor-handen sind, dann können diese nicht reduziert werden. Das richtige Mischungsverhält-nis ist dann erreicht, wenn das Luftverhältnis einen Wert von etwa eins hat. Deswegen überwacht bei modernen Ottomotoren die Motorelektronik mithilfe einer Lambdasonde das Mischungsverhältnis im Abgas und korrigiert gegebenenfalls die Einspritzmenge so, dass sich das gewünschte Luftverhältnis einstellt. Einige typische Reaktionsgleichungen sehen folgendermaßen aus:

**Oxidation von CO und HC:**

$$C_xH_y + (x + \frac{y}{4}) \cdot O_2 \quad \rightarrow \quad x \cdot CO_2 + \frac{y}{2} \cdot H_2O$$

$$CO + \frac{1}{2}O_2 \quad \rightarrow \quad CO_2$$

$$CO + H_2O \quad \rightarrow \quad CO_2 + H_2$$

**Reduktion von NO und $NO_2$:**

$$NO + CO \quad \rightarrow \quad \frac{1}{2} \cdot N_2 + CO_2$$

$$NO + H_2 \quad \rightarrow \quad \frac{1}{2} \cdot N_2 + H_2O$$

$$(2 \cdot x + \frac{y}{2}) \cdot NO + C_xH_y \quad \rightarrow \quad (x + \frac{y}{4}) \cdot N_2 + x \cdot CO_2 + \frac{y}{2} \cdot H_2O$$

Bei Dieselmotoren ist die Abgasreinigung wesentlich komplizierter. Die HC- und CO-Moleküle können zwar relativ einfach in einem Oxidationskatalysator mit dem Rest-sauerstoff, der im dieselmotorischen Abgas immer vorhanden ist ($\lambda > 1$), oxidiert werden. Beim Ruß und bei den Stickoxiden ist das aber nicht so einfach.

Das Problem dieser beiden Komponenten ist, dass es keine Motoreinstellung gibt, bei der sowohl Ruß als auch $NO_x$ minimal werden. Entweder kann man die Rußmenge klein halten oder die $NO_x$-Menge. Die jeweils andere Komponente ist dann aber besonders groß.

Das hängt damit zusammen, dass $NO_x$ gerne bei hohen Temperaturen und Luftüber-schuss entsteht, Ruß dagegen bei niedrigen Temperaturen und Luftmangel. Dieses gegen-läufige Verhalten wird auch als $NO_x$-Ruß-Trade-off bezeichnet (Abb. 2.9). Wenn man den

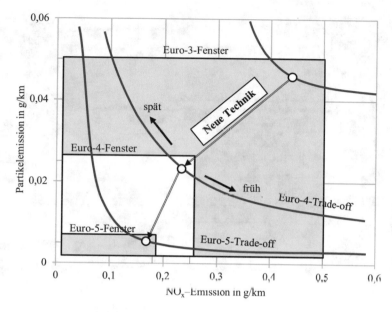

**Abb. 2.9**  Partikel-NO$_x$-Trade-off

Einspritzbeginn und damit den Verbrennungsbeginn nach früh oder nach spät verschiebt, dann bewegen sich die Emissionen auf der Trade-off-Linie.

Bei der Anpassung eines Dieselmotors an eine Abgasgesetzgebung wählt man den relativ frei wählbaren Einspritzbeginn so, dass die Abgasgrenzwerte gerade so eingehalten werden. Wenn man dann in einer nächsten Entwicklungsstufe strengere Grenzwerte einhalten möchte, muss man neue Techniken einsetzen (beispielsweise Abgasrückführung oder Hochdruckeinspritzung), um auf eine andere Trade-off-Linie zu gelangen.

Bislang hat man Dieselmotoren so eingestellt, dass ihre NO$_x$- und Ruß-Emissionen einen guten Kompromiss darstellen. Die restlichen Emissionen werden dann mit einer Abgasrückführung und/oder einem NO$_x$-Speicherkatalysator und/oder einem Rußfilter beseitigt. Alle bisher bekannten Maßnahmen zur NO$_x$-Minderung führen aber immer zu einem Kraftstoffmehrverbrauch des Motors.

Bei Lkw und auch bei Pkw wird seit Euro 6 die sogenannte SCR-Technik (Abb. 2.10) eingesetzt. Bei der selektiven katalytischen Reduktion werden die Stickoxide durch die Zugabe von Ammoniak (NH$_3$) beseitigt. Weil Ammoniak allerdings sehr aggressiv ist, verwendet man im mobilen Einsatz Harnstoff (CO(NH$_2$)$_2$). Dieser wird unter dem Handelsnamen AdBlue® als wässrige Lösung vertrieben.

Der große Vorteil der SCR-Technik ist, dass man mit einem entsprechenden Einsatz von AdBlue relativ große NO$_x$-Konzentrationen beseitigen kann. Damit bietet sich die Möglichkeit, Dieselmotoren rußarm und verbrauchsgünstig einzustellen und die dabei entstehende große NO$_x$-Menge mit AdBlue weitgehend zu beseitigen. Das, was man

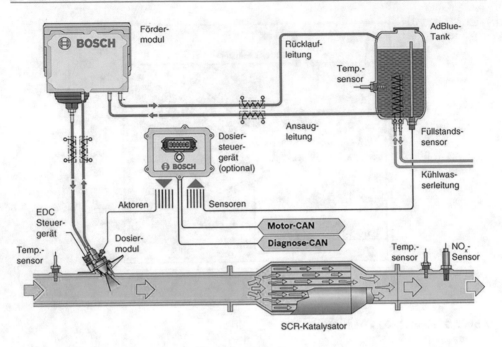

**Abb. 2.10**  SCR-System von Robert Bosch GmbH [16]

dabei an Kraftstoff spart, ist mehr, als das AdBlue kostet. Deswegen haben alle Lkw-Hersteller ihre Motoren auf diese neue Technik umgerüstet.

---

**Zusammenfassung**

Im Abgas eines Verbrennungsmotors befinden sich die natürlichen Verbrennungs-produkte Kohlendioxid ($CO_2$) und Wasser ($H_2O$) sowie der in der Luft vorhandene Stickstoff ($N_2$). Wenn die Verbrennung schlecht oder die Abgasreinigung nicht optimal ist, dann findet man zusätzlich mehr oder weniger große Mengen der Schad-stoffkomponenten Kohlenmonoxid (CO), verschiedene Stickoxidverbindungen ($NO_x$), unverbrannte Kohlenwasserstoffverbindungen (HC) und Rußpartikel. ◄

---

## 2.18  Wie sind die Emissionsgrenzwerte für Pkw in Europa?

---

**Der Leser/die Leserin lernt:**

Emissionsgrenzwerte für Pkw in Europa (Euro-Gesetzgebung). ◄

Die Tab. 2.4 zeigt die Emissionsgrenzwerte für Pkw in Europa gemäß den Abgasstufen Euro 1 bis Euro 6. Interessant ist, dass mit Euro 5 auch Rußgrenzwerte für Ottomotoren

**Tab. 2.4**  Emissionsgrenzwerte für Pkw in Europa

| Betriebsart | Schadstoffe | Euro 1 seit 7/1992 | Euro 2 seit1/1996 | Euro 3 seit 1/2000 | Euro 4 seit 1/2005 | Euro 5 seit 9/2009 | Euro 6 seit 9/2014 |
|---|---|---|---|---|---|---|---|
| Otto | CO | 2,72 | 2,2 | 2,3 | 1,0 | 1,0 | 1,0 |
| | HC + $NO_X$ | 0,97 | 0,5 | – | – | – | – |
| | HC | – | – | 0,2 | 0,1 | 0,1 | 0,1 |
| | $NO_X$ | – | – | 0,15 | 0,08 | 0,06 | 0,06 |
| | Partikelmasse | – | – | – | – | 0,005 | 0,0045 |
| | Partikelanzahl | – | – | – | – | – | $6 \cdot 10^{11}$ |
| Diesel | CO | 2,72 | 1,0 | 0,64 | 0,50 | 0,50 | 0,50 |
| | HC + $NO_X$ | 0,97 | 0,7 | 0,56 | 0,30 | 0,23 | 0,17 |
| | $NO_X$ | – | – | 0,50 | 0,25 | 0,18 | 0,08 |
| | Partikelmasse | – | 0,08 | 0,05 | 0,025 | 0,005 | 0,0045 |
| | Partikelanzahl | – | | – | – | – | $6 \cdot 10^{11}$ |

Alle Werte außer Partikelanzahl in g/km  Partikelanzahl in 1/km

eingeführt wurden. Das geht auf die Gefahr von Rußbildung bei direkt einspritzenden Ottomotoren zurück.

Die aktuelle Abgasnorm in Europa ist also die Euro-6-Norm. Innerhalb derer werden mehrere Stufen unterschieden. Bei der Norm 6b wird das Fahrzeug auf dem Rollenprüf-stand im NEFZ-Fahrzyklus (vergl. Abschn. 6.15) vermessen. Bei der Norm 6c wird der WLTP-Fahrzyklus (vergl. Abschn. 6.16) verwenden. Bei der Norm 6d werden einige Emissionen zusätzlich im realen Fahrbetrieb auf der Straße vermessen (Real Driving Emissions – RDE). Es ist logisch, dass im realen Fahrbetrieb die Emissionen höher sein können als im genormten Prüfstandsbetrieb. Deswegen dürfen die Fahrzeuge im RDE-Test (vergl. Abschn. 2.19) höhere NOx- und höhere Partikelemissionen aufweisen. Der Übereinstimmungsfaktor (Conformity factor CF) legt fest, um welchen Faktor die Grenzwerte angehoben werden. Bei den Partikelemissionen ist es der Faktor 1,5. Bei den Stickoxid-Emissionen ist der Faktor 2,1 (Euro 6d-TEMP) bzw. 1,43 (Euro 6d).

## 2.19   Was versteht man unter den Real-Driving-Emissions (RDE)?

Der Leser/die Leserin lernt:

Die RDE-Gesetzgebung erhöht den Aufwand für die Entwicklung von Fahrzeug-antrieben wesentlich. ◄

Bislang wurden die Schadstoffemissionen von Pkw immer nur auf dem Rollenprüfstand gemessen. Das macht es den Ingenieurinnen und Ingenieuren relativ einfach. Denn sie müssen das Fahrzeug und seinen Antrieb nur für einen ganz bestimmten
Test optimieren. Wie sich die Abgase außerhalb des Tests im realen Fahrbetrieb (Real
Driving) verhalten, wurde bislang nicht untersucht. Das war auch kaum möglich, weil
es mobile und ausreichend genaue Abgasmessanlagen erst seit einigen Jahren gibt.

Diese PEMS (Portable Emission Measurement System) werden im oder am Fahrzeug mitgeführt. Sie messen die Abgaskomponenten $CO_2$, CO, $O_2$, NO, $NO_2$ und PN
sowie den Abgasmassenstrom. Zusätzlich werden weitere Daten des Motors und des
Fahrzeugs aufgezeichnet (Abb. 2.11).

Das Fahrprogramm ist im Gegensatz zum Testzyklus zufällig [53]. Es bestehen
allerdings Bandbreiten, innerhalb derer sich der RDE-Test bewegen muss. Solche
Bandbreiten gibt es beispielsweise für die Fahrgeschwindigkeit, die Fahrdynamik, die
Straßensteigung, die Umgebungstemperatur und die geografische Höhe.

Die RDE-Gesetzgebung stellt die Fahrzeugentwickler vor ganz neue Herausforderungen. Bislang sind es die Ingenieurinnen und Ingenieure gewohnt, dass sie
ein eindeutig definiertes Lastenheft erhalten. Sobald alle Forderungen überprüfbar
erfüllt sind, ist die Entwicklung abgeschlossen. Bei den Zufälligkeiten der RDE-
Gesetzgebung weiß man letztlich nie genau, ob man jeden möglichen emissions-
kritischen Betriebszustand erkannt und optimiert hat.

---

### Zusammenfassung

Die RDE-Gesetzgebung ist erst möglich, seitdem es transportable und trotzdem
genaue Abgasmessgeräte (PMES) gibt. Die Optimierung von Fahrzeugen so zu
gestalten, dass sie in allen nur denkbaren Betriebszuständen Abgasgrenzwerte einhalten, stellt die Entwicklung vor ganz neue Herausforderungen. ◄

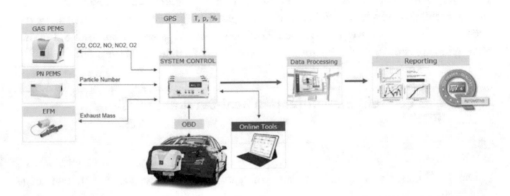

**Abb. 2.11**  RDE-Messsystem (PEMS) mit den Messgrößen und der Weiterverarbeitung der Daten
[53]

## 2.20   Wie kann man aus den Abgaskonzentrationen, die mit einem Abgasmessgerät gemessen werden, auf das Luftverhältnis schließen?

**Der Leser/die Leserin lernt:**

Zusammenhang   zwischen Luftverhältnis und Abgaszusammensetzung | Volumenanteile und Massenanteile sowie deren Umrechnung. ◄

In Abschn. 2.2 wurde gezeigt, dass die verbrannte Kraftstoffmasse und die erzeugte Abgasmasse voneinander abhängen. Die Abgaszusammensetzung kann man in Massenanteilen ($\xi$) oder in Molanteilen ($\psi$) angeben. Bei idealen Gasen entsprechen die Molanteile den Volumenanteilen. Der Zusammenhang zwischen dem Massen- und dem Molanteil der Komponente i im Abgas ist:

$$\xi_i = \frac{M_i}{M} \cdot \psi_i,$$

wobei $M$ die Molmasse des Abgasgemisches ist.

$$M = \sum_i M_i \cdot \psi_i$$

oder

$$\frac{1}{M} = \sum_i \frac{\xi_i}{M_i}.$$

Aus der Reaktionsgleichung lassen sich die Massen der Abgaskomponenten berechnen.

Beispiel: 1 kg Dieselkraftstoff ($\xi_C = 0{,}86$, $\xi_H = 0{,}14$) verbrennt bei einem Luftverhältnis $\lambda = 1{,}4$. Dabei entstehen folgende Abgaskomponenten:

Aus $m_C = 0{,}86$ kg entsteht $m_{CO2} = M_{CO2}/M_C \bullet m_C = 44/12 \bullet 0{,}86$ kg $= 3{,}15$ kg $CO_2$. Dafür werden $m_{O2} = m_{CO2} - m_C = (3{,}15 - 0{,}86)$ kg $= 2{,}29$ kg Sauerstoff benötigt.

Aus   $m_H = 0{,}14$ kg   entsteht   $m_{H2O} = M_{H2O}/M_{H2} \bullet m_H = 18/2 \bullet 0{,}14$ kg $= 1{,}26$ kg Wasser.

Dafür werden $m_{O2} = m_{H2O} - m_H = (1{,}26 - 0{,}14)$ kg $= 1{,}12$ kg Sauerstoff benötigt.

Insgesamt werden für die Verbrennung von 1 kg Kraftstoff 3,41 kg $O_2$ benötigt. Weil Sauerstoff mit einem Massenanteil von 23 % in Luft enthalten ist, wird also eine Luftmasse von $m_L = 1/0{,}23 \bullet 3{,}41$ kg $= 14{,}84$ kg benötigt. Das entspricht einer Mindestluftmasse von $L_{min} = 14{,}84$. Weil der Motor im gewählten Beispiel mit einem Luftüberschuss $\lambda = 1{,}4$ betrieben wird, ergibt sich ein Luftbedarf von 20,78 kg. Darin sind 4,78 kg Sauerstoff und 16,00 kg Stickstoff enthalten.

Aus all dem ergeben sich die in Tab. 2.5 und 2.6 gezeigten Ergebnisse.

Die Volumenanteile der Komponenten im Abgas können mit einem Abgasmessgerät gemessen werden. Manche Messzellen fordern, dass das Abgas „trocken ", also ohne

**Tab. 2.5** Massen der Gaskomponenten, die in den Motor einströmen

| Komponente | Masse/kg |
|---|---|
| Kraftstoff | 1,00 |
| Sauerstoff | 4,78 |
| Stickstoff | 16,00 |
| Summe | 21,78 |

**Tab. 2.6** Massen der Abgaskomponenten, die aus dem Motor strömen

| Komponente | Masse/kg | Massenanteil/% | Volumenanteil/% |
|---|---|---|---|
| Kohlendioxid | 3,15 | 14,48 | 9,48 |
| Wasser | 1,26 | 5,79 | 9,26 |
| Restsauerstoff | 1,37 | 6,27 | 5,65 |
| Stickstoff | 16,00 | 73,46 | 75,61 |
| Summe | 21,78 | 100,00 | 100,00 |

Wasseranteil vermessen wird. Dazu wird dem Abgas das Wasser entzogen. Deswegen muss man bei der Angabe von Abgaskonzentrationen immer wissen, ob die jeweilige Komponente im „trockenen" oder im „feuchten" Abgas gemessen wurde.

Die Berechnung, die eben durchgeführt wurde, um bei Kenntnis des Luftverhältnisses die Konzentrationen zu berechnen, kann auch „rückwärts" erfolgen. Aus der Kenntnis der Konzentrationen der Abgaskomponenten kann man das Luftverhältnis berechnen.

Beispiel: Bei einem Dieselmotor wird im feuchten Abgas eine $CO_2$-Volumenkonzentration von 8 % gemessen. Wie groß war das Luftverhältnis?

Die einfachste Lösung dieser Aufgabe erfolgt durch die Zielwertsuche in Excel. Dabei kann man problemlos untersuchen, wie die Ergebnisse auf unterschiedliche $\lambda$-Vorgaben reagieren. Insbesondere kann man Excel durch die Zielwertsuche dazu veranlassen, den Inhalt der $\lambda$-Zelle so zu ändern, dass sich eine $CO_2$-Konzentration von 0,08 ergibt. Das führt dann zu einem $\lambda$-Wert von 1,67.

---

**Zusammenfassung**

Aus der $CO_2$-Konzentration im Abgas kann man aus den stöchiometrischen Gleichungen berechnen, mit welchem Luftverhältnis der Motor betrieben wurde. ◄

---

## 2.21  Wie viel AdBlue benötigt man, um die $NO_x$-Emission en von Pkw zu reduzieren?

**Der Leser/die Leserin lernt:**

Berechnung der für ein SCR-System notwendigen AdBlue-Menge ◄

Heutige Euro-6-Diesel-Pkw verwenden häufig die SCR-Technik (Abschn. 2.17) zur Abgasnachbehandlung. Manche Autoren geben an, dass man eine AdBlue-Menge in einer Größenordnung von etwa 5 % der Dieselmenge benötigt. Andere Autoren erklären, die AdBlue-Menge sei so klein, dass man sie bei den regelmäßigen Inspektionen alle 20.000 km auffüllen kann. Eine kurze Abschätzung soll helfen, Klarheit in die Problematik zu bringen.

Die Emissionen werden im Fahrzyklus (NEFZ oder WLTP) ermittelt. Wenn ein Euro-5-Diesel-Pkw auf Euro-6-Niveau gebracht werden soll, dann muss eine NO$_x$-Masse von

$$(0{,}18 - 0{,}08)\,\frac{g}{km} = 0{,}1\,\frac{g}{km}$$

beseitigt werden (vergleiche Abschn. 2.18). Der Begriff NO$_x$ ist ein Sammelbegriff für verschiedene Stickstoff-Sauerstoff-Verbindungen. Der größte Teil im Abgas ist NO$_2$. Auch Abgasmessanlagen messen die NO$_2$-Konzentration. Deswegen wird im Folgenden nur mit NO$_2$ weitergerechnet.

Mit den Molmassen von Stickstoff (14 g/mol) und von NO$_2$ (46 g/mol) kann man das Ergebnis der NO$_x$-Masse von 0,1 g/km umrechnen in

$$\frac{14}{46} \cdot 0{,}1\,\frac{g}{km} = 0{,}0304\,\frac{g}{km}$$

Es müssen also 0,0304 g Stickstoff, die im Stickoxid enthalten sind, pro km umgewandelt werden.

AdBlue ist eine wässrige Harnstofflösung. Harnstoff hat die Summenformel CO(NH$_2$)$_2$. Es gibt viele chemische Reaktionen, die in der SCR-Anlage stattfinden. Vereinfachend soll folgende Standard-Reaktion betrachtet werden:

$$4\,NO + 2\,CO(NH_2)_2 + O_2 \rightarrow 4\,N_2 + 4\,H_2O + 2\,CO_2$$

Vier Stickstoffatome im NO benötigen also zwei Harnstoffmoleküle. Wenn man die Molmasse von Harnstoff (60 g/mol) berücksichtigt, dann kann man ausrechnen, dass 56 g Stickstoff (N) 120 g Harnstoff benötigen. Zur Beseitigung von 0,0304 g Stickstoff in NO$_x$ werden also 0,0652 g Harnstoff benötigt.

AdBlue enthält 32,5 % Harnstoff in Wasser. 0,0652 g Harnstoff sind also in 0,201 g AdBlue enthalten. Wenn man davon ausgeht, dass ein Euro-5-Diesel-Pkw beispielsweise 5 l Diesel pro 100 km verbraucht, dann sind das 4,2 kg Diesel pro 100 km und 20,1 g AdBlue. Das Verhältnis beträgt also etwa 0,5 %. Wenn der Pkw zwischen zwei Inspektionen 20.000 km gefahren wird und dabei ca. 1000 l Dieselkraftstoff verbraucht, so werden etwa 4,1 kg AdBlue benötigt. Diese Menge kann problemlos bei einer Inspektion nachgefüllt werden.

Diese Abschätzung erfolgt für die Umwandlung eines Euro-5- in ein Euro-6-Fahrzeug. Der große Vorteil der SCR-Technik ist aber, dass man damit auch größere NO$_x$-Mengen beseitigen kann. Die heutigen Pkw-Motoren sind relativ verbrauchsungünstig eingestellt (später Verbrennungsbeginn, Abgasrückführung), weil dadurch die $NO_x$-Emissionen klein gehalten werden. Wenn man ohnehin eine SCR-Technik an Bord hat, dann kann man den Motor auch verbrauchsgünstig (frühe Verbrennung) einstellen und die dabei entstehende große $NO_x$-Menge durch entsprechend mehr AdBlue beseitigen. Somit ergeben sich zwei prinzipiell unterschiedliche Möglichkeiten:

- Man stellt den Dieselmotor unter Verwendung anderer Techniken wie beispielsweise Abgasrückführung so $NO_x$-arm wie möglich ein. Dann benötigt man nur noch wenig AdBlue, um die Euro-6-Grenzwerte einzuhalten. Diese kleine AdBlue-Menge kann im Rahmen von routinemäßigen Inspektionen aufgefüllt werden.
- Man stellt den Dieselmotor verbrauchsgünstig mit dadurch relativ hohen $NO_x$-Emissionen ein. Dann benötigt man eine große AdBlue-Menge in der zuvor genannten Größenordnung von etwa 5 % des Dieselverbrauchs, um die Euro-6-Grenzwerte einzuhalten. Der Fahrer muss deswegen relativ häufig den AdBlue-Tank auffüllen.

### Zusammenfassung

Man benötigt umso mehr AdBlue, je verbrauchsgünstiger der Dieselmotor eingestellt ist. Wenn er verbrauchsoptimal eingestellt ist, dann muss man AdBlue öfter nachtanken. Wenn er nicht so sparsam eingestellt ist, dann kann man die AdBlue-Menge im Rahmen der normalen Service-Maßnahmen auffüllen. ◄

# Motorleistung und Mitteldruck

**3**

Die Leistung eines Motors ist für den Kunden, der ein neues Fahrzeug kaufen möchte, eine der wichtigsten Größen und wird in jedem Fahrzeugprospekt angegeben. Letztlich sagt sie aber aus verbrennungsmotorischer Sicht nur wenig über den Motor aus. In den folgenden Kapiteln wird deswegen ein Qualitätsmerkmal für Verbrennungsmotoren eingeführt: der Mitteldruck. Mit ihm lassen sich die unterschiedlichsten Motoren miteinander vergleichen.

Wenn man die Leistung steigern möchte, dann muss man mehr Kraftstoff verbrennen. Zur Beurteilung der Qualität der Energieumwandlung vom Kraftstoff bis zur Kurbelwelle wird ein weiteres Qualitätsmerkmal eingeführt: der effektive spezifische Kraftstoffverbrauch.

Mehr Kraftstoff benötigt zur Verbrennung mehr Luft. Deswegen kommt dem Ladungswechsel, mit dessen Hilfe die Abgase aus dem Motor geholt und die Frischladung zugeführt wird, eine große Bedeutung zu. Zur Beurteilung des Ladungswechsels wird ein drittes Qualitätsmerkmal eingeführt: der Luftaufwand.

## 3.1 Ist es normal, dass ein mit Ethanol betriebener Motor einen höheren Verbrauch als beim Betrieb mit Benzin hat? Kann man überhaupt nach einer Umrüstung die gleiche Leistung aus dem Motor holen?

**Der Leser/die Leserin lernt**

Die volumetrischen Kraftstoffverbräuche von verschiedenen Kraftstoffsorten sollte man nicht miteinander vergleichen. ◄

**Elektronisches Zusatzmaterial** Die elektronische Version dieses Kapitels enthält Zusatzmaterial, das berechtigten Benutzern zur Verfügung steht https://doi.org/10.1007/978-3-658-29226-3_3.

Aus Abschn. 1.2 ist bekannt, dass ein Motor umso mehr Leistung abgibt, je mehr Kraftstoff verbrannt wird. Aus Abschn. 2.8 ist bekannt, dass man zur Verbrennung einer bestimmten Kraftstoffmenge mindestens eine bestimmte Luftmenge, die Mindestluftmenge, benötigt. (Dieselmotoren werden mit Luftüberschuss betrieben. Deswegen benötigen sie noch mehr Luft, als es die stöchiometrische Mindestluftmenge fordert).

Man kann sich einen Hubkolbenverbrennungsmotor als eine „Luftpumpe" vorstellen, die Frischgas ansaugt und als Abgas wieder ausstößt. Pro Arbeitsspiel (Das sind bei 4-Takt-Motoren zwei Umdrehungen). kann der Verbrennungsmotor eine Gasmenge „pumpen", die dem Hubvolumen entspricht.

Ein Verbrennungsmotor mit einem Hubvolumen von 2 l kann deswegen pro Arbeitsspiel etwa 2 l Luft ansaugen. Das führt dann bei beispielsweise 3000 Arbeitsspielen pro Minute (Das entspricht einer Drehzahl von 6000/min.) zu einem Volumenstrom

$$\dot{V}_L = n_{ASP} \cdot V_L = i \cdot n \cdot V_L$$

von 100 l/s. $i$ ist die Taktzahl und beschreibt, wie „wertvoll" die Drehzahl ist. Der 4-Takt-Motor arbeitet nur jede zweite Umdrehung. Deswegen ist bei ihm $i = 0{,}5$. Beim 2-Takt-Motor ist $i = 1$.

Der berechnete Luftvolumenstrom entspricht einem Luftmassenstrom von

$$\dot{m}_L = \dot{V}_L \cdot \rho_L.$$

Damit kann bei stöchiometrischer Verbrennung ein Kraftstoffmassenstrom von

$$\dot{m}_B = \frac{\dot{m}_L}{L_{min}}$$

verbrannt werden, was dann gemeinsam mit dem effektiven Motorwirkungsgrad $\eta_e$ zu einer effektiven Motorleistung führt:

$$P_e = \eta_e \cdot \dot{m}_B \cdot H_U = \eta_e \cdot \frac{\dot{m}_L}{L_{min}} \cdot H_U$$

$$= \eta_e \cdot \frac{\dot{V}_L \cdot \rho_L}{L_{min}} \cdot H_U = i \cdot n \cdot V_L \cdot \eta_e \cdot \rho_L \cdot \frac{H_U}{L_{min}}.$$

Hinweis: Eine etwas genauere Herleitung dieser und ähnlicher Gleichungen ist in den Abschn. 3.5 bis 3.8 zu finden.

Wenn man die Stoffwerte aus der Stoffwertetabelle im Anhang für Benzin und Ethanol entnimmt und voraussetzt, dass der effektive Motorwirkungsgrad unabhängig vom Kraftstoff einen Wert von 30 % hat, dann ergibt sich für Benzin eine effektive Motorleistung von 103 kW und für Ethanol von 105 kW. Aus einem Ottomotor kann man nach der Umrüstung auf Ethanol also trotz deutlich unterschiedlicher Kraftstoffkenngrößen (Heizwert und Mindestluftmenge) etwa die gleiche Leistung holen. Die Rechnung zeigt aber, dass sich wegen der unterschiedlichen Dichten das eingespritzte Kraftstoffvolumen deutlich unterscheidet: Im untersuchten Motor muss man bei der gewählten Drehzahl von 6000/min entweder 0,22 cm$^3$ Benzin oder 0,33 cm$^3$ Ethanol pro Arbeitsspiel einspritzen. Weil Einspritzpumpen (oder auch Vergaser) volumengesteuert sind, muss man bei der Umrüstung eines Ottomotors auf Ethanol-betrieb die Einspritzanlage (größere Düsenlöcher oder längere Einspritzdauer) bzw. den Vergaser (größere Düse) ändern. Der volumetrische Kraftstoffverbrauch in l/h unter-scheidet sich natürlich auch sehr deutlich, weil Ethanol pro Volumen weniger Masse (Dichte) und pro Masse weniger Energie (Heizwert) enthält.

---

**Zusammenfassung**

Die volumetrischen Kraftstoffverbräuche verschiedener Kraftstoffsorten kann man kaum miteinander vergleichen. Denn sie sagen nichts über die Effizienz des Motors aus. So hat ein Ethanolmotor zwar etwa die gleiche Leistung wie ein Benzinmotor, wenn sich der Wirkungsgrad beim Wechsel des Kraftstoffes nicht ändert. Der volu-metrische Kraftstoffverbrauch liegt mit Ethanol aber deutlich höher. ◄

---

## 3.2  Könnte man die Maximalleistung eines Motors nicht einfach dadurch erhöhen, dass man mehr Kraftstoff einspritzt?

**Der Leser/die Leserin lernt**

die zur Verbrennung von Kraftstoff notwendige Luftmenge. ◄

Im Abschn. 3.1 wurde hergeleitet, dass die Leistung eines Motors viel damit zu hat, wie viel Kraftstoff verbrannt wird. Insofern ist der Gedanke, durch eine größere Ein-spritzmenge die Leistung anzuheben, nicht falsch. Allerdings benötigt der Motor dann für die größere Kraftstoffmenge auch mehr Luft. Wenn der Motor bereits im Punkt seiner maximalen Leistung betrieben wird, dann kann man eben nicht mehr Luft in den Zylinder bringen. Und dann führt eine größere Einspritzmenge nur dazu, dass das Luftverhältnis verkleinert wird. Beim Ottomotor ist das aber nicht zulässig, weil dann der 3-Wege-Katalysator nicht mehr funktioniert. Beim Dieselmotor ist das auch nicht zulässig, weil dieser bei Luftverhältnissen kleiner beispielsweise 1,3 anfängt zu rußen. Grundvoraussetzung für eine Leistungssteigerung ist dann eine Optimierung des Ladungswechsels, um mehr Luft für die Verbrennung von mehr Kraftstoff in den Zylinder zu bringen.

---

**Zusammenfassung**

Man kann die Leistung eines Motors dadurch steigern, dass man mehr Kraftstoff ein-spritzt und verbrennt. Dazu benötigt man aber die entsprechende Luftmenge. Es ist immer einfacher, die Kraftstoffmenge zu erhöhen als die Luftmenge. ◄

## 3.3    Was bedeutet eigentlich eine Angabe von 200 g/(kWh)[1] ?

Kenngröße „effektiver spezifischer Kraftstoffverbrauch" und ihr Zusammenhang mit dem effektiven Wirkungsgrad. ◄

Bislang wurde in den Aufgaben der Wirkungsgrad eines Motors immer als effektiver Wirkungsgrad $\eta_e$ angegeben. Die Motorenspezialisten verwenden üblicherweise aber nicht $\eta_e$, sondern den effektiven spezifischen Kraftstoffverbrauch $b_e$. $b_e$ ist im Wesentlichen der Kehrwert von $\eta_e$:

$$\eta_e = \frac{P_e}{\dot{Q}_B} = \frac{P_e}{\dot{m}_B \cdot H_U},$$
$$b_e = \frac{\dot{m}_B}{P_e} = \frac{1}{\eta_e \cdot H_U}.$$

Die Einheit von $b_e$ ist g/(kWh).

Die Tab. 3.1 zeigt korrespondierende Zahlen, wenn der Heizwert 42.000 kJ/kg (typisch Ottomotor) beträgt.

Die Tab. 3.2 zeigt korrespondierende Zahlen, wenn der Heizwert 42.800 kJ/kg (typisch Dieselmotor) beträgt.

Man kann erkennen, dass der typische effektive spezifische Kraftstoffverbrauch eines Dieselmotors von 200 g/(kWh) einem effektiven Wirkungsgrad von ca. 42 % entspricht. Die typischen Werte für Ottomotoren sind 240 g/(kWh) bzw. 36 %.

Die Entwickler von Verbrennungsmotoren verwenden im Allgemeinen eher den effektiven spezifischen Kraftstoffverbrauch $b_e$ als den effektiven Wirkungsgrad $\eta_e$. ◄

---

[1]Motorenspezialisten unterhalten sich, so wie andere Ingenieure auch, oft über Zahlenwerte und Einheiten, ohne die physikalische Größe zu benennen. Irgendwie versteht man sich auch so. Beispielsweise fragt man nicht: „Wie ist die effektive Leistung deines Automotors?", sondern: „Wie viel PS hat dein Automotor?" Abgesehen davon, dass die Einheit PS schon seit 1972 gemäß den internationalen und deutschen Normen verboten ist, glaubt man irgendwie zu wissen, dass die Frage nach den PS die effektive Motorleistung meint. Gleiches gilt für die 200 g/(kWh). Irgendwie weiß man, dass damit der effektive spezifische Kraftstoffverbrauch gemeint ist. Und wenn man es ganz abkürzend formulieren möchte, dann sagt man einfach, dass der Motor „einen Verbrauch von 200 Gramm hat".

**Tab. 3.1** Effektiver spezifischer Kraftstoffverbrauch und Wirkungsgrad beim Ottomotor

| $b_e$ in g/(kWh) | 180 | 200 | 220 | 240 | 260 | 280 | 300 | 320 | 340 |
|---|---|---|---|---|---|---|---|---|---|
| $\eta_e$ | 0,476 | 0,429 | 0,390 | 0,357 | 0,330 | 0,306 | 0,286 | 0,268 | 0,252 |

**Tab. 3.2** Effektiver spezifischer Kraftstoffverbrauch und Wirkungsgrad beim Dieselmotor

| $b_e$ in g/(kWh) | 180 | 200 | 220 | 240 | 260 | 280 | 300 | 320 | 340 |
|---|---|---|---|---|---|---|---|---|---|
| $\eta_e$ | 0,467 | 0,421 | 0,382 | 0,351 | 0,324 | 0,300 | 0,280 | 0,263 | 0,247 |

## 3.4   Ist ein 100-kW-Motor ein guter Motor?

**Der Leser/die Leserin lernt**

Kenngröße „effektiver Mitteldruck". ◀

Die Frage, ob ein 100-kW-Motor ein guter Motor ist, lässt sich ohne weitere Angaben
nicht beantworten. Wenn es sich um den 1,2-l-Motor eines Kleinwagens handelt, dann
ist eine Leistung von 100 kW wirklich beachtlich. Der 12-Zylinder-Motor einer Luxuslimousine hat, wenn er nur noch eine Leistung von 100 kW abgibt, sicherlich ein
Problem. Zur Angabe der Motorleistung gehört also die Angabe der Motorgröße, das
bedeutet des Motorhubvolumens $V_H$. Aber auch das reicht nicht aus: Es gibt 3-l-Motoren
mit einer Leistung von 200 kW und solche mit einer Leistung von 630 kW. Im ersten
Fall handelt es sich um einen normalen Pkw-Motor, im anderen Fall um einen älteren
Formel-1-Rennmotor. Der Pkw-Motor stellt die Leistung bei einer Drehzahl von 6000/
min bereit, der Rennmotor bei einer Drehzahl von 19.000/min. Die effektive Leistung
eines Motors ist also abhängig von der Motordrehzahl und dem Motorhubvolumen. Die
Proportionalitätskonstante hat die Einheit eines Druckes und wird effektiver Mitteldruck
genannt. Das Formelzeichen für den effektiven Mitteldruck ist gemäß internationaler
Norm $p_e$. Viele Autoren verwenden hierfür auch das Formelzeichen $p_{me}$. So ergibt sich
für die effektive Motorleistung die Gleichung

$$P_e = i \cdot n \cdot V_H \cdot p_e.$$

Der effektive Mitteldruck kann nicht gemessen werden. Er ist vielmehr eine Kenngröße,
die aus verschiedenen Messwerten berechnet werden kann.

$p_e$ ist die wichtigste Kenngröße von Verbrennungsmotoren, weil sie ein Maß für
die Qualität eines Motors ist, unabhängig von der Motorgröße und der Motordrehzahl.
Moderne Saug-Ottomotoren haben im Nennleistungspunkt einen $p_e$-Wert von ca. 12 bar.
Moderne Saug-Dieselmotoren haben einen Wert von etwa 11 bar. Warum das so ist, wird
im Abschn. 3.8 erklärt.

Aus der Physik ist zur Berechnung der Leistung einer Maschine auch die Gleichung

$$P_e = \omega \cdot M = 2 \cdot \pi \cdot n \cdot M$$

bekannt. $M$ ist das Motormoment, $\omega$ ist die Winkelgeschwindigkeit. Wenn man die beiden Gleichungen miteinander vergleicht, so stellt man fest, dass der effektive Mitteldruck ein Maß für das Drehmoment pro Hubvolumen ist:

$$P_e = i \cdot n \cdot V_H \cdot p_e = 2 \cdot \pi \cdot n \cdot M,$$

$$p_e = \frac{2 \cdot \pi}{i} \cdot \frac{M}{V_H}.$$

---

**Zusammenfassung**

Das Qualitätsmerkmal für Verbrennungsmotoren ist die auf das Hubvolumen und die Drehzahl bezogene effektive Leistung. Der Name für die Kenngröße lautet „effektiver Mitteldruck $p_e$". ◄

---

## 3.5    Welchen Kraftstoffmassenstrom benötigt ein 100-kW-Motor?

---

**Der Leser/die Leserin lernt**

Eine  bestimmte Motorleistung benötigt immer auch einen entsprechenden Kraftstoffmassenstrom. ◄

---

Im Abschn. 3.1 wurde hergeleitet, dass sich die Leistung eines Motors mit folgender Gleichung berechnen lässt:

$$P_e = \eta_e \cdot \dot{m}_B \cdot H_U.$$

Diese Gleichung gilt nur dann, wenn der Kraftstoff auch vollständig umgesetzt wird. Wenn der Motor beispielsweise mit Luftmangel betrieben wird, dann ist zwar viel Kraftstoff im Zylinder, dieser kann aber nicht vollständig verbrannt werden. Dies drückt man durch den Umsetzungsgrad $\eta_U$ aus. Im Allgemeinen gilt:

$$\lambda \geq 1: \quad \eta_U = 1,$$

$$\lambda < 1: \quad \eta_U = \lambda.$$

Also wird die oben genannte Gleichung korrigiert zu

$$P_e = \eta_e \cdot \eta_U \cdot \dot{m}_B \cdot H_U.$$

Mit den typischen Zahlenwerten für den effektiven Motorwirkungsgrad und den Heizwert ergeben sich für Otto- und Dieselmotoren die Ergebnisse in Tab. 3.3.

**Tab. 3.3** Kraftstoffverbrauch eines 100-kW-Motors als Ottomotor und als Dieselmotor

|  |  | Ottomotor | Dieselmotor |
|---|---|---|---|
| Effektive Motorleistung | $P_e$ | 100 kW | 100 kW |
| Effektiver Motorwirkungsgrad | $\eta_e$ | 0,36 | 0,42 |
| Umsetzungsgrad | $\eta_U$ | 1 | 1 |
| Heizwert | $H_U$ | 42.000 kJ/kg | 42.800 kJ/kg |
| Kraftstoffdichte | $\rho$ | 0,76 kg/l | 0,84 kg/l |
| Kraftstoffmassenstrom | $\dot{m}_B$ | 23,8 kg/h | 20,0 kg/h |
| Kraftstoffvolumenstrom | $\dot{V}_B$ | 31,3 l/h | 23,8 l/h |

Der Dieselmotor benötigt also weniger Kraftstoffmasse als der Ottomotor, weil der Dieselmotor einen besseren Wirkungsgrad hat. Darüber hinaus benötigt der Dieselmotor viel weniger Kraftstoffvolumen als der Ottomotor, weil die Dichte des Dieselkraftstoffes höher ist als die von Benzin. Wer an der Tankstelle einen Liter Diesel kauft, erhält mehr Energieinhalt als derjenige, der einen Liter Benzin kauft.

---

**Zusammenfassung**

Im optimalen Fall benötigt ein 100-kW-Motor 31 l Ottokraftstoff pro Stunde bzw. 24 l Dieselkraftstoff pro Stunde. ◄

---

**Nachgefragt: Wird das Wort „Kraftstoffverbrauch" nicht unterschiedlich verwendet?**
Ja, das ist ein Problem. Im vorliegenden Buch wurden in den letzten Kapiteln insgesamt drei Definitionen von Kraftstoffverbrauch verwendet: der strecken-bezogene Kraftstoffverbrauch $V_S$, der effektive spezifische Kraftstoffverbrauch $b_e$ und der Kraftstoffmassenstrom $\dot{m}_B$. In der Umgangssprache werden alle drei abkürzend als Kraftstoffverbrauch bezeichnet. Sie unterscheiden sich aber wesentlich.

Der effektive spezifische Kraftstoffverbrauch $b_e$ ist aus physikalischer Sicht die interessanteste Größe. Sie beschreibt letztlich den effektiven Wirkungsgrad eines Motors. Jede kleiner $b_e$ ist, umso besser ist der Wirkungsgrad des Motors. Für diese Größe interessiert sich vor allem der Entwicklungsingenieur.

Der streckenbezogene Kraftstoffverbrauch $V_S$ gibt an, welches Kraftstoff-volumen benötigt wird, um eine Fahrstrecke zurückzulegen. Diesen Zahlenwert kann man beispielsweise klein halten, indem man niedertourig, also im hohen Gang fährt. Für diese Größe interessieren sich im Allgemeinen die Fahrzeugfahrer.

Der Kraftstoffmassenstrom $\dot{m}_B$ oder auch der Kraftstoffvolumenstrom $\dot{V}_B$ beschreibt, welche Kraftstoffmasse bzw. welches Kraftstoffvolumen pro Zeitein-heit verbraucht wird. Diesen Zahlenwert kann man ganz einfach reduzieren, indem man weniger Leistung fordert, also mit dem Fahrzeug beispielsweise langsamer fährt. Dann spart man Kraftstoff pro Zeiteinheit, aber nicht unbedingt pro Fahrstrecke. Häufig geht die Motorleistung prozentual stärker zurück als der Kraftstoffmassenstrom, weil der Motor im Teillastgebiet einen schlechteren effektiven Wirkungsgrad aufweist. Für diese Verbrauchsgröße interessieren sich besonders diejenigen, die Bauteile (beispielsweise die Durchflusseigenschaften von Einspritzdüsen) auslegen.

## 3.6   Welchen Luftmassenstrom benötigt ein 100-kW-Motor?

### Der Leser/die Leserin lernt

Ein bestimmter Kraftstoffmassenstrom benötigt immer auch einen entsprechenden Luftmassenstrom. ◄

Der im Abschn. 3.5 berechnete Motor benötigt so viel Luft, dass sich die typischen Luftverhältnisse für Ottomotoren ($\lambda = 1$) und Dieselmotoren ($\lambda = 1{,}3$ bei Volllast) ergeben. Also:

$$P_e = \eta_e \cdot \eta_U \cdot \dot{m}_B \cdot H_U,$$

$$\lambda = \frac{\dot{m}_L}{\dot{m}_B \cdot L_{min}},$$

$$\dot{m}_L = \lambda \cdot \dot{m}_B \cdot L_{min} = \lambda \cdot \frac{P_e}{\eta_e \cdot \eta_U \cdot H_U} \cdot L_{min}.$$

Der Dieselmotor benötigt also gegenüber dem Ottomotor trotz seines guten Kraftstoffverbrauches einen größeren Luftmassenstrom, weil er mit einem deutlichen Luftüberschuss betrieben wird.

### Zusammenfassung

Ein 100-kW-Motor benötigt im optimalen Fall ca. 350 kg Luft pro Stunde (Tab. 3.4). Das sind unter üblichen Umgebungsbedingungen etwa 300 m$^3$ Luft pro Stunde. ◄

## 3.7   Welches Hubvolumen benötigt man für einen 100-kW-Motor?

### Der Leser/die Leserin lernt

Ein bestimmter Luftmassenstrom benötigt immer auch ein entsprechendes Motorhubvolumen. ◄

**Tab. 3.4**  Luftbedarf eines 100-kW-Motors als Ottomotor und als Dieselmotor

|  |  | Ottomotor | Dieselmotor |
|---|---|---|---|
| Effektive Motorleistung | $P_e$ | 100 kW | 100 kW |
| Effektiver Motorwirkungsgrad | $\eta_e$ | 0,36 | 0,42 |
| Umsetzungsgrad | $\eta_U$ | 1 | 1 |
| Heizwert | $H_U$ | 42.000 kJ/kg | 42.800 kJ/kg |
| Kraftstoffdichte | $\rho$ | 0,76 kg/l | 0,84 kg/l |
| Kraftstoffmassenstrom | $\dot{m}_B$ | 23,8 kg/h | 20,0 kg/h |
| Kraftstoffvolumenstrom | $\dot{V}_B$ | 31,3 l/h | 23,8 l/h |
| Luftverhältnis | $\lambda$ | 1,0 | 1,3 |
| Mindestluftmenge | $L_{min}$ | 14,5 | 14,6 |
| Luftmassenstrom | $\dot{m}_L$ | 345 kg/h | 380 kg/h |

Der im Abschn. 3.6 berechnete Luftmassenstrom braucht in den Motorzylindern ausreichend viel Platz. Einen Hubkolbenverbrennungsmotor kann man sich wie eine Luftpumpe vorstellen, die pro Arbeitsspiel ein Hubvolumen Ladung ansaugt. Die Dichte dieser Ladung entspricht der Dichte der Gase im Saugrohr. Diese kann mit der thermischen Zustandsgleichung für ideale Gase berechnet werden:

$$\rho_{Saugrohr} = \left(\frac{p}{R \cdot T}\right)_{Saugrohr}.$$

Bei einem Saugmotor entsprechen Druck und Temperatur im Saugrohr weitgehend den Umgebungsbedingungen. (Hierzu muss beim Ottomotor die Drosselklappe aber voll geöffnet sein: Volllast. Sonst ist der Saugrohrdruck kleiner als der Umgebungsdruck: Teillast). Luftansaugende Motoren (also Dieselmotoren und Ottomotoren mit Direkteinspritzung) saugen durch den Einlasskanal reine Luft an. Gemischansaugende Motoren (also Ottomotoren mit Saugrohreinspritzung oder Vergaser) saugen ein Kraftstoff-Luft-Gemisch an. Wenn man sich nicht festlegen möchte, ob es sich um Luft oder Gemisch ansaugende Motoren handelt, spricht man von der Zylinderladung.

Bei der Berechnung der Dichte im Saugrohr benötigt man die spezifische Gaskonstante$R$ der Ladung. Hierfür wird im Allgemeinen die Gaskonstante von Luft verwendet. Selbst wenn es sich bei der Ladung um ein Kraftstoff-Luft-Gemisch handeln sollte, so überwiegt darin die Luftmenge, weswegen der Fehler klein ist, wenn man prinzipiell die Gaskonstante von Luft verwendet. Im Übrigen weiß man beim Gemisch ansaugenden Motor nie genau, ob der angesaugte Kraftstoff flüssig oder (teilweise) verdampft vorliegt.

Die Masse, die im Idealfall im Zylinderhubvolumen Platz hat, ergibt sich zu

$$m_{Zyl, ideal} = \rho_{Saugrohr} \cdot V_h.$$

Also:

$$m_{Zyl, ideal} = \left(\frac{p}{R \cdot T}\right)_{Saugrohr} \cdot V_h.$$

Für den Mehrzylindermotor mit dem Gesamthubvolumen

$$V_H = z \cdot V_h$$

gilt:

$$m_{Motor,\ ideal} = \left(\frac{p}{R \cdot T}\right)_{Saugrohr} \cdot V_H.$$

Diese Gleichungen gelten für einen idealen Ladungswechsel. Beim realen Motor findet der Ladungswechsel aber in einer so kurzen Zeit statt, dass die reale Luftmasse, die angesaugt wird, kleiner sein kann als die nach der obigen Gleichung berechnete ideale Masse. Hinzu kommt, dass die im realen Fall angesaugte Masse umso kleiner ist, je kleiner die Ansaugkanäle und Einlassventile sind. Ein 4-Ventil-Motor hat im Allgemeinen einen besseren Ladungswechsel als ein 2-Ventil-Motor.

Um diesen realen Effekt zu berücksichtigen, führt man einen Wirkungsgrad des Ladungswechsels ein, der in der deutschen Sprache „Luftaufwand" $\lambda_a$ heißt:

$$\lambda_a = \frac{m_{Motor,\ real}}{m_{Motor,\ ideal}} = \frac{m_{Motor,\ real}}{\left(\frac{p}{R \cdot T}\right)_{Saugrohr} \cdot V_H}.$$

Bei modernen Motoren nimmt der Luftaufwand sehr gute Zahlenwerte von 90 % bis 100 % an.[2]

Der Luftaufwand ist eine wichtige Kenngröße, die aber nicht gemessen werden kann. Sie wird vielmehr berechnet, indem man den realen Luftmassenstrom, die Motordrehzahl sowie den Druck und die Temperatur im Saugrohr misst und das ohnehin bekannte Motorhubvolumen in die Rechnung einbezieht.[3]

---

[2]Hinweis: In der Literatur finden sich zwei verschiedene Definitionen des Luftaufwandes. Manche Autoren verwenden im Nenner der Gleichung die Dichte der Umgebungsluft, manche die Dichte der Ladung im Saugrohr, also vor dem Zylinder. Bei einem Saugmotor (mit voll geöffneter Drosselklappe, falls er eine hat) unterscheiden sich diese zwei Dichten kaum, bei einem aufgeladenen Motor aber sehr. Wenn man den Motor als Ganzes beurteilen möchte, dann ist die erste Definition geeignet. Wenn man den Ladungswechsel beurteilen möchte, dann muss man die zweite Definition verwenden, was in dieser Arbeit auch getan wird.

[3]Hinweis: Manchmal verwendet man auch den sogenannten Liefergrad $\lambda_l$. Dieser wird ähnlich wie der Luftaufwand berechnet. Man berücksichtigt aber nicht den Massenstrom durch den Motor, sondern den Anteil des Massenstromes, der nach dem Ladungswechsel auch im Zylinder zur Verfügung steht. Der Unterschied zwischen dem Luftaufwand und dem Liefergrad rührt daher, dass während des Ladungswechsels für kurze Zeit die Einlass- und die Auslassventile gleichzeitig geöffnet sind und dabei Frischladung direkt in den Auspuff gelangen könnte. Der Liefergrad ist also kleiner als der Luftaufwand. Weil dieses Durchspülen von Frischladung bei modernen Motoren aber meistens unerwünscht ist, unterscheiden sich die beiden Zahlenwerte kaum. Hinzu kommt, dass man die im Zylinder verbleibende Masse nicht messen kann, sondern sie mit aufwändigen Prozess-Simulationen berechnen muss. In dieser Arbeit wird deswegen nur der Luftaufwand verwendet.

Das Verständnis des Luftaufwandes ist eine wichtige Voraussetzung für die nun folgenden Gleichungen der Motorberechnung.

Beim Luft ansaugenden Motor ist die angesaugte Masse die Luftmasse $m_L$, weil der Kraftstoff nach dem Ansaugvorgang direkt in den Zylinder eingespritzt wird. Beim Gemisch ansaugenden Motor werden Kraftstoff und Luft vor dem Zylinder im Saugrohr gemischt. Also saugt er Kraftstoff und Luft an:

$$m_{\text{Motor}} = m_B + m_L.$$

Die Kraftstoffmasse hängt über das Luftverhältnis mit der Luftmasse zusammen:

$$m_B = \frac{m_L}{\lambda \cdot L_{\min}}.$$

Also:

$$m_L + m_B = \lambda_a \cdot \left( \frac{p}{R \cdot T} \right)_{\text{Saugrohr}} \cdot V_h,$$

$$m_L + \frac{m_L}{\lambda \cdot L_{\min}} = \lambda_a \cdot \left( \frac{p}{R \cdot T} \right)_{\text{Saugrohr}} \cdot V_h,$$

$$m_L \cdot \left( 1 + \frac{1}{\lambda \cdot L_{\min}} \right) = \lambda_a \cdot \left( \frac{p}{R \cdot T} \right)_{\text{Saugrohr}} \cdot V_h,$$

$$m_L = \lambda_a \cdot \left( \frac{p}{R \cdot T} \right)_{\text{Saugrohr}} \cdot V_h \cdot \frac{\lambda \cdot L_{\min}}{\lambda \cdot L_{\min} + 1}.$$

Zusammenfassend gilt also:

**Luft ansaugend:**

$$m_L = \lambda_a \cdot \left( \frac{p}{R \cdot T} \right)_{\text{Saugrohr}} \cdot V_H$$

**Gemisch ansaugend:**

$$m_L = \lambda_a \cdot \left( \frac{p}{R \cdot T} \right)_{\text{Saugrohr}} \cdot V_H \cdot \frac{\lambda \cdot L_{\min}}{\lambda \cdot L_{\min} + 1}$$

Diese Luftmasse wird pro Arbeitsspiel in den Motor gesaugt. Der Luftmassenstrom ergibt sich aus der Zahl der Arbeitsspiele pro Zeit. Das ist beim 2-Takt-Motor die Drehzahl und beim 4-Takt-Motor die halbe Drehzahl:

$$\dot{m}_L = n_{\text{ASP}} \cdot m_L = i \cdot n \cdot m_L.$$

Für einen Mehrzylindermotor mit einem Gesamthubvolumen $V_H$ ergibt sich also:
**Luft ansaugend:**

$$\dot{m}_L = i \cdot n \cdot \lambda_a \cdot \left( \frac{p}{R \cdot T} \right)_{\text{Saugrohr}} \cdot V_H$$

**Gemisch ansaugend:**

$$\dot{m}_L = i \cdot n \cdot \lambda_a \cdot \left( \frac{p}{R \cdot T} \right)_{\text{Saugrohr}} \cdot V_H \cdot \frac{\lambda \cdot L_{\min}}{\lambda \cdot L_{\min} + 1}$$

Wenn man diese Gleichungen mit der Gleichung aus Abschn. 3.6

$$\dot{m}_L = \lambda \cdot \dot{m}_B \cdot L_{\min} = \lambda \cdot \frac{P_e}{\eta_e \cdot \eta_U \cdot H_U} \cdot L_{\min}$$

kombiniert und nach dem Hubvolumen auflöst, so ergibt sich:

**Luft ansaugend:**

$$\lambda \cdot \frac{P_e}{\eta_e \cdot \eta_U \cdot H_U} \cdot L_{\min} = i \cdot n \cdot \lambda_a \cdot \left( \frac{p}{R \cdot T} \right)_{\text{Saugrohr}} \cdot V_H$$

$$V_H = \frac{\lambda \cdot \frac{P_e}{\eta_e \cdot \eta_U \cdot H_U} \cdot L_{\min}}{i \cdot n \cdot \lambda_a \cdot \left( \frac{p}{R \cdot T} \right)_{\text{Saugrohr}}}$$

**Gemisch ansaugend:**

$$\lambda \cdot \frac{P_e}{\eta_e \cdot \eta_U \cdot H_U} \cdot L_{\min} = i \cdot n \cdot \lambda_a \cdot \left( \frac{p}{R \cdot T} \right)_{\text{Saugrohr}} \cdot V_H \cdot \frac{\lambda \cdot L_{\min}}{\lambda \cdot L_{\min} + 1}$$

$$V_H = \frac{\lambda \cdot \frac{P_e}{\eta_e \cdot \eta_U \cdot H_U} \cdot L_{\min}}{i \cdot n \cdot \lambda_a \cdot \left( \frac{p}{R \cdot T} \right)_{\text{Saugrohr}} \cdot \frac{\lambda \cdot L_{\min}}{\lambda \cdot L_{\min} + 1}}$$

Wenn man diese Gleichungen auf den 100-kW-Motor anwenden möchte, so benötigt man Angaben zum Saugrohrzustand (= Umgebungszustand), zum Luftaufwand und zur Motordrehzahl. Diese liegt typischerweise beim Ottomotor bei 6000/min und beim Dieselmotor bei 4500/min. Angewendet auf das Beispiel ergibt sich Tab. 3.5.

---

**Zusammenfassung**

Man kann erkennen, dass der Dieselmotor deutlich größer sein muss als der Ottomotor, um die Leistung von 100 kW zu erreichen. Das liegt zum einen daran, dass ein Dieselmotor nicht die hohe Drehzahl des Ottomotors erreichen kann. Zum anderen braucht der Dieselmotor Platz für den durch das magere Gemisch verursachten Luftüberschuss. Diese Aussagen gelten aber nur für den Saugmotor, also den nicht aufgeladenen Motor. Wenn Motoren aufgeladen werden, dann kann man sie deutlich kleiner bauen (Downsizing). ◄

**Tab. 3.5** Hubvolumen eines 100-kW-Motor als Saug-Ottomotor und als Saug-Dieselmotor

|  |  | Ottomotor | Dieselmotor |
|---|---|---|---|
| Effektive Motorleistung | $P_e$ | 100 kW | 100 kW |
| Effektiver Motorwirkungsgrad | $\eta_e$ | 0,36 | 0,42 |
| Umsetzungsgrad | $\eta_U$ | 1 | 1 |
| Heizwert | $H_U$ | 42.000 kJ/kg | 42.800 kJ/kg |
| Kraftstoffdichte | $\rho$ | 0,76 kg/l | 0,84 kg/l |
| Kraftstoffmassenstrom | $\dot{m}_B$ | 23,8 kg/h | 20,0 kg/h |
| Kraftstoffmassenstrom | $\dot{V}_B$ | 31,3 l/h | 23,8 l/h |
| Luftverhältnis | $\lambda$ | 1,0 | 1,3 |
| Mindestluftmenge | $L_{min}$ | 14,5 | 14,6 |
| Luftmassenstrom | $\dot{m}_L$ | 345 kg/h | 380 kg/h |
| Saugrohrdruck | $p_{Saugrohr}$ | 1 bar | 1 bar |
| Saugrohrtemperatur | $t_{Saugrohr}$ | 20 °C | 20 °C |
| Luftaufwand | $\lambda_a$ | 0,95 | 0,95 |
| Motordrehzahl | $n$ | 6000/min | 4500/min |
| Motorhubvolumen | $V_H$ | 1,82 l | 2,49 l |

## 3.8 Welche Zahlenwerte für den effektiven Mitteldruck haben typische Saug-Otto- und Saug-Dieselmotoren?

**Der Leser/die Leserin lernt**

zwei sehr wichtige Gleichungen zur Berechnung des effektiven Mitteldrucks. ◄

Die im Abschn. 3.7 hergeleitete Gleichung für das für eine bestimmte Motorleistung benötigte Hubvolumen kann mit der Gleichung für den effektiven Mitteldruck kombiniert werden. Dieser wurde im Abschn. 3.4 eingeführt:

$$P_e = i \cdot n \cdot V_H \cdot p_e.$$

Damit ergibt sich[4]:

---

[4]Manche Autoren führen den Begriff des Gemischheizwertes ein. Darunter versteht man die Ausdrücke $\left(\frac{p}{R \cdot T}\right)_{Saugrohr} \cdot \frac{H_U}{\lambda \cdot L_{min}}$ bzw. $\left(\frac{p}{R \cdot T}\right)_{Saugrohr} \cdot \frac{H_U}{\lambda \cdot L_{min}+1}$.

**Tab. 3.6** Kenngrößen, die für die Berechnung des Mitteldruckes benötigt werden

| | | |
|---|---|---|
| Effektiver Motorwirkungsgrad | $\eta_e$ | Dieser beträgt im Bestpunkt von modernen Otto-motoren ca. 36 %, im Bestpunkt von modernen Pkw-Dieselmotoren ca. 42 % |
| Umsetzungsgrad | $\eta_U$ | Dieser ist im normalen, also nicht angefetteten Motor-betrieb gleich 1 |
| Luftaufwand | $\lambda_a$ | Dieser beträgt bei modernen Motoren bei Volllast 90 % bis 100 % |
| Luftdichte im Saugrohr | $\rho$ | Diese ergibt sich aus den Umgebungsbedingungen und liegt damit weitgehend fest |
| Luftverhältnis | $\lambda$ | Beim Ottomotor muss das Luftverhältnis gleich eins sein, weil sonst der 3-Wege-Katalysator nicht arbeitet. Beim Dieselmotor kann das Luftverhältnis kaum kleiner 1,3 gewählt werden, weil sonst der Dieselmotor rußt |
| Heizwert | $H_U$ | Der Heizwert ist durch den verwendeten Kraftstoff festgelegt |
| Mindestluftmenge | $L_{min}$ | Die Mindestluftmenge ist durch den verwendeten Kraft-stoff festgelegt |

**Luft ansaugend:**

$$\lambda \cdot \frac{i \cdot n \cdot V_H \cdot p_e}{\eta_e \cdot \eta_U \cdot H_U} \cdot L_{min} = i \cdot n \cdot \lambda_a \cdot \left( \frac{p}{R \cdot T} \right)_{Saugrohr} \cdot V_H$$

$$p_e = \eta_e \cdot \eta_U \cdot \lambda_a \cdot \left( \frac{p}{R \cdot T} \right)_{Saugrohr} \cdot \frac{H_U}{\lambda \cdot L_{min}}$$

**Gemisch ansaugend:**

$$\lambda \cdot \frac{i \cdot n \cdot V_H \cdot p_e}{\eta_e \cdot \eta_U \cdot H_U} \cdot L_{min} = i \cdot n \cdot \lambda_a \cdot \left( \frac{p}{R \cdot T} \right)_{Saugrohr} \cdot V_H \cdot \frac{\lambda \cdot L_{min}}{\lambda \cdot L_{min} + 1}$$

$$p_e = \eta_e \cdot \eta_U \cdot \lambda_a \cdot \left( \frac{p}{R \cdot T} \right)_{Saugrohr} \cdot \frac{H_U}{\lambda \cdot L_{min} + 1}$$

Diese beiden Gleichungen zur Berechnung des effektiven Mitteldruckes gehören zu den wichtigsten Gleichungen der thermodynamischen Motorberechnung. Von manchen Autoren werden sie auch die Hauptgleichungen der Motorenberechnung genannt. Sie enthalten nur Kenngrößen und sind vollkommen unabhängig von der Motorgröße oder Motordrehzahl. Kenngrößen haben den Vorteil, dass sie weitgehend festgelegt sind und sich bei verschiedenen Motoren kaum unterscheiden.

Die Berechnung der Kenngröße Mitteldruck enthält die in der Tab. 3.6 genannten Kenngrößen.

**Tab. 3.7** Unter optimalen Randbedingungen bestmöglich erreichbare Mitteldrücke und auf das Hubvolumen bezogene Drehmomente von modernen Motoren

|  | Bestmöglicher effektiver Mitteldruck | Bestmögliches Drehmoment pro Hubvolumen |
|---|---|---|
| Saug-Ottomotor | 11,6 bar | 92 Nm/l |
| Saug-Dieselmotor | 11,3 bar | 90 Nm/l |

Man kann erkennen, dass damit der maximal mögliche Mitteldruck von Ottomotoren und Dieselmotoren weitgehend festgelegt ist. Damit ist auch, wie im Abschn. 3.4 gezeigt wurde, das Drehmoment pro Hubvolumen festgelegt. Typische Zahlenwerte sind in der Tab. 3.7 aufgelistet.

Diese Zahlenwerte können sich bei weiteren Motoroptimierungen noch geringfügig, aber kaum wesentlich ändern.

**Zusammenfassung**

Moderne Saug-Otto- und Saug-Dieselmotoren erreichen also im Drehmoment-maximum unter optimalen Randbedingungen bestenfalls hubraumbezogene Dreh-momente von knapp 100 Nm/l.[5] ◄

**Nachgefragt: Warum unterscheiden sich hubraumgleiche Saug-Motoren verschiedener Hersteller kaum hinsichtlich der Motorleistung?**

Im Abschn. 3.8 wurde gezeigt, dass der effektive Mitteldruck und das hubraumbezogene Drehmoment durch die heutigen Zahlenwerte für die Kenngrößen weitgehend festgelegt sind. Auch die maximalen Drehzahlen der Motoren unterscheiden sich kaum.

Weil alle Motorhersteller ähnliche Verfahren anwenden und sie sich in ihren technischen Lösungen kaum unterscheiden, ergeben sich dann auch ähnliche Motoren mit ähnlichen Leistungsdichten.

---

[5]Hinweis: Durch optimale Abstimmung der Saugrohrlänge beim modernen Ottomotor (mit der Drehzahl variable Saugrohrlänge) können sogar $\lambda_a$-Werte größer als 1,0 erreicht werden. Das liegt darin begründet, dass Druckschwingungen im Saugrohr ausgenutzt werden. Der mittlere Druck im Saugrohr entspricht dann immer noch etwa dem Umgebungsdruck. Während der Einlassphase ist der Druck aber höher und in der Phase des geschlossenen Einlassventils entsprechend niedriger als der mittlere Saugrohrdruck.

## 3.9    Wie kann man den Ladungswechsel verbessern?

**Der Leser/die Leserin lernt**

Einfluss des Ladungswechsels auf die Motorleistung|Methoden zur Verbesserung des Ladungswechsels. ◄

In Abschn. 3.2 wurde gezeigt, dass man die Leistung eines vorhandenen Motors dadurch verbessern kann, dass man den Ladungswechsel verbessert. Denn für mehr Leistung wird mehr Kraftstoff benötigt. Und dieser benötigt mehr Luft.

In den letzten Jahren wurde bei den Saugmotoren der Ladungswechsel durch einige Techniken wesentlich verbessert. Die erste Maßnahme war der Übergang von der 2-Ventil- zur 4-Ventil-Technik. Dadurch konnte man die Querschnittsflächen, durch die dem Zylinder die Luft zugeführt wird, vergrößern (vergleiche Abb. 3.1). Gleichzeitig reduziert sich dabei die Masse des einzelnen Ventils, was günstig ist bezüglich der Massenkräfte und der Drehzahlfestigkeit (vergleiche Abschn. 5.11). Allerdings hat die Mehrventiltechnik auch Nachteile: Abgesehen vom größeren konstruktiven Aufwand haben zwei kleinere Saugrohrkanäle mehr Wandreibungs- und Wandwärmeverluste als ein großer Saugrohrkanal. Deswegen lohnt sich die Mehrventil-Technik erst dann, wenn die Gesamtsaugrohr-Querschnittsfläche deutlich erhöht wird.

Ein weiterer Grund, warum diese Technik eingeführt wurde, war aber auch, dass man bei vier Ventilen die Zündkerze (beim Ottomotor) bzw. die Einspritzdüse (beim Dieselmotor) genau zentral über dem Brennraum anordnen kann. Die zentrale Lage verbessert die Verbrennung deutlich, was sich wiederum in einem besseren Kraftstoffverbrauch und in mehr Leistung bemerkbar macht. Bei zwei Ventilen kann die Zündkerze bzw. die Einspritzdüse nur außermittig angeordnet werden. Zuweilen verwendet man auch zwei Zündkerzen, um die Verbrennung zu optimieren.

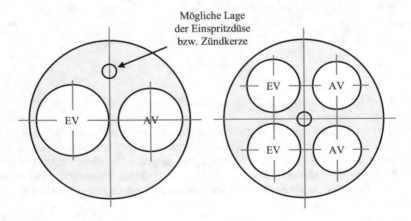

**Abb. 3.1**   Anordnung der Ventile beim 2-Ventil- und beim 4-Ventil-Motor

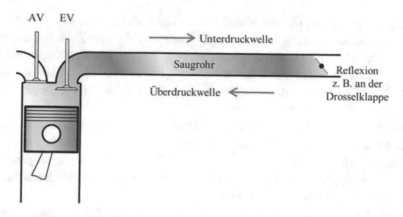

**Abb. 3.2**   Druckwellen im Saugrohr eines 4-Takt-Motors

Die zweite Art von Optimierungsmaßnahmen war der Übergang zu variablen Ventil-steuerzeiten und variablen Saugrohrlängen. Früher brachte man sein Fahrzeug zum Tuner, um dort die Saugrohrlänge und die Ventilsteuerzeiten für eine größere Motor-drehzahl optimieren zu lassen. Heutige Motoren haben diese Tuning -Maßnahmen bereits eingebaut, indem die entsprechenden Bauteile in zwei Stufen oder auch kontinuierlich verändert werden können. Die physikalische Erklärung für diese Phänomene liefert Abb. 3.2 nach [15].

Die Luftbewegung im Saugrohr kann man gut mit dem Verhalten von Autofahrern vor einer roten Ampel vergleichen: Während die Ampel rot ist, stehen alle Fahrzeuge still. Wenn dann die Ampel auf grün umspringt, fahren die ersten Autos langsam los, während die hinteren immer noch stehen. Erst nach und nach kommt die ganze Fahrzeugschlange in Bewegung. Wenn die Ampel wieder auf rot umschaltet, bremsen die vorderen Fahr-zeuge ab. Die Fahrer der hinteren bremsen im Allgemeinen verzögert ab, weil sie durch ihre Trägheit nicht sofort reagieren.

So ähnlich ist das auch mit der Luftbewegung im Saugrohr. Während die Ein-lassventile geschlossen sind, ruht die Luft im Saugrohr. Sobald die Ventile geöffnet werden, kommt die Luft langsam in Bewegung. Bedingt durch ihre Trägheit dauert das bei der weiter entfernten Luft etwas länger. Wenn die Luft nach einiger Zeit mit großer Geschwindigkeit in den Zylinder einströmt und die Einlassventile geschlossen werden, drückt die Trägheit der weiter entfernten Luft auf die geschlossenen Ventile und erzeugt dort einen Überdruck. Dieser wird in Form einer Druckwelle reflektiert und wandert zurück durch das Saugrohr, bis diese Welle an einer Querschnittsänderung (z. B. bei der Drosselklappe oder beim Luftfilter) wieder reflektiert wird. (Ein weiterer Grund für die Druckwelle ist der plötzliche Unterdruck, der sich beim Öffnen des Einlassventils im Saugrohr einstellt). Auf diese Weite gelangt nach einiger Zeit die Druckwelle wieder zurück zu den Einlassventilen. Der Ladungswechsel ist dann optimal, wenn die Druck-welle so ankommt, dass sie kurz vor dem Schließen der Einlassventile im nächsten

Arbeitsspiel durch ihren Überdruck eine zusätzliche Luftmenge in den Zylinder drückt. Bei großen Drehzahlen muss die Druckwelle schnell wieder zum Zylinder kommen. Bei kleinen Drehzahlen soll sie sich länger Zeit lassen. Da sich die Druckwelle mit Schallgeschwindigkeit ausbreitet, führt das in Abhängigkeit von der Motordrehzahl zu unterschiedlich großen Saugrohrlängen. Bei kleinen Drehzahlen ist ein langes Saugrohr optimal, bei großen Drehzahlen ein kurzes.

Konstruktiv kann man das umsetzen, indem man ein langes Saugrohr zu einem Kreis aufwickelt und bei großen Drehzahlen den Saugrohrweg durch die Freigabe einer „Abkürzung" reduziert. Aktuelle Motoren nutzen die Druckschwingungen gerne, indem sie nicht die Saugrohrlänge variieren, sondern das Schwingungsmuster durch das Öffnen oder Schließen von Klappen modifizieren.

Die Frischladung wird angesaugt, indem der Kolben im Zylinder nach unten fährt und dadurch einen Unterdruck erzeugt. Dieser saugt dann die Luft (und eventuell den Kraftstoff bei der Saugrohreinspritzung) in den Zylinder. Wenn sich der Kolben nach dem unteren Totpunkt wieder nach oben bewegt, möchte er die angesaugte Ladung über die Einlassventile zurück in das Saugrohr drücken. Damit das nicht passiert, müssen die Einlassventile rechtzeitig geschlossen werden. Auch dieser Vorgang der Richtungsumkehr (Ausströmen statt Einströmen) ist ein träger Vorgang, der eine gewisse Zeit benötigt. Deswegen kann man die Einlassventile noch so lange geöffnet lassen, bis die Strömungsumkehr erfolgt ist. Bei kleinen Drehzahlen müssen die Ventile relativ schnell wieder geschlossen werden. Bei großen Drehzahlen kann sich der Motor hierfür mehr Zeit lassen. Damit kann man erklären, warum der optimale Zeitpunkt (Kurbelwinkel) für das Schließen der Einlassventile drehzahlabhängig ist. Moderne Ottomotoren haben Ventilverstellsysteme, die die Steuerzeiten in Abhängigkeit von beispielsweise der Drehzahl kontinuierlich ändern können.

---

**Zusammenfassung**

Es gibt viele Methoden, den Ladungswechsel zu verbessern. Zum Beispiel: Mehrventiltechnik, variable Ventilsteuerzeiten oder Ventilhübe, variable Saugrohrlänge, Verzicht auf die Drosselklappe bei einem direkt einspritzenden Ottomotor mit Ladungsschichtung. ◄

---

## 3.10  Wie kann man bei einem bestehenden Motorkonzept die Leistung um 50 % steigern?

**Der Leser/die Leserin lernt**

Aufladung ist die einzige Methode, um aus einem optimierten Motor noch wesentlich mehr Leistung herauszuholen. ◄

Im Abschn. 3.4 wurde gezeigt, dass sich die effektive Motorleistung gemäß der Gleichung

$$P_e = i \cdot n \cdot V_H \cdot p_e$$

ergibt. Die Leistung kann also nur um 50 % erhöht werden, wenn die Drehzahl und/oder das Hubvolumen und/oder der effektive Mitteldruck entsprechend angehoben werden.

Die Anhebung der Motordrehzahl ist nur begrenzt möglich, weil sonst die Drehgeschwindigkeiten in den Lagern und die Kolbengeschwindigkeit zu stark zunehmen und damit der Verschleiß stark zunimmt. BMW verfolgt, ähnlich wie andere Premium-Hersteller, mit dem Konzept der Hochdrehzahl-M-Motoren einen derartigen Weg. Hier wird die übliche Nenndrehzahl von 6000/min auf Werte von ca. 8300/min angehoben, was zu einer Leistungssteigerung um ca. 35 % führt. Allerdings muss dann das Triebwerk entsprechend kurzhubig ausgelegt werden (vergleiche Abschn. 5.3)

Die Anhebung des Motorhubvolumens ist ebenfalls nur begrenzt möglich, weil dies immer zu größeren Motorabmessungen führt. Moderne Fahrzeuge haben aber im Motorraum nur begrenzt Platz, weswegen das Prinzip der Hubvolumenvergrößerung auch nur beschränkt realisiert werden kann

Auch die Anhebung des effektiven Mitteldruckes ist nur begrenzt möglich, wie im Abschn. 3.8 gezeigt wurde. Allerdings wurde bei der Gleichung zur Berechnung des effektiven Mitteldruckes bislang eine Größe kaum beachtet, nämlich die Dichte der Ladung im Zylinder. Beim Saugmotor wird die Dichte durch die thermische Zustandsgleichung für ideale Gase aus den Umgebungsbedingungen festgelegt:

$$\rho_{\text{Saugrohr}} = \left( \frac{p}{R \cdot T} \right)_{\text{Saugrohr}} = \left( \frac{p}{R \cdot T} \right)_{\text{Umgebung}}.$$

Beim aufgeladenen Motor wird vor dem Zylinder der Druck im Saugrohr deutlich angehoben. Hierzu verwendet man entweder eine mechanische Aufladung (Kompressor) oder eine Abgasturboaufladung (ATL) (vergleiche Abschn. 8.1). Durch Aufladung kann der Saugrohrdruck um deutlich mehr als nur 50 % angehoben werden. Moderne Ottomotoren erhöhen den Umgebungsdruck von 1 bar auf bis zu 2 bar, moderne Dieselmotoren auf bis zu 4 bar oder höher. Das bedeutet, dass die Aufladung eines Verbrennungsmotors aus heutiger Sicht die einzige Möglichkeit ist, um deutlich mehr Leistung aus einem gegebenen Hubvolumen zu holen. Deswegen ist die Aufladung zurzeit ein wesentlicher Trend der Motorenentwicklung. Wenn man die Aufladung nicht nutzt, um aus einer gegebenen Motorgröße mehr Leistung herauszuholen, sondern um bei einer gewünschten Leistung die Motorgröße zu verringern, so spricht man vom sogenannten Downsizing (vergleiche [17]).

Bei der Verdichtung von Luft auf einen hohen Druck erwärmt sich diese. Das führt zu einer hohen Temperatur im Saugrohr, wodurch die Dichte wieder sinkt. Deswegen verwendet man bei aufgeladenen Motoren im Allgemeinen eine Ladeluftkühlung, um die durch die Aufladung erwärmte Luft wieder deutlich abzukühlen und damit die Dichte anzuheben (vergleiche Abschn. 8.1).

---

**Zusammenfassung**

Die Aufladung eines Verbrennungsmotors ist aus heutiger Sicht die einzige Möglichkeit, um deutlich mehr Leistung aus einem gegebenen Hubvolumen zu holen. ◄

---

## 3.11  Warum hat ein Saug-Dieselmotor eine kleinere Leistung als ein hubraumgleicher Saug-Ottomotor?

---

**Der Leser/die Leserin lernt**

Bedeutung der Motordrehzahl auf die effektive Leistung eines Verbrennungsmotors.
◄

Die Motorleistung ergibt sich als Produkt von Taktzahl, Drehzahl, Hubvolumen und Mitteldruck:

$$P_e = i \cdot n \cdot V_H \cdot p_e.$$

Im Abschn. 3.8 wurde gezeigt, dass ein Saug-Dieselmotor und ein Saug-Ottomotor ungefähr den gleichen effektiven Mitteldruck erreichen können. Der Dieselmotor hat zwar einen Vorteil im Wirkungsgrad, der Ottomotor benötigt aber keinen Luftüberschuss und kann deswegen mehr Kraftstoff im Zylinder verbrennen. Dieselmotoren können allerdings nicht die hohen Drehzahlen von Ottomotoren erreichen. Sie spritzen den Kraftstoff erst am Ende der Kompressionsphase ein und benötigen relativ viel Zeit für die Einspritzung und die Gemischbildung. Und das geht nicht bei großen Drehzahlen. Deswegen haben heutige Dieselmotoren maximale Drehzahlen von 4500/min oder 5000/min, die von Ottomotoren liegen bei etwa 6000/min.

Die Zeit, die für die Einspritzung, Gemischbildung und Verbrennung zur Verfügung steht, kann man relativ leicht abschätzen: Die Zeit für ein Arbeitsspiel ist der Kehrwert der Zahl der Arbeitsspiele pro Zeit:

$$\Delta t_{ASP} = \frac{1}{n_{ASP}} = \frac{1}{i \cdot n}.$$

Bei einer Drehzahl von 4500/min dauert ein Arbeitsspiel des 4-Takt-Motors ca. 27 ms, der Verbrennungstakt dauert etwa ¼ davon, also ca. 7 ms. Das bedeutet, dass die Einspritzung und die Gemischbildung innerhalb von ca. 2 ms bis 3 ms erfolgen müssen, was sehr hohe Anforderungen an das Einspritzsystem stellt.

---

**Zusammenfassung**

Saug-Dieselmotoren haben eine deutlich kleinere Leistung als Saug-Ottomotoren, weil sie nicht bei so großen Drehzahlen wie Ottomotoren betrieben werden können.
◄

## 3.12 Könnte man die Leistung eines Motors nicht dadurch erhöhen, dass man den Ventilhub vergrößert und damit die Zylinderladung erhöht?

**Der Leser/die Leserin lernt**

Grundbegriffe der Ventilgeometrie|Festlegung des maximal möglichen Luftmassenstroms durch den engsten Querschnitt im Ansaugsystem. ◄

Die Leistung eines Motors kann, wie das schon mehrmals erläutert wurde, dadurch gesteigert werden, dass man die Ladungsmasse im Zylinder erhöht, dadurch mehr Kraftstoff verbrennen kann und damit auch mehr Leistung erhält. Für die Qualität des Ladungswechsels sind unter anderem die Ventile zuständig. Je größer die von den Ventilen frei gegebene Fläche ist und je länger sie zur Verfügung steht, umso mehr Ladung kann in den Zylinder gelangen. Nun ist es bei Luftströmungen so, dass der kleinste Querschnitt im gesamten Strömungssystem den maximal möglichen Massenstrom festlegt. Eine konstruktiv begrenzte Fläche im Ansaugsystem ist die Ventilquerschnittsfläche. Im Zylinderkopf müssen die Ventile Platz haben und die Stegbreiten zwischen den Ventilen dürfen auch nicht zu klein werden. Typische Ventildurchmesser $D_i$ sind:

$$D_i = (0,38 \ldots 0,42) \cdot D \qquad \text{(2-Ventil-Technik)},$$
$$D_i = (0,30 \ldots 0,35) \cdot D \qquad \text{(4-Ventil-Technik)},$$
$$D_i = (0,35 \ldots 0,45) \cdot D \qquad \text{(4-Ventil-Technik mit im Zylinderkopf schräg angeordneten Ventilen, wie das bei modernen Ottomotoren häufig der Fall ist).}$$

Dabei ist $D$ der Zylinderdurchmesser. Häufig werden die Einlassventildurchmesser etwas größer als die Auslassventildurchmesser gewählt. Die Durchmesser der Ein- und Auslasskanäle werden im Zylinderkopf etwa so groß gewählt wie die Ventildurchmesser. Damit legt der Ventilhub den kleinsten Strömungsquerschnitt fest, zumindest so lange, wie das Ventil nicht weit genug geöffnet ist. Es macht aber keinen Sinn, ein Ventil zu weit zu öffnen. Denn sobald der vom Ventilhub frei gegebene Strömungsquerschnitt größer wird als der Querschnitt des Ventilsitzes, dann bestimmt dieser den maximal möglichen Massenstrom. Ventile, die zu weit geöffnet werden, benötigen zudem große Kräfte zur Überwindung der Massenträgheit (vergleiche Abschn. 5.11).

Den maximal sinnvollen Ventilhub kann man mit folgenden geometrischen Überlegungen bestimmen:

Abb. 3.3 zeigt die typischen Bezeichnungen am Ventil. Der Kanaldurchmesser wird so groß gewählt wie der kleinste Durchmesser des Ventils am inneren Sitz $D_i$. Die Strömungsquerschnittsfläche $A_V$, durch die die Ladung strömt, ist eine Kegelstumpfmantelfläche, die gemäß Papula [9] aus der Breite b und dem mittleren Durchmesser berechnet werden kann:

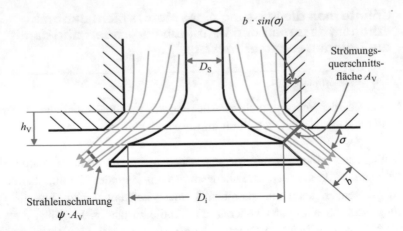

**Abb. 3.3**  Ventilgeometrie

$$A_{\mathrm{V}} = \pi \cdot b \cdot \frac{D_{\min} + D_{\max}}{2}.$$

$D_{\min}$ ist der kleinste Ventilsitzdurchmesser $D_i$. $D_{\max}$ ergibt sich durch geometrische Überlegungen aus

$$D_{\max} = D_{\min} + 2 \cdot b \cdot \sin(\sigma).$$

$\sigma$ ist der Ventilsitzwinkel und beträgt häufig 45°, seltener auch einmal 30° oder 50°. Die Breite $b$ selbst kann aus dem aktuellen Ventilhub $h_{\mathrm{V}}$ berechnet werden zu

$$b = h_{\mathrm{V}} \cdot \cos(\sigma).$$

Damit ergibt sich für die vom Ventilhub frei gegebene Strömungsfläche

$$A_{\mathrm{V}} = \pi \cdot b \cdot (D_i + b \cdot \sin(\sigma)),$$
$$A_{\mathrm{V}} = \pi \cdot h_{\mathrm{V}} \cdot \cos(\sigma) \cdot (D_i + h_{\mathrm{V}} \cdot \cos(\sigma) \cdot \sin(\sigma)).$$

Der maximal sinnvolle Ventilhub $h_{\mathrm{V}}$ muss also so gewählt werden, dass die Fläche $A_{\mathrm{V}}$ gleich der inneren Ventilsitzfläche ist. Wenn man es genauer berechnen möchte, dann kann man noch zwei Aspekte berücksichtigen. Zum einen hat der Ventilschaft eine Querschnittsfläche, um die die für die Strömung im Ventilsitz zur Verfügung stehende Fläche verkleinert wird. (Ein guter Erfahrungswert ist, dass der Ventilschaftdurchmesser etwa 25 % des Ventildurchmessers beträgt). Zum anderen schnürt sich aus strömungstechnischen Gründen der einströmende Gasstrahl ein, sodass die Strömungsquerschnittsfläche etwas kleiner als $A_{\mathrm{V}}$ ist. (Die Strahleinschnürung muss durch Strömungsversuche am Zylinderkopf oder entsprechende Simulationsrechnungen ermittelt werden. Sie liegt je nach Ventilhub zwischen 0 % (kleiner Hub) und 50 % (großer Hub)). Die zum Kapitel gehörende Excel-Tabelle berücksichtigt diese Phänomene. Bei den Ventilhüben, die nicht mehr sinnvoll sind, wird die Ergebniszelle rot eingefärbt. Man kann erkennen, dass bei einem typischen Pkw-Motor mit 4-Ventil-Technik der maximal sinnvolle Ventilhub in der Größenordnung von 10 mm liegt. (Ein Erfahrungswert sagt, dass der maximale Ventilhub etwa 17 % … 25 % des Ventildurchmessers betragen sollte).

Eine weitere Kenngröße ist für die Auslegung der Ventile sinnvoll: Die Gasströmung insbesondere im Einlassventilspalt sollte eine mittlere Geschwindigkeit von etwa der 5-fachen mittleren Kolbengeschwindigkeit haben. Bei einem $v_m$-Wert von 20 m/s führt das zu einer Strömungsgeschwindigkeit von etwa 100 m/s. Mit der aus der Strömungslehre bekannten Kontinuitätsgleichung kann ein Massenstrom aus der Dichte $\rho$, der Strömungsquerschnittsfläche $A$ und der Strömungsgeschwindigkeit $v$ berechnet werden:

$$\dot{m} = \rho \cdot v \cdot A.$$

Man kann näherungsweise davon ausgehen, dass sich die vom Zylinder angesaugte Ladung gemeinsam mit dem Kolben, also mit der mittleren Kolbengeschwindigkeit im Zylinder bewegt. Wenn sie sich im Ventilspalt mit der 5-fachen Geschwindigkeit bewegen soll, dann muss gemäß der Kontinuitätsgleichung der Strömungsquerschnitt der Einlassventile ein Fünftel des Zylinderquerschnittes betragen. Beim 2-Ventil-Motor würde das zu einem Einlassventildurchmesser von $\frac{1}{\sqrt{5}} \cdot D_i \approx 0,45 \cdot D_i$ führen. Beim 4-Ventil-Motor ergäbe sich ein Einlassventildurchmesser von $\frac{1}{\sqrt{2 \cdot 5}} \cdot D_i \approx 0,32 \cdot D_i$. Diese Abschätzungen führen zu den weiter vorne genannten Erfahrungswerten für die Ventildurchmesser.

**Zusammenfassung**

Der maximal sinnvolle Ventilhub ist so groß, dass die vom Ventil frei gegebene Strömungsquerschnittsfläche so groß ist wie die kleinste Querschnittsfläche im Ansaugsystem. Ein noch größerer Ventilhub bringt keine Vorteile. ◄

## 3.13 Welche Bedeutung hat der Begriff der Kolbenflächenleistung?

**Der Leser/die Leserin lernt**

Kolbenflächenleistung. ◄

Gleichungen zur Motorenberechnung sind immer dann besonders gut einsetzbar, wenn sie nur Kenngrößen enthalten, also Größen, die unabhängig von der Motorgröße sind. Die im Abschn. 3.8 hergeleiteten Hauptgleichungen enthalten nur Kenngrößen. Das macht sie universell einsetzbar. Die Gleichung zur Berechnung der Motorleistung enthält bislang nur die Kenngröße $p_e$. Die anderen Größen Drehzahl und Hubvolumen unterscheiden sich bei verschiedenen Motoren sehr.

$$P_e = i \cdot n \cdot p_e \cdot V_H$$

**Tab. 3.8** Typische Werte für die Kolbenflächenleistung

|                                      | $v_m/(m/s)$ | $p_e/bar$ | $P_A/(kW/cm^2)$ |
|--------------------------------------|-------------|-----------|------------------|
| Saugmotoren                          | 20          | 10        | 0,50             |
| Saug-Rennmotoren                     | 25          | 12        | 0,75             |
| Aufgeladene Motoren                  | 20          | 20        | 1,00             |
| Langsamlaufende, aufgeladene Motoren | 10          | 25        | 0,63             |

Manche Autoren geben die Leistung pro Hubvolumen an:

$$\frac{P_e}{V_H} = i \cdot n \cdot p_e.$$

Dieser Quotient ist aber keine Kenngröße, weil die Drehzahl keine Kenngröße, sondern motorabhängig ist. Die charakteristische Kenngröße zur Beschreibung der Motordrehzahl ist die mittlere Kolbengeschwindigkeit $v_m$:

$$v_m = 2 \cdot s \cdot n.$$

Damit ergibt sich:

$$P_e = i \cdot n \cdot p_e \cdot V_H = i \cdot \frac{v_m}{2 \cdot s} \cdot p_e \cdot V_H.$$

Das Hubvolumen ergibt sich aus dem Kolbenhub und der Kolbenquerschnittsfläche $A_K$ zu

$$V_H = z \cdot s \cdot A_K = z \cdot s \cdot \frac{\pi}{4} \cdot D^2.$$

Damit erhält man:

$$P_e = i \cdot n \cdot p_e \cdot V_H = i \cdot \frac{v_m}{2 \cdot s} \cdot p_e \cdot V_H = i \cdot \frac{v_m}{2 \cdot s} \cdot p_e \cdot z \cdot s \cdot A_K.$$

Nach Definition der auf die gesamte Kolbenquerschnittsfläche bezogenen Leistung („Kolbenflächenleistung" $P_A$) ergibt sich:

$$P_A = \frac{P_e}{z \cdot A_K} = \frac{i}{2} \cdot v_m \cdot p_e.$$

Diese Gleichung enthält nur noch Kenngrößen, weil die Kolbenflächenleistung eine wesentliche Kenngröße der Motorenauslegung ist.

Typische Werte für die Kolbenflächenleistung gibt die Tab. 3.8 an.

**Zusammenfassung**

Im Gegensatz zur effektiven Motorleistung oder zur auf das Hubvolumen bezogenen Motorleistung ist die auf die Kolbenfläche bezogene Motorleistung eine Kenngröße, die sich bei verschiedenen Motoren nur wenig unterscheidet. Sie entspricht im Wesentlichen dem Produkt aus den beiden Kenngrößen effektiver Mitteldruck und mittlere Kolbengeschwindigkeit. ◄

# Motorthermodynamik

**4**

Die Leistung und der Wirkungsgrad eines Verbrennungsmotors können mit den Methoden der Thermodynamik berechnet werden. Im Kap. 4 werden die entsprechenden Methoden vorgestellt. Diese Berechnungen lassen sich nur unter sehr idealisierten Annahmen mit einfachen Mitteln durchführen. Wenn man einen Motor so genau wie möglich thermodynamisch berechnen möchte, dann muss man sehr aufwändige Programmsysteme verwenden. Im Kap. 4 wird auch gezeigt, wie man Motorinformationen, die in Autozeitschriften zu finden sind, thermodynamisch auswerten kann.

## 4.1    Warum gibt es überhaupt noch Verbrennungsmotoren? Ist das nicht eine uralte Technik?

**Der Leser/die Leserin lernt**

Die „alten" Motorenerfinder haben den Verbrennungsmotor so genial erfunden, dass er auch heute noch eine wesentliche Rolle bei der Energieumwandlung spielt. ◄

In den Medien wird manchmal argumentiert, der Verbrennungsmotor sei ein uraltes technisches Produkt, das man schon längst durch eine neue und bessere Technik ablösen sollte. Dabei denkt man gerne an die Brennstoffzelle oder den Elektromotor. Es stimmt: Der erste Verbrennungsmotor lief bereits 1862 und wurde von Nicolas August Otto erfunden. Als Ingenieur muss man aber feststellen, dass den alten Erfindern wie Otto,

**Elektronisches Zusatzmaterial** Die elektronische Version dieses Kapitels enthält Zusatzmaterial, das berechtigten Benutzern zur Verfügung steht https://doi.org/10.1007/978-3-658-29226-3_4.

Diesel oder Maybach ein Produkt gelungen ist, das in seinen Grundprinzipien bis heute unverändert funktioniert.

In vielen Anwendungsbereichen gibt es noch keinen adäquaten Ersatz. Das liegt daran, dass der Verbrennungsmotor in manchen Konstruktionsdetails so einfach gestaltet ist, dass man eben noch nichts Besseres gefunden hat. Ein Beispiel hierfür ist der Ladungswechsel über eine Nockenwelle, einen Hebel und ein Tellerventil (vergleiche Abschn. 3.12). Auch wenn viele Entwicklungsabteilungen versuchen, diesen Mechanismus mit elektromagnetischen oder hydraulischen Bauelementen zu ersetzen, so ist bis heute kein energetisch gleichwertiges Prinzip zur Serienreife gebracht worden. Gleiches gilt für das Hubkolbenprinzip. Dieses ist derart einfach, dass es nichts Besseres gibt. Auch der Wankelmotor mit seinem Rotationskolben konnte sich nicht durchsetzen.

Abb. 4.1 versucht zu erklären, warum das Hubkolbenprinzip so überragend ist. Gezeigt werden ein 4-Takt-Motor und ein Strahltriebwerk. Thermodynamisch gesehen dienen beide der Energieumwandlung, indem ein Kraftstoff mit Luft verbrannt wird. Dazu wird Luft angesaugt (1. Takt), verdichtet (2. Takt), mit Kraftstoff gemischt und dieser unter Volumenausdehnung verbrannt (3. Takt) und die Abgase ausgeschoben (4. Takt). Während es beim Strahltriebwerk für jede dieser vier Aufgaben eine spezielle Baugruppe gibt, finden beim Hubkolbentriebwerk alle vier Zustandsänderungen im gleichen Raum, nämlich dem Hubvolumen, statt. Dort, wo die Verbrennung stattfindet, treten Temperaturen von einigen Tausend Kelvin auf. Dazu muss das Strahltriebwerk entsprechend geschützt und gekühlt werden. Beim Hubkolbenmotor erfolgt die Kühlung ganz einfach durch die Frischladung, die wenige Millisekunden nach der heißen Verbrennung in den Brennraum eintritt und diesen kühlt. Dieses Prinzip ist derart einfach, dass Rasenmähermotoren oder Modellflugzeugmotoren mit einigen wenigen Bauteilen auskommen. Auch wenn moderne Motoren nicht mehr luftgekühlt sind, sondern einen Kühlkreislauf mit Wasser haben, so ändert das trotzdem nichts daran, dass das Prinzip der Motorkühlung sehr einfach ist.

Der Preis, den der Hubkolbenmotor für dieses einfache Prinzip bezahlen muss, ist der bewegte Kolben, der durch die große Drehzahl der Kurbelwelle innerhalb von kürzester Zeit beschleunigt und abgebremst wird. Dabei treten enorme Trägheitskräfte auf (ver-

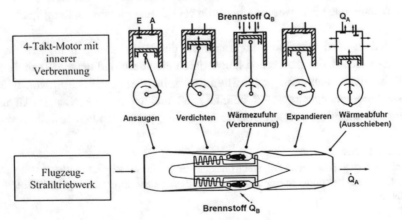

**Abb. 4.1**  Vergleich von 4-Takt-Motor und Strahltriebwerk [18]

gleiche Abschn. 5.2), die zu Vibrationen und hohen Bauteilbelastungen führen und die Lebensdauer des Motors begrenzen. Weil insbesondere die Pkw-Motoren keine hohe Lebenserwartung haben (200.000 km entsprechen etwa 4000 Betriebsstunden.), spielt das aber nur eine untergeordnete Rolle. (Industriemotoren erreichen dagegen Lebensdauern von etwa 40.000 h).

Interessant ist übrigens, dass diese stark instationären Zustandsänderungen im Brennraum des Verbrennungsmotors (Wechsel von Ansaugen, Verdichten, Verbrennen und Ausschieben innerhalb von wenigen Millisekunden) nur schwer physikalisch zu beschreiben sind. Deswegen ist die thermodynamische Simulation von Verbrennungsmotoren auch heute noch sehr kompliziert (vergleiche Merker [19]). Die physikalischen Modelle beschreiben die Vorgänge nicht genau genug. Deswegen müssen die Modelle durch Messungen am realen Motor kalibriert werden.

Ein weiterer Vorteil des Verbrennungsmotors ist, dass er für die Verwendung von flüssigen Kraftstoffen optimiert wurde (Einspritztechnik). Gerade flüssige Kraftstoffe sind die besten Energieträger für den mobilen Einsatz, weil sie sehr einfach getankt werden können und weil sie eine viel höhere Energiedichte haben als Gase (vergleiche Abschn. 2.15).

All diese Vorteile führen dazu, dass heutige Verbrennungsmotoren (insbesondere die langsam laufenden Schiffsmotoren) effektive Wirkungsgrade von über 50 % erreichen. Das schafft kein anderes Prinzip, das die in flüssigen Kraftstoffen enthaltene Energie in mechanische Arbeit umwandelt. Und es gibt kein anderes System, das das so preiswert kann wie der Verbrennungsmotor.

Das Problem der Verbrennungsmotoren in Pkw ist nicht in erster Linie, dass diese Motoren keine großen Wirkungsgrade erreichen könnten. Es liegt vielmehr daran, dass die Motoren in Pkw meistens in Kennfeldbereichen (Teil – und Schwachlastbereich) betrieben werden, in denen sie einen schlechten Wirkungsgrad haben (vergleiche Abschn. 6.1). Hier müssen Optimierungen des Gesamtsystems vorgenommen werden (viele Getriebestufen, Hybridtechnik, …).

### Zusammenfassung

Verbrennungsmotoren sind relativ einfache Energieumwandlungsmaschinen. Sie sind für die Verwendung von flüssigen Kraftstoffen (optimaler Energieträger für den mobilen Einsatz) ausgelegt. Es gibt für flüssige Kraftstoffe keine Energieumwandlungsmaschine mit einem besseren Wirkungsgrad als Verbrennungsmotoren. ◄

## 4.2   Welchen thermischen Wirkungsgrad kann ein Ottomotor bestenfalls haben?

### Der Leser/die Leserin lernt

Gleichraumprozess  |  Gleichdruckprozess  |  Seiligerprozess  |  Gleichung zur Berechnung des Wirkungsgrades des Gleichraumprozesses. ◄

Den Idealprozess eines Verbrennungsmotors kann man durch folgenden Kreisprozess beschreiben:

1 → 2:   Isentrope[1] Kompression,
2 → 4:   Wärmezufuhr (Verbrennung) nach fester Gesetzmäßigkeit,
4 → 5:   Isentrope Expansion,
5 → 1:   Isochore Wärmeabgabe (Ladungswechsel).

Bei diesem Prozess gelten folgende Randbedingungen:

- Die Verbrennung (Wärmezufuhr) erfolgt nach einer festen Gesetzmäßigkeit.
- Der Prozess ist innerlich reversibel. Das bedeutet, dass keine Reibungsverluste auftreten.
- Während der Kompression und der Expansion treten keine Wandwärmeverluste auf.
- Als Arbeitsmedium dient Luft, die als ideales Gas betrachtet wird. Sie besitzt eine konstante Gaskonstante $R$ und einen konstanten Isentropenexponenten $\kappa$.
- Das thermodynamische System ist geschlossen. Es gibt also keinen Massenaustausch über die Systemgrenze. Der Kraftstoff kommt nur in Form von Wärmeenergie über die Systemgrenze. Es gibt auch kein Abgas, sondern nur eine Wärmeabgabe statt des Ladungswechsels.

Der einfachste Idealprozess ist der Gleichraumprozess, bei dem die Verbrennung bei konstantem Volumen, also im oberen Totpunkt stattfindet. Diese Verbrennung läuft schlagartig, also unendlich schnell ab.

Etwas komplizierter ist der Gleichdruckprozess, bei dem die Verbrennung im oberen Totpunkt beginnt. Obwohl durch die Expansion der Druck fallen müsste, wird er durch die intensiver werdende Verbrennung auf einem konstanten Wert gehalten. Als Grenzbedingung gilt: Die Gleichdruckverbrennung muss beendet sein (Punkt $4_{GD}$ in Abb. 4.2), bevor der Kolben im unteren Totpunkt angelangt ist.

Noch komplizierter ist der Seiliger-Prozess, der eine Kombination der beiden anderen Prozesse darstellt: Zuerst erfolgt ein Teil der Verbrennung als Gleichraumverbrennung, danach die restliche Verbrennung als Gleichdruckverbrennung. Die Charakterisierung

---

[1] Der thermodynamische Begriff der „isentropen Zustandsänderung" kann hier nur kurz erläutert werden. Weitere Informationen finden sich in den Büchern zur Grundlage der Thermodynamik, z. B. [3]. Mit dem Begriff „isentrope Zustandsänderung" ist gemeint, dass der Prozess so geführt wird, dass weder Wärme mit der Umgebung ausgetauscht wird noch Reibung auftritt. Wenn keine Wärme mit der Umgebung ausgetauscht wird, dann ist das thermodynamische System „adiabat". Wenn keine Reibung auftritt, dann verläuft der Prozess „reversibel". Isentrop bedeutet also „adiabates System und reversibler Prozess". Reale System sind dagegen nicht adiabat und reale Prozesse sind nicht reversibel. Sie laufen immer in eine bestimmte Richtung. Bei einem reibungsbehafteten, irreversiblen Prozess kommt man nicht mehr zum Ausgangspunkt zurück, ohne dafür Energie aufzuwenden.

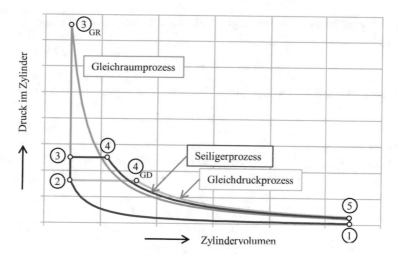

**Abb. 4.2**  $p$-$V$-Diagramm der Idealprozesse

des Seiligerprozesses erfolgt durch die Festlegung des Druckes im Punkt 3. Als Grenzbedingung gilt: Der Druck im Punkt 3 muss kleiner sein als der Druck im Punkt $3_{GR}$
(Gleichraumprozess).

Die Idealprozcsse Gleichraumprozess, Gleichdruckprozess und Seiligerprozess
(kombinierter Prozess) sind in Abb. 4.2 dargestellt.

Zur Berechnung des Gleichraumprozesses werden die Grundgleichungen der
Thermodynamik (1. Hauptsatz und thermische Zustandsgleichung für ideale Gase) verwendet.

Der thermische Wirkungsgrad ergibt sich als Verhältnis von abgegebener Arbeit zu
zugeführter Wärme:

$$\eta_{GR} = \frac{|w_V|}{q_{zu}}.$$

Die durch die Verbrennung zugeführte Energie $q_{zu}$ verlässt den Prozess entweder als
Volumenänderungsarbeit$w_V$ oder als Abwärme $q_{ab}$:

$$q_{zu} - |q_{ab}| - |w_V| = 0,$$

$$|w_V| = q_{zu} - |q_{ab}|,$$

$$\eta_{GR} = \frac{q_{zu} - |q_{ab}|}{q_{zu}} = 1 - \frac{|q_{ab}|}{q_{zu}}.$$

Die zugeführte spezifische Wärme ergibt sich aus der Temperaturerhöhung durch die
Verbrennung $(T_3 - T_2)$:

$$q_{zu} = u_3 - u_2 = c_v \cdot (T_3 - T_2).$$

Die abgeführte spezifische Wärme ergibt sich aus der Temperaturabnahme $(T_5 - T_1)$ bei der Wärmeabfuhr:

$$q_{ab} = u_1 - u_5 = c_v \cdot (T_1 - T_5).$$

In der Thermodynamik haben abgeführte Wärmen einen negativen Zahlenwert.

$$|q_{ab}| = c_v \cdot (T_5 - T_1)$$

Die Temperaturen sind über die Gleichung für die isentrope Zustandsänderung bei idealen Gasen gekoppelt, weil die Verdichtung von 1 nach 2 und die Expansion von 3 nach 5 als isentrop betrachtet werden:

$$\frac{T_2}{T_1} = \left(\frac{V_1}{V_2}\right)^{\kappa-1}.$$

Das Volumenverhältnis ist gleich dem Verdichtungsverhältnis:

$$\frac{V_1}{V_2} = \frac{V_{max}}{V_{min}} = \varepsilon.$$

(Eine Skizze zur Zylindergeometrie ist im Abschn. 5.1 zu finden.)

Also ergibt sich:

$$\frac{T_2}{T_1} = \left(\frac{V_1}{V_2}\right)^{\kappa-1} = \varepsilon^{\kappa-1},$$
$$T_2 = T_1 \cdot \varepsilon^{\kappa-1}.$$

Analog gilt:

$$\frac{T_3}{T_5} = \left(\frac{V_5}{V_3}\right)^{\kappa-1} = \varepsilon^{\kappa-1},$$
$$T_3 = T_5 \cdot \varepsilon^{\kappa-1}.$$

Damit ergibt sich:

$$\eta_{GR} = 1 - \frac{|q_{ab}|}{q_{zu}} = 1 - \frac{c_v \cdot (T_5 - T_1)}{c_v \cdot (T_3 - T_2)} = 1 - \frac{T_5 - T_1}{T_3 - T_2}$$
$$= 1 - \frac{T_5 - T_1}{T_3 - T_1 \cdot \varepsilon^{\kappa-1}} = 1 - \frac{T_5 - T_1}{T_5 \cdot \varepsilon^{\kappa-1} - T_1 \cdot \varepsilon^{\kappa-1}}.$$

Also:

$$\eta_{GR} = 1 - \frac{1}{\varepsilon^{\kappa-1}}.$$

Beim Gleichraumprozess hängt der thermische Wirkungsgrad also nur vom Verdichtungsverhältnis $\varepsilon$ ab. Ein typischer Ottomotor hat ein Verdichtungsverhältnis von 12. Damit ergibt sich bei Verwendung des Isentropenexponenten von Luft ($\kappa = 1{,}4$) ein bestmöglicher thermischer Wirkungsgrad von 63 %:

$$\eta_{\text{Ottomotor}} = 1 - \frac{1}{12^{1,4-1}} = 63\,\%.$$

---

**Zusammenfassung**

Ein Ottomotor hat im idealen Fall einen Wirkungsgrad von etwas mehr als 60 %. In Wirklichkeit hat er einen bestmöglichen effektiven Wirkungsgrad von etwa 36 %. Die großen Unterschiede sind darin begründet, dass beim realen Motor die zuvor genannten Voraussetzungen wie beispielsweise isentrope Zustandsänderungen oder Reibungsfreiheit nicht gegeben sind. ◄

---

## 4.3 Welchen thermischen Wirkungsgrad kann ein Dieselmotor bestenfalls haben?

**Der Leser/die Leserin lernt**

Gleichungen zur Berechnung des Wirkungsgrades des Gleichdruckprozesses und des Seiligerprozesses. ◄

Für Dieselmotoren wird gerne der Gleichdruck-Prozess als Idealprozess verwendet. Den Wirkungsgrad dieses Prozesses kann man folgendermaßen herleiten.

Für den Gleichdruck-Prozess gilt ebenso wie beim zuvor behandelten Gleichraumprozess:

$$\eta_{\text{GD}} = 1 - \frac{|q_{\text{ab}}|}{q_{\text{zu}}}.$$

Beim Gleichdruckprozess gilt für die zu- und abgeführten spezifischen Wärmen:

$$q_{\text{zu}} = h_4 - h_2 = c_{\text{p}} \cdot (T_4 - T_2),$$
$$|q_{\text{ab}}| = c_{\text{v}} \cdot (T_5 - T_1).$$

(Man beachte die Verwendung der spezifischen Enthalpien bei der Wärmezufuhr bei konstantem Druck).

Für die Temperaturen in der Kompressionsphase gilt:

$$T_2 = T_1 \cdot \varepsilon^{\kappa-1}.$$

Also:

$$q_{zu} = c_p \cdot (T_4 - T_2) = c_p \cdot (T_4 - T_1 \cdot \varepsilon^{\kappa-1}),$$

$$\frac{q_{zu}}{c_p} = T_4 - T_1 \cdot \varepsilon^{\kappa-1},$$

$$\frac{q_{zu}}{c_p \cdot T_1} = \frac{T_4}{T_1} - \varepsilon^{\kappa-1}.$$

Die linke Seite wird als Größe $q^*$ abgekürzt:

$$q^* = \frac{q_{zu}}{c_p \cdot T_1}.$$

Also gilt:

$$q^* = \frac{T_4}{T_1} - \varepsilon^{\kappa-1},$$

$$T_4 = T_1 \cdot \left(q^* + \varepsilon^{\kappa-1}\right).$$

Für die Berechnung der spezifischen Abwärme wird die Temperatur $T_5$ benötigt. Diese wird aus $T_1$ berechnet, indem rückwärts der ganze Kreisprozess berechnet wird.

In der isentropen Expansionsphase gilt:

$$\frac{T_4}{T_5} = \left(\frac{v_5}{v_4}\right)^{\kappa-1}.$$

Für die isobare Verbrennung von 2 nach 4 gilt:

$$p_2 = p_4,$$

$$\frac{R \cdot T_2}{v_2} = \frac{R \cdot T_4}{v_4},$$

$$v_4 = \frac{T_4}{T_2} \cdot v_2.$$

Also:

$$\frac{T_4}{T_5} = \left(\frac{v_5}{v_4}\right)^{\kappa-1} = \left(\frac{v_5}{\frac{T_4}{T_2} \cdot v_2}\right)^{\kappa-1} = \left(\frac{T_2}{T_4} \cdot \varepsilon\right)^{\kappa-1}.$$

Damit ergibt sich

$$T_5 = T_4 \cdot \left(\frac{T_2}{T_4} \cdot \varepsilon\right)^{1-\kappa} = (T_4)^{\kappa} \cdot (T_2)^{1-\kappa} \cdot \varepsilon^{1-\kappa}.$$

Die Temperatur $T_2$ ist aus der isentropen Kompression bekannt.

$$T_5 = (T_4)^{\kappa} \cdot (T_2)^{1-\kappa} \cdot \varepsilon^{1-\kappa} = (T_4)^{\kappa} \cdot \left(T_1 \cdot \varepsilon^{\kappa-1}\right)^{1-\kappa} \cdot \varepsilon^{1-\kappa} = (T_4)^{\kappa} \cdot (T_1)^{1-\kappa} \cdot (\varepsilon^{\kappa})^{1-\kappa}$$

Also gilt für die Abwärme:

$$
\begin{aligned}
|q_{ab}| &= c_v \cdot (T_5 - T_1) = c_V \cdot \left( (T_4)^\kappa \cdot (T_1)^{1-\kappa} \cdot (\varepsilon^\kappa)^{1-\kappa} - T_1 \right) \\
&= c_v \cdot T_1 \cdot \left( (T_4)^\kappa \cdot (T_1)^{-\kappa} \cdot (\varepsilon^\kappa)^{1-\kappa} - 1 \right) \\
&= c_v \cdot T_1 \cdot \left( \left[ T_1 \cdot (q^* + \varepsilon^{\kappa-1}) \right]^\kappa \cdot (T_1)^{-\kappa} \cdot (\varepsilon^\kappa)^{1-\kappa} - 1 \right) \\
&= c_v \cdot T_1 \cdot \left( (q^* + \varepsilon^{\kappa-1})^\kappa \cdot (\varepsilon^\kappa)^{1-\kappa} - 1 \right) \\
&= c_v \cdot T_1 \cdot \left( (q^* \cdot \varepsilon^{1-\kappa} + 1)^\kappa - 1 \right).
\end{aligned}
$$

Für den thermischen Wirkungsgrad gilt dann:

$$
\begin{aligned}
\eta_{GD} &= 1 - \frac{|q_{ab}|}{q_{zu}} = 1 - \frac{c_v \cdot T_1 \cdot \left( \left[ T_1 \cdot (q^* + \varepsilon^{\kappa-1}) \right]^\kappa \cdot (T_1)^{-\kappa} \cdot (\varepsilon^\kappa)^{1-\kappa} - 1 \right)}{q^* \cdot c_p \cdot T_1} \\
&= 1 - \frac{\left[ T_1 \cdot (q^* + \varepsilon^{\kappa-1}) \right]^\kappa \cdot (T_1)^{-\kappa} \cdot (\varepsilon^\kappa)^{1-\kappa} - 1}{q^* \cdot \frac{c_p}{c_v}} \\
&= 1 - \frac{(q^* + \varepsilon^{\kappa-1})^\kappa \cdot (\varepsilon^\kappa)^{1-\kappa} - 1}{q^* \cdot \kappa}.
\end{aligned}
$$

Also:

$$
\eta_{GD} = 1 - \frac{1}{\kappa \cdot q^*} \cdot \left[ \left( \frac{q^*}{\varepsilon^{\kappa-1}} + 1 \right)^\kappa - 1 \right].
$$

Beim Gleichdruckprozess hängt der thermische Wirkungsgrad also zusätzlich zum Verdichtungsverhältnis auch von einer Größe $q^*$ ab. $q^*$ hängt im Wesentlichen vom Luftverhältnis $\lambda$ ab, wie die folgende Herleitung zeigt:

$$
q^* = \frac{q_{zu}}{c_p \cdot T_1} = \frac{1}{c_p \cdot T_1} \cdot \frac{Q_{zu}}{m_{zyl}} = \frac{1}{c_p \cdot T_1} \cdot \frac{m_B \cdot H_U}{m_{zyl}}.
$$

Beim Idealprozess befindet sich im Zylinder nur Luft: $m_{zyl} = m_L$. Die Luftmasse und die Kraftstoffmasse hängen über das Luftverhältnis $\lambda$ voneinander ab. Also:

$$
q^* = \frac{1}{c_p \cdot T_1} \cdot \frac{m_B \cdot H_U}{m_{zyl}} = \frac{1}{c_p \cdot T_1} \cdot \frac{m_B \cdot H_U}{m_L} = \frac{1}{c_p \cdot T_1} \cdot \frac{H_U}{\lambda \cdot L_{min}}.
$$

$q^*$ hängt also vom Luftverhältnis und vom Anfangszustand 1 zu Beginn der Kompression ab. Im Zustand 1, also nach dem „Ladungswechsel", hat das Gas im Zylinder den Zustand der Umgebungsluft.

Beispiel: Ein typischer Dieselmotor hat ein Verdichtungsverhältnis von 18 und ein Luftverhältnis von 1,3 bei Volllast. Als Anfangstemperatur $T_1$ im unteren Totpunkt kann ein Wert von 20 °C angenommen werden. Damit ergibt sich ein bestmöglicher thermischer Wirkungsgrad von 57,4 %. In Wirklichkeit hat ein Pkw-Dieselmotor einen bestmöglichen effektiven Wirkungsgrad von etwa 42 %. Die großen Unterschiede sind darin begründet, dass beim realen Motor die zuvor genannten Voraussetzungen wie isentrope Kompression oder Reibungsfreiheit nicht gelten.

Die Kompressionslinie des eben berechneten Dieselmotors kann man berechnen, wenn man den Anfangszustand 1 kennt. In diesem Punkt (unterer Totpunkt) entsprechen Druck und Temperatur im Zylinder ungefähr den Werten im Saugrohr. Wenn es sich bei dem Dieselmotor um einen Saugmotor handelt, dann beträgt der Druck etwa 1 bar. Wenn es sich um einen aufgeladenen Motor handelt, dann entspricht der Druck etwa dem Ladedruck. Der Druck am Ende der Kompressionsphase (Punkt 2, oberer Totpunkt) ergibt sich aus der isentropen Kompression des Gases im Zylinder. Aus der Thermodynamik kennt man die Gleichung, mit der isentrope Zustandsänderungen bei idealen Gasen berechnet werden können:

$$\left(\frac{p_2}{p_1}\right)^{\frac{\kappa-1}{\kappa}} = \frac{T_2}{T_1} = \left(\frac{V_1}{V_2}\right)^{\kappa-1}.$$

$V_1$ ist das Volumen im unteren Totpunkt, $V_2$ das Volumen im oberen Totpunkt. Der Quotient $V_1/V_2$ ist also das Verdichtungsverhältnis $\varepsilon$. Für die Kompressionslinie[2] gilt demnach:

$$\left(\frac{p_2}{p_1}\right)^{\frac{\kappa-1}{\kappa}} = \varepsilon^{\kappa-1},$$

$$\frac{p_{OT}}{p_{UT}} = \varepsilon^{\kappa}.$$

Bei einem Saug-Dieselmotor und einem Verdichtungsverhältnis von 18 ergibt sich also ein Druck am Ende der Kompressionsphase von 57,2 bar. Der Gleichdruckprozess besagt, dass während der Verbrennung dieser Druck beibehalten wird, aber nicht größer wird. Dieser maximale Druck während der Verbrennungsphase ist beim realen Dieselmotor aber viel höher.

Um Dieselmotoren besser ideal berechnen zu können, wird gerne der Seiligerprozess verwendet, der eine Kombination aus Gleichdruck- und Gleichraumprozess ist. Nach der Kompression wird der Druck zunächst im OT auf einen Wert $p_{max}$ erhöht (Gleichraumverbrennung). Dann bleibt er während der restlichen Gleichdruckverbrennung konstant.

Die Gleichung für den Wirkungsgrad des Seiligerprozesses wird hier nicht hergeleitet. Sie lautet:

---

[2]Hinweis: Abschn. 4.10 beschäftigt sich nochmals ausführlicher mit der Kompressionslinie von Verbrennungsmotoren.

$$\eta_{\text{Seiliger}} = 1 - \frac{\left[q^* - \frac{1}{\kappa \cdot \varepsilon}\left(\frac{p_{\max}}{p_{\min}} - \varepsilon^\kappa\right) + \frac{p_{\max}}{p_{\min} \cdot \varepsilon}\right]^\kappa \cdot \left(\frac{p_{\min}}{p_{\max}}\right)^{\kappa-1} - 1}{\kappa \cdot q^*}.$$

Die Abkürzung $q^*$ hat die gleiche Bedeutung wie beim Gleichdruckprozess. Neu ist der Quotient $p_{\max}/p_{\min}$. $p_{\min}$ ist der Druck im UT, $p_{\max}$ der Druck im OT.

Wenn man beim obigen Beispiel von einem Maximaldruck des Saugdieselmotors von 80 bar ausgeht, so ergibt sich ein thermischer Wirkungsgrad des Seiligerprozesses von 61,8 %. Der Gleichraumprozess würde 68,5 % erreichen.

---

**Zusammenfassung**

Ein Dieselmotor könnte im idealen Fall einen thermischen Wirkungsgrad von etwa 60 % erreichen. In Wirklichkeit hat ein Pkw-Dieselmotor einen bestmöglichen effektiven Wirkungsgrad von etwa 42 %. Die großen Unterschiede sind darin begründet, dass beim realen Motor die zuvor genannten Voraussetzungen wie beispielsweise isentrope Zustandsänderungen oder Reibungsfreiheit nicht gegeben sind. ◀

---

## 4.4   Stimmt es, dass ein Ottomotor eine Gleichraumverbrennung und ein Dieselmotor eine Gleichdruckverbrennung hat?

**Der Leser/die Leserin lernt**

Bedeutung der Idealprozesse. ◀

Die klare Antwort ist: nein! Die Prozesse Gleichdruck und Gleichraum sind Idealvorstellungen, die mit der Realität nichts zu tun haben. Eine Gleichraumverbrennung ist nicht realisierbar, weil sie unendlich schnell, also schlagartig im oberen Totpunkt stattfinden müsste. Eine Gleichdruckverbrennung ist nicht realisierbar, weil sie eine Verbrennung ist, die langsam anfängt – das könnte man technisch vielleicht noch realisieren – immer heftiger wird und dann schlagartig endet. Und das geht in der Technik nicht: Eine Verbrennung kann nicht schlagartig enden.

Was haben diese Prozesse dann aber mit Otto- bzw. Dieselmotoren zu tun? Wenn man die Ergebnisse der Gleichungen für die thermischen Wirkungsgrade in den Abschn. 4.1 und 4.3 grafisch darstellt, so erhält man Abb. 4.3. Die obere Linie stellt den Wirkungsgrad des Gleichraumprozesses in Abhängigkeit vom Verdichtungsverhältnis dar, die untere den des Gleichdruckprozesses. Dazwischen befindet sich der Bereich des kombinierten Prozesses, des Seiligerprozesses. Beim Seiligerprozess gibt man den maximalen Druck am Ende der Gleichraumphase vor. Daraus ergibt sich dann die Aufteilung der Verbrennung in einen Gleichraumanteil mit Druckerhöhung und einen

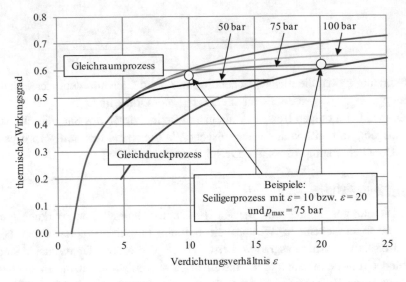

**Abb. 4.3** Thermische Wirkungsgrade der Idealprozesse (Randbedingungen: Dieselkraftstoff, Luft, $\lambda = 1{,}4$, $p_{UT} = 1$ bar, $T_{UT} = 20\,^\circ$C)

Gleichdruckanteil mit konstantem Druck. Im Diagramm sind drei Maximaldrücke (50 bar, 75 bar und 100 bar) eingetragen. Wenn man beispielsweise einen Seiligerprozess mit einem Maximaldruck von 75 bar realisieren möchte, dann hat er bei einem Verdichtungsverhältnis von 10 einen großen Gleichraumanteil (Der Prozess liegt nahe an der Linie der Gleichraumprozesse.) und bei einem Verdichtungsverhältnis von 20 einen großen Gleichdruckanteil. (Der Prozess liegt nahe an der Linie der Gleichdruckprozesse).

Man kann erkennen, dass bei einem gegebenen Verdichtungsverhältnis der Gleichraumprozess einen besseren Wirkungsgrad hat als der Gleichdruckprozess. Der maximale Druck im Zylinder, der bei der Gleichraumverbrennung erreicht wird, ist extrem hoch. Wenn man die Punkte mit gleichem Verbrennungshöchstdruck im Diagramm miteinander verbindet, kann man erkennen, dass bei gegebenem Maximaldruck der Gleichdruckprozess den besten Wirkungsgrad hat.

Ottomotoren sind hinsichtlich des Verdichtungsverhältnisses begrenzt: Wegen der Klopfgefahr lassen sich kaum Verdichtungsverhältnisse größer als 12 realisieren. Das bedeutet, dass bei einem Ottomotor wegen der Begrenzung des Verdichtungsverhältnisses der Gleichraumprozess den bestmöglichen Wirkungsgrad aufweist. Dieselmotoren sind hinsichtlich des maximalen Verbrennungsdruckes begrenzt. Bei modernen Motoren erreicht er bis zu 200 bar. Wenn der Druck zu hoch wird, dann können die Zylinderkopfdichtung oder die Kolbenringe oder die Lager beschädigt werden. Das bedeutet, dass bei einem Dieselmotor wegen der Begrenzung des Verbrennungshöchstdruckes der Gleichdruckprozess den bestmöglichen Wirkungsgrad aufweist. Ottomotoren haben aber keine

Gleichraumverbrennung und Dieselmotoren keine Gleichdruckverbrennung. Und sie können sie auch nie erreichen.

---

**Zusammenfassung**

Die Idealprozesse „Gleichraumverbrennung" und „Gleichdruckverbrennung" können in der Realität nie erreicht werden. In Otto- und Dieselmotoren werden diese Prozesse deswegen auch nicht realisiert. Der Gleichraumprozess beschreibt nur den bestmöglichen Prozess, den man bei einem vorgegebenen Verdichtungsverhältnis (typisch für Ottomotoren) erreichen kann. Der Gleichdruckprozess beschreibt den bestmöglichen Prozess, den man bei einem vorgegebenen Maximaldruck (typisch für Dieselmotoren) erreichen kann. ◄

---

## 4.5 Wie kann man die Idealprozesse mit Hilfe von Excel berechnen und grafisch darstellen?

**Der Leser/die Leserin lernt**

Programmierung der drei Idealprozesse mit Excel | Visualisierung der Idealprozesse in Diagrammen. ◄

In den vorherigen Kapiteln wurde der thermische Wirkungsgrad der Idealprozesse berechnet. Die Prozessverläufe selbst wurden aber nicht ermittelt. Dies soll im Folgenden mithilfe einer Excel-Tabelle erfolgen. Die Berechnung ist allgemein gehalten und liefert den Seiliger-Prozess. Die Prozess „Gleichraum" und „Gleichdruck" sind Sonderfälle des Seiliger-Prozesses und damit automatisch enthalten.

Der Seiliger-Prozess wird in fünf Teilprozesse zerlegt. Ausgangspunkt ist der „untere Totpunkt". Von dort aus erfolgt eine isentrope Kompression, die in 50 Teilschritte unterteilt wird. Danach kommen die isochore Verbrennung (10 Teilschritte) und die isobare Verbrennung (50 Teilschritte). Die isentrope Expansion wird wieder in 50 Teilschritte zerlegt. Der Prozess endet mit der isochoren Expansion auf das Anfangsniveau (10 Teilschritte). Die Zahl der Teilschritte ist relativ willkürlich gewählt, ist aber genau genug und macht sich nicht in einer hohen Rechenzeit bemerkbar.

Der zu berechnende Motor (Einzylinder-Motor) wird durch seine Geometrie (Hubvolumen $V_h$ und Verdichtungsverhältnis $\varepsilon$) gegeben. Das Arbeitsgas im Zylinder ist reine Luft mit den Stoffwerten spezifische Gaskonstante $R$ und spezifische isobare Wärmekapazität $c_p$. Der Kraftstoff wird durch seine Mindestluftmenge $L_{min}$ und seinen Heizwert $H_U$ festgelegt. Der Anfangszustand im Zylinder ist durch Druck und Temperatur im unteren Totpunkt ($p_{UT}$ und $T_{UT}$) gegeben. Die Kraftstoffmasse ergibt sich aus der im Zylinder vorhandenen Luftmasse (berechenbar aus den Anfangsbedingungen) und dem Luftverhältnis $\lambda$.

Die Motorgeometrie ergibt sich aus der Definition des Verdichtungsverhältnisses:

$$\varepsilon = \frac{V_{\max}}{V_{\min}} = \frac{V_h + V_{\min}}{V_{\min}} = \frac{V_h}{V_{\min}} + 1,$$

$$V_{\min} = \frac{V_h}{\varepsilon - 1},$$

$$V_{\max} = V_{\min} + V_h.$$

Die Stoffwerte (spezifische isochore Wärmekapazität $c_v$ und Isentropenexponent $\kappa$) ergeben sich zu (vergleiche [3])

$$c_v = c_p - R,$$

$$\kappa = \frac{c_p}{c_v}.$$

Die während des ganzen Prozesses konstante Luftmasse ergibt sich aus der thermischen Zustandsgleichung für ideale Gase im unteren Totpunkt:

$$m_L = m_{UT} = \left(\frac{p \cdot V}{R \cdot T}\right)_{UT}.$$

Der Kompressionsenddruck ergibt sich aus der isentropen Kompression:

$$p_{OT} = p_2 = p_{UT} \cdot \varepsilon^{\kappa}.$$

Die Temperatur am Ende der Kompressionsphase kann wiederum mit der thermischen Zustandsgleichung für ideale Gase berechnet werden.

Die Kraftstoffmasse $m_B$ und die Kraftstoffenergie $Q_B$ ergeben sich aus dem Luftverhältnis $\lambda$, der Mindestluftmasse $L_{\min}$ und dem Heizwert $H_U$:

$$m_B = \frac{m_L}{L_{\min} \cdot \lambda},$$

$$Q_B = m_B \cdot H_U.$$

Die Aufteilung der Verbrennungsenergie auf den Gleichraum- und den Gleichdruckprozess ergibt sich durch die Vorgabe des Gleichraumanteils. Wenn dieser eins ist, dann ist es ein reiner Gleichraumprozess. Wenn er gleich null ist, dann ist es ein reiner Gleichdruckprozess.

Durch die Verbrennung gibt es gemäß dem 1. Hauptsatz der Thermodynamik Temperaturerhöhungen, die folgendermaßen berechnet werden:

$$\Delta T_{GR} = \frac{Q_{GR}}{m_L \cdot c_v},$$

$$\Delta T_{GD} = \frac{Q_{GD}}{m_L \cdot c_p}.$$

Mit der so berechenbaren Temperatur am Ende der Gleichraumverbrennung ist auch der Druck über die thermische Zustandsgleichung berechenbar:

$$T_3 = T_2 + \Delta T_{\mathrm{GR}},$$

$$p_3 = \frac{m_{\mathrm{L}} \cdot R \cdot T_3}{V_{\mathrm{c}}}.$$

Den Endpunkt der isobaren Verbrennung (Volumen $V_4$) erhält man aus dem Druck und der Temperatur an dieser Stelle:

$$T_4 = T_3 + \Delta T_{\mathrm{GD}},$$

$$V_4 = \frac{m_{\mathrm{L}} \cdot R \cdot T_4}{p_3}.$$

Die isentrope Expansion ergibt sich dann mit den gleichen Gleichungen wie bei der Kompression:

$$p_5 = p_4 \cdot \left( \frac{V_4}{V_{\mathrm{UT}}} \right)^{\kappa}.$$

$$T_5 = \frac{p_5 \cdot V_5}{m_{\mathrm{L}} \cdot R}.$$

Auf diese Weise sind die Eckpunkte des Seiligerprozesses bekannt. Die Zustandsänderungen selbst werden, wie oben schon erwähnt, durch die Zerlegung der Intervalle in 10 bzw. 50 Teilschritte berechnet.

Für die Kompressionslinie gilt:

$$V(i) = V_{\min} - i \cdot \frac{V_{\mathrm{h}}}{50}.$$

Für die Expansionslinie gilt:

$$V(i) = V_4 + i \cdot \frac{V_5 - V_4}{50}.$$

Für die Gleichraumverbrennung gilt:

$$p(i) = p_2 + i \cdot \frac{p_3 - p_2}{10}.$$

Für die Gleichdruckverbrennung gilt:

$$V(i) = V_3 + i \cdot \frac{V_4 - V_3}{50}.$$

Für die Wärmeabfuhr am unteren Totpunkt gilt:

$$p(i) = p_5 - i \cdot \frac{p_5 - p_1}{10}.$$

Damit lassen sich die Zustandsänderungen von Druck und Temperatur während des gesamten Prozesses berechnen und mit Excel auch grafisch darstellen (Abb. 4.4).

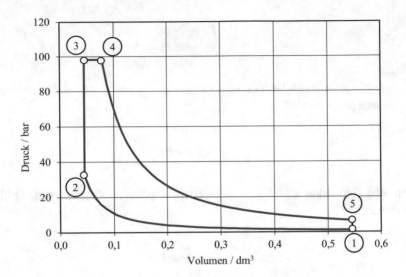

**Abb. 4.4**  *p-V*-Diagramm des Seiliger-Prozesses

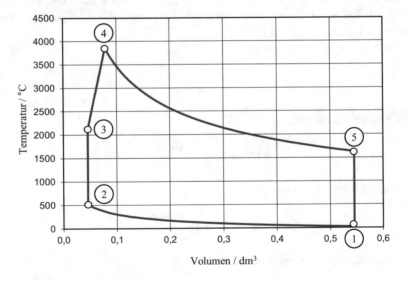

**Abb. 4.5**  *T-V*-Diagramm des Seiliger-Prozesses

In Abb. 4.5 kann man sehr gut erkennen, dass die Temperatur des Gases im Zylinder während der Verbrennung sehr hohe Werte annimmt. Dies gilt insbesondere für die Ideal-prozesse. Aber auch im realen Motor treten lokale Temperaturen von ca. 3000 K auf. Dies begünstigt die Bildung von Stickoxiden aus dem Stickstoff und dem Sauerstoff der Verbrennungsluft.

Am Ende der Excel-Tabelle werden die Flächen im $p$-$V$-Diagramm durch Integration berechnet. Für die Kompressionslinie gilt:

$$\int_1^2 p \cdot \mathrm{d}V = \int_1^2 p_1 \cdot \left(\frac{V_1}{V}\right)^\kappa \cdot \mathrm{d}V$$

$$= -\frac{1}{0{,}4} \cdot p_1 \cdot V_1^\kappa \cdot \left[V^{-0{,}4}\right]_{V_1}^{V_2}$$

$$= -\frac{1}{0{,}4} \cdot p_1 \cdot V_1^\kappa \cdot \left(V_2^{-0{,}4} - V_2^{-0{,}4}\right).$$

Daraus ergibt sich dann die im $p$-$V$-Diagramm umschlossene Fläche als Summe aller Teilflächen. Durch den Vergleich mit der Kraftstoffenergie erhält man den thermischen Wirkungsgrad des Prozesses.

Die letzte Zeile in der Excel-Berechnung ermittelt den indizierten Mitteldruck, der zum Prozess gehört. Weitere Informationen zum Mitteldruck sind im Abschn. 4.7 zu finden.

## 4.6   Warum endet im Diagramm mit dem Wirkungsgrad des Gleichdruckprozesses die Linie bei einem Verdichtungsverhältnis von etwa 4?

**Der Leser/die Leserin lernt**

Der Gleichdruck benötigt ein Mindest-Verdichtungsverhältnis. ◄

In Abb. 4.3 in Abschn. 4.4 endet die Linie des Wirkungsgrades des Gleichdruckprozesses bei einem minimalen Verdichtungsverhältnis von etwa 4. Die Ursache für dieses Verhalten kann mit der im Abschn. 4.5 erstellten Berechnung einfach erklärt werden. Wenn man mit den Eingabedaten „spielt" und beispielsweise einen Gleichdruckprozess mit einem Luftverhältnis von 1,4 und einem Verdichtungsverhältnis von 5 berechnen lässt, so ergibt sich das in Abb. 4.6 gezeigte $p$-$V$-Diagramm.

Man kann deutlich erkennen, dass die Verbrennung so lange andauert, dass sie erst kurz vor dem unteren Totpunkt beendet ist. Wenn man das Verdichtungsverhältnis noch weiter absenken würde, dann würde die Zeit für die vollständige Verbrennung des Kraftstoffes nicht mehr ausreichen. Deswegen endet die Wirkungsgradlinie in Abb. 4.3 bei einem minimalen Verdichtungsverhältnis von knapp 5. Diese Grenze ist natürlich auch von den anderen Eingabewerten abhängig und kann deswegen in anderen Büchern bei geringfügig anderen Werten liegen.

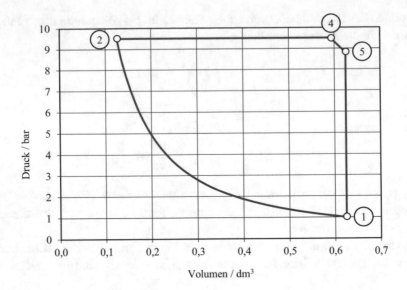

**Abb. 4.6** $p$-$V$-Diagramm eines Gleichdruckprozesses mit einem Verdichtungsverhältnis von 5 (Randbedingungen: Dieselkraftstoff, Luft, $\lambda = 1{,}4$, $p_{UT} = 1$ bar, $T_{UT} = 20\,^\circ\text{C}$)

---

**Zusammenfassung**

Je kleiner das Verdichtungsverhältnis ist, umso länger dauert die Verbrennung an, um eine bestimmte Kraftstoffmenge zu verbrennen. Wenn das Verdichtungsverhältnis zu klein wird, dann reicht die Zeit bis zum UT nicht aus, um den Kraftstoff vollständig zu verbrennen. Ein derartiges Verdichtungsverhältnis ist dann nicht mehr sinnvoll. ◀

---

## 4.7    Kann man die Kenngröße „Mitteldruck" auch verstehen?

**Der Leser/die Leserin lernt**

Leistung | Drehmoment | Arbeit | Mitteldruck | Wirkungsgrad | Gütegrad | Verlustanalyse. ◀

Im Abschn. 3.4 wurde der effektive Mitteldruck $p_e$ als Proportionalitätskonstante eingeführt: Der effektive Mitteldruck ist ein Maß für die Leistung pro Hubvolumen und pro Drehzahl. Man kann an das Thema des Mitteldruckes aber auch ganz anders herangehen:

Im Abschn. 4.1 wurde gezeigt, wie der Druck im Inneren des Zylinders bei einem Idealmotor aussieht. Im Abschn. 4.5 wurde er berechnet. In der Realität sieht der Druck etwas anders aus. Abb. 4.7 zeigt das idealisierte $p$-$V$-Diagramm eines realen Motors.

Man erkennt den Druckanstieg in der Kompressionsphase, die Drucküberhöhung während der Verbrennung, den Druckabfall in der Expansionsphase sowie das

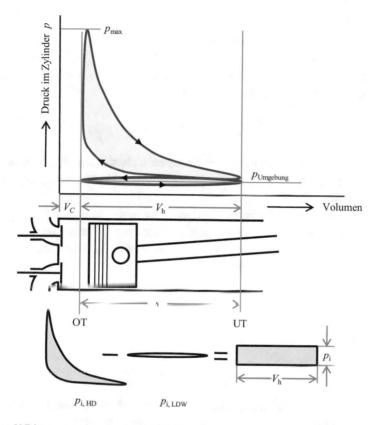

**Abb. 4.7**  $p$-$V$-Diagramm eines realen 4-Takt-Motors

Ausschieben der Abgase und das Ansaugen der Frischladung. Die Thermodynamik sagt, dass die Fläche im $p$-$V$-Diagramm ein Maß für die Arbeit $W$ ist, mit der der Kolben nach unten gedrückt wird. Dabei muss der Umlaufsinn der Schleife im $p$-$V$-Diagramm berücksichtigt werden: Während der Kompression und Expansion wird die Fläche im Uhrzeigersinn umlaufen, während des Ladungswechsels gegen die Uhrzeigerdrehung. Die Ladungswechselschleife ist also negativ, sie reduziert die in der Hochdruckschleife abgegebene Motorarbeit etwas.

Die innere Arbeit eines Zylinders kann aus der Volumenänderungsarbeit $W_{V,Zyl}$ (umschlossene Fläche im $p$-$V$-Diagramm) berechnet werden[3]:

---

[3]In der Thermodynamik wird die Volumenänderungsarbeit als negatives Integral des Druckes über dem Volumen definiert. Das hängt damit zusammen, dass in der Thermodynamik abgegebene Arbeiten negativ gezählt werden. Die Motoren-Thermodynamiker möchten aber nicht davon sprechen, dass ein Motor eine Leistung von beispielsweise $-100$ kW hat. Deswegen definierten sie die Volumenänderungsarbeit mit einem positiven Vorzeichen: Abgegebene Arbeiten zählen positiv.

$$W_{\mathrm{i,Zyl}} = W_{\mathrm{V,Zyl}} = + \oint p \cdot \mathrm{d}V.$$

Die innere Leistung $P_\mathrm{i}$, die ein Zylinder abgibt, ergibt sich aus dem Quotienten von der inneren Arbeit und der Zeit für ein Arbeitsspiel:

$$P_{\mathrm{i,Zyl}} = \frac{W_{\mathrm{V,Zyl}}}{t_{\mathrm{ASP}}} = n_{\mathrm{ASP}} \cdot W_{\mathrm{V,Zyl}} = i \cdot n \cdot \oint p \cdot \mathrm{d}V.$$

Die Motoreningenieure nennen die innere Arbeit auch „indizierte Arbeit", weil die Messtechnik, mit der der Druck im Inneren des Zylinders gemessen wird, „Zylinderdruckindizierung" heißt.

Wenn man die Volumenänderungsarbeit, die eine unregelmäßige Fläche im $p$-$V$-Diagramm ist, durch ein flächengleiches Rechteck mit der waagerechten Abmessung „Zylinderhubvolumen" ersetzt, so ergibt sich eine Höhe des Rechteckes, die man als „indizierten Mitteldruck" $p_\mathrm{i}$ bezeichnet:

$$W_{\mathrm{i,Zyl}} = W_{\mathrm{V,Zyl}} = + \oint p \cdot \mathrm{d}V = p_\mathrm{i} \cdot V_\mathrm{h}.$$

Damit ergibt sich die innere Zylinderleistung zu

$$P_{\mathrm{i,Zyl}} = i \cdot n \cdot \oint p \cdot \mathrm{d}V = i \cdot n \cdot p_\mathrm{i} \cdot V_\mathrm{h}.$$

Diese Gleichung ist vollkommen analog zur Definitionsgleichung für den effektiven Mitteldruck im Abschn. 3.4. Der indizierte Mitteldruck ist also der über ein Arbeitsspiel gemittelte Druck, der den Kolben nach unten drückt. Von diesem Druck kommt am Ausgang des Motors, an der Kurbelwelle, nicht alles heraus, weil ein Teil im Motor als Reibungsverlust in Wärme umgewandelt (dissipiert) wird. Damit können ein Verbrennungsmotor und seine Reibungsverluste mit den Begriffen Leistung, Drehmoment, Arbeit oder Mitteldruck beschrieben werden:

$$P_\mathrm{e} = P_\mathrm{i} - P_\mathrm{r},$$
$$M_\mathrm{e} = M_\mathrm{i} - M_\mathrm{r},$$
$$W_\mathrm{e} = W_\mathrm{i} - W_\mathrm{r},$$
$$p_\mathrm{e} = p_\mathrm{i} - p_\mathrm{r}.$$

Der Index r beschreibt den Reibungsverlust.

Man kann bei den Gleichungen jeweils die Werte für einen Zylinder oder für den ganzen Motor verwenden.

Ein Beispiel soll den Umgang mit diesen Größen näher erläutern:

An einem 4-Zylinder-Viertakt-Otto-Motor ($V_\mathrm{H} = 1{,}76$ dm$^3$, $\varepsilon = 10{,}2$) wurden auf dem Prüfstand folgende Daten ermittelt:

Drehzahl $n$ $\qquad$ = 5500/min,
Bremskraft $F_B$ $\qquad$ = 127,8 N,
Hebelarm der Bremse $x$ $\qquad$ = 1 m,
stündlicher Kraftstoffverbrauch $\dot{m}_B$ $\qquad$ = 20,8 kg/h.

Bei einer Zylinderdruckindizierung ergab sich eine indizierte Arbeit von $W_i = 506$ J.

Das Motormoment ergibt sich aus der Bremskraft am Hebelarm zu 127,8 Nm.[4] Daraus kann man dann mit der Drehzahl die effektive Motorleistung und mit dem Hubvolumen den effektiven Mitteldruck bestimmen. Die innere Motorleistung, die den Kolben nach unten drückt, ergibt sich aus der inneren Arbeit, die mithilfe der Zylinderdruckindizierung (vergleiche Abschn. 4.26) ermittelt wurde, und der Motordrehzahl zu:

$$P_i = i \cdot n \cdot W_i.$$

Daraus können dann der mechanische Wirkungsgrad und die Reibleistung bestimmt werden. Der innere oder indizierte Wirkungsgrad ergibt sich, analog zum effektiven Wirkungsgrad, zu:

$$\eta_i - \frac{P_i}{\dot{m}_B \cdot H_U}.$$

Wenn man den inneren Wirkungsgrad mit dem thermischen Wirkungsgrad des Idealprozesses (hier Gleichraumprozess) vergleicht, so erhält man den sogenannten Gütegrad:

$$\eta_g = \frac{\eta_i}{\eta_{th,\,Idealprozess}} = 63,2\,\%.$$

Mit diesen Angaben kann man eine Verlustanalyse durchführen:

Der Motor könnte im Idealfall 60,5 % (Gleichraum-Wirkungsgrad) der Kraftstoffenergie nutzen. Aber nur 63,2 % davon, also 38,2 % der Kraftstoffenergie drücken als innere Arbeit den Kolben nach unten. Davon werden nur 79,3 % (mechanischer Wirkungsgrad) über die Kurbelwelle nach außen gegeben. Alle Verluste landen letztlich als Abwärme (im Abgas, im Motoröl, im Motorkühlwasser und als Strahlungsenergie) in der Umwelt.

Das Ergebnis der Verlustanalyse kann als Tabelle (Tab. 4.1) oder als Diagramm (Abb. 4.8) dargestellt werden. Dabei spielt es auch keine Rolle, ob man die Zahlenwerte als Leistung, Energie, Moment oder Mitteldruck angibt. Das Ergebnis ist immer das gleiche.

---

[4]Das Motormoment kann am Prüfstand gemessen werden, indem man einen Hebelarm an der Motorlagerung anbringt und die Kraft misst, mit der der Hebelarm auf eine Kraftmessdose drückt. Dieser Effekt ist ähnlich wie der, den man beobachten kann, wenn man beispielsweise eine elektrische Bohrmaschine einschaltet: Diese dreht sich mit ihrem Drehmoment in der Hand, die die Maschine festhält.

**Tab. 4.1**  Verlustanalyse

| Verlustanalyse | Leistung in kW | Energie in J | Moment in Nm | Mitteldruck in bar | Wirkungsgrad (bezogen auf Teilprozess) | Wirkungsgrad (bezogen auf Kraftstoffeinsatz) |
|---|---|---|---|---|---|---|
| im Kraftstoff | 242,7 | 5294,5 | 421,3 | 30,08 | | |
| thermodynamisch notwendiger Verlust | 95,8 | 2091,2 | 166,4 | 11,88 | | |
| max. möglich (GR-Prozess) | 146,8 | 3203,4 | 254,9 | 18,20 | 0,605 | 0,605 |
| Verlust durch reale Verbrennung, Wärmeübergang und Ladungswechsel | 54,1 | 1179,4 | 93,9 | 6,70 | | |
| am Kolben | 92,8 | 2024,0 | 161,1 | 11,50 | 0,632 | 0,382 |
| Verlust durch Reibung im Motor | 19,2 | 418,0 | 33,3 | 2,38 | | |
| an der Kurbelwelle | 73,6 | 1606,0 | 127,8 | 9,12 | 0,793 | 0,303 |

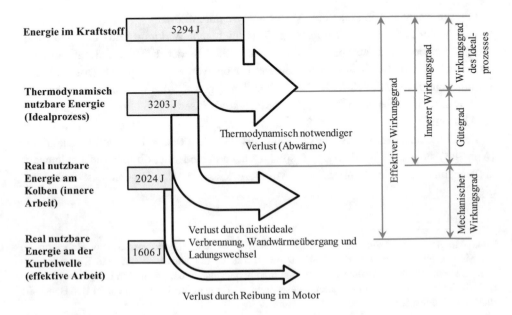

**Abb. 4.8**  Verlustanalyse eines Verbrennungsmotors

Aus den Zahlen kann man entnehmen, dass im gewählten Beispiel nur etwa 30 % der im Kraftstoff enthaltenen Energie an der Kurbelwelle des Motors entnommen werden können. Man erkennt auch, dass der Wirkungsgrad des Idealprozesses in der Realität bei Weitem nicht erreicht wird.

Wenn man mehr Messwerte zur Verfügung hat, dann kann man die Verlustanalyse noch verfeinern. Beispielsweise könnte man die Verluste im Zylinder detaillieren, indem man die Ladungswechselverluste, die Wandwärmeverluste und die Verluste aufgrund einer nichtoptimalen Verbrennung ermittelt. Oder man könnte die Reibungsverluste hinsichtlich der Anteile der verschiedenen Bauteile aufteilen. Allerdings erfordert eine detaillierte Verlustanalyse immer auch sehr detaillierte Messungen am Motor. Für die Ladungswechselverluste benötigt man beispielsweise eine aufwändige Zylinderdruckmessung (Niederdruckindizierung). Für die Wandwärmeverluste sind detaillierte Messungen in den Kühlkreisläufen notwendig.

Die Ergebnisse der Verlustanalyse verwendet man, um zu untersuchen, in welchen Bereichen sich eine Optimierung des Verbrennungsmotors besonders lohnt, um den Gesamtwirkungsgrad zu verbessern.

### Zusammenfassung

Der innere oder indizierte Mitteldruck $p_i$ ist der über ein Arbeitsspiel gemittelte Druck im Innern eines Zylinders.

Mit Hilfe einer Verlustanalyse kann man die Bereiche des Verbrennungsmotors identifizieren, die einen besonders schlechten Wirkungsgrad haben und bei denen sich deswegen eine Optimierung lohnt. ◄

## 4.8    Warum haben Ottomotoren im Teillastbetrieb einen relativ schlechten Wirkungsgrad?

### Der Leser/die Leserin lernt

Problematik der Drosselklappe beim Ottomotor. ◄

Im Abschn. 4.7 wurde gezeigt, dass man die innere Arbeit eines Motors im $p$-$V$-Diagramm sehen kann. Dabei zählt die Hochdruckschleife (Kompression und Expansion) positiv und die Ladungswechselschleife negativ. Je größer die Ladungswechselschleife ist, umso schlechter ist es für den Motor, weil dann ein relativ großer Teil der inneren Arbeit für das Ansaugen der Frischladung und das Ausschieben der Abgase benötigt wird.

Beim Ausschieben der Abgase in die Umgebung muss der Druck im Zylinder immer höher sein als der Umgebungsdruck, damit die Gase ausgeschoben werden können. Beim Ansaugen der Frischladung aus der Umgebung muss der Druck im Zylinder kleiner sein als der Umgebungsdruck, damit die Frischladung angesaugt werden kann (vergleiche Abb. 4.9).

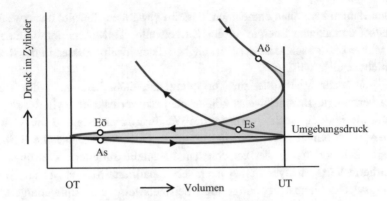

**Abb. 4.9** Ladungswechselverluste eines Ottomotors bei Volllast. (Nach [15])

Ottomotoren verbrennen den Kraftstoff im Allgemeinen stöchiometrisch, das bedeutet im richtigen Luftverhältnis. Wenn ein Ottomotor im Teillastgebiet betrieben werden soll, dann darf er nur wenig Kraftstoff verbrennen (vergleiche Nachfrage 2.2). Deswegen benötigt er auch wenig Luft. Beim Ansaugen der Frischladung muss der Ottomotor daran gehindert werden, viel Frischladung anzusaugen. Das geschieht durch eine Drosselklappe im Ansaugrohr. Diese stellt einen Strömungswiderstand dar und reduziert den Umgebungsdruck auf beispielsweise 0,3 bar im Leerlauf des Motors.

Wenn ein Ottomotor Frischladung ansaugen soll, die beispielsweise nur mit 0,45 bar vorliegt, dann muss der Druck im Zylinder niedriger als 0,45 bar sein, was dazu führt, dass die Ladungswechselschleife nach unten vergrößert wird und die Ladungswechselverluste deutlich zunehmen. Sie können im Leerlaufbereich des Motors durchaus 0,7 bar betragen (vergleiche Abb. 4.10).

Bei Volllast beträgt der indizierte Mitteldruck eines Saug-Ottomotors ca. 14 bar. Der Ladungswechsel-Mitteldruck von beispielsweise 0,3 bar spielt dann keine allzu große

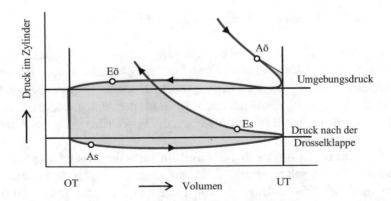

**Abb. 4.10** Ladungswechselverluste eines Ottomotors bei Teillast. (Nach [15])

Rolle. Im Leerlauf soll der indizierte Mitteldruck eines Saug-Ottomotors gerade die Ladungswechsel- und die Reibungsverluste überwinden, damit die effektive Leistung des Motors gleich null ist. Wenn der Reibungsverlust-Mitteldruck beispielsweise 1 bar beträgt und der Ladungswechsel-Mitteldruck 0,7 bar, dann muss der Motor einen indizierten Mitteldruck von 1,7 bar bereitstellen, damit der Motor im Leerlauf laufen kann. Jetzt tragen die Ladungswechselverluste mit ca. 40 % zur inneren Arbeit und damit zu ca. 40 % des Kraftstoffverbrauchs bei.

> **Zusammenfassung**
>
> Im Teil- und Schwachlastbereich eines Ottomotors verursacht die Drosselklappe einen nicht unerheblichen Teil des Kraftstoffverbrauchs. ◄

## 4.9     Wie sehen die *p-V*-Diagramme von Verbrennungsmotoren wirklich aus?

> **Der Leser/die Leserin lernt**
>
> Diskussion der p-V-Diagramme von Saugmotoren, gedrosselten Motoren und aufgeladenen Motoren unter Verwendung von Simulationsergebnissen. ◄

Die *p-V*-Diagramme in Abb. 4.7, 4.9 und 4.10 sind übertrieben skizziert und entsprechen nur qualitativ, nicht aber quantitativ den realen Verhältnissen. Wenn man richtige Darstellungen haben möchte, dann muss man in den Motor hineinschauen und den Druck im Innern des Zylinders messen (vergleiche Abschn. 4.26). Man kann aber auch mit Hilfe von komplexen und genauen thermodynamischen Simulationen den Druck berechnen lassen. Die typischen Standardprogramme, die in der Industrie eingesetzt werden, sind beispielsweise die Tools „GT-Power" von Gamma Technologies Inc., „Boost" der AVL LIST GmbH oder „WAVE" von Ricardo UK Ltd. Mit diesen umfangreichen Programmen kann man den Druck im Innern eines Zylinders und auch in den Ansaug- und Abgaskanälen mit großer Genauigkeit berechnen. Die folgenden Bilder zeigen die Ergebnisse von solchen Simulationen.

Abb. 4.11 zeigt das *p-V*-Diagramm eines Ottomotors bei einer Drehzahl von 3000 /min bei Volllast und im Leerlauf. Man kann deutlich erkennen, dass sich die Kompressionslinien deutlich unterscheiden. Das hängt damit zusammen, dass der Otto- motor im Leerlauf die Drosselklappe weit geschlossen hat und damit der Druck vor dem Zylinder deutlich niedriger ist als der Umgebungsdruck. Man kann im Diagramm auch schön sehen, dass die Fläche und damit der innere Mitteldruck bei Volllast wesentlich größer ist als im Leerlauf. Im Leerlauf ist die Fläche nicht gleich null, weil die innere Leistung des Motors zur Überwindung der Reibleistung benötigt wird.

Abb. 4.12 zeigt die Vergrößerung der Ladungswechselschleifen. Man kann sehen, dass der Druck beim Ausschieben der Abgase und bei der Ansaugung der Frischladung

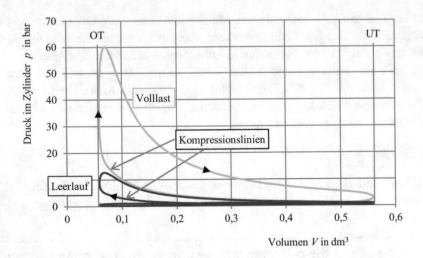

**Abb. 4.11**  $p$-$V$-Diagramm eines Saug-Ottomotors bei Volllast und Leerlauf

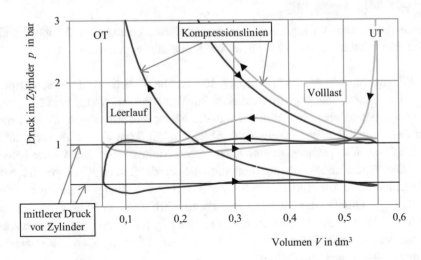

**Abb. 4.12**  $p$-$V$-Diagramm eines Saug-Ottomotors bei Volllast und Leerlauf (Ladungswechselschleifen)

nicht konstant ist. Die Druckwelligkeit wird durch die Druckschwingungen im Saugrohr und in der Abgasleitung hervorgerufen.

Abb. 4.13 zeigt die Ergebnisse für einen Dieselmotor. Dieser wird im Teil- und Schwachlastgebiet nicht über eine Drosselklappe gedrosselt. Die Leistung wird vielmehr durch die Kraftstoffmenge, die direkt in den Zylinder eingespritzt wird, eingestellt. Das bedeutet, dass beim Saugmotor der Zylinder in der Kompressionsphase „noch nicht

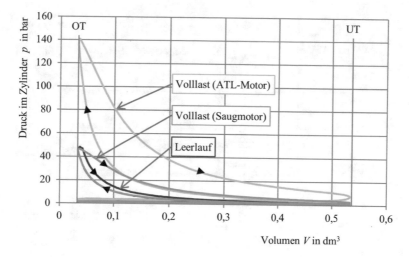

**Abb. 4.13** *p-V*-Diagramm eines Dieselmotors (mit und ohne Turbolader) bei Volllast und Leerlauf

weiß", wie viel Kraftstoff kurz vor dem oberen Totpunkt eingespritzt wird. Deswegen sind die Kompressionslinien von Leerlauf und Volllast praktisch identisch. Ab dem Einspritz- und Verbrennungsbeginn unterscheiden sich die *p-V*-Diagramme dann. Die Fläche ist bei Volllast fülliger, weil der innere Mitteldruck natürlich größer sein muss.

Wenn der Dieselmotor durch einen Abgasturbolader aufgeladen wird, dann strömt die Frischluft mit Überdruck in den Zylinder. Die Kompressionslinie des Turbomotors muss dann wesentlich höher liegen als die des Saugmotors, was man dem Diagramm gut entnehmen kann. Durch den hohen Ladedruck steigen der Druck am Ende der Kompressionsphase und auch der Maximaldruck deutlich an.

Abb. 4.14 zeigt die Ladungswechselschleifen. Man kann wieder die Welligkeit des Druckes während des Ladungswechsels erkennen. Diese wird wie beim Ottomotor durch Druckschwingungen im Saugrohr und im Abgaskanal verursacht. Weiterhin erkennt man, dass sowohl der Druck vor dem Zylinder als auch der Druck nach dem Zylinder im ATL-Betrieb deutlich angehoben werden.[5]

### Zusammenfassung

Insbesondere im Ladungswechselbereich sehen die realen *p-V*-Diagramme deutlich anders aus, als sie üblicherweise in Büchern skizziert werden. Das hängt mit den Druckschwingungen im Ansaug - und Abgassystem zusammen. ◄

---

[5]Je nach Auslegung und Wirkungsgrad des Turboladers kann der Ladedruck sogar höher sein als der Druck nach dem Zylinder. Das führt dann zu einer sogenannten positiven Ladungswechselschleife, die nicht wie üblich im Gegenuhrzeigersinn, sondern in Uhrzeigerrichtung umlaufen wird und damit die Gesamtleistung des Motors erhöht.

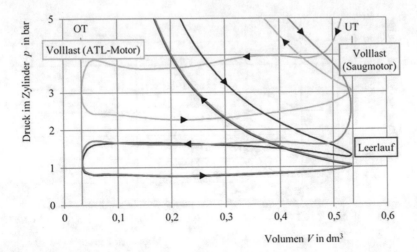

**Abb. 4.14** *p-V*-Diagramm eines Dieselmotors (mit und ohne Turbolader) bei Volllast und Leerlauf (Ladungswechselschleifen)

## 4.10 Wie ändert sich die Kompressionslinie im *p-V*-Diagramm, wenn man das Verdichtungsverhältnis, das Hubvolumen oder den Saugrohrdruck ändert?

### Der Leser/die Leserin lernt

Kompressionslinie im *p-V*-Diagramm. ◄

Im Abschn. 4.4 wurde gezeigt, dass man das Verdichtungsverhältnis eines Verbrennungsmotors so hoch wie möglich wählen sollte, um eine maximale Leistung zu erreichen. Beim Ottomotor legt die Klopfgefahr das maximale Verdichtungsverhältnis fest. Beim Dieselmotor kann man es so lange erhöhen, bis der Maximaldruck im Zylinder eine durch die Bauteile festgelegte Grenze erreicht. Aufgeladene Motoren haben ein eher kleines Verdichtungsverhältnis, weil durch die Aufladung der Druck im Zylinder ohnehin schon höher ist.

Mit den im Abschn. 4.3 verwendeten Gleichungen kann die Kompressionslinie im *p-V*-Diagramm berechnet werden. Es handelt sich dabei im idealen Fall um eine Isentrope:

$$\frac{p_2}{p_1} = \left(\frac{V_1}{V_2}\right)^{\kappa}.$$

Im realen Fall verwendet man gerne die gleiche physikalische Beziehung, ersetzt den Isentropenexponenten $\kappa$ aber durch den sogenannten Polytropenexponenten $n$. Dieser nimmt bei Verbrennungsmotoren in der Kompressionsphase Werte zwischen 1,32 und 1,36 (vergleiche Abschn. 4.27) an.

Damit lässt sich die Kompressionslinie zwischen dem UT (maximales Zylinder-volumen) und dem OT (minimales Zylindervolumen) berechnen. Der Druck im unteren Totpunkt, also am Ende des Einströmens der Frischladung, ist ungefähr so hoch wie der Druck der Frischladung im Saugrohr selbst.

In den folgenden Bildern wird gezeigt, wie sich die Kompressionslinie ändert, wenn man das Verdichtungsverhältnis, das Hubvolumen oder den Ladedruck ändert. Ausgangs-punkt ist ein typischer Pkw-Motor mit einem Zylinderhubvolumen von 0,5 dm$^3$ und einem Verdichtungsverhältnis von 12. In der Saugmotorvariante entspricht der Zylinder-druck im unteren Totpunkt dem Umgebungsdruck von 1 bar. In der aufgeladenen Variante entspricht er dem Saugrohrdruck.

Aus der Definition des Verdichtungsverhältnisses

$$\varepsilon = \frac{V_{max}}{V_{min}} = \frac{V_h + V_c}{V_c} = \frac{V_h}{V_c} + 1$$

kann man bei gegebenem Hubvolumen und Verdichtungsverhältnis das Kompressionsvolumen $V_c$ berechnen.

$$V_c = \frac{V_h}{\varepsilon - 1}.$$

Die entsprechenden Berechnungen wurden in der zum Kapitel gehörenden Excel-Tabelle vorgenommen und sind in den folgenden Bildern dargestellt.

Abb. 4.15 zeigt den Einfluss eines geänderten Verdichtungsverhältnisses auf die Kompressionslinie. Man kann deutlich erkennen, dass sich durch das Verdichtungsver-hältnis im Wesentlichen nur der Kompressionsenddruck ändert. Man kann das Druck-niveau im Zylinder also auf einfache Weise durch ein reduziertes Verdichtungsverhältnis absenken.

Abb. 4.16 zeigt den Einfluss des Hubvolumens auf die Kompressionslinie. Der Kompressionsenddruck ändert sich nicht, weil dieser nur vom Saugrohrdruck und vom Verdichtungsverhältnis abhängt.

Abb. 4.17 zeigt den Einfluss des Saugrohrdruckes auf die Kompressionslinie. Man kann deutlich erkennen, dass eine Verdoppelung des Saugrohrdruckes (Ladedruckes) auch den Kompressionsenddruck verdoppelt. Aufgeladene Motoren muss man deswegen durch eine Reduzierung des Verdichtungsverhältnisses vor einer mechanischen Über-lastung (Dieselmotor) bzw. vor dem Klopfen schützen.

**Zusammenfassung**

Insbesondere durch eine Aufladung steigt der Druck am Ende der Kompressionsphase deutlich an. Er kann am besten durch eine Absenkung des Verdichtungsverhältnisses wieder reduziert werden. ◄

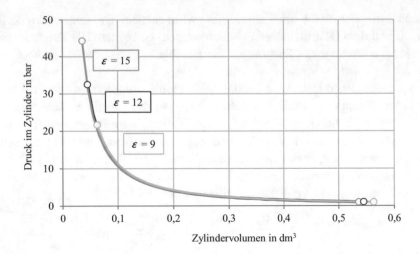

**Abb. 4.15** Einfluss des Verdichtungsverhältnisses auf die Kompressionslinie

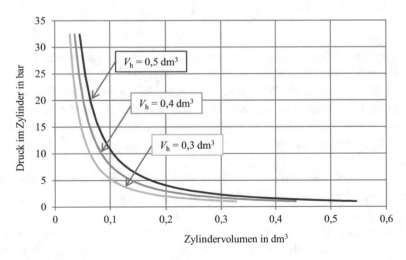

**Abb. 4.16** Einfluss des Hubvolumens auf die Kompressionslinie

## 4.11    Wie kann man bei Ottomotoren auf die Drosselklappe verzichten?

**Der Leser/die Leserin lernt**

Problematik  der Drosselklappe bei Ottomotoren im Teillastgebiet | Alternativen zur Drosselklappe. ◄

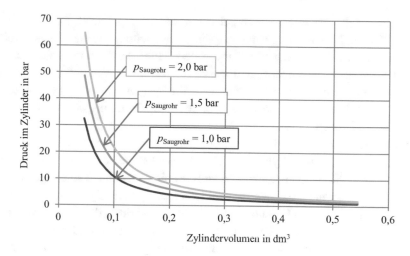

**Abb. 4.17** Einfluss des Saugrohrdruckes auf die Kompressionslinie

Im Abschn. 4.8 wurde erwähnt, dass konventionelle Ottomotoren im Allgemeinen stöchiometrisch betrieben werden. Das bedeutet, dass man im Teillastgebiet nicht viel Kraftstoff-Luft-Gemisch ansaugen darf, damit die Leistung nicht zu groß wird. Der Motor möchte aber ein Hubvolumen Gemisch ansaugen. Um trotzdem nicht viel Masse in den Zylindern zu haben, muss die Dichte der Zylinderladung abgesenkt werden. Das geschieht, indem der Druck vor dem Zylinder durch eine Drosselklappe abgesenkt wird. Dies führt dann aber dazu, dass beim Ansaugen der Druck im Zylinder sehr tief fallen muss, damit das Gemisch überhaupt angesaugt werden kann. Und das führt dann, wie im Abschn. 4.8 gezeigt wurde, zu einem großen Ladungswechselverlust und damit zu einem erhöhten Kraftstoffverbrauch.

Seit Langem wird deswegen versucht, den Ladungswechsel im Teillastgebiet eines Ottomotors zu optimieren. Dazu gibt es mehrere Methoden, die anhand einer Analogiebetrachtung erläutert werden sollen:

Der Besitzer eines neuen Geschäftes in einem Einkaufszentrum verspricht in der Werbung, dass jeder Kunde, der in der ersten Stunde nach der Eröffnung des Geschäftes zu ihm kommt, ein Geschenk erhält. Insgeheim hofft der Besitzer aber, dass nicht viel Kunden kommen, weil er Geschenke für nur 100 Personen hat. Er hat drei Möglichkeiten, um dafür zu sorgen, dass innerhalb von einer Stunde nur 100 Kunden das Geschäft betreten, obwohl in dieser Zeit eigentlich viel mehr kommen könnten. Die erste Methode ist, dass er die Eingangstür schließt, sobald 100 Kunden im Laden sind. Die zweite Methode ist, dass er die Eingangstür nur einen Spalt weit öffnet. Dann quetschen sich die Kunden so langsam in das Geschäft, dass innerhalb der ersten Stunde nur 100 hindurch kommen. Die dritte Methode ist, dass er in großer Entfernung zum Geschäft ein Drehkreuz aufbaut. Vor dem Drehkreuz stauen sich die Kunden, weil sie nur langsam das Drehkreuz passieren können. Danach können sie in aller Ruhe in das Geschäft gehen, weil von hinten ja nur noch Einzelne nachkommen können.

Diese drei Methoden werden auch bei Ottomotoren angewendet. Die erste Methode entspricht dem Einsatz von voll variablen Ventilsteuerzeiten, wie sie beispielsweise von BMW mit der Valvetronic oder von Fiat mit dem Multi-Air-System eingesetzt werden. Die zweite Methode entspricht dem Einsatz von variablen Ventilhüben, wie man sie ebenfalls bei der Valvetronic oder beim Valvelift-System von Audi (zumindest zweistufig) vorfindet. Die dritte Methode mit dem Strömungshindernis weit vor dem Zylinder ist die bekannte Drosselklappe.

Der Vorteil der zu beliebigen Zeitpunkten schließbaren Einlassventile ist, dass der Druck vor dem Zylinder nicht abgesenkt werden muss und damit die Ladungswechselschleife klein bleibt. Die vollvariablen Ventilhübe sind eigentlich nichts anderes als Drosselstellen, die sich in unmittelbarer Nähe des Zylinders befinden. Auch sie verursachen bei kleinem Hub hohe Ladungswechselverluste durch die Drosselung der angesaugten Ladung. Sie sind aber trotzdem besser als die Drosselklappe. Jede Drosselstelle erzeugt nämlich Turbulenzen, die die Strömung nach der Engstelle verwirbeln. Turbulenzen nach der Drosselklappe, also im Saugrohr, nutzen nicht besonders viel. Turbulenzen nach den Ventilen, also im Zylinder, sind sehr nützlich, weil Turbulenzen im Zylinder die Verbrennung deutlich verbessern und damit auf andere Weise den Gesamtwirkungsgrad des Motors verbessern.

Zusätzlich zu diesen drei Methoden der Dichteabsenkung im Teillastgebiet gibt es die Möglichkeit, den Ottomotor im Schichtladebetrieb, also mit Luftüberschuss zu betreiben (vergleiche Abschn. 2.4). Dadurch, dass der Zündkerze im Schichtladebetrieb vorgegaukelt wird, das Luftverhältnis wäre überall im Brennraum gleich eins, verkraftet die Verbrennung den Luftüberschuss und die angesaugte Ladungsmasse muss nicht künstlich gedrosselt werden.

---

**Zusammenfassung**

Man kann durch die Verwendung von vollvariablen Ventilsystemen (variabler Ventilhub und variable Steuerzeiten) die Drosselklappe ersetzen. Weiterhin kann man bei direkt einspritzenden Ottomotoren mit Ladungsschichtung durch den Luftüberschuss auf die Drosselklappe verzichten. ◀

---

## 4.12  Wie groß sind die Reibungsverluste bei einem Verbrennungsmotor?

---

**Der Leser/die Leserin lernt**

Näherungsgleichung zur Berechnung von Reibungsverlusten. ◀

---

Die Reibungsverluste eines Verbrennungsmotors können als Leistung, Arbeit, Moment oder Mitteldruck angegeben werden. Es ergibt sich beispielsweise aus der Differenz zwischen innerer Leistung und effektiver Leistung eine Reibungsverlustleistung

$$P_r = P_i - P_e.$$

Sie können aber auch indirekt als Wirkungsgrad angegeben werden. Der mechanische Wirkungsgrad ist definiert als

$$\eta_m = \frac{P_e}{P_i} = \frac{P_e}{P_e + P_r} = \frac{1}{1 + \frac{P_r}{P_e}} = \frac{M_e}{M_i} = \frac{W_e}{W_i} = \frac{p_e}{p_i}.$$

Reibungsverluste können nicht direkt gemessen werden, sondern müssen berechnet werden. Sie ergeben sich beispielsweise aus der effektiven Leistung (ermittelt aus Drehzahl und Drehmoment) und der inneren Leistung (ermittelt aus einer Zylinderdruckindizierung). Diese Methode ist relativ ungenau, weil sich die kleine Reibleistung als Differenz zweier großer Zahlen ergibt (vergleiche Abschn. 4.25).

Wenn genaue Angaben nicht bekannt sind, dann kann man die Reibungsverluste eines betriebswarmen Motors nach folgenden Angaben abschätzen:

$$\eta_m = 0{,}85...0{,}90 \quad \text{bei Volllast.}$$

Ausgehend von diesem Punkt kann man näherungsweise davon ausgehen, dass die Reibungsverluste zu 1/3 von der Motorlast (effektiver Mitteldruck $p_e$) und zu 2/3 von der Motordrehzahl ($n$) stammen. Dann kann man linear interpolieren:

$$\frac{p_r}{p_{r,\,\text{Volllast}}} = \frac{2}{3} \cdot \frac{n}{n_{\text{Volllast}}} + \frac{1}{3} \cdot \frac{p_e}{p_{e,\,\text{Volllast}}}.$$

Diese Gleichung ist natürlich recht ungenau, kann für grobe Abschätzungen aber durchaus verwendet werden.

**Zusammenfassung**

Ein typischer Verbrennungsmotor hat bei Volllast einen mechanischen Wirkungsgrad von etwa 85 % bis 90 %. Das entspricht einem Reibmitteldruck von etwa 1,5 bar bis 3 bar. Im Teillastgebiet nimmt der Reibmitteldruck in Abhängigkeit von der Drehzahl und dem Mitteldruck ab. Nach dem Kaltstart sind die Reibungsverluste allerdings deutlich höher, weil kaltes Motorenöl eine sehr hohe Viskosität hat. ◄

## 4.13   Wie groß ist der Reibmitteldruck handelsüblicher Motoren?

**Der Leser/die Leserin lernt**

Reibmitteldruck handelsüblicher Motoren. ◄

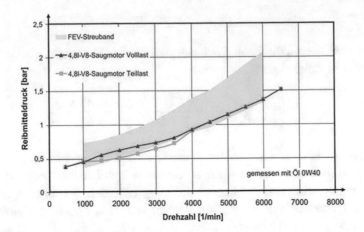

**Abb. 4.18**  Reibmitteldruck aktueller Ottomotoren [20]

Wenn man die Reibung eines Motors beurteilen möchte, dann ist es sinnvoll, ihn mit anderen zu vergleichen. Dazu werden in der Fachliteratur gerne Streubänder verwendet. Unabhängige Firmen testen eine große Zahl von Motoren und veröffentlichen die Messergebnisse in Form von sogenannten Streubändern. Abb. 4.18 zeigt die Reibmitteldrücke aktueller Ottomotoren in Abhängigkeit von der Motordrehzahl. Eingetragen ist in der Veröffentlichung der Reibmitteldruck zweier Porsche-Motoren. Man erkennt gut, dass sie am unteren Rand des Streubandes liegen und damit besonders gut sind. Es ist logisch, dass in Veröffentlichungen und Vorträgen Firmen immer dann ihre Motoren im Streuband zeigen, wenn sie dabei besonders gut abschneiden. Daraus kann man umgekehrt manchmal schließen, dass die Motoren bezüglich der Kenngrößen nicht so gut sind, die nicht genannt werden …

---

**Zusammenfassung**

Die Reibmitteldrücke handelsüblicher Motoren kann man näherungsweise sogenannten Streubändern entnehmen. Die so geschätzten Werte sind relativ genau, weil alle Motorenhersteller mit ähnlichen Methoden arbeiten und deswegen keine großen Unterschiede zu erwarten sind. ◀

---

## 4.14   Wie groß ist der Wirkungsgrad eines Motors bei Leerlauf?

**Der Leser/die Leserin lernt**

Abschätzung des inneren Wirkungsgrades eines Verbrennungsmotors im Leerlauf. ◀

Der effektive Wirkungsgrad $\eta_e$ eines Verbrennungsmotors ist im Leerlauf natürlich null. Denn gemäß der Definition

$$\eta_e = \frac{P_e}{\dot{Q}_B} = \frac{P_e}{\dot{m}_B \cdot H_U}$$

muss $\eta_e$ gleich null sein, weil der Motor im Leerlauf keine effektive Leistung abgibt. Der Motor muss aber so viel Kraftstoff verbrennen, dass die Reibungs- und die Ladungswechselverluste kompensiert werden. Der Reibmitteldruck beträgt gemäß Abschn. 4.13 (Abb. 4.18) etwa 0,5 bar. Die Ladungswechselverluste eines Ottomotors kann man im p-V-Diagramm im Abschn. 4.9 (Abb. 4.12) zu etwa 0,4 bar abschätzen. Der Kraftstoffverbrauch von Pkw beträgt im Leerlauf, wie in den Abschn. 6.3 und 6.4 noch gezeigt wird, etwa 0,5 l/h oder 0,4 kg/h. Mit diesen Zahlenwerten kann folgende Verlustanalyse (vergl. Abschn. 4.7) durchgeführt werden. Dabei wird von einem 1,4-l-Ottomotor mit einer Leerlaufdrehzahl von 800/min ausgegangen.

$$\dot{Q}_B = \dot{m}_B \cdot H_U = 4,67\,\text{kW}$$
$$P_i = i \cdot n \cdot p_r \cdot V_H = 0,47\,\text{kW}$$
$$P_{LDW} = i \cdot n \cdot p_{LDW} \cdot V_H = 0,37\,\text{kW}$$

Gemäß den Bezeichnungen in Abschn. 4.7 entspricht die Reibleistung der inneren Leistung. Die Leistung des Hochdruckprozesses entspricht der Summe von Reibleistung und Ladungswechselverlustleistung:

$$P_{i,\,HD} = P_r + P_{LDW} = 0,84\,\text{kW}.$$

Die Verlustkette sieht dann so aus: Es wird Kraftstoff verbannt, der eine Heizleistung von 4,67 kW in sich trägt. Davon könnte man gemäß den Idealprozessen (vergl. Abschn. 4.2) ca. 60 % bis 70 % nutzen. In Wirklichkeit nutzt der Motor davon nur 18 %. Das ist dann eine innere Leistung der Hochdruckschleife im p-V-Diagramm von 0,84 kW. Knapp die Hälfte dieser Leistung (0,37 kW) wird für den Ladungswechsel benötigt. Daraus resultiert dann eine innere Leistung von 0,47 kW, die für die Überwindung der Reibungsverluste benötigt wird. Der innere Wirkungsgrad beträgt 10 %.

### Zusammenfassung

Im Leerlauf eines Verbrennungsmotors ist der effektive Wirkungsgrad gleich null. Der innere Wirkungsgrad liegt in der Größenordnung von 10 %. Der innere Wirkungsgrad des Hochdruckprozesses liegt in der Größenordnung von 20 %. ◄

## 4.15   Wie stark geht bei einem 4-Zylinder-Ottomotor die abgegebene Motorleistung zurück, wenn in einem Zylinder die Zündung[6] ausfällt?

**Der Leser/die Leserin lernt**

Auswirkung des Ausfalls der Verbrennung in einem Zylinder auf die Motorleistung. ◀

Eine erste Antwort auf die oben gestellt Frage ist: Wenn nur noch drei von vier Zylindern arbeiten, dann wird die Motorleistung auch nur noch ¾ der vorherigen Leistung betragen. Diese Antwort kann aber noch verfeinert werden: Wenn ein Zylinder von vier Zylindern ausfällt, dann liefern nur noch drei Zylinder innere Arbeit, vier Zylinder tragen aber zu Reibungs - und Ladungswechselverlusten bei. Das soll an folgendem Beispiel berechnet werden:

Ein 4-Zylinder-Ottomotor liefere eine effektive Leistung von $P_e = 100$ kW.

Der mechanische Wirkungsgrad wird geschätzt zu $\eta_m = 85$ %.

Dann ergibt sich eine innere Zylinderleistung von 29,4 kW und eine Reibleistung von 4,4 kW.

Im Fall von drei arbeitenden Zylindern ergibt sich eine effektive Leistung von $3 \cdot 29,4\,\text{kW} - 4 \cdot 4,4\,\text{kW} = 70,6\,\text{kW}$, was einer Leistungsreduzierung von fast 30 % entspricht.

Damit sind die Reibungsverluste berücksichtigt. Der vierte Zylinder hat aber noch einen Ladungswechsel und damit Ladungswechselverluste, die die gesamte Motorleistung weiter reduzieren.

**Zusammenfassung**

Wenn bei einem 4-Zylinder-Verbrennungsmotor die Verbrennung in einem Zylinder ausfällt, so nimmt die effektive Motorleistung um mehr als 25 % ab, weil nur drei der vier Zylinder arbeiten, alle vier aber zu den Reibungs- und Ladungswechselverlusten beitragen. Zudem wird die Laufunruhe deutlich zunehmen. ◀

[6]Wenn bei einem Ottomotor die Zündung ausfällt, dann gelangt unverbrannter Kraftstoff in das Auspuffsystem, was dazu führen kann, dass der 3-Wege-Katalysator nicht mehr richtig funktioniert. Deswegen wird bei modernen Motoren der Ausfall einer Zündkerze im Rahmen der On-Board-Diagnose überwacht und beispielsweise aus der Ungleichförmigkeit der Kurbelwellendrehgeschwindigkeit erkannt. Wenn eine Zündkerze ausfällt, wird die zu diesem Zylinder gehörende Kraftstoffeinspritzung gestoppt und der Fahrer durch die dadurch entstehende Leistungsreduzierung veranlasst, eine Servicewerkstatt aufzusuchen. Dies ist auch notwendig, weil durch den Ausfall der Einspritzung das Luftverhältnis im Katalysator nicht mehr stöchiometrisch ist.

## 4.16    Kann man die Kenngrößen von Motoren aus den Testberichten in Zeitschriften berechnen oder abschätzen?

Der Leser/die Leserin lernt

Analyse der Daten von aktuellen Pkw aus Testberichten. ◄

Die Testberichte der Fachzeitschriften sind eine sehr gute Quelle für Motor-informationen. Üblicherweise werden die Motorgeometrie (Hub, Bohrung, Verdichtungsverhältnis) sowie die maximale Leistung bei Nenndrehzahl und das maximale Drehmoment bei einer mittleren Drehzahl angegeben. Mit den in den Abschn. 3.4, 3.12 und 5.1 hergeleiteten Gleichungen lassen sich die mittlere Kolbengeschwindigkeit $v_m$ und die effektiven Mitteldrücke in den charakteristischen Kennfeldpunkten berechnen.

Die Tab. 4.2 zeigt die entsprechenden Ergebnisse für aktuelle Motoren, die in den letzten zehn Jahren in der Zeitschrift „Auto, Motor und Sport" gefunden wurden. Dargestellt werden die Daten von Ottomotoren (Saugmotoren und aufgeladene Motoren mit Saugrohreinspritzung und Direkteinspritzung) sowie von aufgeladenen Dieselmotoren.

**Tab. 4.2** Typische Daten von aktuellen Pkw-Motoren

| | | Saug-Otto-motoren mit Saugrohrein-spritzung | Saug-Otto-motoren mit Direktein-spritzung | aufgeladene Ottomotoren mit Saug-rohrein-spritzung | aufgeladene Ottomotoren mit Direkt-einspritzung | aufgeladene Diesel-motoren |
|---|---|---|---|---|---|---|
| $s$ | mm | 83,4 | 84,4 | 84,5 | 86,2 | 91,2 |
| $D$ | mm | 87,4 | 92,8 | 80,6 | 83,4 | 81,9 |
| $z$ | | 6,4 | 7,6 | 5,4 | 5,8 | 4,7 |
| $V_h$ | dm$^3$ | 512 | 568 | 435 | 474 | 483 |
| $V_H$ | dm$^3$ | 3489 | 4247 | 2442 | 2851 | 2278 |
| $s/D$ | | 0,97 | 0,9 | 1,06 | 1,04 | 1,11 |
| $\varepsilon$ | | 11,0 | 12,4 | 9,5 | 10,0 | 16,6 |
| $P_{e,max}$ | kW | 227 | 320 | 192 | 258 | 142 |
| $n_{max}$ | 1/min | 6585 | 7375 | 5343 | 5704 | 3951 |
| $M_{max}$ | Nm | 355 | 458 | 369 | 474 | 418 |
| $n$ | 1/min | 4286 | 4711 | 1883 | 1933 | 1757 |
| $v_m$ | m/s | 18,3 | 20,7 | 15,1 | 16,4 | 11,9 |
| $p_{Lade,Ü}$ | bar | | | 1,01 | 1,12 | 1,55 |
| $p_e$ bei $P_{e,max}$ | bar | 10,9 | 12,1 | 17,4 | 18,6 | 18,6 |
| $p_e$ bei $M_{max}$ | bar | 12,4 | 13,5 | 18,8 | 20,8 | 22,8 |

Die Zahlenwerte wurden ermittelt, indem Mittelwerte über alle Fahrzeuge gebildet wurden. Dabei wurde aber nicht berücksichtigt, wie häufig diese Fahrzeuge gekauft werden. Insofern sind leistungsstarke, aber selten gekaufte Motoren eher überrepräsentiert.

Man kann erkennen, dass die typischen Zylinderabmessungen zu Bohrungen von etwa 85 mm bei Ottomotoren und etwa 90 mm bei Dieselmotoren führen. Das Hub-Bohrung-Verhältnis liegt bei Ottomotoren bei eins und bei Dieselmotoren im leicht langhubigen Bereich ($s/D = 1,1$). Die durchschnittlichen Zylinder-Hubvolumina liegen bei allen Motoren zwischen 450 cm$^3$ und gut 500 cm$^3$.

Besonders interessant ist das Verdichtungsverhältnis. Es nimmt bei aufgeladenen Ottomotoren Werte von weniger als 10 an. Damit reduziert man beim aufgeladenen Ottomotor die Klopfgefahr. Bei direkt einspritzenden Saug-Ottomotoren ist das Verdichtungsverhältnis mit Werten von über 12 recht hoch. Die Direkteinspritzung des Kraftstoffes und die damit verbundene Verdampfung im Zylinder kühlt die Füllung und reduziert damit die Klopfgefahr, was wiederum höhere $\varepsilon$-Werte erlaubt.

Man kann erkennen, dass die mittlere Kolbengeschwindigkeit bei Ottomotoren im Allgemeinen Werte zwischen 15 m/s und 20 m/s annimmt. Bei Dieselmotoren liegt sie in der Größenordnung von 12 m/s.

Die Zylinderleistungen selbst sind kaum aussagekräftig, weil, wie in Abschn. 3.4 gezeigt wurde, die Leistung von der Drehzahl, dem Hubvolumen und der Kenngröße Mitteldruck abhängt. Der effektive Mitteldruck ist aber sehr aussagekräftig. Der Tabelle kann man entnehmen, dass der maximale effektive Mitteldruck eines Saug-Ottomotors dort, wo das maximale Moment liegt, 12,4 bar (Saugrohreinspritzung) bzw. 13,5 bar (Direkteinspritzung) beträgt. Aufgeladene Pkw-Motoren erreichen Werte von etwa 20 bar. Bei Nennleistung liegen die maximalen Momente und damit die maximale Mitteldrücke niedriger: 10,9 bar bzw. 12,1 bar bei Saug-Ottomotoren.

Ottomotoren erreichen maximale Drehzahlen von über 6000/min, Dieselmotoren von etwa 4000/min. Autofahrer wünschen sich, dass das maximale Drehmoment schon bei kleinen Drehzahlen auftritt, damit man schaltfaul fahren und schon aus niedrigen Drehzahlen heraus gut beschleunigen kann. In der Tabelle sieht man, dass dieser Wunsch besonders gut mit aufgeladenen Motoren erfüllt werden kann. Diese erreichen ihr maximales Drehmoment schon bei Drehzahlen von weniger als 2000/min, während dieser Punkt bei Saug-Ottomotoren im Durchschnitt bei etwa 4000/min liegt.

Die bisherigen Aussagen basieren auf Mittelwerten und gelten für den durchschnittlichen Motor. Wenn man sich einzelne Motoren in der zum Kapitel gehörenden Excel-Tabelle anschaut, dann kann man Folgendes erkennen:

**Saugmotoren**

Die sehr sportlichen Fahrzeuge mit Maximaldrehzahlen von etwa 8000/min erreichen mittlere Kolbengeschwindigkeiten, die über 20 m/s liegen (Audi RS5: 25,5 m/s). Die mittlere Kolbengeschwindigkeit ist ein wichtiges Auslegungskriterium, mit dem man die Lebenserwartung eines Verbrennungsmotors festlegt. Deswegen muss man auch bei den sportlichen Motoren darauf achten, dass der Erfahrungswert von 20 m/s nicht deutlich überschritten wird.

Die beiden 2-Ventil-Motoren im Dacia Sandere 1,4 MPI und im Fiat Grande Punto 1,4 8 V erreichen Mitteldrücke im Nennleistungspunkt von nur etwas über 8 bar. Das sind deutlich kleinere Werte als die sonst üblichen.

Die Porsche-Motoren im 911 GT3 und im 911 Carrera erreichen außergewöhnlich hohe Mitteldrücke im Nennleistungspunkt (ca. 13,5 bar). Das ist umso erstaunlicher, als der GT3 bei seinen hohen Drehzahlen ohnehin größere Ladungswechsel- und Reibungsverluste haben müsste. Es wäre interessant, diese Motoren genauer zu untersuchen. Die Testberichte liefern hierfür aber nicht genügend viele technischen Informationen.

Interessant ist auch das Verhältnis von maximalem effektivem Mitteldruck bei mittlerer Drehzahl und bei Nenndrehzahl: Die Werte liegen zwischen 1,0 und 1,28. Die beiden oben genannten Motoren mit den höchsten effektiven Mitteldruck bei Nenndrehzahl (Porsche 911) haben bei mittlerer Drehzahl einen kaum höheren Mitteldruck. Das spricht für eine starke Hochdrehzahlauslegung mit entsprechend optimierten kurzen Saugrohren. Besonders auffallend ist der BMW Z4 M Roadster mit hoher Drehzahl und hohen Mitteldrücken sowohl bei Nenndrehzahl als auch bei mittlerer Drehzahl.

**Aufgeladene Motoren**

Bei aufgeladenen Otto- und Dieselmotoren kann man erkennen, dass die effektiven Mitteldrücke bei Nennleistung und bei maximalem Mitteldruck im Kennfeld zwischen 12 bar und 23 bar liegen. Die Größenordnung hängt davon ab, wie hoch der Ladedruck ist und wie tief die verdichtete und dadurch erwärmte Luft im Ladeluftkühler wieder abgekühlt wird. Angaben zu den Ladelufttemperaturen sind nicht bekannt, man kann im Bestfall aber von 40 °C ausgehen. Die maximalen Ladeüberdrücke werden in Testberichten häufig angegeben.[7] Es wird aber nicht angegeben, wo im Kennfeld diese Drücke erreicht werden. Da moderne Aufladesysteme Einrichtungen zur Begrenzung des Ladedruckes haben, kann man in erster Näherung davon ausgehen, dass der maximale Ladedruck sowohl bei Nennleistung als auch im Punkt des maximalen Drehmomentes erreicht wird.

Besonders auffällig sind die Motoren im Audi TT, die außergewöhnlich hohe Mitteldrücke von deutlich über 20 bar erreichen. Der BMW M550d mit seinen drei Turboladern schafft einen effektiven Mitteldruck von 31,1 bar im Punkt des höchsten

---

[7]Bei Angaben zu Drücken, seien dies beispielsweise Ladedrücke, Öldrücke oder Reifenluftdrücke, muss man immer klären, ob der Absolutdruck oder der Überdruck gegenüber dem Atmosphärendruck gemeint ist. Früher hängte man diese Information an die Einheit an (z. B. atü), was aber erfreulicherweise seit 1972 durch die SI-Normen verboten ist. Die Norm schreibt vor, dass man diese Information durch die physikalische Größe angibt. Es wäre gut, wenn die Autoren einfach von absolutem Ladedruck oder Ladeüberdruck sprechen würden.

**Tab. 4.3** Berechnung des effektiven Mitteldruckes eines Saug-Ottomotors mit verschiedenen Eingabewerten

| Variante | $\eta_e$ | $\lambda_a$ | $p_{Saug}$/bar | $T_{Saug}$/°C | $\lambda$ | $p_e$/bar |
|---|---|---|---|---|---|---|
| Durchschnittlicher Saug-Ottomotor mit Saugrohreinspritzung im Drehmomentoptimum ($p_e = 12{,}4$ bar) | | | | | | |
| 1 | 0,36 | 1,00 | 1,0 | 20 | 1,0 | 11,6 |
| 2 | 0,36 | 1,07 | 1,0 | 20 | 1,0 | 12,4 |
| Durchschnittlicher Saug-Ottomotor mit Saugrohreinspritzung im Nennleistungspunkt ($p_e = 10{,}9$ bar) | | | | | | |
| 3 | 0,30 | 1,13 | 1,0 | 20 | 1,0 | 10,9 |
| 4 | 0,31 | 1,09 | 1,0 | 20 | 1,0 | 10,9 |
| 5 | 0,32 | 1,06 | 1,0 | 20 | 1,0 | 10,9 |
| Durchschnittlicher Saug-Ottomotor mit Direkteinspritzung im Drehmomentoptimum ($p_e = 13{,}3$ bar) | | | | | | |
| 5 | 0,36 | 1,07 | 1,0 | 20 | 1,0 | 13,3 |
| Durchschnittlicher Saug-Ottomotor mit Direkteinspritzung im Nennleistungspunkt ($p_e = 11{,}6$ bar) | | | | | | |
| 6 | 0,31 | 1,09 | 1,0 | 20 | 1,0 | 11,6 |

Drehmomentes auf der Volllastkurve. Dafür benötigt er dann aber einen Ladeüberdruck von 3,0 bar: ein für Pkw-Motoren sehr hoher Wert.

**Thermodynamische Bewertung**

Im Abschn. 3.8 wurden die Gleichungen zur Berechnung des Mitteldruckes hergeleitet. Diese Gleichungen benötigen als Eingabegrößen den effektiven Wirkungsgrad des Motors ($\eta_e$), den Luftaufwand ($\lambda_a$), Druck und Temperatur im Saugrohr sowie das Luftverhältnis $\lambda$. Hinzu kommen die Kraftstoffkenngrößen Heizwert ($H_U$) und Mindestluftmenge ($L_{min}$). Wenn man diese Eingabegrößen sinnvoll schätzt, dann sollten sich die typischen Mitteldruckwerte, wie sie in der Tab. 4.2 aufgelistet sind, ergeben. Beispielsweise ergibt sich für einen idealen Ottomotor ($\eta_e = 0{,}36$, $\lambda_a = 1$, $\lambda = 1$, $p_{Saug} = 1$ bar, $T_{Saug} = 20$ °C) ein effektiver Mitteldruck von 11,6 bar  (vergleiche Variante 1 in Tab. 4.3). Der durchschnittliche Saug-Ottomotor mit Saugrohreinspritzung hat aber beim größten Drehmoment einen $p_e$-Wert von 12,5 bar. Wenn man mit den Eingabegrößen „spielt", dann erhält man den Wunschmitteldruck beispielsweise mit einem $\lambda_a$-Wert von 1,07.[8]

---

[8]Ottomotoren werden heute immer noch im Volllastbereich angefettet, um den Motor durch den überschüssigen Kraftstoff, der zwar verdampft, aber kaum zur Verbrennung beiträgt, zu kühlen. Dieser Effekt kann in den überschlägigen Berechnungen nicht berücksichtigt werden, da Angaben zum Anfetten nie veröffentlicht werden. Beim Anfetten beseitigt der 3-Wege-Katalysator die CO- und HC-Emissionen nicht mehr, was man aber nicht in der Öffentlichkeit diskutiert haben möchte …

An diesen Zahlenspielen kann man erkennen, dass aktuelle Ottomotoren mit Luftaufwandszahlenwerten arbeiten, die besser sind als 100 %. Das ist physikalisch deswegen möglich, weil in die Berechnung von $\lambda_a$ der mittlere Druck im Saugrohr eingeht, nicht aber die Druckschwingungen (vergleiche Abschn. 3.9). Wenn man die Schwingungsdynamik im Saugrohr optimal auslegt, dann kann man in gewissen Drehzahlbereichen den Ladungswechsel deutlich verbessern und $\lambda_a$-Werte von über 100 % erreichen. Die Methoden hierfür sind variable Saugrohrlängen, Klappen im Saugsystem, variable Ventilhübe und variable Ventilsteuerzeiten.

Wie sieht das im Nennleistungspunkt aus? Hier muss man von einem effektiven Wirkungsgrad von etwa 30 % ausgehen. Die Varianten 3 bis 5 in Tab. 4.3 zeigen das Ergebnis. Man sieht deutlich, dass man noch größere $\lambda_a$-Werte oder einen besseren effektiven Wirkungsgrad benötigt, um den gewünschten Mitteldruck von 10,9 bar zu erreichen.

Bei direkt einspritzenden Ottomotoren ergibt sich der größere Mitteldruck quasi „automatisch". Dadurch, dass der Zylinder nur reine Luft ansaugt, wird die entsprechende Gleichung aus Abschn. 3.8 verwendet. Diese führt dann zu den größeren Mitteldrücken, ohne dass an den Wirkungsgraden etwas geändert werden müsste.

Wenn man die aufgeladenen Dieselmotoren nachrechnen möchte, dann muss man das Luftverhältnis und die Temperatur im Saugrohr abschätzen. Der Ladedruck (Druck im Saugrohr) wird häufig in den Testberichten angegeben. Für das Luftverhältnis kann man einen Wert von 1,3 oder 1,4 annehmen. Bei kleineren $\lambda$-Werten würde der Dieselmotor zu sehr rußen. Die Ladelufttemperatur kann im besten Fall mit 40 °C bis 50 °C geschätzt werden. Dieselmotoren haben im Bestpunkt einen effektiven Wirkungsgrad von etwa 42 %, im Nennleistungspunkt einen Wert von ca. 36 %.

Der Tab. 4.4 kann man entnehmen, dass man keine besonders guten effektiven Wirkungsgrade oder Luftaufwandszahlen annehmen muss, um den Mitteldruck zu

**Tab. 4.4** Berechnung des effektiven Mitteldruckes von aufgeladenen Motoren mit Direkteinspritzung mit verschiedenen Eingabewerten

| Variante | $\eta_e$ | $\lambda_a$ | $p_{Saug}$/bar | $T_{Saug}$/°C | $\lambda$ | $p_e$/bar |
|---|---|---|---|---|---|---|
| Durchschnittlicher aufgeladener Dieselmotor im Drehmomentoptimum($p_e = 20{,}9$ bar) | | | | | | |
| 1 | 0,42 | 1,00 | 2,37 | 50 | 1,4 | 22,5 |
| 2 | 0,42 | 0,93 | 2,37 | 50 | 1,4 | 20,9 |
| Durchschnittlicher aufgeladener Dieselmotor im Nennleistungspunkt ($p_e = 16{,}8$ bar) | | | | | | |
| 3 | 0,35 | 0,89 | 2,37 | 50 | 1,4 | 16,8 |
| Durchschnittlicher aufgeladener Ottomotor mit Direkteinspritzung im Drehmomentoptimum ($p_e = 19{,}4$ bar) | | | | | | |
| 4 | 0,35 | 0,90 | 1,96 | 50 | 1,0 | 19,4 |
| Durchschnittlicher aufgeladener Ottomotor mit Direkteinspritzung im Nennleistungspunkt ($p_e = 17{,}3$ bar) | | | | | | |
| 5 | 0,31 | 0,91 | 1,96 | 50 | 1,0 | 17,3 |

**Tab. 4.5** Notwendiges Produkt aus effektivem Wirkungsgrad und Luftaufwand $(\eta_e \bullet \lambda_a)$, um die in Testberichten angegeben Leistungen und Drehmomente erreichen zu können

| | | Saug-Otto-motoren mit Saugrohrein-spritzung | Saug-Otto-motoren mit Direktein-spritzung | aufgeladene Ottomotoren mit Saugrohr-einspritzung | aufgeladene Ottomotoren mit Direkt-einspritzung | aufgeladene Diesel-motoren |
|---|---|---|---|---|---|---|
| $p_e$ bei $M_{max}$ | bar | 12,5 | 13,4 | 18,6 | 19,6 | 22,3 |
| $\eta_e \bullet \lambda_a$ | | 0,39 | 0,39 | 0,33 | 0,32 | 0,42 |
| $p_e$ bei $P_{e,max}$ | bar | 10,9 | 11,8 | 17,2 | 17,3 | 18,0 |
| $\eta_e \bullet \lambda_a$ | | 0,34 | 0,34 | 0,31 | 0,29 | 0,34 |

erreichen. Dieselmotoren können auch nicht so wie Saug-Ottomotoren mit variablen Saugsystemen ausgestattet werden, weil die Anordnung von Turbolader und Ladeluft-kühler die konstruktiven Möglichkeiten einschränkt. Gleiches gilt für den aufgeladenen Ottomotor, der in den Varianten 4 und 5 in Tab. 4.4 nachgerechnet wird.

Die Tab. 4.5 in der zu diesem Kapitel gehörenden Excel-Datei zeigt die Ergeb-nisse für alle untersuchten Otto- und Dieselmotoren. Die Unsicherheit im effektiven Wirkungsgrad $\eta_e$ und im Luftaufwand $\lambda_a$ wird berücksichtigt, indem ausgerechnet wird, wie groß das Produkt $\eta_e \bullet \lambda_a$ sein muss, um die Prospektangaben für die Motorleistung bzw. den Mitteldruck nachrechnen zu können. Man kann folgende Mittelwerte erkennen (Tab. 4.5).

---

**Zusammenfassung**

Aus den Testberichten kann man oft mehr Informationen über die Verbrennungs-motoren gewinnen, als die Hersteller üblicherweise angeben. ◀

---

## 4.17   Nach welchen Kriterien kann man Verbrennungsmotoren auslegen?

**Der Leser/die Leserin lernt**

einfache Auslegung von Verbrennungsmotoren. ◀

Im Folgenden soll ein Pkw-Motor mit einer effektiven Leistung von 100 kW als Otto - und als Dieselmotor, sowohl in der Saugvariante als auch in der aufgeladenen Variante, ausgelegt werden. Die folgende Tab. 4.6 zeigt eine mögliche Vorgehensweise:

Zunächst werden die Zustände im Saugrohr der Motoren festgelegt. Dabei handelt es sich um die Umgebungsbedingungen bzw. um die Bedingungen einer abgeschätzten Aufladung. Diese kann natürlich durch eine Aufladungsauslegung (vergleiche Kap. 8) besser festgelegt werden. Der Dieselmotor hat einen höheren Ladedruck, weil er

**Tab. 4.6**  Auslegung von Motoren

| | | Pkw-Otto (Saug) | Pkw-DI-Otto (aufgel.) | Pkw-Diesel (Saug) | Pkw-Diesel (ATL) | Einheit |
|---|---|---|---|---|---|---|
| Umgebungsvariablen | | | | | | |
| Saugrohr-druck | $p$ | 1 | 1,8 | 1 | 2,5 | bar |
| Saugrohr-temperatur | $T$ | 300 | 330 | 300 | 350 | K |
| Stoffwerte | | | | | | |
| Heizwert | $H_U$ | 42.000 | 42.000 | 42.800 | 42.800 | kJ/kg |
| Mindestluft-menge | $L_{min}$ | 14,5 | 14,5 | 14,6 | 14,6 | |
| Gaskonstante | $R$ | 287 | 287 | 287 | 287 | J/kg/K |
| Kenngrößen | | | | | | |
| spez. effektiver Kraftstoffver-brauch | $b_e$ | 290 | 290 | 240 | 240 | g/(kWh) |
| Luftaufwand | $\lambda_a$ | 1,05 | 0,9 | 0,95 | 0,9 | |
| Luftverhält-nis | $\lambda$ | 1,0 | 1,0 | 1,4 | 1,4 | |
| Hub-Bohrung-Ver-hältnis | $s/D$ | 1,0 | 1,0 | 1,1 | 1,1 | |
| Zielgröße | | | | | | |
| effektive Leistung | $P_e$ | 100 | 100 | 100 | 100 | kW |
| Variationsgrößen | | | | | | |
| mittlere Kolben-geschwindig-keit | $v_m$ | 18 | 18 | 12 | 12 | m/s |
| Zylinderzahl | $z$ | 4 | 3 | 8 | 4 | |
| Rechenergebnisse | | | | | | |
| effektiver Wirkungs-grad | $\eta_e$ | 0,296 | 0,296 | 0,350 | 0,350 | |
| effektiver Mitteldruck | $p_e$ | 9,77 | 14,64 | 8,10 | 16,44 | bar |
| Kolben-flächen-leistung | $P_e/A_{K,ges}$ | 0,440 | 0,659 | 0,243 | 0,493 | kW/cm² |

(Fortsetzung)

**Tab. 4.6**  (Fortsetzung)

| | | Pkw-Otto (Saug) | Pkw-DI-Otto (aufgel.) | Pkw-Diesel (Saug) | Pkw-Diesel (ATL) | Einheit |
|---|---|---|---|---|---|---|
| Kolbenfläche | $A_K$ | 56,9 | 50,6 | 51,5 | 50,7 | cm$^2$ |
| Bohrung | $D$ | 85,10 | 80,25 | 80,94 | 80,34 | mm |
| Hub | $s$ | 85,10 | 80,25 | 89,04 | 88,38 | mm |
| Motorhub-volumen | $V_H$ | 1,94 | 1,22 | 3,67 | 1,79 | dm$^3$ |
| Drehzahl | $n$ | 6345 | 6729 | 4043 | 4073 | 1/min |

besser aufgeladen werden kann als ein Ottomotor (Klopfgefahr beim Ottomotor). Der Pkw-ATL-Dieselmotor hat aber eine höhere Ladelufttemperatur, weil angenommen wird, dass die durch die starke Aufladung erwärmte Luft nicht genügend abgekühlt werden kann.

Die folgenden Zeilen geben die konstanten Stoffwerte an. Danach werden die Kenngrößen vorgegeben. Man wählt hierfür die Werte, die sich bei Motoren dieser Art bewährt haben und die dem Stand der Technik entsprechen.

Die Variationsgrößen sind Daten, die innerhalb gewisser Grenzen gewählt werden können.

Mit diesen Eingabedaten ergeben sich dann mit den Gleichungen aus den letzten Kapiteln die Rechenergebnisse. Von besonderem Interesse ist dabei die Drehzahl. Diese darf nicht zu hoch und nicht zu klein sein. Beeinflusst wird sie mit den gewählten Werten für die Zylinderzahl und für die mittlere Kolbengeschwindigkeit. Weiterhin interessant sind die Motorabmessungen. Bei Pkw-Motoren haben sich Zylinderhubvolumina von etwa 0,5 Liter durchgesetzt. Mit Excel variiert man so lange die relativ frei wählbaren Größen, bis man Ergebnisse erhält, die den Erfahrungswerten entsprechen. Das wird im Folgenden gezeigt.

Beim Saug-Ottomotor kommt man mit einer mittleren Kolbengeschwindigkeit von 18 m/s und 4 Zylindern auf ein Motorhubvolumen von 1,94 Liter und eine Drehzahl von gut 6300/min. Das sind typische Werte für heutige Pkw-Motoren.

Der aufgeladene DI-Ottomotor ist schwieriger auszulegen. Mit einer mittleren Kolbengeschwindigkeit von ebenfalls 18 m/s kann man einen 2-Zylinder-Motor mit zu großen Zylinderabmessungen (Hub und Bohrung von fast 100 mm) oder einen 3-Zylinder-Motor mit einer zu großen Drehzahl (über 6700/min) auslegen. Beide Varianten passen nicht so recht zu den heutigen Motorgrößen. Optimal wäre eine Zahl von 2,5 Zylindern. Aber das geht konstruktiv natürlich nicht. Wenn man eine mittlere Kolbengeschwindigkeit von 20 m/s zulässt, wird es auch nicht besser. Letztlich ist der absolute Ladedruck mit 1,8 bar für einen derartigen Motor zu hoch gewählt. Wenn man einen absoluten Ladedruck von 1,5 bar anstrebt, dann erhält man einen 3-Zylinder-Motor mit einer Bohrung von knapp 88 mm, einem Motorhubvolumen von 1,6 Liter und einer Drehzahl von gut 6100/min.

Der Saug-Dieselmotor wird mit 8 Zylindern und einem Hubvolumen von 3,67 Liter sehr groß. Etwas anderes war aber auch nicht zu erwarten. Letztlich haben Saug-Dieselmotoren eine so geringe Leistung, dass sie heute nicht mehr gebaut werden.

Beim ATL-Dieselmotor passt alles recht gut zusammen. Es ergibt sich ein 1,8-l-Motor mit einer maximalen Drehzahl von knapp 4100/min.

An diesen Beispielen kann man erkennen, dass man zur Grobauslegung eines Motors mit den Eingabedaten „spielen" muss, um zu vernünftigen Ergebnissen zu kommen. Wenn die Ausgangsdaten, wie beim aufgeladenen DI-Ottomotor, nicht so recht zur gewünschten Motorleistung passen, dann lässt sich auch keine Auslegung finden.

---

**Zusammenfassung**

Verbrennungsmotoren legt man aus, indem man einige Kenngrößen sinnvoll schätzt und dann kontrolliert, ob sich vernünftige Werte für die erforderliche Drehzahl und die Motorabmessungen ergeben. ◀

---

## 4.18   Welche Bedeutung haben die Kennfelder von Verbrennungsmotoren?

**Der Leser/die Leserin lernt**

Bedeutung der Verbrauchskennfelder von Verbrennungsmotoren. ◀

Die zwei wichtigsten Angaben zur Festlegung des Betriebspunktes eines Verbrennungsmotors sind die Drehzahl und das Drehmoment. Hinzu kommen viele weitere Angaben wie beispielsweise Kühlwassertemperatur oder Zündzeitpunkt. Diese Angaben sind aber gegenüber den beiden erstgenannten von untergeordneter Bedeutung. Statt des Drehmomentes gibt man noch besser den effektiven Mitteldruck an, da dieser als Kenngröße weitgehend unabhängig von der Motorgröße ist. Effektiver Mitteldruck und Drehmoment sind über das Hubvolumen direkt ineinander umrechenbar (vergleiche Abschn. 3.4). Manche Autoren verwenden statt des Mitteldruckes oder Drehmomentes auch die effektive Motorleistung.

Aus der Drehzahl und dem effektiven Mitteldruck bildet man dann ein Kennfeld (vergleiche Abb. 4.19). Die linke Begrenzung des Kennfeldes ist die Leerlaufdrehzahl (bei Pkw meistens zwischen 800/min und 1000/min). Rechts wird das Kennfeld durch die maximal zulässige Drehzahl begrenzt. Die waagerechte Achse repräsentiert Betriebspunkte, bei denen das abgegebene Motormoment gleich null ist (Leerlauf). Die Volllastkurve gibt an, welcher effektive Mitteldruck bei einer bestimmten Drehzahl maximal abgegeben werden kann.

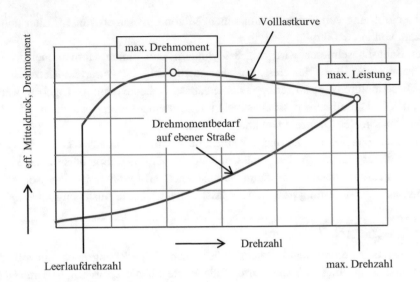

**Abb. 4.19** Typisches Kennfeld eines Verbrennungsmotors

Die gekrümmte Linie, die den Nullpunkt und den Punkt der maximalen Motorleistung verbindet, zeigt den Drehmomentbedarf, den ein bestimmtes Fahrzeug mit einem bestimmten eingelegten Getriebegang auf ebener Straße benötigt, um die Fahrwiderstände zu überwinden. Betriebspunkte, die zwischen dieser Fahrkurve und der Volllastkurve liegen, werden dann gefahren, wenn das Fahrzeug entweder einen Berg hinauf fährt oder beschleunigt wird. Betriebspunkte zwischen der Fahrkurve und dem Leerlauf werden dann gefahren, wenn das Fahrzeug entweder einen Berg hinunter fährt oder abgebremst wird.

In den einzelnen Fragen des Kap. 6 wird noch genauer auf diese Kennfelder und die Fahrbetriebspunkte eingegangen.

Die Entwicklungsingenieure von Verbrennungsmotoren lernen das Betriebsverhalten eines Motors kennen, indem sie den Motor auf einem Prüfstand bei verschiedenen Drehzahlen und Drehmomenten betreiben. Die Messergebnisse (beispielsweise den Kraftstoffverbrauch oder den Öldruck) stellt man dann in Kennfeldern grafisch dar. In Motorzeitschriften werden von diesen vielen Messwerten meistens nur die Volllastlinie und der effektive spezifische Kraftstoffverbrauch im Bestpunkt des Motors angegeben.

### Zusammenfassung

Die Entwickler von Verbrennungsmotoren stellen die auf Prüfständen ermittelten Betriebswerte ihrer Motoren gerne in Kennfeldern grafisch dar. Diese enthalten das Wissen über die Motorbetriebswerte in einer sehr kompakten Form. ◀

## 4.19   In manchen Veröffentlichungen fehlen genaue Zahlenangaben zum Kraftstoffverbrauch. Kann man diese trotzdem irgendwie ermitteln?

**Der Leser/die Leserin lernt**

Man kann häufig auch dann Informationen aus Kennfeldern ablesen, wenn der Autor aus Gründen der Geheimhaltung manche Angaben entfernt hat. ◄

Manche Firmen veröffentlichen in Fachzeitschriften Berichte über ihre neu entwickelten Motoren, beschriften die Diagrammachsen aber nur relativ dürftig oder gar nicht. Ein Beispiel hierfür ist Abb. 4.20. Ingenieure neigen dazu, auf ihre Ergebnisse stolz zu sein und diese auch gerne zu veröffentlichen. Vorgesetzte dagegen befürchten, dass Wettbewerber aus den Veröffentlichungen zu viele Informationen gewinnen könnten. Deswegen werden in Fachaufsätzen gerne die Achsen - oder Kurvenbeschriftungen unkenntlich gemacht oder wesentliche Angaben verschwiegen.

Das Diagramm zeigt das Kennfeld des 6-Zylinder-Motors von BMW. Aufgetragen ist die effektive Arbeit über der Motordrehzahl. Die effektive Arbeit ist nichts anderes als der effektive Mitteldruck, wie die folgende Gleichung zeigt:

$$\text{Effektive Arbeit} = \frac{\text{Arbeit}}{\text{Hubvolumen}} = \frac{\text{Mitteldruck} \cdot \text{Hubvolumen}}{\text{Hubvolumen}} = \text{Mitteldruck}.$$

Die Einheiten kann man folgendermaßen umrechnen:

$$1\,\frac{\text{kJ}}{\text{l}} = \frac{1000\,\text{Nm}}{10^{-3}\text{m}^3} = 10^6\,\frac{\text{N}}{\text{m}^2} = 10\,\text{bar}.$$

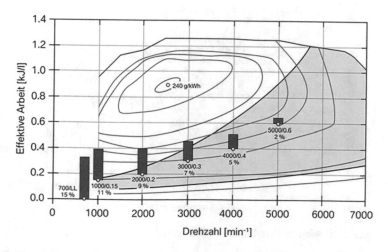

**Abb. 4.20**   Kennfeld des 6-Zyl.-Motors von BMW [21]

Der Motor hat also einen maximalen effektiven Mitteldruck von knapp 13 bar.

BMW gibt den Bestverbrauch mit 240 g/(kWh) an, beschriftet die anderen Verbrauchs-Isolinien aber nicht. (Die dunklen Balken geben die Verbrauchsverbesserung gegenüber dem Vorgängermodell an und können hier vernachlässigt werden.) Trotzdem kann man nach einigem Überlegen die Linien beschriften. Das wird im Folgenden gezeigt.

In der Literatur findet man öfter anonymisierte Darstellungen (sogenannte Streubänder), in denen der Kraftstoffverbrauch des eigenen Motors mit denen von anderen Motoren verglichen wird.

Abb. 4.21 zeigt Angaben im typischen Teillastpunkt ($n = 2000$/min, $p_e = 2$ bar). Eingetragen ist ein 1,8-l-Motor von Opel. Dem Diagramm kann man entnehmen, dass 3-l-Motoren in diesem Punkt Verbräuche zwischen 330 g/(kWh) und 440 g/(kWh) haben. Der 3-l-BMW-Motor (Abb. 4.20) liegt in diesem Kennfeldpunkt knapp oberhalb einer Isolinie. Wenn man davon ausgeht, dass die Isolinien im BMW-Kennfeld keine „ungeraden" Beschriftungen haben, so könnte man sie beispielsweise mit den Werten 240 (Optimum), 250, 260, 270, 280, 290, 300, 350, 400 beschriften. Im Teillastpunkt läge dann ein Verbrauch von ca. 340 g/(kWh) vor, was für einen modernen Motor in Ordnung ist. Die Wahrscheinlichkeit ist groß, dass dies die richtigen Angaben sind. Der BMW-Motor hätte dann im Nennleistungspunkt einen effektiven spezifischen Kraftstoffverbrauch von knapp 300 g/(kWh), was ein normaler Wert für Motoren dieser Art ist. Falls die Isolinie unterhalb des Teillastpunktes ($n = 2000$/min, $p_e = 2$ bar) nicht 350 g/(kWh), sondern 400 g/(kWh) ist, dann wäre der BMW-Motor in diesem Punkt eher unterdurchschnittlich. Der Motor hätte dann im Nennleistungspunkt einen effektiven spezifischen Verbrauch von etwa 330 g/(kWh). Dieser Wert wäre aber so schlecht, dass er sehr unwahrscheinlich ist.

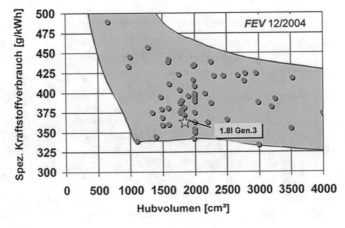

**Abb. 4.21**  Kraftstoffverbrauch verschiedener Motoren bei $n = 2000$/min und $p_e = 2$ bar [22]

---

**Zusammenfassung**

Durch sinnvolle Überlegungen, Vergleiche mit ähnlichen Motoren und Abschätzungen der Kenngrößen kann man mehr Informationen aus veröffentlichten Kennfeldern entnehmen, als es den Motorenherstellern manchmal lieb ist. ◄

---

## 4.20   Warum sehen die Linien konstanter Motorleistung im Motorenkennfeld wie Hyperbeln aus?

---

**Der Leser/die Leserin lernt**

Die Linien konstanter Motorleistung im Kennfeld sind Hyperbeln. ◄

---

Motorenkennfelder werden meistens dargestellt, indem man das Drehmoment oder den effektiven Mitteldruck über der Drehzahl aufträgt. Linien konstanter Motorleistung sind dann tatsächlich Hyperbeln:

Der Zusammenhang zwischen Leistung, Moment und Drehzahl lautet.

$$P_e = 2 \cdot \pi \cdot n \cdot M.$$

Wenn das Moment als y-Achse und die Drehzahl als x-Achse gewählt wird, dann ergibt sich:

$$M = \frac{P_e}{2 \cdot \pi} \cdot \frac{1}{n}.$$

Linien konstanter Motorleistung sind dann Hyperbeln:

$$M = konst \cdot \frac{1}{n},$$
$$y \sim \frac{1}{x}.$$

Abb. 4.22 zeigt ein derartiges Kennfeld. Die Linien konstanter Motorleistung sind Hyperbeln.

Man sieht in dem Diagramm sehr schön, dass eine Motorleistung von 10 kW bei großer Drehzahl und kleinem Mitteldruck (5000/min und 2,67 bar) oder bei kleiner Drehzahl und großem Mitteldruck (z. B. 2000/min und 6,67 bar) bereitgestellt werden kann. Wenn beispielsweise ein Pkw eine Leistung von 10 kW benötigt, um mit einer Geschwindigkeit von 60 km/h zu fahren, dann kann er je nach gewählter Getriebeabstufung das mit einer Drehzahl von 2000/min oder 5000/min erreichen. Die effektiven spezifischen Kraftstoffverbräuche sind mit 220 g/kW/h bzw. 400 g/kW/h sehr unterschiedlich. Es ergeben sich streckenbezogene Verbräuche von 4,4 l/(100 km) bzw. 7,9 l/(100 km). Man kann also deutlich Kraftstoff sparen, wenn man den Motor bei konstanter Fahrzeuggeschwindigkeit mit kleiner Drehzahl betreibt.

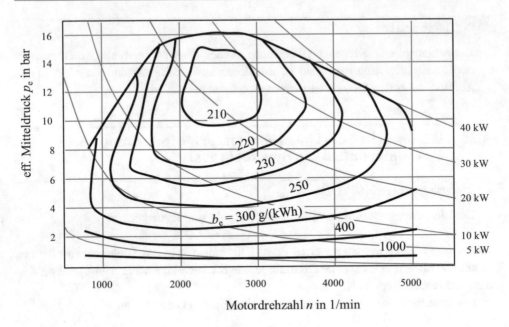

**Abb. 4.22**  Kennfeld eines 0,9-l-Turbo-Dieselmotors

---

**Zusammenfassung**

Eine gewünschte Motorleistung kann entweder mit kleiner Drehzahl und großem Mitteldruck oder mit großer Drehzahl und kleinem Mitteldruck dargestellt werden. Diese Punkte konstanter Motorleistung liegen im Motorenkennfeld (effektiver Mitteldruck oder Drehmoment in Abhängigkeit von der Drehzahl) auf Hyperbeln. ◀

---

## 4.21   Wie ändert sich die Abgastemperatur im Kennfeld?

**Der Leser/die Leserin lernt**

Das typische Verhalten der Abgastemperatur im Motorkennfeld ◀

Wenn Kraftstoff in den Zylindern eines Verbrennungsmotors verbrennt, wird eine entsprechende Energie freigesetzt. Im Abschn. 1.3 wurde dazu der Heizwert eingeführt. Diese durch die Verbrennung freigesetzte Energie kann aus thermodynamischen Gründen nicht vollständig in Rotationsenergie umgewandelt werden. Der indizierte Wirkungsgrad, der ebenfalls im Abschn. 1.3 eingeführt wurde, gibt an, welcher Anteil der Verbrennungsenergie den Kolben des Zylinders nach unten drückt und so in innere Arbeit umgewandelt wird. Der Rest der Energie geht entweder als Wärme über die

Zylinderwände in das Kühlwasser und in das Motorenöl über oder ist im Abgas enthalten. Entsprechend hoch ist die Temperatur des Abgases. Der 1. Hauptsatz der Thermodynamik (Abschn. 4.2) beschreibt diese Vorgänge. Er besagt, dass die Leistung, die im Kraftstoff enthalten ist ($\dot{Q}_B$), entweder als innere Leistung ($P_i$) oder als Wandwärmestrom ($\dot{Q}_W$) oder als Enthalpiestrom des Abgases ($\dot{H}_A$) den Zylinder verlässt:

$$\dot{Q}_B = \dot{m}_B \cdot H_U = P_i + \dot{Q}_W + \dot{H}_A = \eta_i \cdot \dot{m}_B \cdot H_U + \eta_w \cdot \dot{m}_B \cdot H_U + \dot{m}_A \cdot c_{p,A} \cdot (t_A - t_U)$$

Die Größe $\eta_W$ gibt an, welcher Anteil des Kraftstoffwärmestroms in den Wandwärmestrom übergeht. Die spezifische Enthalpie des Abgases ergibt sich für ideale Gase aus der spezifischen isobaren Wärmekapazität ($c_{p,A}$) und der Temperaturdifferenz zur Umgebung.

Genau genommen müsste man noch die Enthalpieströme berücksichtigen, die mit der Luft und mit dem Kraftstoff in den Zylinder gelangen. Bei Enthalpiebetrachtungen darf man aber den Nullpunkt der Enthalpie beispielsweise auf den Umgebungszustand legen. Das bedeutet, dass Luft und Kraftstoff, die mit Umgebungstemperatur dem Zylinder zugeführt werden, keinen Beitrag zum 1. Hauptsatz leisten.

Der Luftmassenstrom, der Abgasmassenstrom und der Kraftstoffmassenstrom hängen über die Massenbilanz und das Luftverhältnis $\lambda$ zusammen:

$$\lambda = \frac{\dot{m}_L}{L_{min} \cdot \dot{m}_B}$$

$$\dot{m}_A = \dot{m}_L + \dot{m}_B = \lambda \cdot L_{min} \cdot \dot{m}_B + \dot{m}_B = (\lambda \cdot L_{min} + 1) \cdot \dot{m}_B$$

Damit kann man den 1. Hauptsatz umschreiben zu

$$\dot{m}_B \cdot H_U = (\eta_i + \eta_w) \cdot \dot{m}_B \cdot H_U + (\lambda \cdot L_{min} + 1) \cdot \dot{m}_B \cdot c_{p,A} \cdot (t_A - t_U)$$

Daraus ergibt sich:

$$t_A = t_U + \frac{(1 - \eta_i - \eta_w) \cdot H_U}{(\lambda \cdot L_{min} + 1) \cdot c_{p,A}}$$

bzw.

$$\eta_w = 1 - \eta_i - \frac{(t_A - t_U) \cdot (\lambda \cdot L_{min} + 1) \cdot c_{p,A}}{H_U}$$

Mit der ersten Gleichung kann man die Abgastemperatur $t_A$ berechnen, wenn man den indizierten Wirkungsgrad ($\eta_i$) und den Anteil der Wandwärmeverluste an der Kraftstoffenergie ($\eta_W$) kennt. Mit der zweiten Gleichung kann man die Wandwärmeverluste berechnen, wenn man die Abgastemperatur kennt.

Der indizierte Wirkungsgrad eines Verbrennungsmotors ist häufig nicht bekannt. Eher kennt man den effektiven Wirkungsgrad, der manchmal in Fachzeitschriften angegeben wird. Aus dem effektiven Wirkungsgrad und den Reibungsverlusten (Reibmitteldruck) kann man über folgende Betrachtungen den indizierten Wirkungsgrad berechnen:

$$\eta_i = \frac{P_i}{\dot{Q}_B}$$

$$\eta_e = \frac{P_e}{\dot{Q}_B}$$

Also gilt:

$$\eta_i = \frac{P_i}{\frac{P_e}{\eta_e}} = \eta_e \cdot \frac{P_i}{P_e} = \eta_e \cdot \frac{P_e + P_r}{P_e} = \eta_e \cdot \frac{p_e + p_r}{p_e} = \eta_e \cdot \left(1 + \frac{p_r}{p_e}\right)$$

Ebenso ist bekannt, dass die Abgastemperatur im Nennleistungspunkt bei Ottomotoren in der Größenordnung von 1100 °C liegt und bei Dieselmotoren in der Größenordnung von 800 °C. Im Teillastgebiet bei einer Drehzahl von 2000/min und einem effektiven Mitteldruck von 2 bar liegen die Temperaturen bei 500 °C (Ottomotoren) bzw. 300 °C. Insbesondere die niedrige Abgastemperatur beim Dieselmotor stellt ein Problem dar. Denn die Regenerationstemperatur (600 °C) für den Dieselpartikelfilter (Rußfilter) wird im Stadtverkehr nie erreicht. Deswegen muss man bei derartiger Fahrweise die Abgastemperatur künstlich durch eine Verschlechterung des Motorwirkungsgrades anheben, um gelegentlich den Dieselpartikelfilter regenerieren zu können.

Die folgenden Tab. 4.7 und 4.8 enthalten einige typische Zahlenwerte, die man durch Verwendung der oben hergeleiteten Gleichung und die Annahme von einigen

**Tab. 4.7**  Drei typische Betriebspunkte bei einem Saug-Ottomotor

|  | Nennleistung | max. M bei 2000/min | $p_e = 2$ bar bei 2000/min |  |
|---|---|---|---|---|
| $n$ | 6000 | 2000 | 2000 | 1/min |
| $p_e$ | 10 | 10 | 2 | bar |
| $p_r$ | 2 | 1,11 | 0,58 | bar |
| $c_{p,L}$ | 1007 | 1007 | 1007 | J/kg/K |
| $c_{p,A}$ | 1136 | 1136 | 1136 | J/kg/K |
| $H_U$ | 42000 | 42000 | 42000 | kJ/kg |
| $L_{min}$ | 14,5 | 14,5 | 14,5 |  |
| $\lambda$ | 1 | 1 | 1 |  |
| $\eta_e$ | 0,29 | 0,36 | 0,24 |  |
| $t_U$ | 20 | 20 | 20 | °C |
| $t_A$ | 1100 | 800 | 500 | °C |
| $b_e$ | 296 | 238 | 357 | g/kW/h |
| $\eta_i$ | 0,348 | 0,400 | 0,309 |  |
| $\eta_A$ | 0,453 | 0,327 | 0,201 |  |
| $\eta_W$ | 0,199 | 0,273 | 0,489 |  |

**Tab. 4.8**  Drei typische Betriebspunkte bei einem ATL-Dieselmotor

|  | Nennleistung | max. M bei 2000/min | $p_e = 2$ bar bei 2000/min |  |
|---|---|---|---|---|
| $n$ | 4000 | 2000 | 2000 | 1/min |
| $p_e$ | 16 | 22 | 2 | bar |
| $p_r$ | 2,5 | 1,98 | 0,94 | bar |
| $c_{p,L}$ | 1007 | 1007 | 1007 | J/kg/K |
| $c_{p,A}$ | 1136 | 1136 | 1136 | J/kg/K |
| $H_U$ | 42800 | 42800 | 42800 | kJ/kg |
| $L_{min}$ | 14,6 | 14,6 | 14,6 | |
| $\lambda$ | 1,4 | 1,2 | 4 | |
| $\eta_e$ | 0,37 | 0,41 | 0,29 | |
| $t_U$ | 20 | 20 | 20 | °C |
| $t_A$ | 800 | 700 | 300 | °C |
| $b_e$ | 227 | 205 | 290 | g/kWh |
| $\eta_i$ | 0,428 | 0,447 | 0,426 | |
| $\eta_A$ | 0,444 | 0,334 | 0,441 | |
| $\eta_W$ | 0,128 | 0,219 | 0,133 | |

Schätzwerten berechnen kann. Der Reibmitteldruck wird mit der Methode berechnet, die in Abschn. 4.12 vorgestellt wurde.

Wenn man die Abgastemperatur im Kennfeld eines Verbrennungsmotors bestimmen möchte und sie in drei Betriebspunkten kennt, dann kann man in erster Näherung einen linearen Ansatz aufstellen. Dieser besagt, dass die Abgastemperatur linear von der Drehzahl und linear vom effektiven Mitteldruck abhängt. Ein möglicher Ansatz ist:

$$t_A = t_0 + t_1 \cdot \frac{n}{n_0} + t_2 \cdot \frac{p_e}{p_{e,0}}$$

$n_0$ und $p_{e,0}$ sind die Drehzahl bzw. der effektive Mitteldruck im Nennleistungspunkt des Verbrennungsmotors. Die Parameter $t_0$, $t_1$ und $t_2$ werden so bestimmt, dass man mit der Gleichung die bekannten Temperaturen in den drei Betriebspunkten genau wiedergibt. Das führt letztlich zu einem linearen Gleichungssystem von drei Gleichungen mit drei Unbekannten, das man beispielsweise mit dem Gauß-Algorithmus (vergleiche [9]) lösen kann.

Die Temperaturen bei den beiden oben gezeigten Beispielen lassen sich durch folgende Gleichungen beschrieben:

Saug-Ottomotor:

$$t_A = 275\,°C + 450\,°C \cdot \frac{n}{n_0} + 375\,°C \cdot \frac{p_e}{p_{e,0}}$$

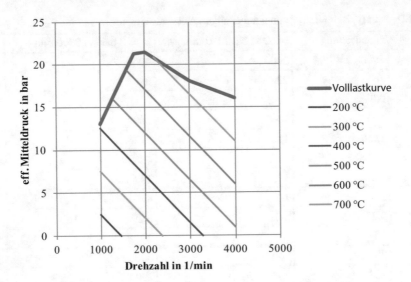

**Abb. 4.23**  So ähnlich sieht das typische Abgastemperaturkennfeld eines ATL-Dieselmotors aus

ATL-Dieselmotor:

$$t_A = 40\,°C + 440\,°C \cdot \frac{n}{n_0} + 320\,°C \cdot \frac{p_e}{p_{e,0}}$$

Wenn man diese Gleichung für den ATL-Dieselmotor in einem Kennfeld grafisch darstellt, dann ergibt sich ein typisches Bild (Abb. 4.23):

Hinweis: Die Abgastemperatur kann man sehr einfach beeinflussen, indem man
bei Ottomotoren den Zündzeitpunkt und bei Dieselmotoren den Einspritzzeitpunkt
elektronisch ändert. Insofern sollte man diese Methode der näherungsweisen linearen
Abhängigkeit der Abgastemperatur von der Drehzahl und dem effektiven Mitteldruck
nur dann verwenden, wenn sonst keine Werte über den Motor vorliegen.

---

**Zusammenfassung**

Die Abgastemperatur nimmt im Motorkennfeld mit der Drehzahl und mit dem
effektiven Mitteldruck zu. Da sie relativ einfach durch den Zündzeitpunkt (bei Ottomotoren) und durch den Einspritzzeitpunkt (bei Dieselmotoren) beeinflussbar ist,
sollte man die näherungsweise Methode dieses Abschnitts nur anwenden, wenn sonst
keine Werte über den Motor vorliegen. ◄

## 4.22 Kann man zur Leistungserhöhung eines Verbrennungsmotors nicht einfach das Zylinderhubvolumen entsprechend vergrößern?

---

**Der Leser/die Leserin lernt**

Bedeutung der mittleren Kolbengeschwindigkeit. ◄

Wenn man die Leistung eines Verbrennungsmotors beispielsweise verdoppeln möchte, dann könnte man auf die Idee kommen, einfach das Hubvolumen der Zylinder jeweils zu verdoppeln. Denn die effektive Motorleistung ergibt sich bekanntlich aus der Gleichung

$$P_e = i \cdot n \cdot p_e \cdot z \cdot V_h.$$

Leider ist das Problem nicht so einfach lösbar: Ein größeres Zylinderhubvolumen führt zu größeren Zylinderabmessungen. Der größere Kolbenhub führt dann bei gleich bleibender Drehzahl zu einer Erhöhung der mittleren Kolbengeschwindigkeit. Diese bestimmt aber die Lebensdauer. Deswegen würde eine einfache Vergrößerung der Motorabmessungen unter Beibehaltung der Drehzahl die Lebenserwartung des Motors reduzieren. Wenn man dann die Motordrehzahl verringert, um die mittlere Kolbengeschwindigkeit wieder auf einen akzeptablen Wert zu bringen (beispielsweise 20 m/s), dann sinkt die Motorleistung und die Motorabmessungen müssten weiter erhöht werden, um die gewünschte Leistung zu erreichen.

Hinter diesen Überlegung stehen die sogenannten Ähnlichkeitsgesetze, die hier nicht näher hergeleitet werden sollen, die aber zum Beispiel im Buch von Pischinger [18] nachgelesen werden können. Sie lauten:

Zwei Motoren 1 und 2 verhalten sich dann geometrisch und mechanisch ähnlich, wenn sie bezüglich dem Hub-Bohrung-Verhältnis $s/D$, der mittleren Kolbengeschwindigkeit $v_m$ und dem indiziertem Mitteldruck $p_i$ übereinstimmen.

Aus diesen Bedingungen lassen sich interessante Ergebnisse ableiten, indem man von den bisher bekannten Gleichungen ausgeht

$$P_e = i \cdot n \cdot p_e \cdot z \cdot V_h,$$

$$V_h = \frac{\pi}{4} \cdot D^2 \cdot s,$$

$$v_m = 2 \cdot s \cdot n$$

und sie entsprechend umformt:

$$P_e = i \cdot n \cdot p_e \cdot z \cdot V_h = i \cdot n \cdot p_e \cdot z \cdot \frac{\pi}{4} \cdot D^2 \cdot s = i \cdot n \cdot p_e \cdot z \cdot \frac{\pi}{4} \cdot \left(\frac{D}{s}\right)^2 \cdot s^3,$$

$$P_e = i \cdot n \cdot p_e \cdot z \cdot \frac{\pi}{4} \cdot \left(\frac{D}{s}\right)^2 \cdot \left(\frac{v_m}{2 \cdot n}\right)^3,$$

$$P_e = \frac{\pi}{32} \cdot i \cdot p_e \cdot z \cdot \left(\frac{D}{s}\right)^2 \cdot v_m^3 \cdot \frac{1}{n^2}.$$

Wenn man zwei unterschiedlich große, aber geometrisch und mechanisch ähnliche Motoren miteinander vergleicht, dann gilt:

$$P_e \sim \frac{1}{n^2}.$$

Wenn man also die Leistung eines Motors bei gleicher Zylinderzahl durch Hubraumvergrößerung steigern möchte, dann muss man die Motordrehzahl deutlich absenken. Große und leistungsstarke Motoren haben also immer kleine Maximaldrehzahlen. Umgekehrt kann man große Drehzahlen nur bei kleinen Zylinderleistungen realisieren. Weiterhin sieht man, dass eine kurzhubige Bauweise (kleines $s/D$) leistungssteigernd wirkt. Letztlich kann man die Motorleistung am besten steigern, wenn es gelingt, die mittlere Kolbengeschwindigkeit anzuheben, ohne dass dabei die Lebensdauer des Motors zurückgeht.

Ein weiteres Ergebnis ist:

$$\frac{P_e}{V_h} = i \cdot n \cdot p_e \cdot z = i \cdot \frac{v_m}{2 \cdot s} \cdot p_e \cdot z,$$

$$\frac{P_e}{V_h} \sim \frac{1}{s}.$$

Bei ähnlichen Motoren ist die Hubraumleistung umgekehrt proportional zu den Motorabmessungen und damit zur Motorgröße. Nur kleine Motoren können große Hubraumleistungen erreichen.

Für die auf die Leistung bezogene Motormasse gilt unter der Annahme, dass die Masse über die Dichte $\rho$ proportional zum Hubvolumen ist:

$$\frac{m}{P_e} = \frac{m}{i \cdot n \cdot p_e \cdot z \cdot V_h} = \frac{m}{i \cdot \frac{v_m}{2 \cdot s} \cdot p_e \cdot z \cdot V_h} \sim \frac{\rho \cdot V_H}{i \cdot \frac{v_m}{2 \cdot s} \cdot p_e \cdot z \cdot V_h},$$

$$\frac{m}{P_e} \sim s.$$

Die auf die Leistung bezogene Motormasse ist also proportional zu den Motorabmessungen: Große Motoren sind relativ schwerer als kleine Motoren.

### Zusammenfassung

Bei der Erhöhung der Motorleistung durch eine Vergrößerung der Motorabmessungen muss man darauf achten, dass die mittlere Kolbengeschwindigkeit nicht zu groß wird. Gegebenenfalls muss man die Drehzahl absenken, wodurch die Leistung aber wieder abfällt. ◄

## 4.23   Könnte man einen 3-Wege-Katalysator nicht elektrisch beheizen, damit er nach dem Kaltstart schneller auf Betriebstemperatur kommt?

---

**Der Leser/die Leserin lernt**

Den 3-Wege-Katalysator kann man nicht mit der 12-V-Batterie beheizen. ◄

Der 3-Wege-Katalysator des Ottomotors beseitigt die Abgaskomponenten CO, HC und NO$_x$ zu über 90 %, wenn er mit einem Luftverhältnis $\lambda = 1$ und mit einer Temperatur von über etwa 250 °C betrieben wird. Das bedeutet, dass der Katalysator in den ersten Minuten nach dem Kaltstart noch nicht richtig konvertiert. Fast die komplette Schadstoffmenge, die während des europäischen Fahrzyklus (vergleiche Abschn. 6.14) produziert wird, stammt aus den ersten Minuten.

Schon lange überlegt man deswegen, ob man den Katalysator nicht elektrisch beheizen könnte, um dieses Problem zu beseitigen. Die folgende Abschätzung zeigt, dass das mit den heutigen elektrischen Pkw Bordnetzen nicht geht. Ausgangspunkt ist ein 1,4 l Ottomotor, der bei einer Drehzahl von 2000/min und mit einem effektiven Mitteldruck von 2 bar betrieben wird. Es soll berechnet werden, welche elektrische Heizleistung notwendig ist, um die Temperatur des Abgasstroms um 100 K zu erhöhen.

Die Motorleistung im untersuchten Betriebspunkt ist (vergleiche Abschn. 3.4)

$$P_e = i \cdot n \cdot p_e \cdot V_H = 4{,}67\,\text{kW}.$$

Zunächst muss der Abgasmassenstrom berechnet werden. Er ist die Summe aus Luft- und Kraftstoffmassenstrom. Der Kraftstoffmassenstrom ergibt sich aus dem effektiven spezifischen Kraftstoffverbrauch in diesem Leistungspunkt, den man mit einem Wert von $b_e = 350\,\text{g/(kWh)}$ abschätzen kann (vergleiche die Kennfelder in den Abschn. 6.8, 6.9 und 6.11). Daraus ergibt sich

$$\dot{m}_B = b_e \cdot P_e = 1{,}63\,\text{kg/h}.$$

Der Luftmassenstrom ergibt sich bei einem stöchiometrischen Luftverhältnis zu

$$\dot{m}_L = L_{min} \cdot \dot{m}_B = 23{,}68\,\text{kg/h}.$$

Also muss ein Abgasmassenstrom von 25,32 kg/h aufgeheizt werden. Dafür wird gemäß dem 1. Hauptsatz der Thermodynamik eine Heizleistung von

$$\dot{Q} = \dot{m}_A \cdot c_{p,\,A} \cdot \Delta T = 0{,}799\,\text{kW}$$

benötigt. Diese Leistung muss vom Bordnetz aufgebracht werden. Der Zusammenhang zwischen der Spannung ($U_{el}$), dem Strom ($I_{el}$) und der Leistung ($P_{el}$) ist

$$P_{el} = U_{el} \cdot I_{el}.$$

An Bord der heutigen Pkw befindet sich eine 12-V-Batterie, die im Extremfall eine Dauerleistung von etwa 2000 W abgeben muss. Man sieht sofort, dass das einem Dauerstrom von fast 200 A entspricht. Laut den Pannenstatistiken des ADAC ist die Autobatterie das störanfälligste Bauteil im Pkw. Dieses kann man nicht mit einem zusätzlichen elektrischen Verbraucher in der oben berechneten Größenordnung von etwa 800 W belasten. Hinzu kommt, dass nicht nur der Abgasstrom kontinuierlich aufgeheizt werden müsste. Es müsste auch der Katalysator selbst auf seine Betriebstemperatur gebracht werden, wofür zusätzliche Heizenergie benötigt wird.

**Zusammenfassung**

Die üblichen 12-V-Batterien in Pkw sind zu schwach, um beispielsweise den 3-Wege-Katalysator oder den Rußfilter elektrisch zu beheizen. Auch die 24 Volt in Nutzfahrzeugen sind zu niedrig. Zurzeit werden aber erste Fahrzeuge mit einem 48-V-Bordnetz angeboten. Diese erhöhte Spannung kann viele elektrische Verbraucher ermöglichen, die mit dem bisherigen 12-V-Netz nicht realisiert werden können. ◄

## 4.24  Wie wählt man eine passende Einspritzdüse für einen Ottomotor aus?

**Der Leser/die Leserin lernt**

Auslegung der Einspritzdüsen für einen Ottomotor. ◄

Für einen 4-Zylinder-Ottomotor mit Benzindirekteinspritzung soll eine passende Einspritzdüse ausgewählt werden. Der Motor soll eine effektive Leistung von 100 kW haben. Zur Verfügung steht ein Einspritzsystem, das pro Einspritzdüse einen maximalen Kraftstoffvolumenstrom von 347 cm$^3$/min zur Verfügung stellen kann. (Die Hersteller von Einspritzdüsen charakterisieren ihre Produkte unter anderem durch die Angabe des maximalen Einspritzvolumens pro Minute.) Kann das Einspritzsystem für den Motor verwendet werden?

Zunächst muss man ausrechnen, welche maximale Einspritzmenge der Motor bei Nennleistung benötigt. Verbrauchskennfelder aktueller Ottomotoren geben im Nennleistungspunkt einen effektiven spezifischen Kraftstoffverbrauch von etwa be = 300 g/(kWh) an (vergleiche die Kennfelder in den Abschn. 6.8, 6.9 und 6.10). Das führt dann zu einem Kraftstoffmassenstrom $\dot{m}_B = 30$ kg/h. Aufgeteilt auf die vier Zylinder sind das 7,5 kg/h = 125 g/min pro Einspritzdüse. (Jeder Zylinder beim Benzindirekteinspritzer hat eine eigene Einspritzdüse.) Die heute üblichen Pkw-Ottomotoren haben eine maximale Drehzahl von 6000/min. Das sind 3000 Arbeitsspiele pro Minute. Die 125 g Kraftstoff, die jede Einspritzdüse in der Minute einspritzen muss, werden also auf 3000 Arbeitsspiele aufgeteilt. Pro Arbeitsspiel gibt das eine Kraftstoffmasse von 41,67 mg.

Beim Benzindirekteinspritzer steht nicht das komplette Arbeitsspiel für die Einspritzung zur Verfügung. Letztlich kann man mit der Einspritzung frühestens anfangen, wenn die Auslassventile geschlossen sind, also bei einem Kurbelwinkel von ca. 50° nach dem OT. Bis zum Kurbelwinkel des Zündzeitpunktes (beispielsweise 40° vor dem OT) muss die Einspritzung spätestens beendet sein. Es bleiben also von einer Kurbelwellenumdrehung (360°) nur ca. 270°, also ¾ für die Einspritzung übrig. Bei einer Drehzahl von 6000/min = 100/ s dauert eine Umdrehung 10 ms. ¾ davon sind 7,5 ms. Die Einspritzanlage muss also einen Kraftstoffmassenstrom von 41,67 /7,5 mg/ms = 5,56 g/s einspritzen können. Bei einer Kraftstoffdichte des Benzins von 0,76 g/cm$^3$ sind das 7,31 cm$^3$/s = 439 cm$^3$/min. Die oben genannte Einspritzdüse liefert aber einen maximalen Kraftstoffvolumenstrom von 347 cm$^3$/min, was für den untersuchten Motor zu wenig ist. Sie ist also nicht geeignet. Eine größere Einspritzdüse muss ausgewählt werden.

---

### Zusammenfassung

Die Einspritzdüsen eines Ottomotors werden so ausgewählt, dass sie auch bei maximaler Drehzahl und maximaler Leistung den benötigten Kraftstoff innerhalb der im Arbeitsspiel zur Verfügung stehenden Zeit einspritzen können. ◀

---

## 4.25 Wie ändern sich die Motorverluste im Kennfeld eines Verbrennungsmotors?

### Der Leser/die Leserin lernt

Umfangreiche Verlustanalyse. ◀

Im Abschn. 3.8 wurden Gleichungen hergeleitet, mit denen der effektive Mitteldruck eines Verbrennungsmotors aus den Kenngrößen effektiver Wirkungsgrad $\eta_e$, Umsetzungsgrad $\eta_U$, Luftaufwand $\lambda_a$ und Luftverhältnis $\lambda$ berechnet werden kann. Im Abschn. 4.7 und in Abb. 4.8 wurde eine einfache Verlustanalyse eines Verbrennungsmotors gezeigt. Mit diesen Kenntnissen kann nun untersucht werden, welche Verluste im Kennfeld eines Verbrennungsmotors auftreten. Grundlage für diese Untersuchungen sind thermodynamische Simulationen, die mit dem Programm GT-Power von Gamma Technologies Inc. (www.gtisoft.com) durchgeführt wurden. Zwei typische Kennlinien im Kennfeld eines Verbrennungsmotors wurden dabei berechnet: die Volllastlinie und eine Drehzahllinie bei einer konstanten Drehzahl von 2000/min. Der untersuchte Motor ist ein 4-Zylinder-Ottomotor mit Saugrohreinspritzung und einem Motorhubvolumen von 2 dm$^3$. Das Verdichtungsverhältnis beträgt 9,5, was für einen modernen Ottomotor relativ gering ist. Der Motor wird auf der Volllastlinie relativ fett betrieben, um den Motor thermisch zu entlasten und die Klopfgefahr zu verringern (vergleiche Abschn. 4.16).

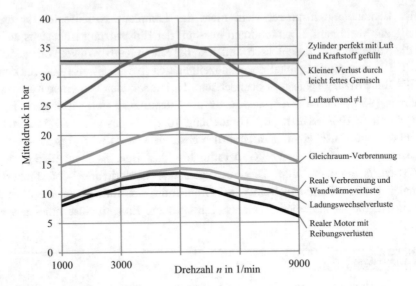

**Abb. 4.24** Verlustanalyse auf der Volllastkurve

(Hinweis für diejenigen, die eine GT-Power-Lizenz haben und das Beispiel nachrechnen wollen: Es wurde das Modell SI_4cyl_Basic der Programmversion 7.3 verwendet.)

Die Simulationsergebnisse auf der Volllastkurve sind in der zum Kapitel gehörenden Excel-Datei zu finden. Abb. 4.24 visualisiert die Ergebnisse.

Die waagerechte, rote Linie bei einem Mitteldruck von 32,7 bar bedeutet, dass der Ottokraftstoff so viel Energie enthält, dass es einem Mitteldruck von 32,7 bar entspricht. Voraussetzung hierfür ist, dass die Zylinder perfekt mit Luft befüllt sind, der Luftaufwand also 100 % beträgt. Die gelbe Linie leicht unterhalb dieser Linie drückt aus, dass aber nur ein Mitteldruck von etwa 32,3 bar erreicht werden könnte, weil der Motor leicht fett betrieben wird.

Wie schon mehrfach in diesem Buch erklärt wurde, benötigt der Kraftstoff eine entsprechende Luftmenge, um verbrannt zu werden. Die Druckdynamik (vergleiche Abschn. 3.9) dieses Motors führt dazu, dass der Ladungswechsel (Luftaufwand) bei einer Drehzahl von 5000/min am besten ist. Bei kleineren und größeren Drehzahlen wird der Ladungswechsel deutlich schlechter und es befindet sich weniger Luft im Zylinder. Deswegen kann dann auch nicht so viel Kraftstoff verbrannt werden und der maximal mögliche Mitteldruck fällt ab. Die nächste Linie (blau) drückt aus, dass die im Kraftstoff enthaltene Energie einem Mitteldruck zwischen etwa 25 bar und 35 bar entspricht. In der Nähe der Drehzahl von 5000/min ist der Luftaufwand durch dynamische Effekte im Saugrohr sogar größer als 100 %.

Die Thermodynamik (Gleichraum-Verbrennung, vergleiche Abschn. 4.2) sagt, dass die im Kraftstoff enthaltene Energie nicht vollständig in mechanische Arbeit umgewandelt werden kann. Die nächst tiefere Linie (dunkelgrün) berücksichtigt das und zeigt, welcher Mitteldruck (zwischen 15 bar und 21 bar) bestenfalls mit der zur Verfügung stehenden Luft und dem zugehörenden Kraftstoff vom Motor abgegeben werden kann. In der Realität gibt der Motor aber nur einen effektiven Mitteldruck zwischen 6 bar und 12 bar ab, weil die Verbrennung nicht ideal verläuft und weil Wärmeverluste, Ladungswechselverluste und Reibungsverluste hinzukommen. Man kann in dem Bild deutlich sehen, dass mit zunehmender Drehzahl sowohl die Reibungsverluste (0,8 bar … 2,9 bar) als auch die Ladungswechselverluste (bis zu 1,6 bar) zunehmen. Wegen dieser starken Zunahme der Verluste ist es nicht sinnvoll, diesen Motor bei Drehzahlen oberhalb von etwa 6000/min zu betreiben.

Die mit der Drehzahl zunehmenden Verluste durch Reibung und Ladungswechsel lassen sich auch gut in Abb. 4.25 erkennen. Hier sind der innere Mitteldruck und der innere Mitteldruck in der Hochdruckphase relativ zum effektiven Mitteldruck dargestellt.

Während bei der Drehzahl von 1000/min diese Verluste zusammen nur etwa 10 % des effektiven Mitteldruckes betragen, summieren sie sich bei der großen Drehzahl von 9000/min auf zusammen fast 80 % auf. Das bedeutet dann auch, dass bei dieser Drehzahl der Kraftstoffverbrauch durch Reibung und Ladungswechsel fast verdoppelt werden würde.

Abb. 4.26 und 4.27 zeigen in analoger Weise die Ergebnisse für eine Lastvariation bei einer Drehzahl von 2000/min.

Deutlich kann man erkennen, wie die Drosselklappe den Luftmassenstrom reduziert und der Motor deswegen keinen großen Mitteldruck mehr bereitstellen kann. (Aber das soll er ja im Teillastgebiet auch nicht.) Interessant ist auch hier die Betrachtung der Reibungs- und Ladungswechselverluste (Abb. 4.27). Die Reibungsverluste sind

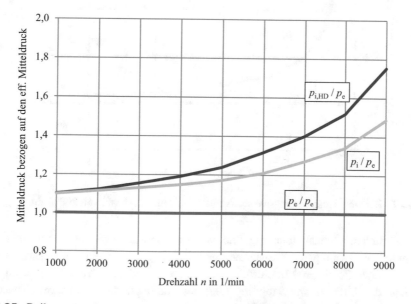

**Abb. 4.25**  Reibungs- und Ladungswechselverluste auf der Volllastlinie

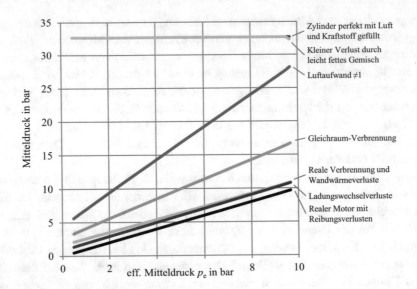

**Abb. 4.26**  Verlustanalyse bei einer Drehzahl von 2000/min

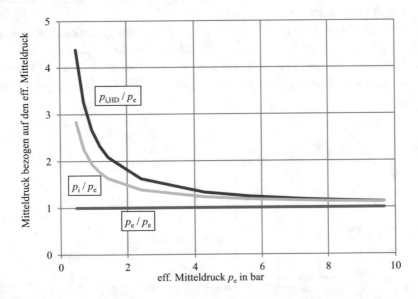

**Abb. 4.27**  Reibungs- und Ladungswechselverluste bei einer Drehzahl von 2000/min

im Wesentlichen drehzahlabhängig und ändern sich deswegen bei konstanter Drehzahl kaum. Die Ladungswechselverluste nehmen aber mit abnehmender Last (also mit abnehmendem effektivem Mitteldruck) deutlich zu, weil die Drosselklappe zu einem Absenken des Druckes im Saugrohr führt und dadurch die Ladungswechselschleife größer wird (vergleiche Abschn. 4.8).

Insbesondere bei kleinen effektiven Mitteldrücken nehmen die Ladungswechselverluste deutlich zu und die Reibungsverluste spielen (relativ gesehen) eine immer größere Rolle. Bei einem effektiven Mitteldruck von 1 bar betragen die Verluste mehr als das 2,5-fache. Entsprechend groß sind dann natürlich auch die Kraftstoffverbräuche.

**Zusammenfassung**

Zusammenfassend kann man feststellen: Der Ottomotor hat zwei Problembereiche mit großen Verlusten: Volllast bei großen Drehzahlen und Teillast mit weitgehend geschlossener Drosselklappe. Während die Volllastprobleme nicht so schwerwiegend sind, weil man fast nie bei Vollgas fahren kann oder möchte, sind die Probleme bei Teillast wesentlich. Deswegen versuchen die Hersteller von Ottomotoren, das Problem der Reibung durch spezielle reibungsminimierende Maßnahmen zu bekämpfen. Das Problem der Drosselklappe kann man beispielsweise durch Benzindirekteinspritzung mit Ladungsschichtung (also Entdrosselung durch Luftüberschuss, vergl. Abschn. 2.4 und 3.9), vollvariable Ventile (Abschn. 4.11) oder Zylinder abschaltung verringern. ◄

## 4.26   Welche Rückschlüsse kann man aus dem Druck im Innern der Motorzylinder (Zylinderdruckindizierung) über das Motorverhalten ziehen?

**Der Leser/die Leserin lernt**

Messmethode „Zylinderdruckindizierung". ◄

Eine moderne Messtechnik, die bei der Motorenentwicklung auf dem Prüfstand immer angewendet wird und die auch schon bei ersten Serienmotoren im Betrieb eingesetzt wird, ist die Zylinderdruckindizierung. Darunter versteht man die Messung des Druckes in einem oder allen Zylindern eines Verbrennungsmotors in Abhängigkeit von der Zeit. Dazu verwendet man einen Quarzdruckaufnehmer, der im Zylinderkopf weitgehend brennraumbündig eingebaut wird. Dieser Drucksensor gibt eine Ladung ab, die sich mit dem Druck im Innern des Zylinders ändert. Die Ladung wird in einem Ladungsverstärker in eine Spannung umgewandelt. Diese kann dann mit einem Oszilloskop in Abhängigkeit von der Zeit dargestellt werden.

Das Zylinderdrucksignal kann man besonders effizient auswerten, wenn man gleichzeitig auch die Position des Kolbens in Abhängigkeit von der Zeit kennt. Dazu misst man mit einer auf der Kurbelwelle befestigten Zahnscheibe die Position der Kurbelwelle, den sogenannten Kurbelwinkel. Aus diesem kann über die Geometrie des Zylinders die Position des Kolbens berechnet werden (vergleiche Abschn. 5.1).

Beide Messungen haben typische Probleme. Das Drucksignal wird mit den heute eingesetzten Drucksensoren nur als Relativdruck gemessen. Die absolute Lage des Druckes muss mit einer geeigneten Methode im Nachhinein festgelegt werden. Zudem kann es während der Verbrennung durch die hohen Temperaturen zu einer thermischen Verformung des Druckaufnehmers kommen, was die Druckmessung verfälscht.

Auch das Kurbelwellensignal ist eine Relativmessung. Die absolute Lage der Kurbelwelle wird ermittelt, indem man auf der Zahnscheibe einen oder zwei Zähne weglässt. Wenn die große Zahnlücke am Sensor vorbeikommt, kennt man die Lage der Kurbelwelle absolut genau. Allerdings muss man zuvor ermitteln, an welcher Stelle die Zahnlücke sitzt. Dazu dreht man beispielsweise auf dem Prüfstand die Kurbelwelle von Hand so weit, bis sich der Kolben in einem Zylinder genau in seinem oberen Totpunkt befindet. Den dazugehörenden Kurbelwinkel misst man auf der Zahnscheibe ab und kennt so die genaue Lage der Kurbelwelle. Weil die genaue Ermittlung der OT-Lage eines Kolbens auch fehlerbehaftet ist, kann man diese Lage im Nachhinein im Rahmen einer thermodynamischen Auswertung (OT-Ermittlung) noch geringfügig ändern (vergleiche Abschn. 4.27).

In der zum Kapitel gehörenden Excel-Tabelle ist eine Zylinderdruckauswertung durchgeführt. Es handelt sich beim untersuchten Motor um einen älteren 2,5-l-Turbodieselmotor von Iveco. Als Betriebspunkte werden zwei Lasten (Volllast mit 221 Nm und Teillast mit 150 Nm) bei einer Drehzahl von 2500/min analysiert. Die Spalte C enthält die Eingabedaten, die für die Auswertung benötigt werden. Die Spalten E und F enthalten den gemessenen Kurbelwinkel und den gemessenen Zylinderdruck. Die Spalten G und H enthalten die mit einer additiven Größe korrigierten Werte. Üblicherweise beginnt man mit der Zylinderdruckauswertung beim Kurbelwinkel „Einlass schließt". Die Zelle C22 ermittelt aus den Ventilsteuerzeiten die Zeile, in der dieser Kurbelwinkel vorliegt. Die Spalten L und M enthalten dann den Kurbelwinkel und den Druckverlauf in einer so verschobenen Variante, dass der erste Wert der bei „Einlass schließt" ist. In Spalte N wird die Position des Kolbens ermittelt. Spalte O enthält dann das aktuelle Zylindervolumen.

Wenn man den Druck (Spalte M) über dem Zylindervolumen (Spalte O) aufträgt, erhält man das sogenannte $p$-$V$-Diagramm des Motors (Abb. 4.28). Zusätzlich ist die Ladungswechselschleife vergrößert dargestellt.

Aus diesem Diagramm kann man den maximalen Druck (den Verbrennungshöchstdruck$p_{max}$) ablesen, der bei dem untersuchten Betriebspunkt kurz nach dem oberen Totpunkt auftritt (124 bar). Wenn man den Druck in allen Zylindern eines Motors misst, dann kann man aus Unterschieden im Verbrennungshöchstdruck auf Unterschiede in den Zylindern schließen. Weil man möchte, dass alle Zylinder eines Motors gleich arbeiten, kann man so die Notwendigkeit einer Verbesserung des Motors feststellen.

Wenn man insbesondere die Ladungswechselschleife genauer anschaut, dann erkennt man, dass das Drucksignal relativ verwackelt ist. Das hat mehrere Gründe. Zum einen spielt die Genauigkeit der digitalen Messung gerade bei kleinen Drücken eine große Rolle. Wenn eine nur begrenzte Genauigkeit an signifikanten Stellen bekannt ist, dann kann eben das Drucksignal nicht beliebig genau aufgelöst werden. Zum anderen treten

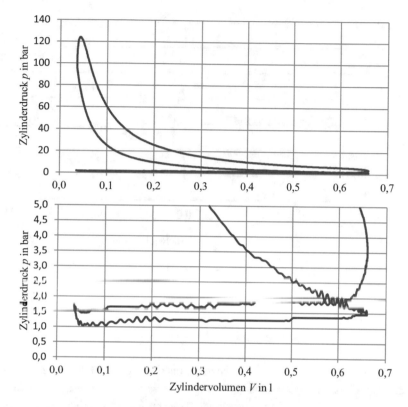

**Abb. 4.28**   *p-V*-Diagramme des untersuchten Iveco-Turbodieselmotors

im Zylinder häufig Druckschwingungen auf, die durch die Verbrennung oder durch das Aufsetzen der Ventile ausgelöst werden. Diese Schwingungen klingen dann im Laufe der Zeit ab. Ein dritter Grund für Druckschwingungen ist, dass der Drucksensor manchmal nicht brennraumbündig eingebaut werden kann. Wenn er dann eine zurückversetzte Position einnimmt, entstehen sogenannte „Pfeifenschwingungen" in dem Druckkanal zwischen Brennraumwand und Drucksensor.

Diese genannten Druckschwingungen stören die grafische Darstellung besonders dann, wenn die Druckänderung (Ableitung des Druckes nach dem Kurbelwinkel) betrachtet werden soll. Abb. 4.29 zeigt die Ableitung des Druckverlaufs nach dem Kurbelwinkel mit den unveränderten Messwerten. Man erkennt das sehr unruhige Signal, das durch die numerische Ableitung des Messsignals entsteht.

Zur Analyse des Druckverlaufs wird dieser deswegen gerne gefiltert oder geglättet. In der zum Buch gehörenden Excel-Datei ist die Methode der 3-Punkte-Glättung programmiert. Darunter versteht man die Rechenvorschrift, dass man einen gleitenden Mittelwert bildet, indem man den Messwert an einem bestimmten Kurbelwinkel durch den arithmetischen Mittelwert des Wertes und seiner beiden Nachbarwerte ersetzt:

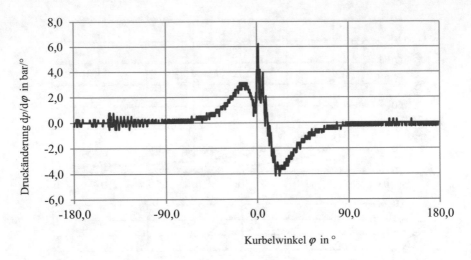

**Abb. 4.29**  Druckänderung bei dem unveränderten Druckverlauf

$$y_{i,\text{neu}} = \frac{y_{i-1} + y_i + y_{i+1}}{3}.$$

Die Prozedur wendet man mehrmals so lange an, bis das Signal „glatt genug" ist. Abb. 4.30 zeigt die Druckänderung nach einer 10-maligen Anwendung der 3-Punkte-Glättung auf das Messsignal. Man kann deutlich erkennen, dass das Signal deutlich weniger oszilliert. Gleichzeitig geht aber auch Dynamik verloren. So kann man dem ungeglätteten Druck-verlauf eine maximale Druckänderung von etwa 6 bar/° entnehmen, während das bei

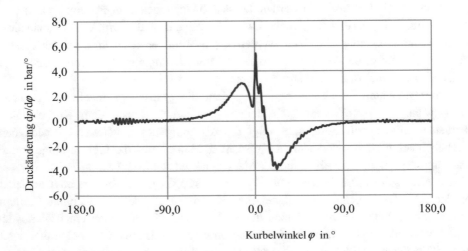

**Abb. 4.30**  Druckänderung nach der 10-fachen Glättung des Druckverlaufs

geglätteten Signal nur noch etwa 5,5 bar/° sind. Im Diagramm ist sehr schön der Verbrennungsbeginn kurz vor dem oberen Totpunkt zu erkennen. Die Excel-Datei ermöglicht
es, den Druckverlauf bis zu 50-mal zu glätten. Dazu wird in der Zelle C56 angegeben, wie
oft geglättet werden soll (0 … 50). In den Spalten Z bis BW werden die Glättungen vorgenommen. Aus diesen 50 Glättungen werden in Spalte H die Daten verwendet, die zur
gewünschten Zahl von Glättungen gehört.

Aus der Zylinderdruckindizierung kann man aber noch weitere interessante
Informationen gewinnen. Der im Abschn. 4.7 eingeführte indizierte Mitteldruck ergibt
sich aus dem Integral

$$p_i = \frac{1}{V_h} \oint p \cdot dV.$$

Dieses Integral kann aus dem gemessenen Zylinderdruck und dem aus dem Kurbelwinkel bestimmten Zylindervolumen berechnet werden.

Excel kann leider nicht integrieren. Näherungsweise lässt sich $p_i$ aber aus der
folgenden Gleichung bestimmen:

$$p_i = \frac{1}{V_h} \oint p \cdot dV \approx \frac{1}{V_h} \sum_k p_k \cdot \Delta V_k.$$

Die Spalte P der Excel-Tabelle berechnet die jeweiligen Werte

$$p_k \cdot \Delta V_k$$

und in der Zelle C61 ist der indizierte Mitteldruck von 13,27 bar zu finden. Aus dem
auf dem Prüfstand ermittelten effektiven Mitteldruck von 11,11 bar ergibt sich dann ein
Reibmitteldruck von 2,16 bar.

Die Zylinderdruckmesstechnik ermöglicht es also, die Reibungsverluste eines Verbrennungsmotors zu bestimmen. Dies ist allerdings eine sehr problematische Vorgehensweise. Bereits kleine Fehler im indizierten Mitteldruck führen zu großen Fehlern im
Reibmitteldruck. Wenn man beispielsweise eine Kurbelwinkelungenauigkeit von 0,5
°KW annimmt (Zelle C55), so ändert sich der indizierte Mitteldruck um 0,53 bar auf
13,80 bar und der Reibmitteldruck auf 2,69 bar (Änderung um 25 %.)

**Nachgefragt: Wie kann man den Druck im Innern eines Zylinders messen?**
Der Druckverlauf im Inneren des Zylinders ist eine wichtige Information über den
Betriebszustand des Motors. Aus dem Druckverlauf kann man die innere Arbeit
des Zylinders, die Luftmasse, den Brennverlauf, den Verbrennungshöchstdruck
und viele andere Informationen gewinnen. Den Druck misst man (Zylinderdruckindizierung), indem man im Zylinderkopf in einer separaten Bohrung einen
Drucksensor einbaut und den Druck zeitlich hoch aufgelöst (beispielsweise alle
0,5 °KW) misst. Gleichzeitig misst man mit einem Drehwinkelsensor die Position
der Kurbelwelle und damit den Kurbelwinkel. Der Drucksensor muss die hohen

Brennraumdrücke und -temperaturen aushalten können. Beim Ottomotor verwendet man gerne einen Zündkerzenadapter, bei dem der Drucksensor in die Zündkerze integriert ist. Auf diese Weise kann man auf eine zusätzliche Bohrung im Zylinderkopf verzichten.

Diese Zylinderdruckmesstechnik ist recht genau, aber auch sehr teuer. Sie wird bei Entwicklungsmotoren auf dem Prüfstand eingesetzt, kostet mehrere tausend Euro pro Zylinder und ist nicht serientauglich. Schon lange wünschen sich die Motoreningenieure eine preisgünstige Messtechnik, die auch bei Serienmotoren eingesetzt werden kann. Dann könnte man den Motor genauer einstellen, die Laufruhe erhöhen sowie den Kraftstoffverbrauch und die Schadstoffemissionen verringern.

Um das Jahr 2010 gingen die ersten Dieselmotoren in Serie, die einen neuartigen Zylinderdrucksensor verwenden (Abb. 4.31). Dieser ist im Glühstift integriert und erfordert deswegen keine zusätzliche Bohrung im Zylinderkopf. Der Sensor ist nicht brennraumbündig eingebaut, sondern relativ weit zurück versetzt. Dadurch ist er nicht den hohen Verbrennungstemperaturen ausgesetzt.

**Abb. 4.31**  Glühkerze mit Drucksensor von Beru [23]

Der indizierte Mitteldruck gibt sehr gute Hinweise darauf, ob die einzelnen Zylinder eines Mehrzylindermotors gleichmäßig arbeiten. Möglich Ursachen für Unterschiede zwischen den Zylindern können unterschiedliche Luftzuteilungen durch Druckschwingungen im Saugrohr oder ungleichmäßige Einspritzmengen oder Unterschiede im Zündzeitpunkt bzw. Einspritzzeitpunkt sein. ◀

## 4.27   Wie kann man aus dem Druck im Innern eines Zylinders auf die Verbrennung schließen (Druckverlaufsanalyse)?

**Der Leser/die Leserin lernt**

Herleitung  und Erklärung der Methode „Druckverlaufsanalyse". ◀

Neben dem Verbrennungshöchstdruck und dem indizierten Mitteldruck kann man aus der Zylinderdruckmessung auch die Verbrennung ermitteln. Hierzu muss der gemessene Druckverlauf thermodynamisch ausgewertet werden. Die Vorgehensweise nennt man „Druckverlaufsanalyse (DVA)". Im Folgenden wird die DVA sehr einfach dargestellt. In der Motorenentwicklung beschreibt man die einzelnen Teilmodelle etwas komplizierter und damit genauer. Für das vorliegende Buch reicht aber die einfache Vorgehensweise, um die Grundprinzipien zu erklären.

Im Abschn. 4.2 wurde der 1. Hauptsatz der Thermodynamik erwähnt. Dieser besagt, dass sich die Energie im Innern eines Systems nur ändern kann, wenn über die Systemgrenze Energie in Form von Wärme oder Arbeit zu- oder abgeführt wird. Das Innere eines Zylinders kann als thermodynamisches System betrachtet werden. Solange die Ventile geschlossenen sind, bleibt die Masse im Innern des Zylinders konstant, die differenziellen Änderungen $dm_E$ und $dm_A$ sind also gleich null (Abb. 4.32).

Der 1. Hauptsatz der Thermodynamik besagt dann:

$$dW_V + dQ_W + dQ_B = dU.$$

Die innere Energie $dU$ ändert sich also nur,

- wenn sich der Kolben bewegt und damit durch die Volumenänderung eine Volumenänderungsarbeit $dW_V$ ausgetauscht wird,
- wenn über die Zylinderwände Wärme $dQ_W$ ausgetauscht wird,
- wenn durch die Verbrennung Wärme $dQ_B$ freigesetzt wird.

Die Verbrennung von Kraftstoff wird bei dieser einfachen Betrachtungsweise als eine „innere Heizung", also als eine innere Wärmezufuhr angesehen. Dabei wird die Masse des Kraftstoffes zunächst vernachlässigt.

Die Gleichung für die Volumenänderungsarbeit lautet wie schon im Abschn. 4.7:

$$dW_V = -p \cdot dV.$$

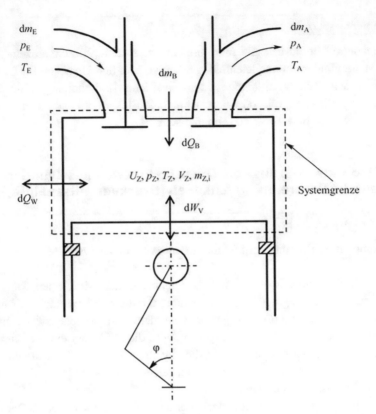

**Abb. 4.32**  Thermodynamisches System „Zylinder"

Dabei wird der Druck $p$ durch die Zylinderdruckindizierung gemessen. Das Volumen V wird aus der Geometrie des Kurbeltriebs in Abhängigkeit vom Kurbelwinkel berechnet.

Die Wandwärmeverluste werden nach dem Newtonschen Ansatz berechnet:

$$\dot{Q}_W = \alpha \cdot A \cdot (T_Z - T_{Wand}).$$

Dabei ist $A$ die Wärme übertragende Fläche (Zylinderkopffläche + Kolbenboden-fläche + momentan frei gegebene Fläche der Laufbuchse). $T_Z$ ist die Temperatur des Gases im Zylinder. $T_{Wand}$ ist die Temperatur der Brennraumwand. In der Praxis werden meistens unterschiedliche Temperaturen für Zylinderkopf, Kolbenboden und Lauf-buchse verwendet. In der vorliegenden Arbeit wird aus Gründen der Vereinfachung eine konstante Temperatur für alle Wände angenommen.

Für den Wärmeübergangskoeffizienten $\alpha$ gibt es in der Literatur sehr viele ver-schiedene Gleichungen. Die bekannteste stammt von Woschni [24]. Im vorliegenden Buch wird die sehr einfache Gleichung von Hohenberg verwendet:

$$\alpha = 130 \cdot V^{-0,06} \cdot p^{0,8} \cdot T^{-0,4} \cdot (v_m + 1,4)^{0,8}.$$

Diese Gleichung wurde dem Buch von Pischinger [24] entnommen. Diese Zahlenwert-Gleichung ist sehr problematisch. Denn es wird nicht angegeben, in welchen Einheiten die physikalischen Größen eingesetzt werden müssen[9]. Der Autor hat „experimentiert", welche Einheiten zu sinnvollen Ergebnissen führen. Das führt dann zu folgender Gleichung:

$$\frac{\alpha}{\frac{\mathrm{W}}{\mathrm{m}^2\mathrm{K}}} = 130 \cdot \left(\frac{V}{\mathrm{dm}^3}\right)^{-0,06} \cdot \left(\frac{p}{\mathrm{bar}}\right)^{0,8} \cdot \left(\frac{T}{\mathrm{K}}\right)^{-0,4} \cdot \left(\frac{v_\mathrm{m}}{\frac{\mathrm{m}}{\mathrm{s}}} + 1,4\right)^{0,8}.$$

Die Notation dieser Gleichung mag für viele Leser/Leserinnen ungewohnt sein. Sie entspricht aber der SI-Norm, ist mathematisch exakt und enthält alle Einheiten. An dieser Gleichung erkennt man übrigens sehr schön, warum man physikalische Größen kursiv und Einheiten nicht-kursiv schreiben sollte.

$V$ ist das aktuelle Zylindervolumen, $p$ der aktuelle Zylinderdruck, $T$ die aktuelle Temperatur des Gases im Zylinder und $v_\mathrm{m}$ die mittlere Kolbengeschwindigkeit.

Die Gastemperatur wird mit der thermischen Zustandsgleichung für ideale Gase berechnet, wobei man vereinfachend davon ausgeht, dass sich im Zylinder nur Luft befindet mit der Gaskonstanten $R = 287$ J/(kgK):

$$p \cdot V = m \cdot R \cdot T.$$

Die innere Energie des Gases im Zylinder wird gemäß der kalorischen Zustandsgleichung für ideale Gase berechnet:

$$\mathrm{d}U = \mathrm{d}(m \cdot c_\mathrm{v} \cdot T).$$

Zusammenfassend kann man feststellen: Aus der Zylinderdruckindizierung ist $p$ als Funktion des Kurbelwinkels bekannt. Wenn man die Masse $m$ der Luft im Zylinder kennt und auch die Wandtemperaturen abschätzt[10], dann kann man mit den eben genannten physikalischen Modellen die Volumenänderungsarbeit, die Wandwärmeverluste und die innere Energie berechnen und dann aus dem 1. Hauptsatz die durch Verbrennung freigesetzte Energie berechnen. In vielen Büchern heißt die pro Kurbelwinkel freigesetzte Verbrennungsenergie „Brennverlauf" und das Integral „Summenbrennverlauf":

---

[9]Der Autor hat viele Bücher angeschaut, um Hinweise auf die in den Gleichungen für den Wärmeübergangskoeffizienten verwendeten Einheiten zu finden. Leider werden diese Einheiten in fast keinem Buch angegeben …

[10]Es ist nicht einfach, die Wandtemperaturen genau zu ermitteln. Eine gute Schätzung geht folgendermaßen: Im betriebswarmen Zustand sind die Wandtemperaturen auf jeden Fall höher als die Kühlmitteltemperaturen (Kühlwasser und Schmieröl) in Höhe von etwa 100 °C. Bei Volllast kann man eine Kolbentemperatur von 200 °C, eine Zylinderkopftemperatur von 400 °C und eine Laufbuchsentemperatur von 150 °C schätzen. Im Teillastgebiet liegen die Bauteiltemperaturen dann zwischen diesen maximalen Temperaturen und den Kühlmitteltemperaturen.

$$\text{Brennverlauf:} \quad \frac{dQ_B(\varphi)}{d\varphi},$$

$$\text{Summenbrennverlauf:} \quad Q_B(\varphi) = \int \frac{dQ_B(\varphi)}{d\varphi} \cdot d\varphi.$$

Manche Autoren bezeichnen aber auch den „Summenbrennverlauf" als „Brennverlauf".

In der Praxis geht man so vor, dass man auf dem Prüfstand einen Betriebspunkt einstellt und den Zylinderdruck, die Drehzahl, das Drehmoment und auch den Luft- und Kraftstoffmassenstrom misst. Aus dem Luftmassenstrom kann man unter Verwendung eines geschätzten Liefergrades die Luftmasse im Zylinder abschätzen.

In der Excel-Tabelle ist eine Druckverlaufsanalyse programmiert. Die ersten Spalten wurden im Abschn. 4.26 erklärt. Die folgenden Spalten bedeuten:

Q    mit der thermischen Zustandsgleichung berechnete Gastemperatur,
R    mit der kalorischen Zustandsgleichung berechnete Änderung der inneren Energie,
S    aktuelle Wandfläche,
T    Wärmeübergangskoeffizient,
U    Wandwärmeverlust,
V    durch Verbrennung freigesetzte Energie,
W    Brennverlauf,
X    Summenbrennverlauf.

Das Ergebnis der Druckverlaufsanalyse (Volllast des Iveco-Dieselmotors bei 2500/min) zeigt die Abb. 4.33. Der Druckverlauf wurde hierfür 50-mal geglättet. An der Stelle 1 (Einlass schließt) beginnt die Druckverlaufsanalyse. Die Schwingungen sind auf Druckschwingungen (Schallwellen) im Brennraum zurückzuführen, die wahrscheinlich durch das Aufsetzen des Einlassventils verursacht werden und langsam ausklingen. Der negative Brennverlauf im Bereich 2 ist nicht eindeutig zu erklären. Manche Autoren führen es auf die Verdampfung des eingespritzten Dieselkraftstoffes zurück. Andere Autoren erklären es damit, dass wohl das physikalische Modell für den Wärmeübergang in OT-Nähe nicht gut mit der Realität übereinstimmt. An der Stelle 3 beginnt dann die Verbrennung, was man an der starken Zunahme des Brennverlaufs erkennt.

An der Stelle 4 erkennt man den Übergang von der ersten Verbrennungsphase (Premixed-Verbrennung) zur zweiten Verbrennungsphase (Diffusions-Verbrennung). Das ist typisch für direkt einspritzende Dieselmotoren. An der Stelle 5 endet die Druckverlaufsanalyse mit dem Öffnen des Auslassventils.

Abb. 4.34 zeigt den Brennverlauf des Ivecomotors bei einer Drehzahl von 2500/min und einem Drehmoment von 150 Nm (Teillastgebiet). Man kann deutlich erkennen, dass Dieselmotoren im Teillastgebiet eine ausgeprägtere Premixed-Spitze haben. Der zweite Teil der Verbrennung spielt eine untergeordnete Rolle.

Genau genommen ist eigentlich nicht die Premixed-Spitze ausgeprägter, sondern die Diffusions-Phase fehlt weitgehend. Das kann man folgendermaßen erklären: Beim Dieselmotor „weiß" die Verbrennung zu Beginn der Einspritzung noch nicht, ob es sich

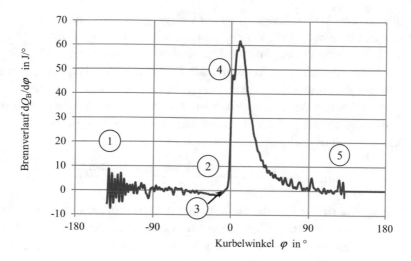

**Abb. 4.33**   Brennverlauf des direkt einspritzenden Dieselmotors von Iveco bei Volllast

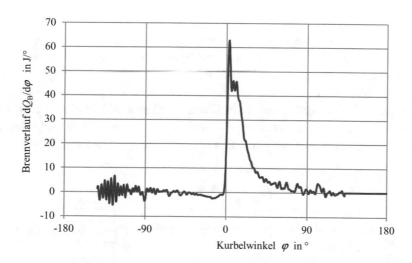

**Abb. 4.34**   Brennverlauf des Iveco-Motors im Teillastgebiet

um einen Volllastpunkt mit großer Einspritzmenge oder um einen Schwachlastpunkt mit kleiner Einspritzmenge handelt. Die Verbrennung beginnt dieselmotorentypisch mit der heftigen Premixed-Verbrennung. In dieser Phase wird vor allem der Kraftstoff verbrannt, der in der Zündverzugsphase, also zwischen Einspritzbeginn und Verbrennungsbeginn in den Brennraum eingespritzt wurde. Kraftstoff, der nach dem Verbrennungsbeginn eingespritzt wird, verbrennt in der zweiten Phase „sanft", weil die Temperatur im Brennraum schon hoch ist. Die Diffusionsphase ist umso ausgeprägter, je länger und je mehr

Kraftstoff nach dem Verbrennungsbeginn noch eingespritzt wird. Im Schwachlastgebiet eines Dieselmotor endet die Einspritzung teilweise schon vor dem Verbrennungsbeginn.

Bei der DVA wurde die am Prüfstand gemessene Kraftstoffmenge nicht verwendet. Deswegen kann man sie zur Kontrolle der Druckverlaufsanalyse verwenden. Der Summenbrennverlauf beschreibt, welche Energie bei der Verbrennung freigesetzt wurde. Diese sollte der Energie des eingespritzten Kraftstoffes entsprechen. Aus der Masse des eingespritzten Kraftstoffes und dem Heizwert kann man diese Energie berechnen. In der Excel-Tabelle enthält die Zelle C65 die Energiebilanz$\eta_{DVA}$:

$$\eta_{DVA} = \frac{Q_B}{m_B \cdot H_U} = \frac{\text{in der DVA gefundene Energie}}{\text{Energie des Kraftstoffes}}.$$

Bei der durchgeführten Analyse des Volllastpunktes ergibt sich ein Wert von 95,3 %, was angesichts der verwendeten einfachen physikalischen Teilmodelle nicht überbewertet werden darf. Üblicherweise akzeptiert man bei der DVA Energiebilanzwerte zwischen 95 % und 105 %. Alle Ungenauigkeiten in der Messkette und in den physikalischen Modellen äußern sich in Werten der Energiebilanz, die sich von 100 % unterscheiden.

Abb. 4.35 zeigt den integrierten Brennverlauf (Summenbrennverlauf) des Volllast-punktes des Ivecomotors. Durch die Integration werden die Druckschwingungen, die im Brennverlauf deutlich zu sehen sind, weitgehend beseitigt. Man erkennt den typischen s-förmigen Verlauf natürlicher Prozesse. Er beschreibt, welche Kraftstoffenergie zu einem bestimmten Kurbelwinkel durch die Verbrennung bereits freigesetzt wurde. Weniger erfreulich ist, dass in der Kompressionsphase, in der keine Verbrennung statt-findet, trotzdem Energie gefunden wurde. Dieses Problem wird im Folgenden behandelt.

Im Abschn. 4.27 wurde erwähnt, dass bei der Zylinderdruckmessung der Druck nur als Relativdruck gemessen wird. Das absolute Niveau muss irgendwie festgelegt

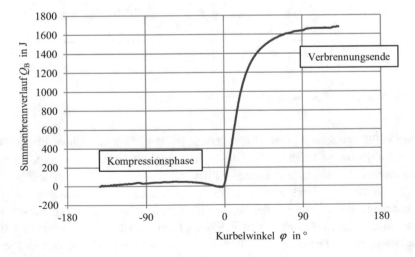

**Abb. 4.35**  Summenbrennverlauf des Ivecomotors bei Volllast

werden. Eine erste gute Abschätzung ist, dass gegen Ende des Ladungswechsels, also im unteren Totpunkt, der Druck im Zylinder dem Druck im Saugrohr entspricht. (In der Zelle C54 kann eine Druckkorrektur vorgegeben werden.) Eine andere Methode ist die Beobachtung des Brennverlaufs in der Kompressionsphase. Hier darf sich kein von null verschiedener Brennverlauf ergeben, weil ja noch keine Verbrennung stattfindet. Gerne bleibt man bei dieser Beobachtung etwas vom Punkt „Einlass schließt" und von der Problematik des negativen Brennverlaufs kurz vor dem Verbrennungsbeginn weg. Wenn man beispielsweise den Bereich zwischen 100 °KW und 50 °KW vor OT betrachtet, dann muss der Wert des Summenbrennverlaufs am Anfang und am Ende gleich sein (am besten gleich null). Abb. 4.36 zeigt den Einfluss der Druckniveaukorrektur auf den Summenbrennverlauf.

Man kann gut erkennen, wie ein falsches Druckniveau den Summenbrennverlauf nach oben oder unten verformt. Deswegen ist eine gute Methode der Druckniveaufestlegung die Beobachtung des Summenbrennverlaufs in der Kompressionsphase.

Eine dritte Methode der Druckniveaufestlegung ist die sogenannte Polytropen-methode. Die Erfahrung zeigt, dass man den Druckverlauf in der Kompressionsphase gut mit der Polytropengleichung beschreiben kann.

$$\frac{p(\varphi_2)}{p(\varphi_1)} = \left(\frac{V(\varphi_1)}{V(\varphi_2)}\right)^n.$$

Diese Gleichung ähnelt der thermodynamischen Gleichung für isentrope Zustands-änderungen. Der Exponent $n$ heißt „Polytropenexponent". Die Erfahrung zeigt, dass man die Kompressionslinie von üblichen Motoren recht gut mit einem Polytropenexponenten von 1,32 bis 1,36 beschreiben kann. Die in Abb. 4.36 untersuchten Druckkorrekturen

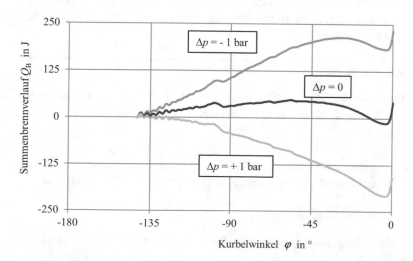

**Abb. 4.36**  Einfluss der Druckkorrektur auf den Summenbrennverlauf

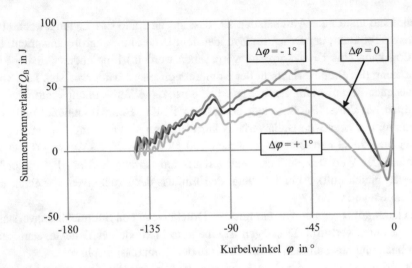

**Abb. 4.37**  Einfluss der Kurbelwinkelkorrektur auf den Summenbrennverlauf

haben Polytropenexponenten von 1,41 ($\Delta p = 0$) bzw. 1,72 ($\Delta p = -1$ bar) und 1,20 ($\Delta p = 1$ bar).

Im Abschn. 4.27 wurde auch erwähnt, dass man bei der Zylinderdruckmessung die Kurbelwinkelzuordnung eventuell geringfügig korrigieren muss. Auch die Kurbelwinkelkorrektur beeinflusst den Summenbrennverlauf in der Kompressionsphase. Abb. 4.37 zeigt den Einfluss der Kurbelwinkelkorrektur auf den Summenbrennverlauf in der Kompressionsphase.

Man kann deutlich erkennen, dass der Einfluss der Kurbelwinkelkorrektur nicht so groß ist wie der der Druckniveaukorrektur (andere Skalierung der senkrechten Achse) und dass die Kurbelwinkelkorrektur den Summenbrennverlauf qualitativ anders verformt als die Druckniveaukorrektur.

**Zusammenfassung**

Die thermodynamische Analyse des im Innern eines Zylinders gemessenen Druckes ist eine bewährte Methode, um Informationen über die Verbrennungsvorgänge zu erhalten. ◄

## 4.28   Wozu dient eine doppelt-logarithmische Darstellung?

**Der Leser/die Leserin lernt**

Mit einer doppelt-logarithmischen Darstellung kann man Potenzfunktionen linear darstellen. ◄

Ingenieure stellen Messwerte gerne in Koordinatensystemen dar, um Zusammenhänge zwischen den Messwerten zu erkennen. Es ist einleuchtend, dass ein linearer
Zusammenhang zwischen Messwerten im kartesischen Koordinatensystem wie eine
Gerade aussieht. Wenn es sich um Zusammenhänge handelt, die man durch eine Potenzfunktion n-ten Grades $y = x^n$ $(n \neq 0)$ beschreiben kann, dann wählt man gerne eine
doppelt-logarithmische Darstellung. Das kann man folgendermaßen begründen:

Die Potenzfunktion

$$y = x^n$$

wird durch Logarithmierung beider Gleichungsseiten zu

$$\ln(y) = \ln(x^n).$$

Gemäß den Rechenregeln für Logarithmen gilt:

$$\ln(y) = \ln(x^n) = n \cdot \ln(x).$$

Wenn man neue Koordinaten $X = \ln(x)$ und $Y = \ln(y)$ einführt, dann stellt sich die
Potenzfunktion als lineare Gleichung mit der Steigung $n$ dar:

$$Y = n \cdot X.$$

Das bedeutet, dass eine Potenzfunktion wie eine Gerade aussieht, wenn man sie über
logarithmischen Achsen darstellt.

Bei der Kontrolle von Zylinderdruckmessungen wird diese Methode gerne verwendet.
Die Kompressionslinie eines Hubkolbenmotors wird in guter Näherung durch

$$p(\varphi) = p_{UT} \cdot \left( \frac{V_{UT}}{V(\varphi)} \right)^n$$

beschrieben. $n$ ist der sogenannte Polytropenexponent, der bereits in Abschn. 4.10 und
4.28 verwendet wurde. Wenn man die Zylinderdruckmessung in einem $\ln(p) - \ln(V)$-
Koordinatensystem darstellt (Abb. 4.38), dann ergeben die Messwerte in der
Kompressionsphase näherungsweise eine Gerade mit dem Polytropenexponenten $n$
als Steigung. Ähnliches gilt für die Expansionsphase mit einem anderen Polytropenexponenten.

Dort, wo in der Kompressions- und in der Expansionsphase die Kurve $\ln(p)$ als Funktion
von $\ln(V)$ linear verläuft, ist noch keine Verbrennung bzw. keine Verbrennung mehr.
Dazwischen findet die Verbrennung statt.

**Zusammenfassung**

In doppelt-logarithmischer Darstellung verlaufen Potenzfunktionen linear. Die
Steigung der Geraden ist ein Maß für die Größe der Potenz. ◄

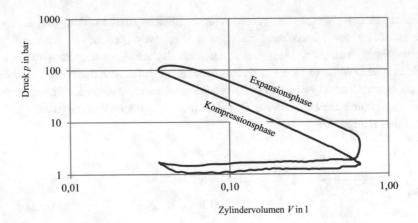

**Abb. 4.38**  Doppelt-logarithmische Darstellung des *p*-*V*-Diagramms aus Abb. 4.28

# Motormechanik

**5**

Im Kap. 4 wurde die thermodynamische Berechnung von Verbrennungsmotoren behandelt. Nun folgt die mechanische Berechnung. Kennzeichen aller Hubkolben-motoren ist der oszillierende Kolben. Dabei handelt es sich um eine Masse, die ständig in Bewegung ist und dabei beschleunigt und abgebremst wird. Entsprechend große Massenträgheitskräfte werden auf die Bauteile ausgeübt. Wie man diese Kräfte berechnet, wird im Folgenden gezeigt. Der Verbrennungsmotor hat nicht nur den Kolben, sondern auch andere Bauteile, die ständig im Arbeitstakt bewegt werden. Das sind vor allem die Ein- und Auslassventile sowie die Einspritzventile. Die folgenden Beispiele beschäftigen sich auch mit der Bewegung der Ladungswechselventile.

## 5.1 Wie schnell bewegt sich der Kolben eines Verbrennungsmotors?

Der Leser/die Leserin lernt

Grundgleichungen des Kurbeltriebs. ◄

Die Geschwindigkeit eines Kolbens ist trotz konstanter Drehzahl nicht konstant, sondern ändert sich während des Arbeitsspiels ständig. Ausgehend von der Ruhelage im unteren Totpunkt wird der Kolben in Richtung oberer Totpunkt beschleunigt und erreicht etwa auf halbem Weg seine maximale Geschwindigkeit. Auf dem weiteren Weg wird er abgebremst, bis er im oberen Totpunkt zur Ruhe kommt, um dann nach unten wieder

**Elektronisches Zusatzmaterial** Die elektronische Version dieses Kapitels enthält Zusatzmaterial, das berechtigten Benutzern zur Verfügung steht https://doi.org/10.1007/978-3-658-29226-3_5.

**Abb. 5.1**  Kurbeltrieb eines
Hubkolbenmotors

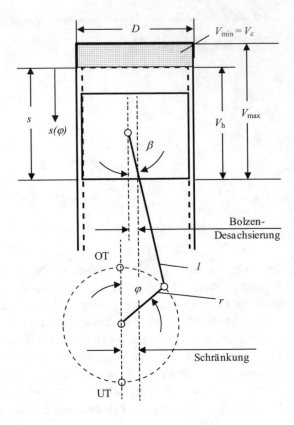

beschleunigt zu werden. Im Folgenden wird die Bewegungsgleichung des Kolbens, die Kinematik des ungeschränkten und nicht desachsierten Kurbeltriebs[1], hergeleitet.

Die Entfernung des Kolbens vom oberen Totpunkt ($s$) ist eine eindeutige Funktion des Kurbelwinkels $\varphi$. Sie ergibt sich aus den geometrischen Beziehungen, die in Abb. 5.1 dargestellt sind.

Für die rechtwinkligen Dreiecke gilt:

$$\cos(\beta) = \frac{a}{l},$$

$$\cos(\varphi) = \frac{b}{r}.$$

---

[1]Man nennt den Kurbeltrieb „desachsiert", wenn die Bohrung für den Kolbenbolzen nicht genau in der Symmetrielinie des Kolbens liegt. Man nennt den Kurbeltrieb „geschränkt", wenn die Kurbelwelle nicht genau auf der Symmetrielinie des Zylinders liegt. Beide Maßnahmen werden verwendet, um die sogenannte „Kolbensekundärbewegung" zu beeinflussen: Durch Spiele in den Lagerungen und die Schrägstellung der Pleuelstange wird der Kolben bei seiner Auf- und Abbewegung auch quer zur Laufrichtung bewegt. Die Zeitpunkte, wann der Kolben von einer Seite der Laufbuchse auf die andere schlägt, kann man durch die Desachsierung und die Schränkung beeinflussen.

Für die Kolbenstellung gilt:

$$s(\varphi) = r + l - (a + b) = r + l - l \cdot \cos(\beta) - r \cdot \cos(\varphi).$$

Für $c$ gilt:

$$c = l \cdot \sin(\beta) = r \cdot \sin(\varphi).$$

Also:

$$\sin(\beta) = \frac{r}{l} \cdot \sin(\varphi) = \lambda_{Pl} \cdot \sin(\varphi),$$

$$\cos(\beta) = \sqrt{1 - \sin^2(\beta)} = \sqrt{1 - \lambda_{Pl}^2 \cdot \sin^2(\varphi)}.$$

Somit ergibt sich:

$$s(\varphi) = r + l - (a + b) = r + l - l \cdot \cos(\beta) - r \cdot \cos(\varphi)$$

$$= r + l - l \cdot \sqrt{1 - \lambda_{Pl}^2 \cdot \sin^2(\varphi)} - r \cdot \cos(\varphi)$$

$$= r \cdot (1 - \cos(\varphi)) + l \cdot \left(1 - \sqrt{1 - \lambda_{Pl}^2 \cdot \sin^2(\varphi)}\right).$$

Der Wurzelausdruck kann linearisiert werden (vergleiche [9]):

$$\sqrt{1 - x} \approx 1 - \frac{x}{2}$$

oder

$$1 - \sqrt{1 - x} \approx \frac{x}{2}.$$

Weiterhin gilt:

$$\sin^2(\varphi) = \frac{1}{2} \cdot (1 - \cos(2 \cdot \varphi)).$$

Damit ergibt sich:

$$s(\varphi) = r \cdot (1 - \cos(\varphi)) + l \cdot \left(1 - \sqrt{1 - \lambda_{Pl}^2 \cdot \sin^2(\varphi)}\right)$$

$$= r \cdot (1 - \cos(\varphi)) + l \cdot \frac{\lambda_{Pl}^2 \cdot \sin^2(\varphi)}{2}$$

$$= r \cdot (1 - \cos(\varphi)) + l \cdot \frac{\lambda_{Pl}^2}{2} \cdot \frac{1}{2} \cdot (1 - \cos(2\varphi))$$

$$= r \cdot \left(1 - \cos(\varphi) + \frac{1}{\lambda_{Pl}} \cdot \left(\frac{\lambda_{Pl}^2}{4} \cdot (1 - \cos(2\varphi))\right)\right).$$

Also:

$$s(\varphi) = r \cdot \left( 1 - \cos(\varphi) + \frac{\lambda_{\mathrm{Pl}}}{4} \cdot (1 - \cos(2\varphi)) \right).$$

Diese Gleichung beschreibt die Lage des Kolbens in Abhängigkeit vom Kurbelwinkel $\varphi$. Wenn man diese Gleichung nach der Zeit ableitet, so erhält man die Kolbengeschwindigkeit. Dazu wird der Zusammenhang zwischen der Zeit und dem Kurbelwinkel benötigt. Für die Winkelgeschwindigkeit $\omega$ gilt:

$$\omega = \frac{\mathrm{d}\varphi}{\mathrm{d}t} = 2 \cdot \pi \cdot n.$$

Also:

$$\frac{\mathrm{d}s}{\mathrm{d}t} = \frac{\mathrm{d}s}{\mathrm{d}\varphi} \cdot \frac{\mathrm{d}\varphi}{\mathrm{d}t} = \omega \cdot \frac{\mathrm{d}s}{\mathrm{d}\varphi}.$$

Somit ergibt sich für die Kolbengeschwindigkeit:

$$\dot{s}(\varphi) = \frac{\mathrm{d}s}{\mathrm{d}t} = r \cdot \omega \cdot \left( \sin(\varphi) + \frac{\lambda_{\mathrm{Pl}}}{2} \cdot \sin(2\varphi) \right).$$

Die Kolbenbeschleunigung ist die zweite Ableitung des Weges nach der Zeit:

$$\ddot{s}(\varphi) = \frac{\mathrm{d}^2 s}{\mathrm{d}t^2} = r \cdot \omega^2 \cdot (\cos(\varphi) + \lambda_{\mathrm{Pl}} \cdot \cos(2\varphi)).$$

Mit diesen Gleichungen lässt sich die Kolbengeschwindigkeit eines typischen Pkw-Ottomotors bei $n = 6000/\mathrm{min}$ berechnen. Ein solcher Motor hat ein Zylinderhubvolumen von $V_{\mathrm{h}} = 0{,}5\,1$ und ein Hub-Bohrung-Verhältnis $s/D = 1$. Es gelten also die zwei folgenden Gleichungen, aus denen sich $s$ und $D$ berechnen lassen:

$$V_{\mathrm{h}} = A_{\mathrm{Kolben}} \cdot s = \frac{\pi}{4} \cdot D^2 \cdot s = 0{,}5\,1,$$

$$\frac{s}{D} = 1.$$

Also:

$$D = \sqrt[3]{\frac{4 \cdot V_{\mathrm{h}}}{\pi \cdot \frac{s}{D}}}.$$

Daraus erhält man $s = D = 86$ mm.

Abb. 5.2 zeigt den Kolbenweg und die Kolbengeschwindigkeit in Abhängigkeit vom Kurbelwinkel. Man erkennt sehr gut eine maximale Kolbengeschwindigkeit von ca. 28 m/s.

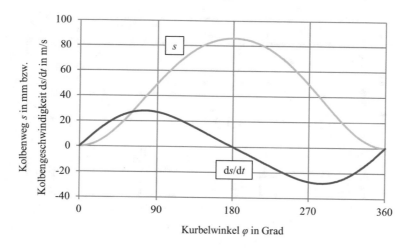

**Abb. 5.2** Kolbenweg und Kolbengeschwindigkeit als Funktion des Kurbelwinkels

Die Motorenentwickler verwenden statt der maximalen Kolbengeschwindigkeit gerne die mittlere Kolbengeschwindigkeit $v_m$. Diese ergibt sich aus dem doppelten Kolbenhub, der während einer Kurbelwellenumdrehung zurückgelegt wird:

$$v_m = 2 \cdot s \cdot n.$$

Im vorliegenden Beispiel ist $v_m = 17{,}2$ m/s. Dies ist eine vernünftige Größenordnung. Allgemein sagt man, dass die mittlere Kolbengeschwindigkeit nicht größer als 20 m/s sein sollte, damit die Lebensdauer des Pkw-Motors nicht deutlich reduziert wird.

**Zusammenfassung**

Die Kolbengeschwindigkeit ist nicht konstant, sondern ändert ihre Größe und Richtung ständig. Die mittlere Kolbengeschwindigkeit ergibt sich aus der Tatsache, dass der Kolben während einer Motorumdrehung zweimal den Kolbenhub zurücklegt. Bei Pkw-Motoren sollte die mittlere Kolbengeschwindigkeit weniger als 20 m/s betragen, damit eine ausreichende Lebensdauer der Motoren gewährleistet wird. ◀

## 5.2 Welche Beschleunigungskräfte muss der Kolben eines Pkw-Motors bei einer Drehzahl von 6000/min aushalten?

**Der Leser/die Leserin lernt**

Berechnung der Beschleunigungskräfte aufgrund der Kolbenbewegung. ◀

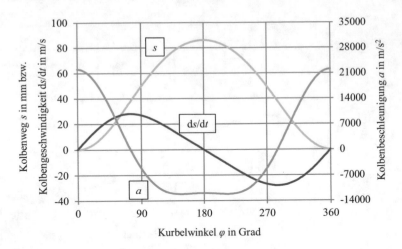

**Abb. 5.3** Kolbenweg, Kolbengeschwindigkeit und Kolbenbeschleunigung als Funktion des Kurbelwinkels

Das Newtonsche Gesetz besagt, dass sich die Beschleunigungskraft $F$ aus dem Produkt von Masse $m$ und Beschleunigung $a$ ergibt:

$$F = m \cdot a.$$

Die Kolbenbeschleunigung erhält man aus der im Abschn. 5.1 hergeleiteten Gleichung. Sie wird in Abb. 5.3 gezeigt.

Man kann erkennen, dass der Kolben eine maximale Beschleunigung von mehr als der 2000-fachen Erdbeschleunigung erfährt. Das entspricht bei einer typischen Kolbenmasse von 200 g beim gewählten Kolbendurchmesser einer Kraft von ca. 4400 N.

Die Unsymmetrie in der Kolbenbeschleunigung in der Nähe des unteren Totpunktes (Kurbelwinkel $= 180°$) resultiert aus dem Term 2. Ordnung ($\cos(2\varphi)$). Je kürzer die Pleuelstange ist, umso größer ist das Pleuelstangenverhältnis $\lambda_{Pl}$ und umso stärker tritt der Term 2. Ordnung auf. Bei Motoren mit sehr langen Pleuelstangen würde diese Unsymmetrie kaum auftreten und die Motoren würden ruhiger laufen. Allerdings führen lange Pleuelstangen zu großen Motorbauhöhen, was normalerweise nicht erwünscht ist.

**Zusammenfassung**

Pkw-Kolben müssen Beschleunigungen in Höhe von etwa der 2000-fachen Erdbeschleunigung aushalten können. ◀

5.3  Warum werden sportliche Motoren als kurzhubige Motoren gebaut?

163

## 5.3 Warum werden sportliche Motoren als kurzhubige Motoren gebaut?

**Der Leser/die Leserin lernt**

Motoren mit hoher Drehzahl werden häufig kurzhubig ausgelegt. ◄

Die im Abschn. 5.1 hergeleitete Gleichung für die Kolbenbeschleunigung zeigt, dass diese quadratisch mit der Drehzahl zunimmt. Diesen Effekt kann man teilweise kompensieren, indem man den Kurbelradius $r$ und damit den Kolbenhub $s$ reduziert. Um das Zylinderhubvolumen trotzdem unverändert zu lassen, vergrößert man den Kolbendurchmesser. Das führt dann zu einem kleinen Hub-Bohrung-Verhältnis $s/D$.

Diesen Weg beschreitet BMW beispielsweise beim 3er Coupé (Tab. 5.1). Die mittlere Kolbengeschwindigkeit steigt trotz des Hochdrehzahlkonzeptes kaum an.

Eine andere Möglichkeit zur Begrenzung der Kolbenbeschleunigung und damit der Kolbenkräfte ist der Übergang zu vielen kleinen Zylindern statt wenigen großen Zylindern. Da dies eine kostspielige Lösung ist, wird sie im Allgemeinen nur dort angewendet, wo das Geld nicht die primäre Rolle spielt. In der Formel 1 haben die heutigen (Saison 2019) 1,6-l-Motoren sechs Zylinder. was genau in diese Richtung geht. Normale Straßenfahrzeuge haben bei einem Hubvolumen von 1,6 l nur vier oder vielleicht nur drei Zylinder.

**Zusammenfassung**

Kurzhubige Motoren können bei großen Drehzahlen betrieben werden, ohne dass die mittlere Kolbengeschwindigkeit zu groß wird. ◄

**Tab. 5.1** Vergleich zweier BMW-Motoren mit unterschiedlichen Nenndrehzahlen

| Motor | | 330 i | M3 |
|---|---|---|---|
| Hubvolumen | $V_H$ | 3 l | 4 l |
| Zylinderzahl | $z$ | 6 | 8 |
| Kolbenhub | $s$ | 88 mm | 75,2 |
| Kolbendurchmesser | $D$ | 85 mm | 92 mm |
| Hub-Bohrung-Verhältnis | $s/D$ | 1,035 | 0,817 |
| Maximale Drehzahl | $n$ | 6700/min | 8300/min |
| Mittlere Kolbengeschwindigkeit | $v_m$ | 19,6 m/s | 20,8 m/s |

## 5.4    Warum haben große Motoren immer kleine Nenndrehzahlen?

**Der Leser/die Leserin lernt**

Große  Motoren können keine hohen Nenndrehzahlen aufweisen. ◄

Wenn man die Daten von größeren Motoren, beispielsweise von Lkw-, Bahn- oder Schiffsmotoren anschaut, dann kann man deutlich sehen, dass die Nenndrehzahl mit zunehmender Zylindergröße immer kleiner wird. Beispielsweise hat der aktuelle Motor des Lkw „Actros" eine Nenndrehzahl von 1600/min bei einem Zylinderhubvolumen von 2,6 l. Die Bohrung beträgt 139 mm, der Kolbenhub 171 mm. Daraus ergibt sich eine mittlere Kolbengeschwindigkeit von 9,1 m/s. Der größte langsamlaufende Schiffsdieselmotor von Wärtsilä hat eine Nenndrehzahl von 102/min bei einem Kolbenhub von 2500 mm und einem Kolbendurchmesser von 960 mm. Daraus ergibt sich eine mittlere Kolbengeschwindigkeit von 8,5 m/s. Heutige Formel-1-Motoren haben ein Hubvolumen von 1,6 l. Das führt bei den 6-Zylinder-Motoren zu einem Zylinderhubvolumen von 0,27 l. Bei einem geschätzten Hub-Bohrung-Verhältnis von 0,5 ergibt sich dann ein Kolbendurchmesser von 88 mm und ein Hub von 44 mm. Bei einer Drehzahl von 15.000/min entspricht das einer mittleren Kolbengeschwindigkeit von etwa 22 m/s. Man kann also erkennen, dass bei langlebigen Motoren die mittlere Kolbengeschwindigkeit bei etwa 10 m/s liegt, bei Pkw bei ca. 20 m/s und bei Rennmotoren kaum höher.

Große Motoren haben ein großes Hubvolumen und damit auch große Zylinderabmessungen. Die mittlere Kolbengeschwindigkeit kann nur dann klein gehalten werden, wenn die Drehzahl entsprechend abgesenkt wird (vergleiche Abschn. 4.21).

Das passt übrigens auch sehr gut zu den Konzepten von Otto- und Dieselmotoren. Dieselmotoren können nicht mit großen Drehzahlen betrieben werden, weil Kraftstoffeinspritzung, Verdampfung und Gemischbildung eine gewisse Zeit benötigen, die bei großen Drehzahlen nicht zur Verfügung stehen würde. Dieselmotoren sind aber auch deutlich sparsamer als Ottomotoren. Für langlebige Industrieanwendungen, bei denen die Life-Cycle-Kosten hauptsächlich vom Kraftstoffverbrauch abhängen, werden immer Dieselmotoren eingesetzt, die sparsamer sind als Ottomotoren. Das sind dann große Motoren, die ohnehin nicht mit hohen Drehzahlen betrieben werden können. Rennmotoren hingegen, bei denen die Leistung in erster Linie aus der Drehzahl kommt, sind Ottomotoren mit relativ hohen Kolbengeschwindigkeiten. Das reduziert die Lebenserwartung deutlich. Das ist allerdings bei Rennmotoren, die ohnehin nicht lange halten müssen (einige Rennwochenenden), akzeptabel.

**Zusammenfassung**

Große Motoren haben kleine Nenndrehzahlen, damit trotz der großen Motorabmessungen die mittlere Kolbengeschwindigkeit nicht zu groß wird. ◄

## 5.5 Stimmt es, dass die größte Kolbengeschwindigkeit dann auftritt, wenn Pleuelstange und Kurbelkröpfung einen rechten Winkel bilden?

**Der Leser/die Leserin lernt**

wichtige Excel-Funktionen VERGLEICH und INDEX. ◄

Diese Frage lässt sich gut mit der Skizze und den Gleichungen aus Abschn. 5.1 beantworten. Pleuelstange und Kurbelkröpfung stehen dann aufeinander senkrecht, wenn die Summe der beiden anderen Winkel $\varphi + \beta = 90°$ beträgt. Aus Abschn. 5.1 ist folgende Gleichung bekannt:

$$\sin(\beta) = \frac{r}{l} \cdot \sin(\varphi) = \lambda_{Pl} \cdot \sin(\varphi).$$

Aus ihr ergibt sich:

$$\beta = \arcsin(\lambda_{Pl} \cdot \sin(\varphi)),$$

Das lässt sich am besten in einer Excel-Tabelle für verschiedene Pleuelstangenverhältnisse beobachten. Wenn man die Excel-Tabelle erstellt hat, dann kann man ermitteln, wo die größte Kolbengeschwindigkeit auftritt und wie groß sie ist. Das Ganze kann man aber auch von Excel erledigen lassen: Die Excel-Funktion

C22 = MAX (K8:K188)

sucht den größten Wert in der Spalte der positiven Kolbengeschwindigkeiten. Die Excel-Funktion

C23 = VERGLEICH (D16;K8:K188;0)

sucht den in Zelle D16 stehenden Maximalwert in der Spalte K und liefert die Position dieses Wertes in D17 zurück. Die Excel-Funktion

C24 = INDEX (J8:J188;D17)

liefert den dazu gehörenden Wert in der Spalte J ($\varphi + \beta$) zurück.

Je nach gewähltem Pleuelstangenverhältnis ergeben sich folgende Ergebnisse (Tab. 5.2).

**Tab. 5.2** Winkel zwischen Pleuelstange und Kurbelkröpfung bei maximaler Kolbengeschwindigkeit

| $\lambda_{Pl}$ | 0 | 0,1 | 0,2 | 0,3 | 0,4 | 0,5 |
|---|---|---|---|---|---|---|
| $\varphi + \beta$ | 90° | 90,292° | 89,678° | 88,155° | 86,777° | 83,174° |

---

**Zusammenfassung**

Die größte Kolbengeschwindigkeit tritt je nach Pleuelstangenverhältnis ungefähr dann auf, wenn die Pleuelstange und die Kurbelkröpfung einen rechten Winkel bilden. Bei einer unendlich langen Pleuelstange ist es exakt dann, wenn der Winkel 90° beträgt.
◄

---

## 5.6 Warum sind Mehrzylindermotoren laufruhiger als Einzylindermotoren?

**Der Leser/die Leserin lernt**

Die Massenkräfte im Triebwerk eines Mehrzylindermotors werden umso gleichmäßiger, je mehr Zylinder der Motor hat. ◄

Die heute üblichen Motoren sind meistens 4-Takt-Motoren. Bei diesen arbeitet der Motor nur in einem Takt, während der Verbrennung und Expansion. In dieser Zeit beschleunigt der Kolben die Kurbelwelle. Während der beiden folgenden Takte (Ausschieben der Abgase und Ansaugen der Frischladung) muss sich der Zylinder eher „anstrengen", den Ladungswechsel durchzuführen. Die dafür notwendige Ladungswechselarbeit entnimmt der jeweilige Zylinder der Bewegungsenergie der Kurbelwelle. Bei der darauf folgenden Kompression benötigt der Zylinder sogar besonders viel Arbeit, die er ebenfalls der Kurbelwelle entnimmt. Letztlich wird die Kurbelwelle im Verbrennungstakt beschleunigt und in den drei folgenden Takten wieder langsamer. Diese unregelmäßige Drehzahl wird als Laufunruhe empfunden.

Man kann die Laufruhe verbessern, indem mehrere Zylinder auf eine gemeinsame Kurbelwelle arbeiten. Die Phasen der Kurbelwellenbeschleunigung kommen dann entsprechen häufiger und die Drehzahlschwankungen werden geringer. Man kann dieses Phänomen sehr gut berechnen, indem man den sogenannten Tangentialkraftverlauf an der Kurbelwellenkröpfung bestimmt. Die dafür benötigten Gleichungen werden im Folgenden hergeleitet.

Ausgangspunkt ist der in Abb. 5.1 gezeigte Kurbeltrieb eines Hubkolbenmotors. Alle Kräfte, die auf den Kolben wirken, werden über den Kolbenbolzen in die Pleuelstange geleitet und dann an der Kurbelwellenkröpfung an die Kurbelwelle übertragen (Abb. 5.4).

Auf den Kolben wirken in Laufrichtung die Gaskraft $F_G$ und die der Bewegung entgegengesetzte Massenkraft $F_M$. Die Gaskraft ergibt sich aus dem im Zylinder herrschenden Druck $p$, der auf die Kolbenquerschnittsfläche $A_K$ wirkt.

$$F_G = p(\varphi) \cdot A_K$$

**Abb. 5.4** Kräfte
im Kurbeltrieb eines
Hubkolbenmotors

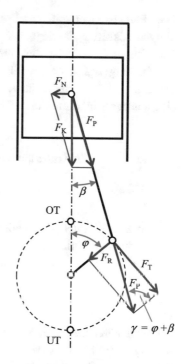

Die Massenkraft beinhaltet die Massenträgheitskräfte des Kolbens und des Kolben-bolzens. Die Kräfte entstehen durch die Beschleunigung ($a$) der entsprechenden Massen (Kolbenmasse $m_K$ und Kolbenbolzenmasse $m_{KB}$). Die Pleuelstange selbst führt eine ganz besondere Bewegung aus: Das obere Pleuelauge oszilliert mit dem Kolben, das untere Pleuelauge rotiert mit der Kurbelwelle. Man berücksichtigt diese beiden Bewegungs-formen, indem man die Pleuelstangenmasse in einen oszillierenden Teil ($m_{P,osz}$) und einen rotierenden Teil ($m_{P,rot}$) aufteilt:

$$m_P = m_{P,\,osz} + m_{P,\,rot},$$
$$F_M = -(m_K + m_{KB} + m_{P,\,osz}) \cdot a(\varphi)$$
$$= -(m_K + m_{KB} + m_{P,\,osz}) \cdot \ddot{s}(\varphi)$$
$$= -(m_K + m_{KB} + m_{P,\,osz}) \cdot r \cdot \omega^2 \cdot (\cos(\varphi) + \lambda_{Pl} \cdot \cos(2\varphi)).$$

Die Kolbenbeschleunigung wurde bereits im Abschn. 5.1 hergeleitet. Die sich aus der Gaskraft und der Massenkraft ergebende Kolbenkraft ($F_K$) wird am Kolbenbolzen in die beiden Anteile $F_P$ und $F_N$ zerlegt. $F_P$ zeigt in Richtung der Pleuelstange, $F_N$ ist eine Normalkraft, die den Kolben gegen die Lauffläche drückt.

$$F_K = F_G + F_M$$
$$F_P = \frac{F_K}{\cos(\beta)}$$
$$F_N = F_K \cdot \tan(\beta)$$

Die Pleuelstangenkraft wird am Kolbenbolzen in eine Radialkraft $F_R$ und eine Tangentialkraft $F_T$ zerlegt. Die Radialkraft drückt die Kurbelwelle in ihre Lagerung. Die Tangentialkraft ist die eigentliche Kraft, die die Kurbelwelle beschleunigt. Das Beschleunigungsmoment ergibt sich aus dem Produkt der Tangentialkraft mit dem Hebelarm, dem Kurbelradius $r$. Der Winkel $\gamma$ im Kräftedreieck aus $F_P$, $F_T$ und $F_R$ ergibt sich aus der Winkelsumme im Dreieck zu

$$\gamma = \varphi + \beta.$$

Also kann man die Kräfte am Kurbelzapfen berechnen zu

$$F_R = F_P \cdot \cos(\varphi + \beta),$$
$$F_T = F_P \cdot \sin(\varphi + \beta).$$

In der zum Kapitel gehörenden Excel-Datei ist die Berechnung dieser Gleichungen bereits durchgeführt.

Berechnet werden die Verhältnisse in einem typischen Pkw-Ottomotor. Die Massen für die oszillierenden Bauteile wurden sinnvoll abgeschätzt. Die Spalten F, G, I und J enthalten die benötigen Winkel $\varphi$ und $\beta$ in Winkelgraden und im Bogenmaß für ein komplettes Arbeitsspiel. In der Spalte H wird zu Kontrollzwecken das aktuelle Zylinder-volumen berechnet. Die Spalte L enthält den für die Berechnung der Gaskräfte not-wendigen Zylinderdruckverlauf. Dieser muss entweder aus einer Zylinderdruckmessung bekannt sein oder mit einer Motorsimulation berechnet werden. Im vorliegenden Fall ist er das Ergebnis einer thermodynamischen Simulation. In den Spalten N bis T werden die einzelnen Kräfte gemäß den oben angegebenen Gleichungen berechnet. Wenn man den Tangentialkraftverlauf über ein Arbeitsspiel mittelt, dann erhält man eine mittlere Tangentialkraft, aus der man mit Hilfe des Hebelarms (Kurbelradius) das Drehmoment berechnen kann. (Achtung: Die vorliegende Rechnung berücksichtigt keine Reibungs-verluste). Dieses findet man in der Zelle C30.

Weil in der Beispielrechnung keine Reibung vorkommt, muss aus Gründen der Energieerhaltung an der Kurbelwelle genau die Energie ankommen, die den Kolben nach unten gedrückt hat, also die Volumenänderungsarbeit der Gase im Zylinder. Zu Kontroll-zwecken wird in der Spalte M für jeden Kurbelwinkel die Volumenänderungsarbeit aus dem Druck und der Volumenänderung berechnet. Die Summation (Integration) dieser Anteile über das gesamte Arbeitsspiel steht in Zelle C26. Aus der inneren Leistung kann über die folgende Gleichung das innere Moment (Zelle C27) berechnet werden:

$$P_{Zyl} = P_{Kurbelwelle},$$

$$i \cdot n \cdot \oint p \cdot dV = 2 \cdot \pi \cdot n \cdot M,$$

$$M = \frac{i}{2 \cdot \pi} \cdot \oint p \cdot dV.$$

Wenn in der Rechnung keine (Programmier-)Fehler sind, müssen die Zahlenwerte der beiden Momente in C27 und C30 identisch sein.

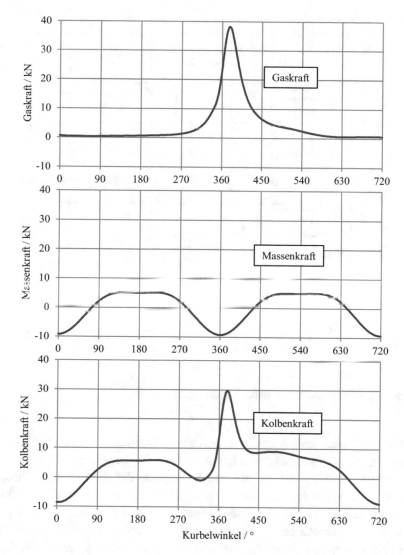

**Abb. 5.5**  Gaskraft, Massenkraft und Kolbenkraft in einem Pkw-Motor

In den Abb. 5.5 und 5.6 werden die Ergebnisse der Berechnungen diskutiert. Am Gaskraftverlauf kann man deutlich erkennen, dass die höchsten Drücke und damit auch Gaskräfte während der Verbrennung auftreten. Während des Ladungswechsels spielen die Gaskräfte keine große Rolle. Dagegen erkennt man bei der Massenkraft deutliche Anteile während des ganzen Arbeitsspiels. Aus der Addition beider Kräfte ergibt sich die Kolbenkraft, die den Kolbenbolzen belastet.

Am Kolbenbolzen entsteht durch die Kräftezerlegung in die Pleuelstangenrichtung und senkrecht zur Laufbuchse die Normalkraft. Diese sorgt durch ihren Vorzeichenwechsel

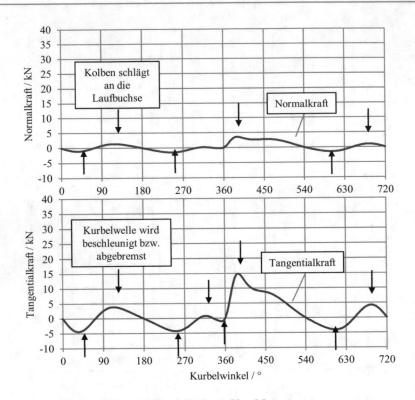

**Abb. 5.6** Normalkraft und Tangentialkraft in einem Pkw-Motor

dafür, dass der Kolben, je nach Drehzahl, mehrmals während des Arbeitsspiels die Anlage-
fläche wechselt. Das ist gerade hinsichtlich einer guten Ölschmierung positiv.

Die Tangentialkraft sorgt für die Beschleunigung der Kurbelwelle. Diese Kraft
ist immer dann, wenn die Pleuelstange senkrecht steht (also in den Totpunkten des
Kolbens), gleich null. Sie trägt in dieser kurzen Zeitspanne nicht zur Drehbewegung der
Kurbelwelle bei. Manche befürchten, dass eine Gleichraumverbrennung, die bekanntlich im oberen Totpunkt stattfindet, ein schlechtes Drehmoment verursacht. Denn die
Tangentialkraft ist ja gerade dann gleich null, wenn der höchste Verbrennungsdruck auftritt. Diese Befürchtung ist unbegründet. Denn der Zylinderdruck, der bei der Gleichraumverbrennung im oberen Totpunkt erhöht wurde, ist auch nach dem Totpunkt immer
noch auf einem hohen Niveau. Dann trägt er über die Schrägstellung der Pleuelstange
wieder zur Tangentialkraft bei.

Der sehr unsymmetrische Tangentialkraftverlauf verursacht die Laufunruhe des
Hubkolbenmotors. In der Nähe der Kurbelwellenstellungen 90°, 300°, 380° und 680°
beschleunigt der Tangentialkraftverlauf die Kurbelwelle: Die Motordrehzahl steigt
geringfügig. In den Phasen, in denen die Tangentialkraft negativ ist, wird die Kurbelwelle verlangsamt.

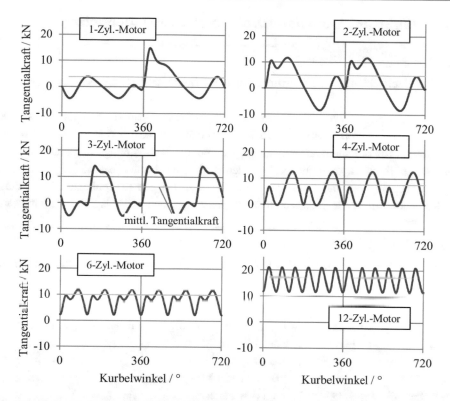

**Abb. 5.7**  Tangentialkraftverläufe bei Motoren mit 1, 2, 3, 4, 6 und 12 Zylindern

Bei einem Mehrzylindermotor addieren sich die Tangentialkräfte der einzelnen Zylinder gemäß der Zündfolge der einzelnen Zylinder. Man kann in Abb. 5.7 deutlich erkennen, dass die Ausschläge des Tangentialdruckverlaufs hin zu großen oder kleinen Werten immer kleiner werden, je mehr Zylinder ein Motor hat. Das erklärt den Erfolg von Motoren mit 6, 8 oder 12 Zylindern.

Natürlich steigt in Abb. 5.7 auch die mittlere Tangentialkraft mit zunehmender Zahl von Zylindern.

Bei den Darstellungen muss auch berücksichtigt werden, dass der quantitative Verlauf der Kurven von den gewählten Randbedingungen (Drehzahl, Motorgeometrie, Massen der bewegten Teile) abhängt.

---

**Zusammenfassung**

Ein Zylinder gibt nur während des Arbeitstaktes Arbeit an die Kurbelwelle, die dadurch beschleunigt wird. Insbesondere in der Kompressionsphase wird die Kurbelwelle durch den Zylinder wieder abgebremst. Dadurch ist die Motordrehzahl nicht konstant. Die Ungleichförmigkeit der Kurbelwelle ist umso geringer, je mehr Zylinder der Verbrennungsmotor hat. ◄

## 5.7    Wieso entlasten hohe Drehzahlen den Kolbenbolzen?

**Der Leser/die Leserin lernt**

Hohe  Drehzahlen führen manchmal sogar zur Bauteilentlastung. ◄

Die Massenkräfte im Hubkolbenmotor nehmen mit dem Quadrat der Drehzahl zu. Deswegen sind sie bei großen Motordrehzahlen sehr hoch. Die Massenkräfte wirken immer entgegengesetzt zur Beschleunigungsrichtung. Wenn in der Verbrennungsphase, also kurz nach dem oberen Totpunkt, die hohe Gaskraft den Kolben nach unten beschleunigt, wirken die Massenkräfte dagegen und reduzieren die Kolbenkraft auf den Kolbenbolzen. Das entlastet den Kolbenbolzen gerade in der Verbrennungsphase, wie man der Abb. 5.8 entnehmen kann.

**Zusammenfassung**

Hohe Drehzahlen entlasten den Kolbenbolzen, weil insbesondere zu Beginn der Verbrennungsphase die Massenträgheit des Kolbens der Gaskraft entgegenwirkt. ◄

**Nachgefragt: Manche Spezialisten können das Laufgeräusch der Kolben hören. Was hat es damit auf sich?**
Der  im Abschn. 5.6 beschriebene Vorzeichenwechsel in der Normalkraft, die auf den Kolbenbolzen wirkt, führt zu einem Anlagewechsel des Kolbens in seiner Laufbuchse. Er schlägt während des Arbeitsspiels mehrmals hin und her. Das Auftreffen auf der Lauffläche erzeugt ein Geräusch, das man hören kann, wenn man ein geschultes Ohr hat. Im kalten Zustand des Motors, wenn sich der Kolben noch nicht auf seinen Betriebszustands ausgedehnt hat, ist das Laufgeräusch wegen des großen Kolbenspiels besonders stark. Spezialisten können aus diesem Geräusch Rückschlüsse über die Optimierung der Kolbengeometrie gewinnen.

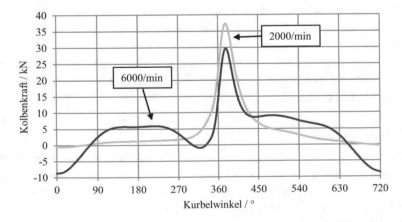

**Abb. 5.8**  Entlastung des Kolbenbolzens durch die mit der Drehzahl zunehmenden Massenkräfte

## 5.8   Wie kann man die Ventilhubkurven eines Hubkolbenmotors auslegen?

**Der Leser/die Leserin lernt**

Gleichungen für den sogenannten ruckfreien Nocken | Auslegung von Ventilhubkurven.
◀

Den prinzipiellen Verlauf der Ventilhubkurven zeigt Abb. 5.9. Man kann die Steuerzeiten (Aö: Auslass öffnet, As: Auslass schließt, Eö: Einlass öffnet, Es: Einlass schließt) und die Ventilüberschneidung erkennen. Zusätzlich ist das Ventilspiel ersichtlich. Das Ventilspiel wird benötigt, um sicherzustellen, dass die Ventile auch dann geschlossen bleiben, wenn die Ventilbetätigungselemente durch thermische Ausdehnungen ihre Länge ändern. Der Bewegungsablauf eines Ventils wird im Wesentlichen durch die Form des Nockens und die Geometrie der Bewegungsübertragung vom Nocken auf das Ventil festgelegt. Zusätzlich zu diesen kinematischen Bedingungen spielen Verformungen und Schwingungen im System eine Rolle. Diese sollen hier aber nicht betrachtet werden.

Es gibt viele Möglichkeiten, die Nockengeometrie festzulegen. In der Literatur (vergleiche zum Beispiel [15], [25] oder [26]) finden sich verschiedene Ansätze wie Kreisbogennocken, Tangentennocken oder ruckarmer Nocken. Im vorliegenden Beispiel soll der ruckfreie Nocken [27] verwendet werden. In der heutigen Praxis haben die Hersteller von Nockenwellen allerdings eigene Programme, mit denen sie sehr individuell die Nockengeometrie punktweise festlegen.

Urlaub [28] beschreibt die Theorie zum ruckfreien Nocken ausführlich. Die Gleichungen sind sehr umfangreich und werden deswegen hier nicht alle angegeben. Bei Bedarf können sie aber in [28] nachvollzogen werden.

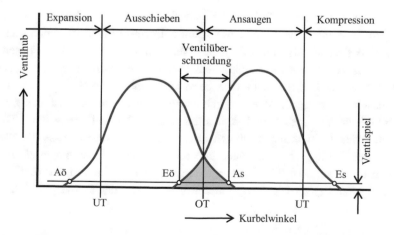

**Abb. 5.9**  Ventilhubkurven von Auslass- und Einlassventil

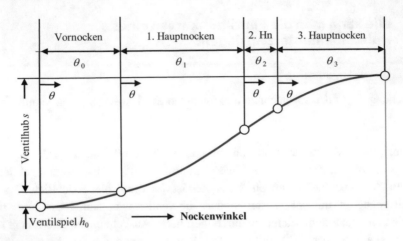

**Abb. 5.10**  Hubbewegung eines ruckfreien Nockens

Die Ventilerhebungskurve wird beim ruckfreien Nocken in vier Teilbereiche zerlegt (Abb. 5.10).

Die Gleichungen für die vier Bereiche lauten im Einzelnen [28]:

$$s_0 = h_0 \cdot \left( 1 - \cos \left( \frac{\pi}{2 \cdot \theta_0} \cdot \theta \right) \right),$$

$$s_1 = h_0 + c_{11} \cdot \theta - c_{12} \cdot \sin \left( \frac{\pi}{\theta_1} \cdot \theta \right),$$

$$s_2 = s_{1E} + c_{21} \cdot \theta + c_{22} \cdot \sin \left( \frac{\pi}{2 \cdot \theta_2} \cdot \theta \right),$$

$$s_3 = s_{2E} + c_{31} \cdot (\theta_3 - \theta)^4 - c_{32} \cdot (\theta_3 - \theta)^2 + c_{33}.$$

Im Bereich des Vornockens (Teil einer Kosinuskurve) wird das Ventilspiel ($h_0$) überwunden. Am Ende muss das Ventil am Nocken anliegen. In den folgenden drei Hauptphasen wird das Ventil bis zum maximalen Ventilhub angehoben. Die Phasen 1 und 2 entstehen aus Teilen von Sinusfunktionen. Die 3. Phase wird durch ein Polynom 4. Grades beschrieben. Ruckfrei heißt, dass beim Übergang von einer Phase zur nächsten die Ventilbeschleunigung (2. Ableitung) keinen Sprung macht, sie also stetig ist. (Der Ventilhub und die Ventilgeschwindigkeit müssen natürlich auch stetig sein). Die Parameter $c_{ij}$ der vier Teilfunktionen müssen also so gewählt werden, dass die Werte der Ventilhübe, der Ventilgeschwindigkeiten und der Ventilbeschleunigungen an den Übergangsstellen der jeweiligen Funktionen gleich sind. Der zweite Teil der Ventilhubkurve (Schließen des Ventils) wird spiegelsymmetrisch zur steigenden Flanke gewählt.

Bei der Auslegung der Parameter der vier Teilfunktionen kann man folgende Werte wählen:

- Dauer der vier Phasen in °NW,
- Verhältnis der Beschleunigungen $z$ am Ende der 2. und der 3. Phase:

$$z = \frac{\ddot{s}_{2_\text{Ende}}}{\ddot{s}_{3_\text{Ende}}},$$

- Ventilhub am Endes des Vornockens,
- Max. Ventilhub,

Weiterhin empfiehlt [28]:

- Die Geschwindigkeit am Ende des Vornockens sollte kleiner als 0,3 m/s sein.
- Für $z$ ist ein Wert von ca. 0,6 sinnvoll.
- Das Winkelverhältnis $\theta_2/\theta_3$ sollte zwischen 0,1 und 0,15 liegen.

In der zum Buch gehörenden Excel-Tabelle sind alle Gleichungen zur Berechnung des ruckfreien Nockens programmiert. Die Tabelle ist folgendermaßen aufgebaut:

Die Zellen C9:C10 enthalten die Steuerzeiten des Ventils und C18 die Nockenwellendrehzahl. In den Zellen C21:C27 wird das Ventil durch die Vorgabe der weiter oben genannten Werte definiert. In den Zellen C28:C36 werden die Nockenwinkel der vier Teilbereiche berechnet. Die Zellen C38:C50 enthalten Zwischenergebnisse. Die entsprechenden Gleichungen können in [28] nachgelesen werden. Die Berechnung des Ventilhubs erfolgt in der öffnenden Flanke (F10:L110) gemäß den vier Teilbereichen. Die Schließflanke des Ventilhubs wird in F111:L210 durch Spiegelung symmetrisch erzeugt. Die vier Teilbereiche werden jeweils in 25 äquidistante Intervalle zerlegt (Spalte G) und an den sich ergebenden Punkten der Ventilhub (Spalte J), die Ventilgeschwindigkeit (Spalte K) und die Ventilbeschleunigung (Spalte L) berechnet.

Abb. 5.11 zeig ein typisches Ergebnis für den Ventilhub, die normierte Ventilgeschwindigkeit und die normierte Ventilbeschleunigung. Die normierte Ventilgeschwindigkeit $s'$ und die normierte Ventilbeschleunigung $s''$ werden folgendermaßen definiert:

$$\dot{s} = \frac{\mathrm{d}s}{\mathrm{d}t} = \frac{\mathrm{d}s}{\mathrm{d}\theta} \cdot \frac{\mathrm{d}\theta}{\mathrm{d}t} = \frac{\mathrm{d}s}{\mathrm{d}\theta} \cdot \omega_\text{NW} = s' \cdot \omega_\text{NW},$$

$$s' = \frac{\dot{s}}{\omega_\text{NW}},$$

$$s// = \frac{\ddot{s}}{\omega_\text{NW}^2}.$$

$\omega_\text{NW}$ ist die Winkelgeschwindigkeit der Nockenwelle.

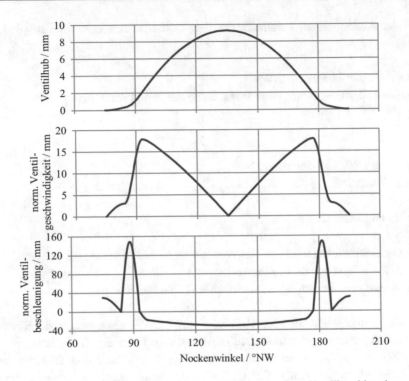

**Abb. 5.11**  Ventilhub, normierte Ventilgeschwindigkeit und normierte Ventilbeschleunigung

---

**Zusammenfassung**

Die Ventilhubkurven müssen so ausgelegt werden, dass die maximale Beschleunigung
der Ventile auch bei großen Drehzahlen einen Grenzwert nicht überschreitet. Gleichzeitig sollen die Ventile aber so schnell wie möglich geöffnet und geschlossen
werden. ◄

---

## 5.9    Können sich die Ventile und der Kolben in der Nähe des oberen Totpunktes berühren?

**Der Leser/die Leserin lernt**

grafische Darstellung der Annäherung des Kolbens an die sich bewegenden Ventile.
◄

Beim 4-Takt-Motor dreht sich die Kurbelwelle doppelt so schnell wie die Nockenwelle. Deswegen muss man zwischen den beiden oberen Totpunkten (OT) des Kolbens
unterscheiden. Beim Verbrennungs-OT sind die Ein- und Auslassventile natürlich

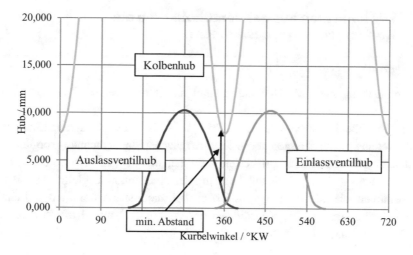

**Abb. 5.12**   Hubkurven von Kolben, Einlass- und Auslassventil

geschlossen. Beim Ladungswechsel-OT sind die Auslassventile aber noch offen und die Einlassventile schon offen (Ventilüberschneidung, vergleiche Abb. 5.9). In dieser Phase besteht tatsächlich die Gefahr, dass sich Ventile und Kolben berühren. Das muss unbedingt vermieden werden, weil sonst der Ventiltrieb, das Ventil oder der Kolben mechanisch beschädigt werden können.

Zur Kontrolle der Berührgefahr müssen die Bewegungsabläufe von Kolben und Ventilen untersucht werden. Die Kolbenbewegung ist bereits aus Abschn. 5.1 bekannt, die Ventilbewegung aus Abschn. 5.8.

Die zum Buch gehörende Excel-Datei enthält ein Tabellenblatt, in dem man den Kurbeltrieb und die beiden Ventilhubkurven definieren kann. Die Lage des Kolbens im oberen Totpunkt ergibt aus dem Kompressionsvolumen. Dabei wird in der einfachen Berechnung angenommen, dass der Zylinderkopf und die Kolbenoberfläche eben sind.

Abb. 5.12 zeigt die Hubkurven der beiden Ventile und des Kolbens. Man kann deutlich erkennen, dass der minimale Abstand zwischen Kolben und Ventilen nicht im oberen Totpunkt, sondern davor und danach auftritt. Im vorliegenden Beispiel ist der Abstand zwischen den Bauteilen groß genug. In der Excel-Tabelle kann man aber gut durch eine Variation der Eingabedaten testen, wann es zu einer Berührung kommt.

### Zusammenfassung

Es besteht die Gefahr, dass sich die Ventile und der Kolben in der Nähe des oberen Totpunktes berühren. Deswegen muss die Kinematik der beteiligten Bauteile genau untersucht werden. Gegebenenfalls müssen konstruktive Änderungen vorgenommen werden. ◄

## 5.10 Wie kann man aus der Ventilhubkurve die Nockengeometrie bestimmen?

**Der Leser/die Leserin lernt**

Zusammenhang zwischen Nockenform und Ventilhubkurve. ◄

Aus der Ventilhubkurve lässt sich mit der in Abb. 5.13 gezeigten Kinematik der Stößelbewegung die Nockengeometrie für einen Flachstößel berechnen (vergleiche [15]). Die Gleichungen lassen sich am besten herleiten, indem man sich vorstellt, dass der Nocken stillsteht und der Flachstößel entlang der Nockenkontur gleitet. Das Bild zeigt zwei Positionen: die mittlere Lage des Stößels bei maximalem Ventilhub und eine Lage mit dem Berührpunkt 3. Die Koordinaten der Punkte 1, 2 und 3 lassen sich mit den folgenden Gleichungen berechnen.

$$x_1 = -s'' \cdot \sin(\theta)$$
$$y_1 = -s'' \cdot \cos(\theta)$$
$$x_2 = x_1 - s' \cdot \cos(\theta)$$
$$y_2 = y_1 + s' \cdot \sin(\theta)$$
$$x_3 = x_2 + \rho_N \cdot \sin(\theta)$$
$$y_3 = y_2 + \rho_N \cdot \cos(\theta)$$

$s'$ und $s''$ sind aus der Berechnung der Ventilhubkurve für jeden Nockenwinkel $\theta$ bekannt. $\rho_N$ ist der Krümmungsradius der Nockenkurve, ausgehend vom Krümmungsmittelpunkt 2. Für $\rho_N$ findet man in [28] die Gleichung

$$\rho_N = r_G + s + s''.$$

**Abb. 5.13** Kinematik der Stößelbewegung

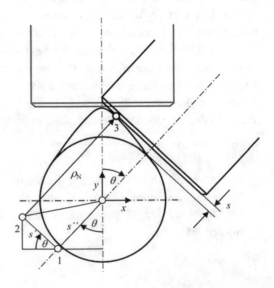

$r_\text{G}$ ist dabei der Grundkreisradius des Nockens. Mit diesen Gleichungen kann man die Kontur des Nockens berechnen, der zu den Eingabedaten von Abb. 5.11 gehört. Der in Abb. 5.13 gezeigte Nocken wurde auf diese Weise berechnet.

## 5.11 Warum baut ein Motorentuner stärkere Ventilfedern ein?

| Der Leser/die Leserin lernt |
| --- |

Problematik des „Abhebens" des Ventils vom Nocken. ◀

Bei heutigen Hubkolbenverbrennungsmotoren werden die Ventile im Allgemeinen geöffnet, indem sie von einem Nocken auf der Nockenwelle gegen eine Federkraft geöffnet werden. Wenn die Nockenwelle sich weiterdreht und das Ventil geschlossen werden soll, dann drückt die Ventilfeder das Ventil bis zum Kontakt mit dem Nocken. Dieser Kontakt darf nie verloren gehen, sonst wird irgendwann doch wieder das Ventil durch die Federkraft auf den Nocken aufschlagen und dabei Schäden verursachen.

Die Ventilfeder muss so ausgelegt werden, dass bei allen Betriebsdrehzahlen der Kontakt zum Nocken nie verloren geht. Da die Massenträgheitskräfte vom Quadrat der Drehzahl abhängen, muss bei einer Steigerung der Drehzahl die Ventilfederkraft gegebenenfalls erhöht werden. Das wird im folgenden Beispiel gezeigt:

Die Kraft $F_\text{N}$, mit der der Ventiltrieb auf den Nocken drückt, ergibt sich aus der Federkraft und der Massenträgheitskraft aller am Ventiltrieb beteiligten Massen. Diese kann man auf ein Ersatzsystem reduzieren, das in Abb. 5.14 gezeigt wird. Für dieses System gilt:

$$F_\text{N} = F_\text{Feder} + m_\text{red} \cdot \ddot{s} > 0.$$

**Abb. 5.14** Ersatzsystem für die Ventilbetätigung

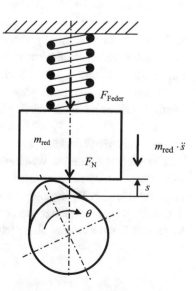

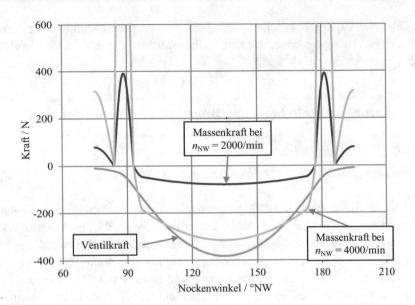

**Abb. 5.15** Massen- und Ventilkraft bei zwei unterschiedlichen Drehzahlen

Nach der Federkraft aufgelöst ergibt sich:

$$F_{\text{Feder}} = k_{\text{Feder}} \cdot s > -m_{\text{red}} \cdot \ddot{s}.$$

Die Federkraft muss also immer größer sein als die rechts in der Gleichung berechnete negative Massenkraft. Sobald die negative Beschleunigung am Ende der Öffnungsphase des Ventils zu groß wird, geht der Kontakt verloren. Das kann man verhindern, indem entweder eine Feder mit größerer Federkonstante eingebaut wird oder die Massen der bewegten Teile verkleinert werden.

Das folgende Beispiel (Abb. 5.15) zeigt die Massenkraft und die negative Federkraft eines reduzierten Ventilsystems mit einer Federsteifigkeit $k_{\text{Feder}}$ von 40 N/mm und einer reduzierten Masse von 60 g bei den Nockenwellendrehzahlen 2000/min und 4000/min. Das entspricht Motordrehzahlen von 4000/min und 8000/min. Man kann deutlich erkennen, dass bei der kleinen Drehzahl die Federkraft immer unterhalb der Massenkraft liegt, die Feder also stark genug ist. Bei der großen Drehzahl schneidet die Massenkraft die Federkraft: Es kommt zum Abheben des Ventils von der Nockenkontur.

Die hier vorgestellte Ventilberechnung ist sehr vereinfachend, weil sie davon ausgeht, dass der Ventiltrieb starr ist. In Wirklichkeit ist er elastisch verformbar, was dann zu schwingenden Belastungen führt. In diesem realen dynamischen Fall muss die Feder deutlich stärker ausgelegt werden. Im Rahmen der einfachen Berechnungen im vorliegenden Buch kann das aber nicht berücksichtigt werden.

---

**Zusammenfassung**

Je größer die Motordrehzahl ist, umso größer sind auch die Massenträgheitskräfte der Ventile. Das kann dann ab einer bestimmten Grenzdrehzahl dazu führen, dass in der Schließphase der Kontakt zwischen den Ventilen und den Nocken verloren geht. Das darf aber nicht geschehen. Deswegen müssen bei einer Erhöhung der Motordrehzahl gegebenenfalls stärkere Ventilfedern eingebaut werden. ◀

---

## 5.12 Welchen Einfluss haben geometrische Änderungen des Tuners auf das Hubvolumen und auf das Verdichtungsverhältnis?

---

**Der Leser/die Leserin lernt**

typische mechanische Modifikationen, die Tuner zumindest früher vorgenommen haben. ◀

Motorentuner, insbesondere die älteren, die noch kein Chiptuning durchgeführt haben, modifizieren gerne Bauteile am Motor, um das Hubvolumen oder das Verdichtungsverhältnis zu ändern. In diesem Kapitel soll untersucht werden, welchen Einfluss insgesamt fünf Bauteiländerungen haben:

**Abfräsen des Zylinderkopfes oder Verwendung einer dickeren Zylinderkopfdichtung**

Bei der Überarbeitung von Ottomotoren wird gerne der Zylinderkopf abgefräst oder auch eine dickere Zylinderkopfdichtung eingebaut. Beide Maßnahmen ändern das Kompressionsvolumen, also das Volumen im Zylinder im oberen Totpunkt. Das Abfräsen verkleinert das Kompressionsvolumen, die dickere Dichtung vergrößert das Kompressionsvolumen. Am Hubvolumen ändert sich nichts, weil dieses nur durch die geometrischen Größen Kolbenhub und Kolbendurchmesser festgelegt wird. Änderungen am Kompressionsvolumen führen direkt zu Änderungen des Verdichtungsverhältnisses: Das Abfräsen des Zylinderkopfes erhöht das Verdichtungsverhältnis. Die dickere Zylinderkopfdichtung verringert das Verdichtungsverhältnis. Durch die Änderung des Verdichtungsverhältnisses reduziert man die Klopfneigung (kleines Verdichtungsverhältnis) oder erhöht die Motorleistung und damit aber auch die Klopfneigung (größeres Verdichtungsverhältnis).

**Nacharbeiten (Vertiefung) der Kolbenmulde**

Eine tiefere Kolbenmulde (beispielsweise durch größere Ventiltaschen für einen größeren Ventilhub oder durch Nacharbeit der Kolbenmulde beim Dieselmotor) vergrößert das Kompressionsvolumen und verkleinert damit das Verdichtungsverhältnis.

**Einbau einer längeren Pleuelstange**

Eine längere Pleuelstange ändert nichts am Hubvolumen, weil dieses nur durch den Zylinderdurchmesser und die Kurbelwellenkröpfung festgelegt wird. Die längere Pleuel-stange hebt aber den Kolben an, verkleinert das Kompressionsvolumen und erhöht damit das Verdichtungsverhältnis. Die Verlängerung führt zu einer größeren Laufruhe des Motors, weil der Term 2. Ordnung in der Gleichung für die Kolbenbeschleunigung (vergleiche Abschn. 5.1) verkleinert wird. In einem bestehenden Motorgehäuse kann die Pleuelstange aber kaum verlängert werden, weil die Maßnahme einen großen Einfluss auf das Verdichtungsverhältnis hat.

**Aufbohren des Zylinders und damit Vergrößerung des Zylinderdurchmessers**

Das Aufbohren des Zylinders ist eine beliebte Maßnahme der Tuner, weil es relativ ein-fach zu bewerkstelligen ist. Natürlich muss man dabei beachten, dass die Zylinderwand-stärke nicht zu klein wird. Durch den größeren Zylinderdurchmesser vergrößert sich das Hubvolumen des Motors und damit natürlich auch die Motorleistung. Es vergrößert sich aber auch das Kompressionsvolumen. Ob sich damit das Verdichtungsverhältnis ändert, zeigen die folgenden Gleichungen:

$$\varepsilon = \frac{V_{max}}{V_{min}} = \frac{V_h + V_C}{V_C} = \frac{V_h}{V_C} + 1 = \frac{\frac{\pi}{4} \cdot D^2 \cdot s}{V_C} + 1.$$

Unter der Annahme, dass das Kompressionsvolumen zylindrisch ist und es durch seine Höhe (Kolbenspalt $s_K$) definiert ist, kann man weiter rechnen:

$$\varepsilon = \frac{\frac{\pi}{4} \cdot D^2 \cdot s}{V_C} + 1 = \frac{\frac{\pi}{4} \cdot D^2 \cdot s}{\frac{\pi}{4} \cdot D^2 \cdot s_K} + 1.$$

Die Änderung der Zylinderbohrung D wirkt im Zähler und Nenner des Bruches auf gleiche Weise. Deswegen ändert sich das Verdichtungsverhältnis nicht. Diese Aus-sage gilt aber nur, wenn das Kompressionsvolumen zylindrisch ist. Bei modernen Ottomotoren wird gerne ein dachförmiger Brennraum mit schräg stehenden Ventilen ver-wendet. Hier gilt die obige Aussage nicht mehr.

**Einbau einer anderen Kurbelwelle mit einer größeren Kröpfung**

Der Einbau einer neuen Kurbelwelle ist ein großer Eingriff in einen bestehenden Motor. Wenn die Kurbelwelle eine größere Kröpfung $r$ (vergleiche Abb. 5.1) hat, dann vergrößert sich der Kolbenhub und gleichzeitig wird der Kolbenspalt verringert. Unter der Annahme eines zylindrischen Kompressionsvolumens ergibt sich dann:

$$\varepsilon = \frac{\frac{\pi}{4} \cdot D^2 \cdot s}{\frac{\pi}{4} \cdot D^2 \cdot s_K} + 1 = \frac{2 \cdot r}{s_K} + 1.$$

**Tab. 5.3** Einfluss von geometrischen Tuningmaßnahmen auf das Hubvolumen und das Verdichtungsverhältnis

|  | Zylinderkopf-dichtung um 1 mm dicker | Zylinderkopf um 1 mm abgefräst | Pleuelstange um 1 mm länger | Zylinderdurch-messer um 1 mm größer | Kröpfung um 1 mm größer |
|---|---|---|---|---|---|
| Relative Änderung des Hubvolumens in % | 0,0 | 0,0 | 0,0 | 2,3 | 2,3 |
| Relative Änderung des Verdichtungs-verhältnisses in % | −10,4 | 13,4 | 13,4 | 0,0 | 15,9 |

Wenn nun die Kröpfung beispielsweise um 1 mm vergrößert wird, dann wird der Zähler in der Gleichung um 2 mm größer und gleichzeitig der Nenner um 1 mm kleiner. Das führt dann insgesamt zu einer Vergrößerung des Verdichtungsverhältnisses.

Für den typischen Pkw-Motor aus Abschn. 5.1 und 5.6 (Zylinderhubvolumen von 0,5 cm$^3$, Verdichtungsverhältnis von 12 und Hub-Bohrung-Verhältnis von 1) ergeben sich zusammenfassend die in Tab. 5.3 genannten Änderungen.

# Fahrzeugdynamik

6

Im Kap. 1 wurden erste Beispiele zum Leistungsbedarf eines Fahrzeuges bei konstanter Geschwindigkeit berechnet. Nun sollen auch Beschleunigungen und Betriebsweisen im Kennfeld des Motors untersucht werden. Besonders ausführlich werden Beispiele zum bisherigen Neuen Europäischen Fahrzyklus behandelt. Die Berechnungen sind teilweise sehr aufwändig. In den Excel-Tabellen sind sie aber komplett durchgerechnet, sodass sich die Leserin und der Leser diese Arbeiten ersparen können.

## 6.1 Warum haben sportliche Fahrzeuge einen schlechten Kraftstoffverbrauch?

**Der Leser/die Leserin lernt**

Sportliche Fahrzeuge haben häufig einen höheren streckenbezogenen Kraftstoffverbrauch als schwach motorisierte Fahrzeuge. ◄

Wenn man sich Autoprospekte anschaut und die Kraftstoffverbräuche eines Fahrzeuges bei unterschiedlichen Motorisierungen kontrolliert, dann nimmt im Allgemeinen der Kraftstoffverbrauch mit steigender Motorleistung zu. Tab. 6.1 zeigt das für die Motorisierung des Opel Astra GTC (Baujahr 2008) mit verschiedenen Ottomotoren.

Der schwache 1.4-l-Motor mit einer Leistung von 66 kW hat den besten streckenbezogenen Kraftstoffverbrauch in Höhe von 6,1 l/(100 km). Der starke 2,0-l-Turbomotor braucht über 3 l/(100 km) mehr. Dabei fahren alle Fahrzeuge zur Verbrauchsermittlung die

**Elektronisches Zusatzmaterial** Die elektronische Version dieses Kapitels enthält Zusatzmaterial, das berechtigten Benutzern zur Verfügung steht https://doi.org/10.1007/978-3-658-29226-3_6.

**Tab. 6.1** Verschiedene Ottomotoren für den Astra GTC

| Motor | 1.4 | 1.6 | 1.8 | 1.6 Turbo | 2.0 Turbo |
|---|---|---|---|---|---|
| Leistung in kW | 66 | 85 | 103 | 132 | 147 |
| Höchstgeschwindigkeit in km/h | 180 | 193 | 210 | 223 | 234 |
| Beschleunigung bis auf 100 km/h in s | 13,6 | 11,6 | 10,1 | 8,2 | 7,8 |
| Streckenbezogener Kraftstoffverbrauch in l/(100 km): Stadt | 8,0 | 8,7 | 9,7 | 10,3 | 13,1 |
| Streckenbezogener Kraftstoffverbrauch in l/(100 km): Land | 5,0 | 5,2 | 5,6 | 6,2 | 7,1 |
| Streckenbezogener Kraftstoffverbrauch in l/(100 km): gesamt | 6,1 | 6,5 | 7,1 | 7,7 | 9,3 |

gleiche Fahrstrecke mit dem gleichen Geschwindigkeitsprofil (vergleiche Abschn. 6.15). Die Ursache für den Verbrauchsunterschied wurde bereits im Abschn. 4.8 besprochen: Verbrennungsmotoren haben ihren besten Wirkungsgrad dann, wenn sie bei moderater Drehzahl und relativ hoher Last fahren. Ein schwacher Motor muss sich mehr anstrengen als ein starker Motor, um ein bestimmtes Fahrzeug entlang des genormten Fahrzyklus (Neuer Europäischer Fahrzyklus) zu bewegen. Deswegen fährt ein schwacher Motor eher im Bereich des optimalen Wirkungsgrades als ein starker Motor. Wenn man also wirklich Kraftstoff sparen möchte, dann sollte man ein (kleines und leichtes) Fahrzeug mit dem schwächsten Motor kaufen, den es für dieses Fahrzeug gibt. Ein derartiger Pkw hat dann aber kein gutes Beschleunigungsverhalten mehr. Ältere Autofahrer erinnern sich vielleicht noch an den VW Käfer. Dieser hatte einen schwachen Motor (ca. 25 kW), schaffte mit Mühe eine Höchstgeschwindigkeit von 130 km/h und benötigte für den Beschleunigungsvorgang auf 100 km/h etwa 37 s. Wenn man ein derartiges Fahrzeugkonzept mit einem modernen Motor realisieren würde, dann könnte man leicht ein sogenanntes 3-Liter-Auto bauen …

---

**Zusammenfassung**

Sportliche Fahrzeuge mit einer hohen Motorleistung haben im Allgemeinen einen hohen Kraftstoffverbrauch, weil sich der Motor im Testzyklus nicht besonders anstrengen muss und er deswegen häufig im verbrauchsungünstigen Schwachlastgebiet betrieben wird. ◄

---

## 6.2    Wie groß ist der Kraftstoffverbrauch nach dem Kaltstart?

**Der Leser/die Leserin lernt**

Methode  zur Ermittlung des Kraftstoffverbrauchs nach dem Kaltstart. ◄

Fahrzeuge haben nach dem Kaltstart einen besonders hohen Kraftstoffverbrauch. Das hängt zum einen damit zusammen, dass kaltes Motoren- und Getriebeöl sehr zähflüssig ist und damit die Reibungsverluste ansteigen. Zum anderen werden moderne Pkw so betrieben, dass sie nach dem Kaltstart so schnell wie möglich Betriebstemperatur erreichen. Denn erst dann funktionieren die Katalysatoren der Abgasnachbehandlungsanlage. Während der Kaltstartphase wird die Verbrennung (Zündzeitpunkt beim Ottomotor bzw. Einspritzzeitpunkt beim Dieselmotor) teilweise bewusst schlecht eingestellt, damit eine höhere Abgastemperatur entsteht, die wiederum das Abgassystem besser und schneller erwärmt.

Der Fahrer eines BMW 530 d Kombi wollte den Kraftstoffverbrauch nach dem Kaltstart untersuchen und führte folgendes Experiment durch: Er durchfuhr mit dem Fahrzeug 10-mal eine Teststrecke mit einer Gesamtlänge von 1,8 km. Nach jedem Durchgang las er den Durchschnittskraftstoffverbrauch an seinem Bordcomputer ab. Vor dem Start des Motors wurde der Bordcomputer natürlich auf null gesetzt. Das gesamte Experiment dauerte 30 min, was einer Durchschnittgeschwindigkeit von 36 km/h entspricht. Abb. 6.1 zeigt die Angabe des Bordcomputers für die 10 Runden jeweils nach dem Rundenende. Daraus kann man (vergleiche die zum Kapitel gehörende Excel-Tabelle) den streckenbezogenen Kraftstoffverbrauch der jeweiligen Runde berechnen. Dieses Ergebnis wird in Abb. 6.2 gezeigt. Man kann hier erkennen, dass sich im Laufe der Zeit ein Verbrauch von etwa 9,5 l/(100 km) einpendelt. In der ersten Runde beträgt er aber über 16 l/(100 km) und in der zweiten Runde knapp 11 l/(100 km). Nach etwa 10 min hat der Motor seine normale Betriebstemperatur erreicht.

Am Ende der Testzeit sieht man in Abb. 6.2, dass sich der Kraftstoffverbrauch von Runde zu Runde leicht ändert. Daran erkennt man, dass es nicht einfach ist, durch Fahrversuche reproduzierbare und genaue Ergebnisse zu erhalten. Wenn man in der Excel-Tabelle beispielsweise den Messwert von 10,7 l/(100 km) nach der 7. Runde auf 10,6 oder 10,8 ändert, dann hat das einen großen Einfluss auf die Ergebnisse in Abb. 6.2.

In dem Verlauf des streckenbezogenen Kraftstoffverbrauchs über die Gesamtstrecke (vergleiche Abb. 6.1) sieht man deutlich, dass der schlechte Verbrauch zu Beginn der

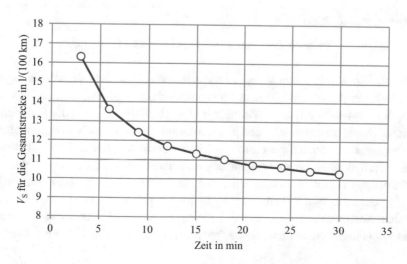

**Abb. 6.1** Streckenbezogener Kraftstoffverbrauch über die Gesamtstrecke nach dem Kaltstart

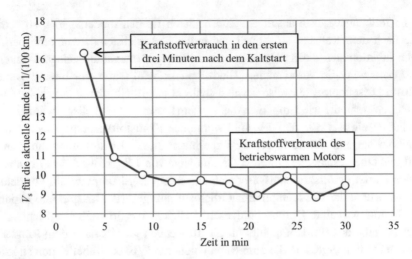

**Abb. 6.2** Streckenbezogener Kraftstoffverbrauch nach dem Kaltstart für die jeweilige Fahrrunde

Teststrecke noch lange den Durchschnittsverbrauch beeinflusst. Sogar nach 30 min ist der Durchschnittsverbrauch noch immer höher als der Momentanverbrauch.

---
**Zusammenfassung**

In den ersten Minuten nach dem Kaltstart kann der Kraftstoffverbrauch um den Faktor zwei oder drei größer sein als im betriebswarmen Zustand. ◄

## 6.3    Wie groß ist der Leerlaufverbrauch eines Fahrzeuges?

---
**Der Leser/die Leserin lernt**

Methode  zur Berechnung des Leerlaufverbrauchs aus Kennfelddaten. ◄

Die Verbrauchskennfelder von Verbrennungsmotoren zeigen, dass der Wirkungsgrad der Motoren mit abnehmendem Moment immer schlechter wird. Im Leerlauf des Motors ($P_e = 0$; $M = 0$) ist der effektive Wirkungsgrad $\eta_e$ ebenfalls null und damit der effektive spezifische Kraftstoffverbrauch, der ja im Wesentlichen der Kehrwert des effektiven Wirkungsgrades ist, unendlich groß. Auch der streckenbezogene Kraftstoffverbrauch $V_s$ wird unendlich groß, wenn das Fahrzeug an der Ampel steht, der Motor aber weiterläuft. Deswegen macht es keinen Sinn, den Kraftstoffverbrauch eines Fahrzeuges im Leerlauf in der Einheit l/(100 km) oder g/(kWh) anzugeben. Sinnvoll ist nur die Angabe des Kraftstoffmassenstroms $\dot{m}_B$ oder des Kraftstoffvolumenstroms $\dot{V}_B$ in kg/h oder l/h. Wie kann man diese Werte dem Motorkennfeld entnehmen? Abb. 6.3 und 6.4 zeigen die

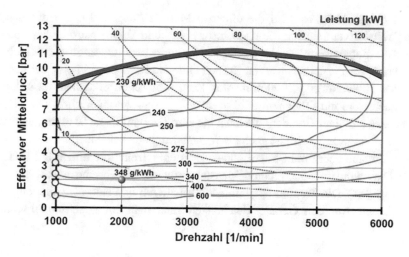

**Abb. 6.3**  Kraftstoffverbrauchskennfeld des Ottomotors der A-Klasse [29]

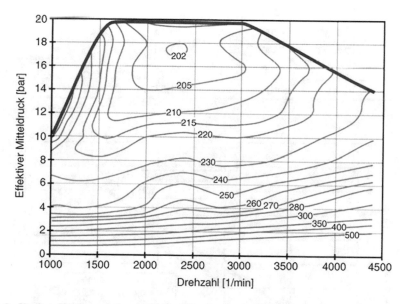

**Abb. 6.4**  Kraftstoffverbrauchskennfeld des Dieselmotors der A-Klasse [30]

Kraftstoffverbrauchskennfelder des Otto- bzw. Dieselmotors der A-Klasse. Im Folgenden wird der Kraftstoffverbrauch im Leerlauf der Motoren bei Drehzahlen von 1000/min und 2000/min ermittelt.

Den Kennfeldern werden die effektiven Kraftstoffverbräuche bei diesen Drehzahlen bei verschiedenen effektiven Mitteldrücken entnommen:

Aus den Mitteldrücken wird die effektive Motorleistung und damit aus den spezifischen Kraftstoffverbräuchen die Kraftstoffmassen- und Volumenströme berechnet. Tab. 6.2 zeigt die Zahlenwerte für die Drehzahl 1000/min beim Ottomotor. Es ergeben sich die in Abb. 6.5 dargestellten Kurven für den Otto- und den Dieselmotor bei den beiden Drehzahlen 1000/min und 2000/min. Man kann sehr schön erkennen, dass der Kraftstoffvolumenstrom mit fallendem effektivem Mitteldruck geringer wird. Die Messwerte liegen nahezu auf einer Geraden, die dann bis zum Leerlauf ($p_\mathrm{e} = 0$) extrapoliert werden kann. (Diese Vorgehensweise ist auch als Willans-Methode bekannt.)

Diese Aufgabe übernimmt Excel, indem man eine Trendlinie hinzufügt. Dazu klickt man im Diagramm mit der rechten Maustaste auf die Datenreihe und wählt „Trendlinie hinzufügen". Die Trendlinie kann man formatieren und sich die Geradengleichung angeben lassen. Aus den Geradengleichungen kann man am y-Achsen-Abschnitt den

**Tab. 6.2** Bestimmung des Kraftstoffverbrauchs im Leerlauf eines Ottomotors

| $n/(1/\mathrm{min})$ | $p_\mathrm{e}/\mathrm{bar}$ | $b_\mathrm{e}/(\mathrm{g}/(\mathrm{kWh}))$ | $P_\mathrm{e}/\mathrm{kW}$ | $\dot{m}_\mathrm{B}/(\mathrm{kg/h})$ | $\dot{V}_\mathrm{B}/(\mathrm{l/h})$ |
|---|---|---|---|---|---|
| 1000 | 4,0 | 275 | 6,78 | 1,86 | 2,45 |
| 1000 | 3,1 | 300 | 5,25 | 1,58 | 2,07 |
| 1000 | 2,3 | 340 | 3,90 | 1,33 | 1,74 |
| 1000 | 1,8 | 400 | 3,05 | 1,22 | 1,61 |
| 1000 | 0,9 | 600 | 1,53 | 0,92 | 1,20 |

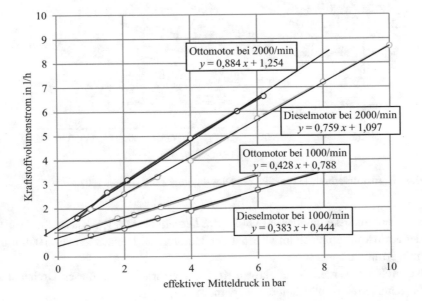

**Abb. 6.5** Kraftstoffvolumenströme bei verschiedenen Mitteldrücken

Kraftstoffverbrauch im Leerlaufablesen: 0,44 l/h beim Dieselmotor und 0,79 l/h beim Ottomotor (jeweils bei einer Drehzahl von 1000/min). Der Ottomotor hat den höheren Verbrauch, weil er durch die weit geschlossene Drosselklappe beim Ladungswechsel behindert wird. Wenn man mit erhöhter Leerlaufdrehzahl fährt, wie dies beispielsweise nach dem Kaltstart der Fall sein kann, erhöht sich der Kraftstoffverbrauch deutlich auf Werte von 1,10 l/h bzw. 1,225 l/h.

Wenn man das Kennfeld des Ottomotors etwas genauer anschaut, dann kann man erkennen, dass die Kraftstoffverbräuche in der Nähe des Leerlaufpunktes ($n = 1000/$min) relativ schlechter werden: Die Isolinie $b_e = 600$ g/(kWh) steigt mit fallender Drehzahl an. Normal ist eigentlich das umgekehrte Verhalten: Die Isolinie sollte mit zunehmender Drehzahl ansteigen. Denn der effektive Wirkungsgrad des Motors im Leerlauf sollte mit zunehmender Drehzahl schlechter werden, weil die Reibungsverluste mit der Drehzahl zunehmen. Nun weiß man nicht, ob das Kennfeld schlecht gezeichnet wurde oder ob sich der Motor tatsächlich so verhält. Denkbar ist das schon, weil man einen Ottomotor im Leerlauf auch durch die Wahl des Zündzeitpunktes und in geringem Maße durch die Wahl des Luftverhältnisses beeinflussen kann.

Wenn man die Ergebnisse in der zum Kapitel gehörenden Excel Tabelle betrachtet, dann kann man das Verhalten noch etwas genauer studieren. Die grün markierten Zellen (beispielsweise J16 und K16) enthalten den Kraftstoffverbrauch im Leerlauf. Die Zahlen wurden ähnlich wie die Trendlinie in Abb. 6.5 ermittelt: Die Excel-Funktion TREND[1] bestimmt den Leerlaufverbrauch in den grün markierten Zellen, indem die darüber stehenden Zahlen durch eine Geradengleichung approximiert und zum Leerlauf hin extrapoliert werden. In der Spalte K ist angegeben, welche Kraftstoffmasse pro Arbeitsspiel im auf 1 l normierten Hubvolumen verbrennt. (Näheres hierzu findet sich im Abschn. 6.10.)

Eigentlich müsste es so sein, dass mit zunehmender Drehzahl auch die Kraftstoffmasse pro Arbeitsspiel zunimmt. Bei den Drehzahlen 1000/min und 2000/min des Ottomotors ist das aber nicht der Fall. Ein derartiges Verhalten ist nur bei einem elektronisch geregelten Motor denkbar. Denn sonst würde es bedeuten, dass der Motor die Drehzahl reduziert, wenn man mehr Kraftstoff einspritzt. Und das darf nicht sein …

---

**Zusammenfassung**

Kleinere Pkw-Motoren haben im Leerlauf einen Kraftstoffverbrauch in der Größenordnung von 0,4 l/h bis zu 1 l/h. ◄

---

[1]TREND ist eine sehr hilfreiche Funktion. Wenn man sie auf mehr als zwei Stützstellen anwendet, dann approximiert sie die Stützstellen durch eine lineare Gleichung. Wenn man sie auf zwei Stützstellen anwendet, dann legt TREND eine exakte lineare Interpolation durch die Stützstellen. Diese Methode wird in diesem Buch mehrfach verwendet.

## 6.4    Kann man den Leerlaufverbrauch eines Fahrzeuges mit einem einfachen Bordcomputer bestimmen?

**Der Leser/die Leserin lernt**

experimentelle  Methode zur Bestimmung des Leerlaufverbrauchs. ◄

Manche älteren Fahrzeuge haben einen Bordcomputer, der den durchschnittlichen Kraftstoffverbrauch, nicht aber den aktuellen Verbrauch anzeigt. Auch mit diesen einfachen Bordcomputern kann man den Leerlaufverbrauch bestimmen, wie das folgende Beispiel zeigt.

Der Fahrer eines Kleinwagens versucht, den Kraftstoffverbrauch im Leerlauf abzuschätzen. Der Bordcomputer des Pkw kann leider nicht den aktuellen Kraftstoffverbrauch angeben, wohl aber den durchschnittlichen Verbrauch seit dem Nullsetzen des Tageskilometerzählers. Der Fahrer geht folgendermaßen vor: Er setzt den Tageskilometerzähler auf null, fährt eine gewisse Strecke, hält dann am Straßenrand an und lässt den Motor im Leerlauf weiterlaufen. Die Länge der Strecke war 7,2 km mit einer Durchschnittsgeschwindigkeit von 36,6 km/h. Während der Motor im Leerlauf weiterläuft, beobachtet der Fahrer die Anzeige des Bordcomputers und notiert, wie der durchschnittliche Kraftstoffverbrauch immer schlechter wird. Es ergeben sich die in der Tab. 6.3 angegebenen Werte ab dem Zeitpunkt 0 (Anhalten). Aus dem streckenbezogenen Durchschnittsverbrauch kann man den Kraftstoffverbrauch in Litern berechnen.

Die Excel-Tabelle zeigt, wie der anfängliche Verbrauch von 0,328 l innerhalb der 190 s auf 0,348 l ansteigt. Das entspricht einem Leerlaufverbrauch von

**Tab. 6.3** Änderung des streckenbezogenen Kraftstoffverbrauchs im Leerlauf des Motors

| Zeit in s | Verbrauch in l/(100 km) | Verbrauch in l |
|---|---|---|
| 0 | 4,55 | 0,328 |
| 20 | 4,57 | 0,329 |
| 35 | 4,61 | 0,332 |
| 58 | 4,63 | 0,333 |
| 70 | 4,65 | 0,335 |
| 80 | 4,67 | 0,336 |
| 90 | 4,69 | 0,338 |
| 111 | 4,72 | 0,340 |
| 123 | 4,74 | 0,341 |
| 145 | 4,76 | 0,343 |
| 156 | 4,78 | 0,344 |
| 166 | 4,81 | 0,346 |
| 190 | 4,83 | 0,348 |

$$\dot{V}_\mathrm{B} = \frac{0{,}348\,\mathrm{l} - 0{,}328\,\mathrm{l}}{190\,\mathrm{s}} = 0{,}38\,\mathrm{l/h}.$$

---

**Zusammenfassung**

Man kann also durchaus auch mit einem einfachen Bordcomputer den Leerlaufverbrauch eines Pkw ermitteln. ◀

---

## 6.5   Welche Motorleistung benötigt ein Autofahrer in Deutschland?

**Der Leser/die Leserin lernt**

Insbesondere   für niedertouriges Beschleunigen werden leistungsstarke Motoren benötigt. ◀

Ein typisches deutsches Mittelklassefahrzeug hat ein Gewicht von ca. 1400 kg und eine Motorleistung von mindestens 60 kW. Woher kommt das? Das ist relativ leicht zu erklären. Auf deutschen Straßen kann man beobachten, dass ein Autofahrer üblicherweise ca. 10 s benötigt, um aus einer Ortschaft kommend auf 100 km/h zu beschleunigen. Ein derartiger Fahrer wird nicht als Raser empfunden, aber auch nicht als „lahm".

In den Abschn. 1.1 bis 1.4 wurde berechnet, welche Motorleistung für eine konstante Fahrgeschwindigkeit benötigt wird. Nun soll das Beschleunigungsverhalten eines Pkw berechnet werden. Aus Abschn. 1.1 ist bekannt, dass bei konstanter Geschwindigkeit $v$ gilt:

$$P_\mathrm{Motor} = \frac{P_\mathrm{rad}}{\eta_\mathrm{Getriebe}} = \frac{1}{\eta_\mathrm{Getriebe}} \cdot \left(F_\mathrm{cw} + F_\mathrm{roll} + F_\mathrm{steig}\right) \cdot v.$$

Wenn die Motorleistung größer ist, dann wird das Fahrzeug beschleunigt. Die Beschleunigungskraft kann man mit dem Newtonschen Gesetz berechnen zu:

$$F_\mathrm{beschl} = m \cdot a.$$

Genau genommen wird nicht nur das Fahrzeug mit der Masse $m$ beschleunigt. Vielmehr müssen auch die rotierenden Massen wie Kupplung, Getriebe und Räder beschleunigt werden. Da die Massenträgheitsmomente dieser Bauteile dem Laien häufig nicht bekannt sind, kann man sie näherungsweise durch einen Korrekturfaktor $k_\mathrm{m,dyn}$ auf der Fahrzeugmasse berücksichtigen. Dieser Drehmassenzuschlagsfaktor ist abhängig vom eingelegten Gang. Naunheimer [31] oder Haken [1] schlagen Zahlenwerte zwischen 1,05 im höchsten Gang und 1,4 im niedrigsten Gang vor. Tab. 6.4 zeigt die Werte von Haken [1].

**Tab. 6.4** Drehmassen-zuschlagsfaktor bei einem 5-Gang-Getriebe nach Haken [1]

| Gang | Drehmassenzuschlagsfaktor $k_{m,dyn}$ |
| --- | --- |
| 1 | 0,25 … 0,50 |
| 2 | 0,11 … 0,21 |
| 3 | 0,06 … 0,11 |
| 4 | 0,04 … 0,08 |
| 5 | 0,04 … 0,06 |
| Leerlauf | 0,03 … 0,05 |

$$P_{\text{Motor}} = \frac{P_{\text{rad}}}{\eta_{\text{Getriebe}}} = \frac{1}{\eta_{\text{Getriebe}}} \cdot \left( F_{\text{cw}} + F_{\text{roll}} + F_{\text{steig}} + F_{\text{beschl}} \right) \cdot v$$

$$P_{\text{Motor}} = \frac{P_{\text{rad}}}{\eta_{\text{Getriebe}}} = \frac{1}{\eta_{\text{Getriebe}}} \cdot \left( F_{\text{cw}} + F_{\text{roll}} + F_{\text{steig}} + m \cdot k_{\text{m, dyn}} \cdot a \right) \cdot v$$

Wenn man eine Beschleunigung von $a = \frac{50\,\text{km/h}}{10\,\text{s}}$ einsetzt und vereinfachend eine mittlere Geschwindigkeit von 75 km/h verwendet, dann kann man die Leistung berechnen, die man für eine Beschleunigung von 50 km/h auf 100 km/h in 10 s benötigt. Sie beträgt, wie man der Excel-Tabelle entnehmen kann, ca. 60 kW. Man sieht deutlich, dass die Beschleunigungskraft etwa 10-mal so groß ist wie die Kraft zur Überwindung des Luft- und des Rollwiderstandes.

Ein typisches deutsches Mittelklassefahrzeug mit einer Motorleistung von 60 kW kann also innerhalb von 10 s von 50 km/h auf 100 km/h beschleunigen. Dazu muss man aber so weit herunterschalten, dass der Motor in die Nähe seiner Maximaldrehzahl kommt, damit er auch die Maximalleistung abgeben kann. Es ist aber viel gemütlicher, beim Beschleunigen nicht herunterschalten zu müssen, sondern das im höchsten Gang zu tun, mit dem man in der Stadt gefahren ist. Dabei beträgt die Motordrehzahl aber im Allgemeinen weniger als 2000/min. Wenn man bei einer Drehzahl von 2000/min eine Leistung von 60 kW haben möchte, dann hat der Motor bei einer Nenndrehzahl von beispielsweise 6000/min (typisch Ottomotor) etwa die dreifache Leistung, also ca. 180 kW.

## Zusammenfassung

An diesem Beispiel kann man deutlich sehen, warum Autofahrer in Deutschland gerne leistungsstarke Motoren verwenden. Man kann damit bequem und schaltfaul bei niedriger Motordrehzahl ordentlich beschleunigen. Dass man mit einer derartigen Motorleistung auch Maximalgeschwindigkeiten von deutlich über 200 km/h fahren kann, liegt auf der Hand. Der Hauptgrund für hohe Motorleistungen ist aber das Beschleunigungsvermögen. Denn auf deutschen Straßen kann man viel häufiger stark beschleunigen als schnell fahren. ◀

## 6.6  Kann man die Beschleunigungswerte aus Fahrzeugtestberichten nachrechnen?

**Der Leser/die Leserin lernt**

Nachrechnung der Beschleunigungsversuche aus Autotests mit Excel. ◄

Ja, man kann die Beschleunigungswerte aus Fahrzeugtestberichten recht gut nachrechnen. Im Folgenden wird die Vorgehensweise mit Hilfe von Excel gezeigt.

Im Abschn. 6.5 wurde die Gleichung zur Berechnung der Motorleistung bei einer Fahrzeugbeschleunigung hergeleitet:

$$P_{\text{Motor}} = \frac{P_{\text{rad}}}{\eta_{\text{Getriebe}}} = \frac{1}{\eta_{\text{Getriebe}}} \cdot \left( F_{\text{cw}} + F_{\text{roll}} + F_{\text{steig}} + m \cdot k_{\text{m, dyn}} \cdot a \right) \cdot v.$$

Damit kann umgekehrt auch berechnet werden, wie stark ein Fahrzeug bei einer gegebenen Motorleistung beschleunigen kann:

$$a = \frac{1}{m \cdot k_{\text{m, dyn}}} \cdot \left( \frac{P_{\text{Motor}} \cdot \eta_{\text{Getriebe}}}{v} - \left( F_{\text{cw}} + F_{\text{roll}} + F_{\text{steig}} \right) \right).$$

Die Fahrzeuggeschwindigkeit $v$ hängt von der Raddrehzahl und dem Radumfang $u_{\text{Rad}}$ ab:

$$v = n_{\text{Rad}} \cdot u_{\text{Rad}} = n_{\text{Rad}} \cdot \pi \cdot d_{\text{Rad}}.$$

Üblicherweise berechnet man den Raddurchmesser aus dem Felgendurchmesser und der Reifenhöhe :

$$d_{\text{Rad}} = d_{\text{Felge}} + 2 \cdot H_{\text{Reifen}},$$

$$H_{\text{Reifen}} = \left( \frac{H}{B} \right)_{\text{Reifen}} \cdot B_{\text{Reifen}}.$$

Felgendurchmesser $d_{\text{Felge}}$ sowie Höhe-Breite-Verhältnis $H/B$ und Breite des Reifens $B_{\text{Reifen}}$ sind über die Reifenbezeichnung bekannt. So hat beispielsweise ein Reifen 185/65 R 14 eine Breite von 185 mm, ein $H/B$ von 65 % und damit eine Reifenhöhe von 120,25 mm. Mit dem Felgendurchmesser von 14 Zoll = 355,6 mm ergibt sich ein Durchmesser von 596,1 mm und ein Radumfang von 1872,7 mm. Weil sich im Fahrbetrieb der Reifen geringfügig verformt, ist der dynamische Abrollumfang etwas geringer. Genau Angaben dazu sind [32] oder [31] zu entnehmen. Wenn man sonst keine Angaben hat, kann man beispielsweise einen Korrekturfaktor für den Radumfang von $k_{\text{Rad, dyn}} = 0,97$ annehmen.

Die Raddrehzahl $n_{\text{Rad}}$ ist über das Achsübersetzungsverhältnis $i_{\text{A}}$ und das Getriebeübersetzungsverhältnis $i_{\text{G}}$ mit der Motordrehzahl $n$ verbunden:

$$n_{\text{Rad}} = \frac{n}{i_{\text{A}} \cdot i_{\text{G}}}.$$

Damit gilt:

$$v = n_{\text{Rad}} \cdot \pi \cdot d_{\text{Rad}} \cdot k_{\text{Rad, dyn}} = \frac{n}{i_{\text{A}} \cdot i_{\text{G}}} \cdot \pi \cdot d_{\text{Rad}} \cdot k_{\text{Rad, dyn}}.$$

Damit kann man die Fahrzeugbeschleunigung $a$ berechnen:

$$a = \frac{\mathrm{d}v}{\mathrm{d}t},$$

$$a = \frac{1}{m \cdot k_{\text{m, dyn}}} \cdot \left( \frac{P_{\text{Motor}} \cdot \eta_{\text{Getriebe}}}{v} - \left( F_{\text{cw}} + F_{\text{roll}} + F_{\text{steig}} \right) \right),$$

$$a = \frac{1}{m \cdot k_{\text{m, dyn}}} \cdot \left( \frac{P_{\text{Motor}} \cdot \eta_{\text{Getriebe}}}{\frac{n}{i_{\text{A}} \cdot i_{\text{G}}} \cdot \pi \cdot d_{\text{Rad}} \cdot k_{\text{Rad, dyn}}} - \left( F_{\text{cw}} + F_{\text{roll}} + F_{\text{steig}} \right) \right).$$

Die Gleichung ist eine Differenzialgleichung, weil sie die Ableitung $\mathrm{d}v/\mathrm{d}t$ berechnet und auf der rechten Gleichungsseite Terme stehen, die selbst von $v$ direkt oder indirekt abhängen. Die Widerstandskräfte für Luft- und Rollreibung hängen direkt von $v$ ab. Die Motorleistung hängt über den Zusammenhang von Motordrehzahl und Fahrgeschwindigkeit (Getriebeübersetzung) indirekt von $v$ ab.

In der Mathematik gibt es ganze Theorien, wie man Differenzialgleichungen löst (vergleiche Abschn. 6.7). Im vorliegenden Buch wird die Gleichung numerisch gelöst, indem man sie in eine Differenzengleichung umwandelt:

$$\frac{\mathrm{d}v}{\mathrm{d}t} \approx \frac{\Delta v}{\Delta t}.$$

Je kleiner der Zeitschritt $\Delta t$ gewählt wird, umso geringer ist der Fehler, den man dabei macht.

Die Vorgehensweise ist also:

Man wählt eine Anfangsgeschwindigkeit $v$ (die Integrationskonstante) und einen Getriebegang. Mit dieser Geschwindigkeit werden die Widerstandskräfte und mit der Getriebeübersetzung die Motordrehzahl und die Motorleistung bei dieser Drehzahl berechnet. Weil es sich um einen Beschleunigungsvorgang handelt, ergibt sich die Motorleistung aus dem Volllastdrehmoment, das man in Abhängigkeit von der Motordrehzahl Autotestberichten entnehmen kann. Mit der Beschleunigungsgleichung berechnet man die Fahrzeugbeschleunigung und daraus, wie sehr sich die Fahrzeuggeschwindigkeit nach einem Zeitschritt von beispielsweise 0,1 s geändert hat. Damit kennt man die Geschwindigkeit nach 0,1 s und beginnt die Berechnungen von vorne.

Das zu dieser Aufgabe gehörende Excel-Beispiel geht genauso vor. Aus der Zeitschrift „Auto, Motor und Sport" (14/2007) werden die Zahlenwerte für den Mini

**Tab. 6.5** Technische Daten des Mini One (Baujahr 2007) aus der Zeitschrift „Auto, Motor und Sport" [33]

| Höchstgeschwindigkeit | 185 km/h | Getriebeübersetzungen | |
|---|---|---|---|
| Motor | 8-Zylinder-Ottomotor | 1. Gang | 3,21 |
| Hubvolumen | 1397 cm$^3$ | 2. Gang | 1,79 |
| Motorleistung | 70 kW | 3. Gang | 1,19 |
| Nenndrehzahl | 6000/min | 4. Gang | 0,91 |
| Max. Drehmoment | 140 Nm | 5. Gang | 0,78 |
| Drehzahl bei max. Drehmoment | 4000/min | 6. Gang | 0,68 |
| Leergewicht | 1137 kg | Achsübersetzung | 4,35 |
| Luftwiderstandsbeiwert | 0,33 | | |
| Stirnfläche | 1,92 m$^2$ | | |
| Reifen | 195/55 R 16 | | |

**Tab. 6.6** Beschleunigungswerte des Mini One aus [33]

| Beschleunigungen | Gang | Gemessene Zeit | Mit der hier vorgestellten Methode berechnete Zeit |
|---|---|---|---|
| 0 km/h … 50 km/h | | 3,7 s | 4,0 s |
| 0 km/h … 80 km/h | | 8,1 s | 8,2 s |
| 0 km/h … 100 km/h | | 12,4 s | 12,5 s |
| 0.km/h … 120 km/h | | 18,2 s | 18,3 s |
| 0 km/h … 140 km/h | | 26,1 s | 26,7 s |
| 60 km/h … 100 km/h | 4. Gang | 14,6 s | 14,6 s |
| 60 km/h … 100 km/h | 5. Gang | 19,5 s | 18,4 s |
| 60 km/h … 100 km/h | 6. Gang | 26,4 s | 24,1 s |
| 80 km/h … 120 km/h | 4. Gang | 15,1 s | 15,2 s |
| 80 km/h … 120 km/h | 5. Gang | 19,5 s | 19,6 s |
| 80 km/h … 120 km/h | 6. Gang | 26,2 s | 26,6 s |

One (Baujahr 2007) abgelesen (Tab. 6.5 und 6.6 und Abb. 6.6[2]). Die Excel-Tabelle ist folgendermaßen aufgebaut:

---

[2]In den Autozeitschriften werden die Leistungskurven häufig so dick gezeichnet, wie das im Bild zu sehen ist. Das sieht zwar schön aus, die Zahlenwerte können aber nicht besonders genau abgelesen werden.

**Abb. 6.6**  Volllastkurve des
Motors vom Mini One nach
[33]

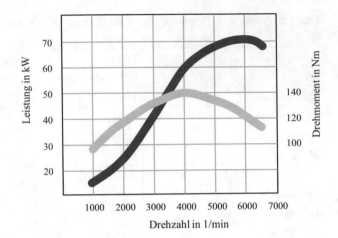

In den Spalten A und B stehen die aus der Zeitschrift entnommenen Werte (gelb markierte Zellen). Die grün markierten Zellen enthalten Schätzwerte für den Rollwiderstandskoeffizienten, den Getriebewirkungsgrad in den verschiedenen Gängen und die dynamischen Korrekturfaktoren für die beschleunigte Masse und den Radumfang. Die Spalten E bis X enthalten ab der Zeile 8 die Berechnungen. In der Spalte E werden die Zeitpunkte angegeben, an denen die Berechnungen durchgeführt werden sollen. In Schritten von 0,1 s werden hier insgesamt 100 s berechnet. Die Zelle F8 enthält die Anfangsgeschwindigkeit des Beschleunigungsversuches. Diese wird in G in die Einheit m/s umgerechnet. H8 enthält den Anfangsgang, mit dem das Fahrzeug fährt. I8 in der Excel-Tabelle verwendet die Excel-Funktion VERGLEICH, um in den Zellen A41:A47 den Gang zu finden. H8 enthält dann die Nummer der Zeile in diesem Bereich, in der der gewählte Gang zu finden ist. J8 berechnet die Motordrehzahl. Dazu wird mit der Funktion INDEX die Getriebeübersetzung in der Spalte B in der Zeile gewählt, die zuvor mit VERGLEICH gesucht worden ist. In der Zelle K8 wird mit VERGLEICH gesucht, welche Drehzahl im Volllastdrehmomentenverlauf (A28:A36) am nächsten an der Motordrehzahl liegt. (Genau genommen wird die größte Drehzahl gesucht, die kleiner ist als die Motordrehzahl.) In die Spalten L und M werden dann mit INDEX die beiden Drehzahlen eingetragen, die kleiner bzw. größer sind als die Motordrehzahl. Die Spalten N und O enthalten die dazu gehörenden Drehmomente der Volllastkurve. In P wird mit diesen Daten durch lineare Interpolation das Motormoment berechnet. Spalte Q rechnet das Motormoment in Motorleistung um.

Die lineare Interpolation in Spalte P könnte auch mit der Excel-Funktion TREND berechnet werden (vergleiche Abschn. 6.16).

In der Spalte R wird die Luftwiderstandskraft berechnet. Spalte S berechnet den Rollreibungskoeffizienten bei der aktuellen Fahrgeschwindigkeit durch lineare Interpolation. Die Spalten T und U berechnen die Rollwiderstandskraft bzw. die Steigungswiderstandskraft. Spalte V rechnet die Motorleistung in die Radkraft um und zieht die

Widerstandskräfte davon ab. Spalte W berechnet aus der resultierenden Beschleunigungs-kraft die Beschleunigung. Spalte X berechnet, wie sehr sich die Geschwindigkeit bis zum nächsten Zeitschritt ändern wird. Daraus ergibt sich dann in der nächsten Zeile in Zelle G9 die neue Geschwindigkeit zum neuen Zeitpunkt. Nun können analog zur Zeile 8 die Werte berechnet werden, was dann zur neuen Geschwindigkeit in G10 führt. Auf diese Weise wird die komplette Zeitspanne berechnet.

Wenn sich im Laufe der Zeit eine zu große Motordrehzahl ergeben würde, so wird automatisch in den nächsthöheren Gang geschaltet. Dazu ist in den Zellen H eine ent-sprechende WENN-Abfrage eingebaut. Geschaltet wird, wenn die letzte Motordrehzahl größer war als die in A49 vorgegebene Schaltdrehzahl.

Das Berechnungsmodell berücksichtigt nicht den Kupplungs-Vorgang. Deswegen wird der Gang schlagartig gewechselt. Weil auch keine schleifende Kupplung beim Anfahrvorgang berücksichtigt wurde, kann man nicht mit der Anfangsgeschwindigkeit 0 km/h starten, sondern muss beispielsweise mit 1 km/h losfahren. Damit das Fahrzeug dann beschleunigen kann, wurde die Tabelle der Volllastdrehmomente so erweitert, dass sich das Moment bei einer Drehzahl von 1000/min auch bei kleineren Drehzahlen vor-findet (Zelle B28).

Abb. 6.7 zeigt den Verlauf von Motordrehzahl und Fahrzeuggeschwindigkeit in Abhängigkeit von der Zeit. Man kann an der Drehzahl sehr schön erkennen, wie jeweils in den nächsthöheren Gang geschaltet wird, wenn die Maximaldrehzahl von 6000/min erreicht wird.

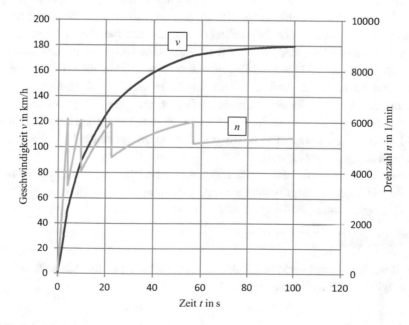

**Abb. 6.7**  Beschleunigung des Mini One

Damit man in der Tabelle nicht suchen muss, wie lange die Beschleunigung beispielsweise auf 100 km/h dauert, kann man in F4 die Zielgeschwindigkeit vorgeben.
E4 ermittelt dann mit INDEX und VERGLEICH den Zeitpunkt, an dem die Zielgeschwindigkeit erreicht wird. Analog werden in E5 und F5 die Maximalgeschwindigkeit und der dazugehörende Zeitpunkt angegeben. Die Maximalgeschwindigkeit wird
mit der Excel-Funktion MAX ermittelt.

Nach diesen Vorbemerkungen können die Leserinnen und Leser dieses Buches
anfangen, mit dem Excel-Modell zu „spielen". Als erstes muss kontrolliert werden,
ob die Maximalgeschwindigkeit des Mini One (185 km/h) erreicht wird. Damit die
Rechnung nicht zu lange dauert, können Sie eine Anfangsgeschwindigkeit von 160 km/h
und den 5. Gang vorgeben. Es stellt sich eine Maximalgeschwindigkeit ein, die eventuell
nicht den Prospektwerten entspricht. Wenn man diese etwas ändern möchte, dann könnte
man den Rollreibungskoeffizienten oder die Getriebewirkungsgrade etwas korrigieren.
Komfortabel geht das mit der Excel-Zielwertsuche (vergleiche Abschn. 1.1). Man könnte
aber auch die Drehmomentenvolllastkurve etwas absenken. Wenn man die Zahlenwerte der Zeitschriftenveröffentlichung genau anschaut, so kann man feststellen, dass
eine maximale Leistung von 70 kW bei 6000/min angegeben wird. Man kann aber auch
dem Diagramm ein Drehmoment von 120 Nm bei 6000/min entnehmen. Das passt nicht
zusammen, weil 70 kW einem Moment von 111 Nm bei 6000/min entsprechen. Man
sieht also, dass man den Testberichten nicht alles glauben darf.

Die Excel-Berechnung verwendet nicht die Leistungskurve, sondern die Dreh-
momentenkurve des Motors. Angepasst wurden der Rollwiderstandsbeiwert (0,027 bei
einer Geschwindigkeit von 200 km/h) und der Getriebewirkungsgrad (0,88 im 5. Gang).

Nun können die verschiedenen Beschleunigungsdaten des Testberichtes nachgerechnet werden. Am besten beginnt man mit den Elastizitätsbeschleunigungen im
4., 5. und 6. Gang. Man erkennt eine recht gute Übereinstimmung des Modells mit
den echten Messwerten. Das Modell wurde fein abgestimmt, indem für diese Gänge
der Getriebewirkungsgrad und der Korrekturfaktor für die Drehmassen verändert
wurde. Danach wurden die Beschleunigungsfahrten aus dem Stand heraus (Anfangsgeschwindigkeit von 1 km/h) nachgerechnet und die entsprechenden Korrekturen für die
Gänge 1 bis 3 vorgenommen. Tab. 6.6 zeigt in der letzten Spalte die Übereinstimmungen
zwischen Rechnung und Messung.

Interessant ist es auch, eine Straßensteigung in B65 vorzugeben. Man kann schön
sehen, welche Steigung noch bewältigt werden kann und wie die Fahrzeuggeschwindigkeit abfällt, wenn man einen Gang zu hoch schaltet.

**Zusammenfassung**

Die Beschleunigungswerte aus Fahrzeugtestberichten lassen sich mit recht hoher
Genauigkeit mit Excel nachrechnen. ◄

## 6.7   Wie löst man Differenzialgleichungen numerisch?

**Der Leser/die Leserin lernt**

einfache Lösung von Differenzialgleichungen mit Excel. ◄

In einigen Kapiteln dieses Buches werden Differenzialgleichungen numerisch gelöst. Studenten der Ingenieurwissenschaften lernen häufig erst spät oder gar nicht in ihrem Studium, wie man solche Differenzialgleichungen numerisch löst. Meistens werden in der Mathematikvorlesung nur exakte Verfahren behandelt, die in der Praxis aber selten angewendet werden. Im Folgenden soll gezeigt werden, wie man Differenzialgleichungen mit einer einfachen Methode numerisch lösen kann. Damit sind sie auch im Rahmen einer einfachen Tabellenkalkulation mit Excel lösbar.

Die einfachste Form einer Differenzialgleichung 1. Ordnung lautet:

$$y' = f(x; y)$$

mit der Anfangsbedingung

$$y(x_0) = y_0.$$

Man kann sich nun schrittweise vom Anfangspunkt aus in kleinen Schritten $h$ vorwärts bewegen:

$$y(x_0) = y_0,$$
$$y(x_1) \approx y_1 = y_0 + h \cdot f(x_0; y_0),$$
$$y(x_2) \approx y_2 = y_1 + h \cdot f(x_1; y_1),$$
$$y(x_3) \approx y_3 = y_2 + h \cdot f(x_2; y_2),$$
$$\dots$$

Man bestimmt also in jedem Punkt die Steigung der Tangente und geht eine kleines Stück weit längs dieser Tangente. Diese Methode heißt „Streckenzugverfahren nach Euler" und wird beispielsweise in der Papula-Formelsammlung [9] genauer beschrieben. Andere Autoren sagen zu dieser Methode, dass aus der Differenzialgleichung eine Differenzengleichung gemacht wird. Diese Methode ist umso genauer, je kleiner die Schrittweite $h$ gewählt wird. Natürlich steigt die Rechenzeit für die iterative Bestimmung der Lösung entsprechend.

Geometrisch kann man sich die Vorgehensweise so vorstellen, wie sie in Abb. 6.8 gezeigt wird. Man kann erkennen, dass sich die numerische Lösung, je nach geometrischer Form des Problems, deutlich von der exakten Lösung unterscheiden kann. Deswegen wendet man gerne eine Modifikation des Euler-Verfahrens an, bei dem man nicht exakt in Richtung der Tangente läuft, sondern etwas anders. Dieses Verfahren heißt „Runge-Kutta-Verfahren" und existiert in verschiedenen Varianten [9].

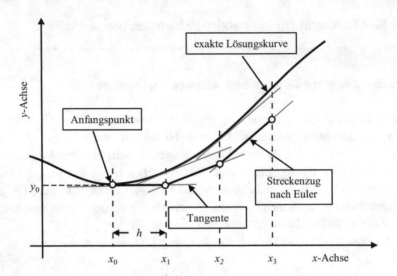

**Abb. 6.8**  Streckenzugverfahren nach Euler

## 6.8 In welchem Gang sollte man den Mercedes SL 500 bei 100 km/h fahren, um möglichst viel Sprit zu sparen?

### Der Leser/die Leserin lernt

Berechnung des streckenbezogenen Kraftstoffverbrauchs aus den Verbrauchskennfeldern von Motoren. ◀

In der AMS 7/2006 und in der MTZ 12/2005 sind Daten zum SL 500 und zu seinem 8-Zylinder-Ottomotor zu finden (Tab. 6.7 und 6.8; Abb. 6.9, 6.10).

Zunächst muss geklärt werden, wie groß der Leistungsbedarf des SL 500 bei einer konstanten Geschwindigkeit von 100 km/h ist. Das geschieht wie im Abschn. 6.6. Allerdings ist der SL 500 elektronisch abgeregelt, sodass nicht klar ist, welche Leistung er für seine Höchstgeschwindigkeit benötigt. Weiterhin gibt die Autozeitschrift zwar Beschleunigungswerte an, aber keine Elastizitätswerte bei bestimmten Gängen. Deswegen ist eine differenzierte Betrachtung einzelner Getriebestufen hinsichtlich Wirkungsgrad und Drehmassenkorrekturfaktor nicht möglich.

Wenn man die in der „Auto, Motor und Sport" vorhandenen Daten verwendet und die Getriebewirkungsgrade und Korrekturfaktoren vom Mini One übernimmt, dann lassen sich die Beschleunigungswerte aber recht gut wiedergeben, wie die Tab. 6.8 zeigt. Mit dieser Abstimmung ergibt sich dann eine Maximalgeschwindigkeit von 290 km/h. (Der SL 500 ist aber elektronisch abgeregelt und erreicht diese Geschwindigkeit in der Serienausführung nicht.)

**Tab. 6.7**   Technische Daten des SL 500 aus [34]

| Höchstgeschwindigkeit | > 250 km/h | Getriebeübersetzungen | |
|---|---|---|---|
| Motor | 8-Zylinder-Ottomotor | 1. Gang | 4,38 |
| Hubvolumen | 5461 cm$^3$ | 2. Gang | 2,86 |
| Motorleistung | 285 kW | 3. Gang | 1,92 |
| Nenndrehzahl | 6000/min | 4. Gang | 1,37 |
| Max. Drehmoment | 530 Nm | 5. Gang | 1,00 |
| Drehzahl bei max. Drehmoment | 2800/min | 6. Gang | 0,82 |
| Leergewicht | 1893 kg | 7. Gang | 0,73 |
| Luftwiderstandsbeiwert | 0,29 | Achsübersetzung | 2,65 |
| Stirnfläche | 2,01 m$^2$ | | |
| Reifen | 255/40 ZR 18 | | |

**Tab. 6.8**   Beschleunigungswerte des SL 500 aus [34]

| Beschleunigungen | Gemessene Zeit | Mit der hier vorgestellten Methode berechnete Zeit |
|---|---|---|
| 0 km/h … 80 km/h | 3,9 s | 3,6 s |
| 0 km/h … 100 km/h | 5,3 s | 5,0 s |
| 0 km/h … 120 km/h | 7,2 s | 7,0 s |
| 0 km/h … 140 km/h | 9,5 s | 9,2 s |
| 0 km/h … 160 km/h | 12,2 s | 12,1 s |
| 0 km/h … 180 km/h | 15,6 s | 15,5 s |
| 0 km/h … 200 km/h | 19,6 s | 19,5 s |

**Abb. 6.9**   Volllastkurve des
Motors vom SL 500 nach [34]

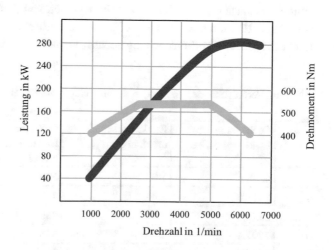

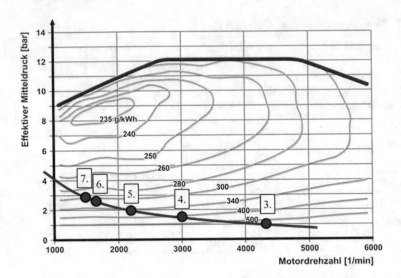

**Abb. 6.10** Verbrauchskennfeld des SL 500 [35] mit Betriebspunkten für eine Geschwindigkeit von 100 km/h in den Gängen 3 bis 7

Mit dem so abgestimmten Datensatz ergibt sich bei einer Geschwindigkeit von 100 km/h eine Luftwiderstandskraft von 267,3 N und eine Rollwiderstandskraft von 357,2 N. Daraus kann man eine Leistung von

$$P_{\text{Rad}} = (F_{\text{cw}} + F_{\text{roll}}) \cdot v = 17,3 \, \text{kW}$$

am Rad berechnen.

Mit der in Abschn. 6.6 vorgestellten Methode werden die Motorleistung und die Motordrehzahl in verschiedenen Gängen bei einer Geschwindigkeit von 100 km/h ermittelt. Danach ergibt sich aus dem Hubvolumen von 5,461 l der effektive Mitteldruck. Aus Abb. 6.10 kann man dann die effektiven spezifischen Verbräuche ablesen, die in die streckenbezogenen Verbräuche umgerechnet werden (Tab. 6.9).

**Tab. 6.9** Verbräuche des SL 500 bei einer Geschwindigkeit von 100 km/h in verschiedenen Gängen

| Gang | Drehzahl in 1/min | Effektiver Mittel-druck in bar | Effektiver spezifischer Kraftstoffverbrauch in g/(kWh) | Streckenbezogener Verbrauch in l/(100 km) |
|---|---|---|---|---|
| 3 | 4208,6 | 1,03 | 520 | 13,5 |
| 4 | 3003,0 | 1,44 | 410 | 10,6 |
| 5 | 2192,0 | 1,98 | 350 | 9,1 |
| 6 | 1797,4 | 2,47 | 315 | 8,4 |
| 7 | 1600,2 | 2,77 | 300 | 8,0 |

Man kann sehr schön erkennen, wie hoch der Verbrauch der SL 500 ist. Er benötigt zwar keine besonders hohe Motorleistung, erbringt diese aber im unteren Kennfeldbereich, bei dem die Drosselklappe sehr stark geschlossen und der Motorwirkungsgrad entsprechend schlecht ist. Im höchsten Gang ist der Verbrauch am geringsten. Allerdings ist die Beschleunigung besser, wenn man vor dem Beschleunigen einen niedrigeren Gang wählt.

---

### Zusammenfassung

Für die meisten Pkw gilt, dass man am sparsamsten fährt, wenn man den höchsten Gang einlegt. Dies gilt auch bei kleinen Geschwindigkeiten, zumindest dann, wenn der Motor noch rund läuft, also bei Drehzahlen über etwa 1000/min. ◀

---

### Nachgefragt: Was ist der Vorteil einer Zylinderabschaltung?

Mittlerweile  bieten einige Hersteller Motoren mit einer sogenannten Zylinderabschaltung an. Das bekannteste Beispiel ist ein 1,4-l-TSI Motor von Volkswagen, bei dem zwei der vier Zylinder immer dann abgeschaltet werden, wenn der Motor nicht viel Leistung abgeben soll. Der 2-Zylinder-Betrieb kann bis zu einer Geschwindigkeit von 130 km/h im 6. Gang aufrechterhalten werden. VW spricht von einem Kraftstoffeinsparpotenzial von bis zu 20 % im niedrigen Lastbereich. Wie kann man das erklären?

Verbrennungsmotoren haben ihren besten effektiven Wirkungsgrad bei moderater Drehzahl und fast Volllast (vergl. Abschn. 4.18 und 6.10). Im Schwachlastgebiet ist der effektive Wirkungsgrad recht klein und im Leerlauf gleich null. Für eine sparsame Fahrweise ist es also vorteilhaft, bei moderater Drehzahl und fast Volllast zu fahren. Allerdings ist dieser Betriebszustand im Allgemeinen nur kurzzeitig fahrbar, weil er der Beschleunigungs- oder der Bergfahrt entspricht. Bei konstanter Geschwindigkeit auf ebener Strecke kann dieser Zustand nicht kontinuierlich beibehalten werden. Eigentlich wäre es gut, wenn es im Pkw zwei Motoren gäbe: einen kleinen leistungsschwachen Motor für die Stadtfahrt und einen großen für die Autobahnfahrt. Solche Fahrzeugkonzepte gibt es nicht und sie wären wohl auch zu teuer. Ein Weg dorthin ist die Zylinderabschaltung. Wenn man bei einem 4-Zylinder-Motor nur zwei Zylinder arbeiten lässt, dann müssen diese entsprechend mehr Drehmoment abgeben. Das führt dann zu einem verbesserten Wirkungsgrad in diesen Zylindern und damit zu einem Verbrauchsvorteil für den ganzen Motor.

Es gibt mehrere Varianten von Zylinderabschaltung. Die einfachste ist, in einigen Zylindern die Kraftstoffeinspritzung abzuschalten. Die Kolben bewegen sich noch (Reibungsverluste), Luft wird angesaugt und wieder ausgestoßen (Ladungswechselverluste). Die Methode wurde in den 90er-Jahren des letzten Jahrhunderts bei einigen größeren Motoren umgesetzt. Sie hat sich aber nicht durchgesetzt, weil der Nutzen nicht besonders groß war.

Besser wäre es, die Ventile ebenfalls stillzulegen und geschlossen zu halten. Dann entfallen die Ladungswechselverluste. Es entsteht in der Kompressionsphase des Zylinders zwar ein hoher Druck und das kostet Verdichtungsarbeit. Diese wird aber in der Expansionsphase des Motors wieder zurückgegeben. Mechanisch muss man hierfür die Ventile von der Nockenwelle entkoppeln, was aufwendig ist, bei aktuellen Motoren (z. B. TSI-Motor von VW oder 8-Zylinder-Motor von Audi) aber realisiert wird.

Noch besser wäre es, auch den Kolben stillzulegen. Dann würden auch die Reibungsverluste wegfallen. Man müsste aber in den Kurbeltrieb des Motors eingreifen und die Pleuelstange von der Kurbelwelle lösen. Solche Konzepte gibt es nicht in Serie.

## 6.9    Wie kann man aus dem Kennfeld des TFSI-Motors von Audi den streckenbezogenen Kraftstoffverbrauch des A6 berechnen?

**Der Leser/die Leserin lernt**

Berechnung  des streckenbezogenen Kraftstoffverbrauchs in Abhängigkeit vom gewählten Gang aus den Verbrauchskennfeldern von Motoren. ◄

In der September-Ausgabe der MTZ aus dem Jahr 2009 [36] findet man, was sehr überraschend ist, ein vollständiges Verbrauchskennfeld des 6-Zylinder-TFSI-Motors von Audi. Das Diagramm (Abb. 6.11) enthält auch die Fahrwiderstandskurve im 6. Gang. Daraus kann man entnehmen, dass der Motor bei der Höchstgeschwindigkeit von 250 km/h mit einer Drehzahl von 4500/min rotiert und dabei einen effektiven Mitteldruck von 16,2 bar abgibt. Das ist dann eine effektive Motorleistung von 182 kW. Die anderen Betriebspunkte kann man ebenfalls dem Kennfeld entnehmen. Audi verrät damit sehr viel vom neuen Ottomotor.

Mit der Methode, die im Abschn. 1.3 vorgestellt wurde, kann man den Rollwiderstandsbeiwert des Fahrzeuges abschätzen, wenn man den Getriebewirkungsgrad vorgibt. Für die Betriebspunkte aus der Tab. 6.11 wurde ein Getriebewirkungsgrad von 90 % angenommen und dann der Rollwiderstandsbeiwert mit der Excel-Zielwertsuche so angepasst, dass sich die Motorleistung aus Abb. 6.11 ergibt. Ein Rollwiderstandsbeiwert von 0,014 passt recht gut.

Mithilfe der Getriebeübersetzungen (Tab. 6.10) kann man die Motordrehzahl in die Raddrehzahl umrechnen. Mit der im Abschn. 6.5 vorgestellten Methode kann man aus den Reifenabmessungen den dynamischen Abrollumfang und damit die Fahrzeuggeschwindigkeit bestimmen. Damit können die im Diagramm gezeigten spezifischen effektiven Kraftstoffverbräuche einzelnen Fahrgeschwindigkeiten zugeordnet werden.

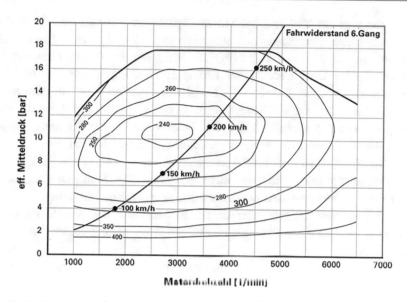

**Abb. 6.11**  Vorbrauchskennfeld des TFSI-Motors von Audi [36]

**Tab. 6.10**  Technische Daten des Audi A6 mit dem TFSI-Motor

| Höchstgeschwindigkeit | > 250 km/h | Getriebeübersetzungen | |
|---|---|---|---|
| Motor | 6-Zyl.-Ottomotor | 1. Gang | 4,171 |
| Hubvolumen | 2995 cm$^3$ | 2. Gang | 2,340 |
| Motorleistung | 213 kW | 3. Gang | 1,521 |
| Nenndrehzahl | 6800/min | 4. Gang | 1,143 |
| Max. Drehmoment | 420 Nm | 5. Gang | 0,867 |
| Drehzahl bei max. Drehmoment | 2500/min | 6. Gang | 0,691 |
| Leergewicht | 1790 kg | Achsübersetzung | 3,088 |
| Luftwiderstandsbeiwert | 0,32 | | |
| Stirnfläche | 2,26 m$^2$ | Reifen | 225/55 R 16 |

**Tab. 6.11**  Betriebsdaten des Audi A6 mit dem TFSI-Motor [36]

| Geschwindigkeit | $v$ | 100 | 150 | 200 | 250 | km/h |
|---|---|---|---|---|---|---|
| Drehzahl | $n$ | 1800 | 2700 | 3600 | 4500 | 1/min |
| effektiver Mitteldruck | $p_e$ | 4 | 7 | 11,1 | 16,2 | bar |
| Motorleistung | $P_e$ | 18 | 47 | 100 | 182 | kW |

Dazu muss man das Kennfeld des Motors digitalisieren, indem man die Verbräuche an möglichst vielen Betriebspunkten genau abliest oder abschätzt. Diese mühsame Arbeit wurde bereits erledigt und das Ergebnis findet sich in der zum Buch gehörenden Excel-Datei. Leider kann Excel keine Kennfelddarstellungen, wie sie im Motorenbau üblich sind, erzeugen. Excel kann aber seit der Version 2007 auf eine recht einfache Weise die Zellen eines Tabellenbereiches bunt einfärben und dabei die Farbe in Abhängigkeit vom Zelleninhalt ändern. Zu dieser Funktion kommt man, indem man einen Teil des Tabellenblattes markiert und dann „Bedingte Formatierung/Farbskalen" auswählt. Das Ergebnis ist in Abb. 6.12 zu sehen.[3]

Diese Darstellung entspricht zwar nicht der gewohnten Form, ist aber mit Excel relativ einfach zu erstellen und durchaus auch anschaulich. Man kann deutlich den Bereich mit dem besten Kraftstoffverbrauch in der Mitte des Kennfeldes erkennen. Besonders gut geht das in der Excel-Datei, weil die Darstellung dort nicht schwarz-weiß, sondern bunt ist.

Unterhalb der waagerechten Achse (Motordrehzahl) sind die entsprechenden Fahrzeuggeschwindigkeiten in den sechs Getriebestufen zu sehen. Die extrem hohen Geschwindigkeiten im 5. und 6. Gang sind natürlich nur Rechenwerte und in der Realität nicht zu erreichen.

Abb. 6.13 zeigt den Kraftstoffmassenstrom in kg/h. Während der effektive spezifische Kraftstoffverbrauch, also der Wirkungsgrad des Motors, in der Kennfeldmitte optimal ist, ist der Kraftstoffmassenstrom bei kleiner Drehzahl und kleiner Motorlast (effektiver Mitteldruck) minimal.

Abb. 6.14 zeigt das, was den Autofahrer am meisten interessiert, nämlich den streckenbezogenen Kraftstoffvolumenstrom in der Einheit l/(100 km). Gezeigt wird hier der 6. Gang. (Die Excel-Tabelle enthält auch die Darstellungen der anderen Gänge.) Der Motor hat zwar bei kleiner Motorleistung einen kleinen stündlichen Kraftstoffverbrauch (vergleiche Abb. 6.13), das Fahrzeug benötigt dann aber länger, bis es am Ziel ist. Der streckenbezogene Kraftstoffverbrauch ist die realistische Angabe für den Autofahrer, der ein bestimmtes Ziel hat, nämlich eine gewisse Strecke zurückzulegen.

Viele Autofahrer fragen sich, in welchem Gang man fahren sollte, um einen minimalen streckenbezogenen Kraftstoffverbrauch zu erreichen. Das Ergebnis kann man Abb. 6.15 und 6.16 (Ausschnitt bei kleinen Fahrzeuggeschwindigkeiten) entnehmen. Deutlich kann man erkennen, dass auf ebener Strecke der höchste Gang immer der sparsamste Gang ist. Natürlich kann man im höchsten Gang nicht mehr gut beschleunigen. Aber dazu kann man dann entsprechend herunterschalten (lassen).

Die zum Kapitel gehörende Excel-Tabelle ist folgendermaßen aufgebaut: Die Spalten A, B und C enthalten, wie schon in den Kapiteln zuvor, die Daten des Fahrzeuges und des Motors. Der Bereich F4:R23 enthält die Drehzahlen, Mitteldrücke und effektiven

---

[3]In der Excel-Datei wird das Bild detaillierter gezeigt. Aus drucktechnischen Gründen sind hier nicht alle Drehzahlen und Mitteldrücke dargestellt.

**Effektiver spezifischer Kraftstoffverbrauch in g/(kWh)**

| $p_e$ / bar | | | | | | |
|---|---|---|---|---|---|---|
| 16 | | 295 | 280 | 281 | 295 | |
| 14 | | 280 | 257 | 265 | 278 | 305 |
| 12 | 315 | 252 | 244 | 252 | 270 | 300 |
| 10 | 285 | 244 | 240 | 248 | 272 | 300 |
| 8 | 265 | 250 | 252 | 256 | 275 | 320 |
| 6 | 270 | 265 | 267 | 272 | 292 | 340 |
| 4 | 305 | 295 | 295 | 305 | 335 | 370 |
| 2 | 380 | 380 | 380 | 390 | 405 | 430 |
| $n$ / (1/min) | 1000 | 2000 | 3000 | 4000 | 5000 | 6000 |
| 1. Gang  $v$ / (km/h) | 9 | 19 | 28 | 37 | 46 | 56 |
| 2. Gang  $v$ / (km/h) | 17 | 33 | 50 | 66 | 83 | 99 |
| 3. Gang  $v$ / (km/h) | 25 | 51 | 76 | 102 | 127 | 153 |
| 4. Gang  $v$ / (km/h) | 34 | 68 | 102 | 135 | 169 | 203 |
| 5. Gang  $v$ / (km/h) | 45 | 89 | 134 | 179 | 223 | 268 |
| 6. Gang  $v$ / (km/h) | 56 | 112 | 168 | 224 | 280 | 336 |

**Abb. 6.12**  Effektiver spezifischer Kraftstoffverbrauch beim TFSI-Motor (Excel-Darstellung)

**Kraftstoffmassenstrom in kg/h**

| $p_e$ / bar | | | | | | |
|---|---|---|---|---|---|---|
| 16 | | 23,6 | 33,5 | 44,9 | 58,9 | |
| 14 | | 19,6 | 26,9 | 37,0 | 48,6 | 63,9 |
| 12 | 9,4 | 15,1 | 21,9 | 30,2 | 40,4 | 53,9 |
| 10 | 7,1 | 12,2 | 18,0 | 24,8 | 33,9 | 44,9 |
| 8 | 5,3 | 10,0 | 15,1 | 20,4 | 27,5 | 38,3 |
| 6 | 4,0 | 7,9 | 12,0 | 16,3 | 21,9 | 30,5 |
| 4 | 3,0 | 5,9 | 8,8 | 12,2 | 16,7 | 22,2 |
| 2 | 1,9 | 3,8 | 5,7 | 7,8 | 10,1 | 12,9 |
| $n$ / (1/min) | 1000 | 2000 | 3000 | 4000 | 5000 | 6000 |

**Abb. 6.13**  Kraftstoffmassenstrom beim TFSI-Motor (Excel-Darstellung)

spezifischen Kraftstoffverbräuche, die dem Kennfeld von Audi entnommen wurden. Die Zellen E24:R29 enthalten die Fahrzeuggeschwindigkeiten, die in den sechs Gangstufen zur jeweiligen Motordrehzahl gehören. Dabei werden die Getriebeübersetzungen und die Radabmessungen berücksichtigt.

Das Kennfeld F33:R51 enthält den aus dem effektiven spezifischen Verbrauch berechneten Kraftstoffmassenstrom. Im Bereich T4:AF134 sind für die sechs Getriebestufen die Umrechnungen des Kraftstoffmassenstroms in die streckenbezogenen Kraftstoffvolumina vorgenommen worden.

Die Berechnung der Kurven in Abb. 6.15 ist deutlich aufwändiger. Sie erfolgt in den Zeilen 136 bis 191. Zunächst wird der Leistungsbedarf am Rad für konstante Geschwindigkeiten bestimmt (Spalte D) sowie die dazu gehörende Raddrehzahl (Spalte E). Danach wird jede Getriebestufe einzeln durchgerechnet. Spalte F berücksichtigt den Getriebewirkungsgrad im 1. Gang, um die Motorleistung zu berechnen. Spalte G

**Streckenbezogener Kraftstoffverbrauch in l/(100 km) im 6. Gang**

| $p_e$ / bar | | | | | | |
|---|---|---|---|---|---|---|
| 16 | | 27,7 | 26,3 | 26,4 | 27,7 | |
| 14 | | 23,0 | 21,1 | 21,7 | 22,8 | 25,0 |
| 12 | 22,2 | 17,7 | 17,2 | 17,7 | 19,0 | 21,1 |
| 10 | 16,7 | 14,3 | 14,1 | 14,5 | 15,9 | 17,6 |
| 8 | 12,4 | 11,7 | 11,8 | 12,0 | 12,9 | 15,0 |
| 6 | 9,5 | 9,3 | 9,4 | 9,6 | 10,3 | 12,0 |
| 4 | 7,2 | 6,9 | 6,9 | 7,2 | 7,9 | 8,7 |
| 2 | 4,5 | 4,5 | 4,5 | 4,6 | 4,7 | 5,0 |
| n / (1/min) | 1000 | 2000 | 3000 | 4000 | 5000 | 6000 |
| v / (km/h) | 56 | 112 | 168 | 224 | 280 | 336 |

**Abb. 6.14**  Streckenbezogener Kraftstoffverbrauch beim TFSI-Motor (Excel-Darstellung)

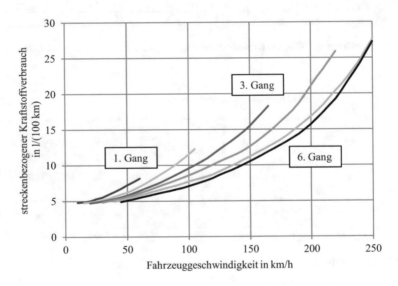

**Abb. 6.15**  Streckenbezogener Kraftstoffverbrauch in Abhängigkeit vom Getriebegang

berechnet die Motordrehzahl und Spalte H den Mitteldruck. In Spalte U steht der zu diesem Betriebspunkt gehörende effektive spezifische Kraftstoffverbrauch. Er wird durch Interpolation zwischen den vier benachbarten Stützstellen ermittelt. Die Nachbardrehzahlen stehen in den Spalten K und L, die Nachbarmitteldrücke in den Spalten M und N. Die Spalten O bis R enthalten die dazu gehörenden $b_e$-Werte. Zunächst wird zwischen den Drehzahlen gemittelt (Spalte S und T), danach zwischen den Mitteldrücken (Spalte U). Zum Einsatz kommen die Excel-Funktionen VERGLEICH (Suchen einer Zeile), INDEX (Wert aus einer Zelle auslesen) und TREND (Interpolation zwischen zwei Stützstellen). Für die Gänge 2 bis 6 erfolgt die Vorgehensweise analog.

Die lineare Interpolation im $x$-$y$-$z$-Raum wird in Abb. 6.17 verdeutlicht. Wenn man den $z$-Wert an der Stelle $(x_0, y_0)$ ermitteln möchte, dann interpoliert man zunächst

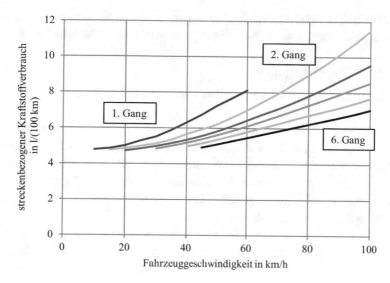

**Abb. 6.16** Streckenbezogener Kraftstoffverbrauch bei kleinen Geschwindigkeiten in Abhängigkeit vom Getriebegang

**Abb. 6.17** Lineare Interpolation im $x$-$y$-$z$-Raum

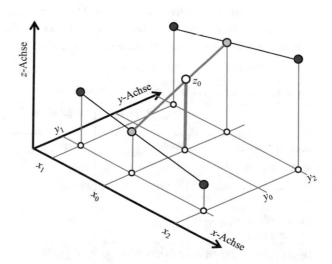

zwischen den benachbarten $x$-Stützstellen. Danach wird zwischen diesen beiden Ergebnissen in $y$-Richtung interpoliert. Die Reihenfolge, in der man die beiden Interpolationen durchführt, ist beliebig.

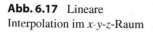

Aus dem Verbrauchskennfeld des Audi-Motors kann man mit recht guter Genauigkeit den streckenbezogenen Kraftstoffverbrauch berechnen. Allerdings ist die Vorgehensweise sehr aufwändig. ◀

## 6.10   Die Verbrauchskennfelder sehen unterschiedlich und doch ähnlich aus. Kann man sie irgendwie vereinheitlichen?

Der Leser/die Leserin lernt

einheitliche Darstellung der Verbrauchskennfelder von Motoren. ◄

Wenn man sich die Verbrauchskennfelder der A-Klasse (Abb. 6.3 und 6.4), des 500 SL (Abb. 6.10) oder des Audi-TFSI-Motors (Abb. 6.11) anschaut, so sehen sie zwar unterschiedlich, trotzdem aber irgendwie auch ähnlich aus. Abb. 6.18 zeigt charakteristische Punkte, die sich in jedem Kennfeld wiederfinden. Typische Zahlenwerte aktueller Motoren sind der Tab. 6.12 zu entnehmen. Die Zahlenwerte geben nur Größenordnungen an und sind natürlich bei jedem Motor etwas anders.

Im Leerlauf, also bei einem effektiven Mitteldruck von 0 bar, ist der Wirkungsgrad eines Motors gleich null. Im Kennfeld ergeben sich dann effektive Wirkungsgrade zwischen 0 % im Leerlauf und dem Bestwert. Wie kann man nun die Wirkungsgrade oder Kraftstoffverbräuche im Kennfeld interpolieren, um zu Abb. 6.3, 6.4, 6.10 oder 6.11 zu kommen?

Obwohl die Wirkungsgrade bei einem effektiven Mitteldruck von 0 bar gleich null sind, sind die Kraftstoffverbräuche in g /h je nach Drehzahl verschieden. (Im Abschn. 6.2 wurden diese Werte bestimmt.) Damit ist der effektive Wirkungsgrad nicht geeignet, den Kraftstoffverbrauch bei Nulllast zu benennen, und er ist auch nicht für die Interpolation

**Tab. 6.12** Typische Zahlenwerte aktueller Pkw-Motoren

|  | Saug-Ottomotor | Aufgeladener Ottomotor | Aufgeladener Dieselmotor |
|---|---|---|---|
| Leerlaufdrehzahl | 800/min | 800/min | 800/min |
| Maximale Drehzahl | 6000/min | 6000/min | 4000/min |
| Maximaler effektiver Mitteldruck | 11 bar | 16 bar | 20 bar |
| Bester effektiver Wirkungsgrad | 36 % | 36 % | 42 % |
| Bester effektiver spezifischer Kraftstoffverbrauch | 240 g/(kWh) | 240 g/(kWh) | 200 g/(kWh) |
| Effektiver Wirkungsgrad bei Nennleistung | 29 % | 29 % | 35 % |
| Effektiver spez. Kraftstoffverbrauch bei Nennleistung | 300 g/(kWh) | 300 g/(kWh) | 240 g/(kWh) |
| Mitteldruck bei Nennleistung | 10,5 | 14 bar | 18 bar |

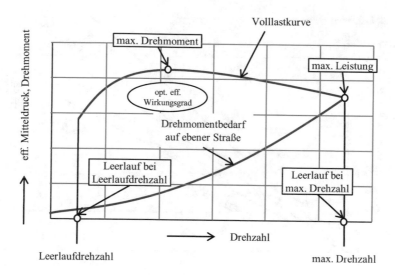

**Abb. 6.18** Charakteristische Punkte im Motorkennfeld

im Kennfeld geeignet. Auch der effektive spezifische Kraftstoffverbrauch $b_e$, den die Motorenspezialisten gerne verwenden, ist für diese Aufgabe nicht geeignet, weil $b_e$ bei Nulllast einen unendlich großen Wert annimmt.

Die beste Methode anzugeben, wie gut ein Zylinder arbeitet, ist die Angabe, welche Kraftstoffmasse er für einen bestimmten Mitteldruck benötigt. Dabei muss die Größe des Zylinders (Hubvolumen) berücksichtigt werden. Aus Abschn. 3.3 und 3.4 ist bekannt:

$$b_e = \frac{\dot{m}_B}{P_e} = \frac{\dot{m}_B}{i \cdot n \cdot V_H \cdot p_e} = \frac{i \cdot n \cdot m_{B,\,ASP}}{i \cdot n \cdot V_H \cdot p_e}.$$

Dabei ist $m_{B,ASP}$ die pro
verbrannte Kraftstoffmasse. Damit ergibt sich:

$$\frac{m_{B,\,ASP}}{V_H} = b_e \cdot p_e.$$

Die auf das Hubvolumen bezogene Kraftstoffmasse pro Arbeitsspiel ($m_{B,ASP}/V_H$) ist also gleich dem Produkt aus effektivem spezifischem Kraftstoffverbrauch und effektivem Mitteldruck. Weil $b_e$ und $p_e$ Kenngrößen sind, also weitgehend unabhängig vom jeweiligen Motor, ist auch die auf das Hubvolumen bezogene Kraftstoffmasse eine Kenngröße, die für viele Motoren weitgehend ähnliche Zahlenwerte aufweist.

Abb. 6.19 zeigt das Ergebnis für den in Abschn. 6.8 vorgestellten Motor des Mercedes SL 500. Die auf das Hubvolumen bezogene Kraftstoffmasse pro Arbeitsspiel steigt deutlich mit dem effektiven Mitteldruck an und liegt zwischen 15 mg/l und 100 mg/l. Darüber hinaus ist sie zusätzlich von der Drehzahl abhängig, aber in einem geringeren Maß. Die Drehzahl, bei der der optimale Wirkungsgrad erreicht wird, ist 2000/min.

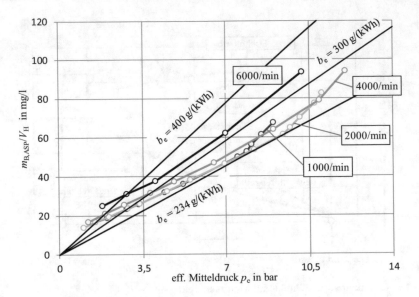

**Abb. 6.19** Hubraumbezogene Kraftstoffmasse pro Arbeitsspiel als Funktion von effektivem Mitteldruck und Drehzahl beim SL 500

Dort beträgt der beste effektive spezifische Kraftstoffverbrauch 234 g/(kWh). Bis auf die Bereiche kleiner Mitteldrücke und großer Drehzahlen liegen die $b_e$-Werte zwischen 234 g/(kWh) und 300 g/(kWh).[4]

Wenn man die Linien konstanter Drehzahl bis zu $p_e = 0$ extrapoliert, so findet man die für den Leerlauf bei verschiedenen Drehzahlen benötigte Kraftstoffmasse. Abb. 6.20 zeigt das in Vergrößerung. Bei der Extrapolation muss man darauf achten, dass der Motor für eine größere Leerlauf-Drehzahl auch eine größere Kraftstoffmasse benötigt. Deswegen liegen die Linien konstanter Drehzahl im Leerlauf sortiert vor. Im Kennfeld ($p_e \gg 0$) muss das nicht so sein.

Abb. 6.19 kann noch weiter optimiert werden. Denn der Bereich unterhalb der Linie $b_e = 234$ g/(kWh) kann vom Motor nicht erreicht werden. Wenn man von der hubraumbezogenen Kraftstoffmasse pro Arbeitsspiel die Kraftstoffmasse abzieht, die man mindestens benötigt (also die zu einem Verbrauch von 234 g/(kWh) gehört), so erhält man Zahlenwerte, die angeben, wie viel Kraftstoff man im jeweiligen Betriebspunkt mehr benötigt, als es dem optimalen Verbrauch des Motors entspricht:

$$\frac{m_{B,\,ASP}}{V_H} = b_{e,\,opt} \cdot p_e + \left( \frac{m_{B,\,ASP}}{V_H} \right)_{extra}.$$

---

[4]In Abb. 6.19 bis 6.24 sind aus Gründen der Übersichtlichkeit nicht alle untersuchten Drehzahlen eingezeichnet. In der zum Kapitel gehörenden Excel-Datei sind die Diagramm umfangreicher und in Farbe dargestellt.

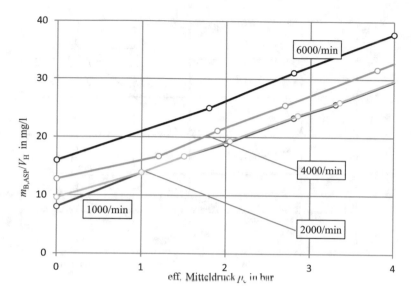

**Abb. 6.20**  Hubraumbezogene Kraftstoffmasse pro Arbeitsspiel im Bereich des Leerlaufs beim SL 500

Abb. 6.21 zeigt diesen Mehrverbrauch im Kennfeld.

Diese Abbildung enthält alle Informationen, die in Abb. 6.19 enthalten sind, allerdings in einer sehr kompakten Form. Es hat sich gezeigt, dass diese Art der Darstellung für alle untersuchten Motoren sehr ähnlich ist.

Die Linien konstanter Drehzahl sind teilweise etwas „verwackelt". Das hängt wahrscheinlich damit zusammen, dass die Kennfelder, die in Veröffentlichungen zu finden sind, entweder wegen der kleinen Druckgröße nicht genau ablesbar oder auch etwas ungenau gezeichnet sind.

Die zum Kapitel gehörende Excel-Tabelle ist folgendermaßen aufgebaut:

Die Spalten F, G und H enthalten die Drehzahlen, Mitteldrücke und effektiven spezifischen Kraftstoffverbräuche, die man dem in der Literatur veröffentlichten Kennfeld entnehmen kann. Spalte I berechnet das Produkt aus $b_e$ und $p_e$. Dieses Produkt ist gleich der auf das Hubvolumen bezogenen Kraftstoffmasse. Die Zelle B15 enthält den besten Wert für den effektiven spezifischen Kraftstoffverbrauch. Mit diesem wird in der Spalte I die über dieses Optimum hinausgehende Kraftstoffmenge berechnet.

Zu Beginn jedes Drehzahlbereiches wird der Kraftstoffverbrauch im Leerlauf geschätzt (beispielsweise in Zelle J6). Dazu wird im Zellenbereich A20:D24 der Kraftstoffverbrauch im Leerlauf durch eine lineare Drehzahlabhängigkeit festgelegt und dann in J10, J25, J42 … berechnet.

In Zelle G5 wird der effektive Mitteldruck im Schubbetrieb der jeweiligen Drehzahl geschätzt. Dazu wird ebenfalls eine lineare Drehzahlabhängigkeit im Zellenbereich A26:C30 angenommen (vergleiche Abschn. 6.13).

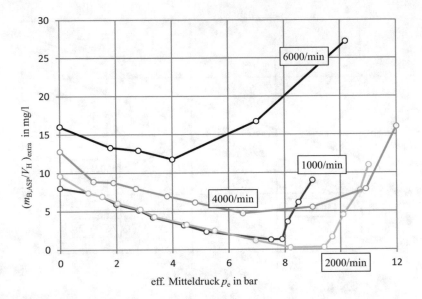

**Abb. 6.21**   Kraftstoffmehrverbrauch im Kennfeld des SL 500 (Basis: $b_{e,opt} = 234$ g/(kWh))

Die so in Spalte I berechneten Extra-Kraftstoffmengen pro Hubvolumen und Arbeitsspiel werden im Zellenbereich L7:R24 durch lineare Interpolationen in eine Drehzahl-Mitteldruck-Tabelle übertragen. Diese dient den weiteren Berechnungen, die in Abschn. 6.16 durchgeführt werden.

In der Fachliteratur findet man nicht viele Kennfelder des Kraftstoffverbrauchs. Das hängt sicherlich damit zusammen, dass die Hersteller von ihren Produkten nicht mehr verraten wollen, als unbedingt notwendig ist. Immerhin findet man in den MTZ- Ausgaben der letzten Jahre die in der Tab. 6.13 genannten Kennfelder.

Abb. 6.22, 6.23 und 6.24 zeigen analog zu Abb. 6.21 die entsprechenden Ergebnisse für die beiden Motoren der A-Klasse und den Audi Q7 V12. Dabei wurden die Leerlaufverbräuche durch Extrapolation so ermittelt, dass sie geordnet sind, also mit steigender Drehzahl zunehmen, und einigermaßen im Trend liegen.[5]

Es ist erstaunlich, wie sehr sich die Diagramme ähneln. Der Autor, der diese Methode der Kennfelddarstellung selbst entwickelt hat und in dem vorliegenden Buch erstmalig veröffentlicht, wagt die Vermutung, dass man bei einem Motor, von dem man nur in

---

[5]Im Schwarz-Weiß-Druck des Buches sind die Linien nur schwer unterscheidbar. Die Bilder sind aber mit zusätzlichen Drehzahlen in der Excel-Tabelle in Farbe enthalten und können dort genauer studiert werden.

**Tab. 6.13** Kennfelder mit Angaben zum Kraftstoffverbrauch in verschiedenen MTZ-Ausgaben

| Typ | Motor | Zeitschrift |
|---|---|---|
| A-Klasse-Motor von Mercedes | Otto | MTZ 6/2004 |
| M272-E35-Motor von Mercedes | Otto | MTZ 6/2004 |
| M272-E55-Motor von Mercedes | Otto | MTZ 12/2005 |
| M272-Motor von Mercedes | Otto | MTZ 11/2006 |
| 3-l-TFSI-Motor von Audi | Otto | MTZ 9/2009 |
| Downsizing-Motor von Mahle | Otto | MTZ 3/2010 |
| 1,8-l-TFSI-Motor von Audi | Otto | MTZ 7+8/2011 |
| Theta-GDI-Motor von Hyundai | Otto | MTZ 10/2011 |
| 1,4-l-TSI-Motor von VW | Otto | TP 13/2012 |
| 2,0-l-M270-Motor von Mercedes | Otto | ATZ extra 9/2012 |
| 1,5-l-TSI-evo-Motor von VW | Otto | MTZ 12/2016 und 2/2017 |
| 1-l-Turbo-Erdgas-Motor von Ford | Otto | MTZ 07-08/2019 |
| 5-Zylinder-Motor von VW | Diesel | MTZ 1/2004 |
| A-Klasse-Motor von Mercedes | Diesel | MTZ 1/2005 |
| ForFour-Motor von Smart | Diesel | MTZ 1/2005 |
| Euro-3-Truck-Motor | Diesel | MTZ 5/2005 |
| V8-Motor von Audi | Diesel | MTZ 11/2005 |
| 2-l-TDI-Motor von VW | Diesel | MTZ 11/2007 |
| 12-V-TDI-Motor von Audi | Diesel | MTZ 11/2008 |
| Nfz-TDI-Motor von VW | Diesel | MTZ 1/2010 |
| 3-l-V6-TDI-Motor von Audi | Diesel | MTZ 11/2010 und Sonderheft 1/2011 |
| 6,1-l-Nfz-Motor von Deutz | Diesel | MTZ 11/2010 |
| 4-Zyl.-Motor von Mercedes | Diesel | MTZ 11/2011 |
| ML250-BlueTec-Motor von Mercedes | Diesel | ATZ-Sonderheft 12/2011 |
| 3-l-V6-TDI-Motor von Audi | Diesel | MTZ 2/2012 |
| 2-l-TDI-Motor von VW | Diesel | TP 13/2012 |
| OM651-2,2-l-Motor von Mercedes | Diesel | ATZ extra 9/2012 |
| 3-Zyl.-Motor von BMW | Diesel | TP 18/2014 |

Abkürzungen:
ATZ: Automobiltechnische Zeitschrift
MTZ: Motortechnische Zeitschrift
TP: Technik-profi-Beilage der auto motor und sport

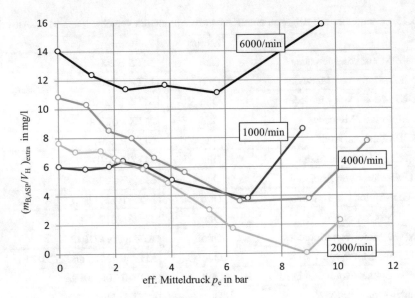

**Abb. 6.22**  Kraftstoffmehrverbrauch beim Ottomotor der A-Klasse (Basis: $b_{e,opt} = 230$ g/(kWh))

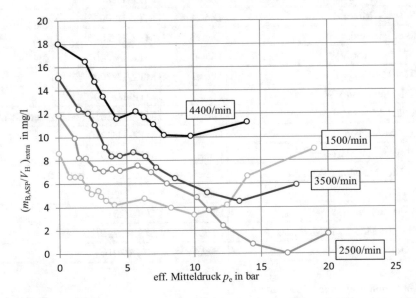

**Abb. 6.23**  Kraftstoffmehrverbrauch beim Dieselmotor der A-Klasse (Basis: $b_{e,opt} = 203$ g/ (kWh))

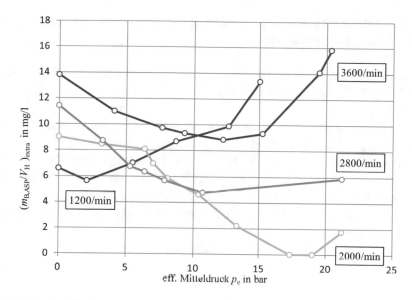

**Abb. 6.24**   Kraftstoffmehrverbrauch beim Dieselmotor des Audi Q7 (Basis: $b_{e,opt} = 204$ g/(kWh))

wenigen Kennfeldpunkten Angaben zum Kraftstoffverbrauch besitzt, den Verbrauch mit guter Genauigkeit selbst mit der vorgestellten Methode „zusammenbasteln" kann.[6]

Interessant ist auch, dass die Leerlaufverbräuche pro Hubvolumen und Arbeitsspiel der Motoren ziemlich ähnlich sind. Sie liegen in der Größenordnung von etwa 6 mg/l bis 8 mg/l. Das bedeutet, dass kleine Motoren mit wenig Hubvolumen im Leerlauf sparsam sind und große Motoren einen hohen Leerlaufverbrauch haben. Das ist auch der Grund dafür, dass Autos, die mit verschiedenen Motoren angeboten werden, meistens mit dem leistungsschwächsten Motor den besten streckenbezogenen Kraftstoffverbrauch haben (vergleiche Abschn. 6.1). Schwache Motoren müssen sich „mehr anstrengen", um das Fahrzeug zu bewegen. „Mehr anstrengen" bedeutet höhere Mitteldrücke und damit bessere Motorwirkungsgrade und Kraftstoffverbräuche.

---

[6]Es ist nicht einfach, aus den Kennfelddarstellungen in den Zeitschriften die Kraftstoffverbräuche genau auszulesen. Zum einen sind dafür die Abbildungen im Allgemeinen zu klein. Zum anderen werden solche Abbildungen häufig vom Layout-Team so bearbeitet, dass sie „schön" aussehen. Dabei kann Genauigkeit verloren gehen. Deswegen muss man insbesondere den extrapolierten Kraftstoffverbrauch im Leerlauf dahingehend überprüfen, ob er auch sinnvoll ist.

Zusammenfassend könnte man das Verbrauchskennfeld eines typischen Pkw-Motors folgendermaßen charakterisieren:

1. Es gibt den Punkt des besten Kraftstoffverbrauchs (200 g/(kWh) bei Dieselmotoren und 240 g/(kWh) bei Ottomotoren) bei einer mittleren Drehzahl und bei einem eher hohen Mitteldruck.
2. Im Nennleistungspunkt ist der effektive spezifische Kraftstoffverbrauch etwa 40 g/(kWh) (Dieselmotoren) bis 60 g/(kWh) (Ottomotoren) schlechter.
3. Im Kennfeld (gezeigt am Beispiel des Audi-TFSI-Motors in Abb. 6.25) erkennt man zwei Bereiche. Im linken Bereich nimmt der effektive spezifische Kraftstoffverbrauch bei konstantem Mitteldruck mit abnehmender Drehzahl zu.
4. Im rechten Bereich nimmt der effektive spezifische Kraftstoffverbrauch mit steigender Drehzahl zu.
5. Die weitgehend waagerechte Linie verdeutlicht, dass der optimale Kraftstoffverbrauch bei konstanter Drehzahl etwa bei dem Mitteldruck liegt, bei dem auch insgesamt der beste Kraftstoffverbrauch zu finden ist. Bei anderen Motoren liegt der optimale Kraftstoffverbrauch eher bei der Volllastlinie. Die Linie der optimalen Verbräuche bei gegebener Drehzahl fällt dann nach links und rechts ab.
6. Im Leerlauf bei Leerlaufdrehzahl ($n = 800/$min) hat ein kleiner Motor ($V_H = 1$ dm$^3$) einen Kraftstoffverbrauch von etwa 0,15 kg/h. Das entspricht einer auf das Hubvolumen bezogenen Kraftstoffmasse $m_{B,ASP}/V_H$ von etwa 6 mg/l.
7. Im Leerlauf nimmt die Kraftstoffmasse pro Arbeitsspiel mit zunehmender Drehzahl zu und erreicht Werte von 15 mg/l bis 20 mg/l.

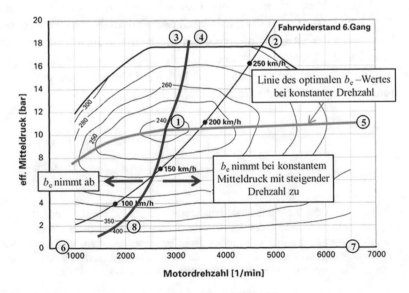

**Abb. 6.25**  Typische Bereiche im Kennfeld des Audi-TFSI-Motors

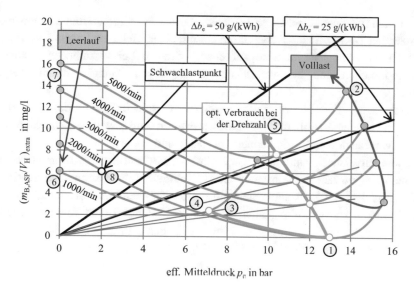

**Abb. 6.26**   Konstruiertes Kennfeld des Kraftstoffmehrverbrauchs

8. Manche Autoren geben auch den Kraftstoffverbrauch im typischen Schwach-last -Betriebspunkt ($n = 2000$/min, $p_e = 2$ bar) an (Abb. 4.21). Er liegt bei Werten zwischen 350 g/(kWh) und 400 g/(kWh). Das sind etwa 100 g/(kWh) bis 200 g/(kWh) mehr als im Bestpunkt des Motors und entspricht damit einem auf das Hub-volumen bezogenen Mehrverbrauch von etwa 5 mg/l bis 10 mg/l.

Diese Aussagen führen dann zu folgendem Diagramm des Kraftstoffmehrverbrauchs (Abb. 6.26).

---

**Zusammenfassung**

Mit der vorgestellten Methode kann man die Verbrauchskennfelder verschiedener Motoren vereinheitlichen. Das gibt dann auch die Möglichkeit, sie näherungsweise für Motoren anzuwenden, deren Kennfelder nicht bekannt sind. ◄

---

## 6.11   Kann man das Motorkennfeld eines Pkw selbst ermitteln?

**Der Leser/die Leserin lernt**

Durch Fahrversuche kann man das Motorkennfeld eines Pkws relativ gut selbst ermitteln. ◄

Das Kennfeld eines Verbrennungsmotors kann relativ gut durch Fahrversuche mit dem eigenen Pkw ermittelt werden. Der vorliegende Abschnitt erklärt das anhand von

Experimenten mit einem Opel Corsa 1.0 ecotec. Dieses Fahrzeug verfügt über einen direkt-einspritzenden 1-l-3-Zylinder-Turbo-Ottomotor mit einer effektiven Leistung von 85 kW.

Der Fahrer führt Fahrversuche auf ebener Strecke bei verschiedenen konstanten Geschwindigkeiten und bei verschiedenen eingelegten Gängen durch (vergleiche Abb. 6.27).

Danach fährt der Fahrer mit konstanter Geschwindigkeit drei verschiedene Steigungen (vergleiche Abb. 6.28). Bei diesen Fahrten wird jeweils der streckenbezogene Kraftstoffverbrauch vom Bordcomputer abgelesen und notiert.

Solche Fahrversuche sind nicht ganz einfach durchzuführen. Ebene Strecken, auf denen man längere Zeit mit konstanter Geschwindigkeit fahren kann, sind relativ selten. Und Bergstrecken mit konstanter Steigung muss man ebenfalls erst einmal finden. Die Geschwindigkeit konstant einzuhalten, gelingt am besten mit dem Tempomat. Letztlich wurden die Messwerte zusammengetragen, die in der zum Kapitel gehörenden Excel-Tabelle in den Spalten I bis K, M und O zu finden sind. Die Straßensteigung, die man durch das Studium der Höhenlinien in einer Wanderkarte bestimmen kann, wird in Spalte O eingetragen. Weil die Fahrversuche immer auch fehlerbehaftet sind, sollte man die Messergebnisse kritisch untersuchen.

Bordcomputer von Pkw sind relativ ungenau. Beim untersuchten Corsa wurde durch Vergleiche der Tachoanzeige mit einem GPS-System festgestellt. dass die Geschwindigkeit etwa 7 % zu hoch angezeigt wird. Durch regelmäßiges Notieren der Tankmenge und Vergleich mit dem streckenbezogenen Verbrauch des Bordcomputers ergibt sich, dass

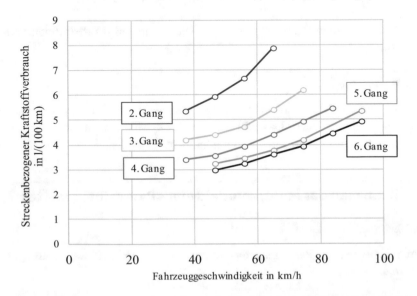

**Abb. 6.27**  Der streckenbezogene Kraftstoffverbrauch auf ebener Strecke nimmt mit der Geschwindig-keit zu. Um einen kleinen Verbrauch zu erzielen, sollte ein möglichst hoher Gang eingelegt werden

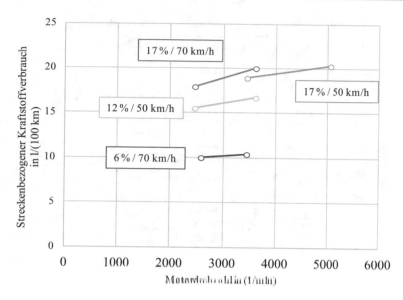

**Abb. 6.28**  Bei der Bergfahrt hängt der streckenbezogene Kraftstoffverbrauch im Wesentlichen von der Straßensteigung ab. Der Einfluss der Gangwahl und damit der Motordrehzahl ist von untergeordneter Bedeutung

diese etwa 5 % zu niedrig angezeigt wird. Deswegen werden die gemessenen Werte mit Korrekturfaktoren (Zellen B48 und B49) umgerechnet.

In den Spalten P, Q und R werden die Rollwiderstandskräfte, die Luftwiderstandskräfte und die Steigungskräfte berechnet. In Spalte S ergibt sich daraus die effektive Leistung auf der Straße. Wenn man Getriebeverluste vernachlässigt, dann entspricht das auch der effektiven Motorleistung. In Spalte T wird der Kraftstoffmassenstrom berechnet, in Spalte U der effektive Wirkungsgrad und in Spalte V das Motordrehmoment.

Wenn man die Messwerte von Fahrgeschwindigkeit und streckenbezogenem Kraftstoffverbrauch nicht korrigiert, ergibt sich ein größter effektiver Wirkungsgrad von fast 37 %. Das ist für diesen Kennfeldbereich ein etwas zu großer Wert. Mit den oben genannten Korrekturfaktoren ergibt sich ein Bestwert von 34,8 %. In Abb. 6.29 sind alle Ergebnisse grafisch dargestellt.

### Zusammenfassung

Durch Fahrversuche auf ebener Strecke und auf Bergstrecken kann man das Motorkennfeld eines Pkw experimentell ermitteln. Da der Bordcomputer systematische Fehler aufweist, sollte man vor der Auswertung der Daten die Geschwindigkeitsanzeige und die Verbrauchsanzeige durch geeignete Vergleichsmethoden überprüfen und gegebenenfalls korrigieren. ◀

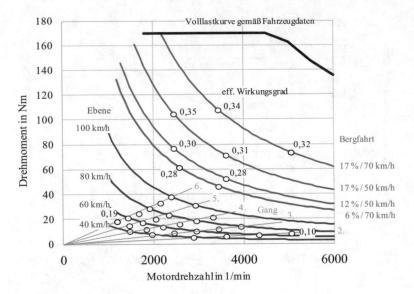

**Abb. 6.29** Motorkennfeld des untersuchten Corsa-Motors: Man kann erkennen, dass man sich bei der Fahrt auf ebener Strecke nur im unteren Kennfeldbereich mit effektiven Wirkungsgraden von nur bis zu 20 % bewegt. Erst bei der Bergfahrt (und natürlich auch beim Beschleunigen) werden die oberen Kennfeldbereiche mit deutlichen höheren effektiven Wirkungsgraden genutzt

## 6.12    Wie kann man ermitteln, wie stark ein Motor im Schubbetrieb bremst (Teil 1: Messungen mit dem Fahrzeug)

**Der Leser/die Leserin lernt**

Durch Fahrversuche kann man ermitteln, wie sehr ein Fahrzeug im Schubbetrieb abbremst. ◀

Wenn man ein Fahrzeug auf eine bestimmte Geschwindigkeit beschleunigt und danach den Fuß vom Gaspedal nimmt, dann verzögert das Fahrzeug und die Geschwindigkeit nimmt ab. Dieser Abbremsvorgang ist umso stärker, je größer die abbremsenden Kräfte sind. Dazu gehören der Luftwiderstand, der Rollwiderstand, der Straßensteigungswiderstand und die bremsende Wirkung von Motor und Getriebe. Das vorliegende Buch beschäftigt sich nur mit Verbrennungsmotoren und beschreibt deswegen die Einflüsse durch das Getriebe sehr einfach (Getriebewirkungsgrad) und schlägt die Verluste zwischen Getriebe und Rädern dem Rollwiderstand der Reifen zu.

Der Fahrer eines Fiat Panda führt folgendes Experiment durch: Er beschleunigt das Fahrzeug auf eine Geschwindigkeit von ca. 100 km/h, nimmt den Fuß vom Fahrpedal und lässt das Fahrzeug ausrollen. Die aktuelle Geschwindigkeit und Motordrehzahl liest er regelmäßig ab. Das Experiment lässt sich besonders gut durchführen, wenn

man die Messwerte über die Diagnosesteckdose des Fahrzeuges mit einem Diagnosegerät ausliest. Das war im vorliegenden Experiment der Fall. Verwendet wurde das Gerät
NAVIGATOR TXC von TEXA. Falls man die Werte vom Tachometer ablesen und auf-
schreiben muss, dann sollte das unbedingt ein Beifahrer tun.[7]

Auf diese Weise werden die Messwerte im ausgekuppelten Zustand und auch mit eingelegtem Gang (1., 2., 3., 4., 5. und 6. Gang) ermittelt. Die umfangreiche Excel-Tabelle
zu diesem Kapitel zeigt die Messergebnisse und die Auswertungen:

Die Spalten F, Q, AD, AQ, BD, BQ, CD, CQ, DD, DQ, ED, EQ, FD und FQ enthalten
die gemessene Fahrzeuggeschwindigkeit in Abhängigkeit von der Zeit (jeweils eine
Spalte vorher). Die dazu gehörende Motordrehzahl steht jeweils in der Spalte danach.

Das Erste, was man untersuchen kann, ist der Zusammenhang zwischen Motor-
drehzahl und Fahrzeuggeschwindigkeit in den sechs Gängen. Abb. 6.30 zeigt den
Zusammenhang. Die Tatsache, dass die Messpunkte so stark streuen, hängt mit der
Messdatenerfassung zusammen. Studiert man die Excel-Tabelle genau, so kann man
erkennen, dass das Texa-Diagnosegerät die Daten zwar alle 0,25 s ausliest, sich die
Geschwindigkeit aber nur etwa jede Sekunde ändert. Anscheinend aktualisiert die
Diagnosesteckdose die Motor- und Fahrzeugdaten nicht ständig. Zudem werden die
Drehzahl und die Fahrzeuggeschwindigkeit zu unterschiedlichen 0,25-s-Zeitpunkten
aktualisiert. Die Linien in Abb. 6.30 zeigen den Zusammenhang, den man aus der
Getriebeübersetzung (Zellen B36 bis B42) und dem Radumfang (B32) berechnen kann.
Wenn man einen dynamischen Korrekturfaktor (B31) von 97 % annimmt, dann passen
die Messungen optimal zu den Getriebeübersetzungen.

Studiert man die Excel-Tabelle genau, so erkennt man, dass das Diagnosegerät die
Fahrzeuggeschwindigkeit auf 1 km/h genau und die Motordrehzahl auf 1/min genau
angibt. Die Motordrehzahl enthält also mehr signifikante Stellen. Deswegen wird in den
Spalten nach der Motordrehzahl (zum Beispiel Spalte AF, AS, BF, BS) die Fahrzeuggeschwindigkeit neu aus dem in Abb. 6.30 dargestellten Zusammenhang berechnet. Verwendet werden dazu die Daten in den Zellen B45:B50.

---

[7]Bei den Messungen ist übrigens Folgendes aufgefallen: In jedem Pkw geht der Geschwindig-
keitsmesser etwas vor. Im vorliegenden Fall sind es 7 km/h bei einer wahren Geschwindigkeit von
100 km/h. Das kann man recht gut mit einem GPS-System oder mit den Abstandsmarkierungen
auf der Autobahn kontrollieren. Die Geschwindigkeitsangabe auf der Diagnose-Steckdose ist aber
exakt. Das bedeutet, dass der Bordcomputer die wahre Geschwindigkeit kennt, bewusst aber eine
höhere anzeigt. Die Tageskilometeranzeige ist hingegen exakt. Der streckenbezogene Momentanverbrauch, den der Bordcomputer in der Einheit l/(100 km) anzeigt, verwendet aber nicht die
wahre Geschwindigkeit, sondern die angezeigte höhere Geschwindigkeit. Auf diese Weise ergeben
sich kundenfreundliche niedrigere Kraftstoffverbräuche. Der daraus ermittelte Durchschnittsverbrauch, den der Bordcomputer ebenfalls ausgibt, ist deswegen zu niedrig. Das kann man dann
kontrollieren, indem man beim Tanken den wahren Durchschnittsverbrauch errechnet. Insgesamt
also eine sehr „kundenfreundliche" Interpretation und Darstellung der Messwerte …

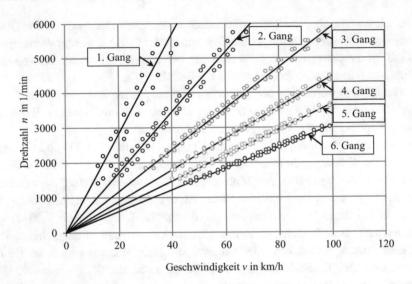

**Abb. 6.30** Zusammenhang zwischen Fahrzeuggeschwindigkeit und Motordrehzahl

Im ausgekuppelten Zustand wird der Panda durch den Luftwiderstand, den Rollwiderstand und den Steigungswiderstand gebremst. Reibungswiderstände im Antriebsstrang bis zum Getriebe können nicht separat ermittelt werden und werden deswegen dem Rollwiderstand zugerechnet. Wenn man für den Luftwiderstandsbeiwert (B16), den Rollwiderstandsbeiwert (B24:B25) und die Straßensteigung (B77) Werte annimmt, so kann man die Widerstandskräfte berechnen (Spalten J bis L). Daraus ergibt sich dann die Fahrzeugabbremsung (Spalte I) und ein theoretischer Geschwindigkeitsverlauf (Spalte H). Wenn die Werte sinnvoll geschätzt wurden, dann müsste dieser dem gemessenen Verlauf in Spalte F ähnlich sein.

Bei den Versuchsfahrten wurde die weitgehend ebene Strecke in zwei Richtungen gefahren (Hin- und Rückfahrt). Die Straßensteigung wird in den Steigungswiderstand bei der Hinfahrt positiv und bei der Rückfahrt negativ eingerechnet.

Vom Panda ist dem Autor die Stirnfläche des Fahrzeuges nicht bekannt, wohl aber der $c_W$-Wert und die Fahrzeugbreite und -höhe. Wenn man sich in Autozeitschriften die Stirnfläche verschiedener Fahrzeuge anschaut, so kann man erkennen, dass sie etwa 80 % bis 90 % der Querschnittsfläche des Autos (berechnet aus Höhe und Breite) entspricht. Deswegen wird bei den hier durchgeführten Untersuchungen die Stirnfläche mit 85 % (B19) der Querschnittsfläche geschätzt.

Wenn man nun für den Rollwiderstandsbeiwert einen Wert von 0,01 annimmt und für die Straßensteigung einen Wert von 0 %, so ergibt sich Abb. 6.31. Man erkennt, dass die berechnete Geschwindigkeit nicht besonders gut mit der gemessenen übereinstimmt. Die Anfangsgeschwindigkeit wurde übrigens so gewählt, dass sie der gemessenen entspricht. Genau genommen wurde aus den ersten zehn Messwerten durch eine lineare Approximation mit der Excel-Funktion TREND der Anfangswert bestimmt.

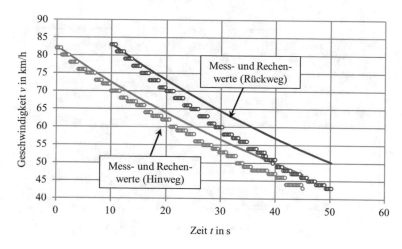

**Abb. 6.31**  Ausrollversuch im ausgekuppelten Zustand

Beim Rollwiderstandsbeiwert hat es sich bewährt, eine Abhängigkeit von der Geschwindigkeit zuzulassen. Deswegen stehen in den Zellen A24:B25 die Rollwiderstandsbeiwerte bei zwei verschiedenen Geschwindigkeiten. Diese legen eine Geradengleichung fest, mit der dann bei anderen Geschwindigkeiten linear interpoliert wird.

Excel bietet ein interessantes Add-In an, den Solver. Bei der Standard-Installation wird der Solver nicht automatisch eingerichtet. Das muss man nachträglich tun, indem man ihn über die Excel-Optionen im Menüpunkt „Add-Ins" aktiviert. Der Solver dient dazu, bestimmte Zelleninhalte der Tabelle so zu variieren, dass ein anderer Zellinhalt möglichst groß oder möglichst klein wird. Im vorliegenden Beispiel wird der Unterschied zwischen der gemessenen und der berechneten Geschwindigkeit in den Spalten M und X berechnet. In den Spalten N und Y befindet sich jeweils der Betrag der Unterschiede und in der Zelle B90 befindet sich der Mittelwert der Beträge. Das Ziel ist es nun, den Rollwiderstandsbeiwert so zu manipulieren, dass die mittlere Abweichung zwischen Experiment und Berechnung möglichst klein wird. Gleichzeitig wird auch die Straßensteigung B77 variiert, weil es ja sein kann, dass die Teststrecke doch nicht ganz waagerecht war.[8]

Der Solver wird aufgerufen und gemäß Abb. 6.32 bedatet: Zielzelle ist der Mittelwert über alle Abweichungen (B88). Der Inhalt dieser Zelle soll minimal werden. Dazu dürfen die Zellen B77 (Straßensteigung) und B24:B25 (Rollwiderstandsbeiwerte)

---

[8]Es ist nicht so, dass hier eine Gleichung (mittlere Abweichung zwischen Experiment und Berechnung) mit zwei Unbekannten (Rollwiderstandsbeiwert und Straßensteigung) gelöst wird. Das wäre mathematisch nicht möglich. Vielmehr wird eine Optimierungsaufgabe gelöst, bei der zwei Parameter so variiert werden, dass eine große Zahl von Abweichungen (Unterschied zwischen Experiment und Berechnung in jedem Messpunkt) minimiert wird.

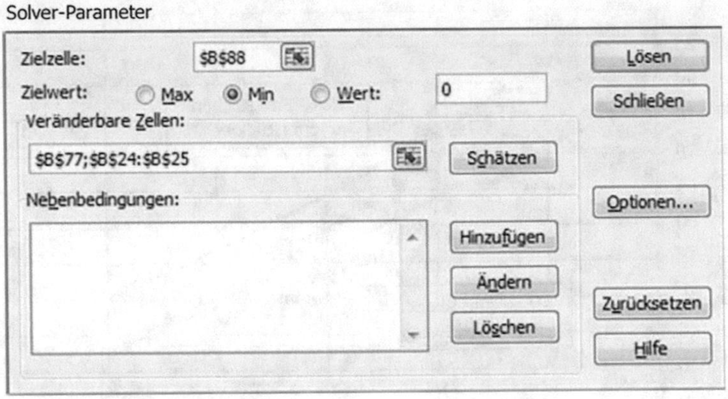

Solver-Parameter
Zielzelle:
$B$88
Zielwert:
Max
Min
Wert:
0
Veränderbare Zellen:
$B$77;$B$24:$B$25
Schätzen
Nebenbedingungen:
Hinzufügen
Ändern
Löschen
Lösen
Schließen
Optionen...
Zurücksetzen
Hilfe

**Abb. 6.32** Eingabewerte des Excel-Add-Ins „Solver"

variiert werden. Durch Click auf den Button „Lösen" versucht der Solver, eine optimale Lösung zu finden. Diese bietet er am Ende an und fragt, ob er sie übernehmen soll.

Im vorliegenden Beispiel schlägt der Solver eine Straßensteigung von −0,19 %, einen Rollwiderstandsbeiwert von 0,009 bei $v = 0$ und einen von 0,019 bei $v = 100$ km/h vor. Abb. 6.33 zeigt den Vergleich zwischen Messwerten und Rechenwerten mit diesen optimierten Werten.

Achtung: Der Solver ist ein sehr nützliches Tool. Ob das, was er sich überlegt, aber auch sinnvoll ist, muss der Anwender immer selbst entscheiden. Im vorliegenden Fall sehen die Rollwiderstandskoeffizienten sinnvoll aus: Der Wert bei kleiner Geschwindigkeit entspricht dem, der in der Literatur zu finden ist. Der Wert bei großer Geschwindig-

90
85
80
75
70
65
60
55
50
45
40
Geschwindigkeit v in km/h
0
10
20
30
40
50
60
Zeit t in s
Mess- und Rechenwerte (Rückweg)
Mess- und Rechenwerte (Hinweg)

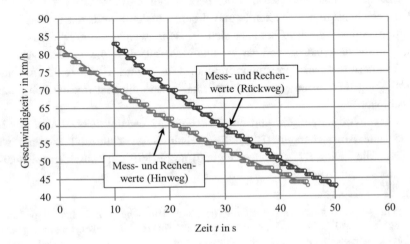

**Abb. 6.33** Ausrollversuch im ausgekuppelten Zustand (mit optimierten Werten für den Rollwiderstand und die Straßensteigung)

keit ist größer als die Literaturwerte. Er berücksichtigt aber noch die Reibungsverluste im Antriebsstrang und ist deswegen durchaus akzeptabel.

Die bisherigen Messwerte entstanden beim Ausrollversuch im ausgekuppelten Zustand. Wenn nicht ausgekuppelt wird, dann bremst der sich im Schubbetrieb befindende Motor das Fahrzeug zusätzlich ab. Im Schubbetrieb wird bei modernen Motoren kein Kraftstoff eingespritzt. Die Motorreibung und die Ladungswechselverluste erzeugen aber ein Bremsmoment, das das Fahrzeug zusätzlich abbremst. Dieses Bremsmoment ist abhängig von der Motordrehzahl und diese wiederum vom eingelegten Gang.

Die Excel-Tabelle enthält für jeden der sechs Gänge des Fiat Panda die Messwerte und die entsprechenden Auswertungen. Exemplarisch wird das beim 1. Gang erklärt. Die anderen Gänge werden analog berechnet.

Die Spalte AD enthält die gemessene Fahrzeuggeschwindigkeit in Abhängigkeit von der Zeit (Spalte AC). Spalte AE enthält die gemessene Motordrehzahl. Aus dem in Abb. 6.30 ermittelten Zusammenhang zwischen Fahrzeuggeschwindigkeit und Motordrehzahl wird in Spalte AF die Geschwindigkeit neu berechnet, weil das Diagnosegerät, mit dem die Messdaten erfasst wurden, die Drehzahl genauer angibt als die Geschwindigkeit. Die Spalten AG, AH und AI enthalten die Widerstandskräfte durch Luft-, Roll- und Steigungswiderstand. In AJ wird das Motorbremsmoment berechnet. Dazu wird ein linearer Zusammenhang zwischen Motorbremsmoment und Drehzahl verwendet, der in den Zellen A66:B67 beschrieben wird. In Spalte AK wird das Moment in eine Radkraft umgerechnet. Dazu wird der Zusammenhang zwischen Drehzahl und Geschwindigkeit (A45:B50) und ein geschätzter Getriebewirkungsgrad (B36:B41) berücksichtigt. In Spalte AL wird mit dem Newtonschen Gesetz ausgerechnet, wie groß die Beschleunigung des Fahrzeuges aufgrund der Kräfte ist. Dabei werden die rotierenden Drehmassen mit einem Korrekturfaktor (D36:D41) auf die Fahrzeuggesamtmasse berücksichtigt. In Spalte AM wird aus der Beschleunigung und der Differenz zwischen zwei Zeitschritten die neue Fahrzeuggeschwindigkeit berechnet. Spalte AN enthält den Unterschied zwischen diesem Wert und der gemessenen Geschwindigkeit. Die folgenden Spalten berechnen auf gleiche Weise für den Rückweg. Die dann folgenden Spalten wiederholen die Berechnungen für die anderen fünf Gänge des Fiat Panda.

Die Zahlenwerte für den Getriebewirkungsgrad und für die Drehmassenkorrekturfaktoren sind dem Buch von Haken [1] entnommen.

Mit Hilfe des Solvers können nun die beiden Angaben zum Motorbremsmoment (genau genommen der Brems-Mitteldruck in B66:B67) optimiert werden. Zielgröße ist die mittlere Abweichung zwischen gemessener und berechneter Geschwindigkeit in Zelle B81. Die zuvor optimierten Werte für den Rollwiderstand bleiben unverändert.

Als Ergebnis liefert der Solver einen Motorbrems-Mitteldruck von 1,4 bar bei $n = 0$ und einen Wert von 2,4 bar bei $n = 6000/min$. Die Wiedergabe der Geschwindigkeitsverläufe in allen sechs Gängen ist ausreichend gut. Abb. 6.34 zeigt exemplarisch das Ergebnis für den 6. Gang.

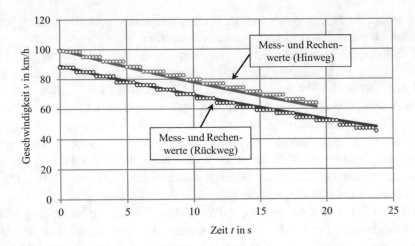

**Abb. 6.34** Experimenteller und berechneter Geschwindigkeitsverlauf im 6. Gang

---

**Zusammenfassung**

Mit Ausrollexperimenten (mit eingelegtem Gang und auch ausgekuppelt) kann man mit guter Genauigkeit den Rollwiderstand des Fahrzeuges und den Bremswiderstand des Motors ermitteln. ◀

---

## 6.13  Wie kann man ermitteln, wie stark ein Motor im Schubbetrieb bremst (Teil 2: Analyse des Verbrauchskennfeldes)

**Der Leser/die Leserin lernt**

Aus dem Verbrauchskennfeld kann man ermitteln, wie sehr ein Fahrzeug im Schubbetrieb abbremst. ◀

Die im Abschn. 6.10 vorgestellte Methode, die auf das Hubvolumen bezogene Kraftstoffmasse im Kennfeld über dem effektiven Mitteldruck darzustellen, lässt sich gut verwenden, um auch den Schubbetrieb des Motors kennen zu lernen. Man muss dazu die Linien bei konstanter Drehzahl (vergleiche Abb. 6.19 und 6.20) über $p_e = 0$ hinaus bis zu einer Kraftstoffmasse von null extrapolieren. Der Schnittpunkt mit der waagerechten Achse gibt dann an, wie groß der negative Mitteldruck im Schubbetrieb ist. Diese Extrapolation muss genauso gefühlsmäßig und sinnvoll vorgenommen werden wie die bei der Bestimmung des Leerlaufverbrauchs (vergleiche Abschn. 6.10). Wichtig ist, dass sowohl beim Kraftstoffverbrauch im Leerlauf als auch beim effektiven Mitteldruck im Schubbetrieb eine sinnvolle Anordnung der Drehzahlen entsteht: Mit zunehmender Drehzahl muss die dafür benötigte Kraftstoffmenge im Leerlauf steigen. Ebenso muss mit zunehmender Drehzahl auch das negative Schubmoment bzw. der negative effektive Mitteldruck betragsmäßig größer werden. Wenn sonst nichts bekannt ist, kann man die Abhängigkeit dieser Größen von der Drehzahl linear annehmen.

Abb. 6.35 und 6.36 zeigen die Ergebnisse dieser Extrapolationen im Leerlauf- und Schubbereich für den Motor des SL 500. (Im Gegensatz zu Abb. 6.21 sind in diesen Bildern alle sechs untersuchten Drehzahlen eingetragen.) Es ergibt sich bei maximaler Drehzahl ein Schubmoment von etwa 3,5 bar. Bei Leerlaufdrehzahl beträgt das Schubmoment (1,5 bar) etwa ein Drittel des Schubmomentes bei der maximalen Drehzahl.

Diese Ergebnisse passen recht gut zu den Ergebnissen im Abschn. 6.12. Dort wurden Werte für den Bremsmitteldruck zwischen 1,4 bar und 2,4 bar gefunden.

**Zusammenfassung**

Durch Extrapolation in den Verbrauchskennfeldern kann man recht gut die Drehzahl-abhängigkeit des Motorschubmomentes ermitteln. ◀

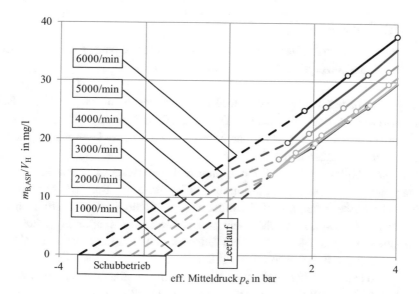

**Abb. 6.35** Hubraumbezogene Kraftstoffmasse im Leerlauf- und Schubbetrieb beim SL 500

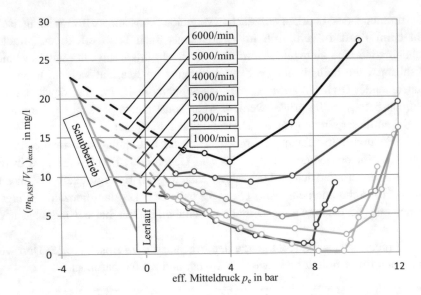

**Abb. 6.36** Kraftstoffmehrverbrauch im Leerlauf- und Schubbetrieb beim SL 500 (Basis: $b_{e,opt} = 234$ g/(kWh))

## 6.14   Wie groß ist der maximale Verbrauch, den der Bordcomputer eines Pkw beim Beschleunigen anzeigt?

**Der Leser/die Leserin lernt**

maximaler    Kraftstoffverbrauch,  den  der  Bordcomputer  in  Pkw  bei  der Beschleunigung anzeigt. ◀

Moderne Pkw haben häufig einen Bordcomputer, der nicht nur den durchschnittlichen, sondern auch den momentanen Kraftstoffverbrauch anzeigt. Dieser nimmt beim Beschleunigen für kurze Zeit sehr große Zahlenwerte an. Diese kann man mit recht einfachen Mitteln abschätzen und überprüfen.

Wenn man Vollgas gibt und damit maximal beschleunigt, dann läuft der Verbrennungsmotor auf seiner Volllastkurve (vergleiche zum Beispiel Abb. 6.18). Im Abschn. 6.10 wurde gezeigt, dass der effektive spezifische Kraftstoffverbrauch auf der Volllastkurve Zahlenwerte zwischen dem Bestverbrauch im Kennfeld (ca. 200 g/(kWh) bei Dieselmotoren und 240 g/(kWh) bei Ottomotoren) und dem Verbrauch im Nennleistungspunkt (ca. 240 g/(kWh) bei Dieselmotoren und 300 g/(kWh) bei Ottomotoren) annimmt. Also kann man bei modernen Pkw-Motoren von einem geschätzten Kraftstoffverbrauch von 220 g/(kWh) bzw. 270 g/(kWh) auf der Volllastkurve ausgehen.

Auf der Volllastkurve erreicht der Motor sein maximales Drehmoment, das aus den technischen Daten des Verbrennungsmotors immer bekannt ist. Die Motordrehzahl auf der Volllastkurve hängt von der Fahrzeuggeschwindigkeit und dem eingelegten Gang ab. Damit ergeben sich folgende Gleichungen:

$$V_S = \frac{\dot{V}_B}{v_{Auto}} = \frac{\dot{m}_B}{\rho_B \cdot v_{Auto}} = \frac{b_e \cdot P_e}{\rho_B \cdot v_{Auto}} = \frac{b_e \cdot 2 \cdot \pi \cdot n \cdot M}{\rho_B \cdot v_{Auto}}.$$

Die Fahrzeuggeschwindigkeit ergibt sich aus dem dynamischen Radumfang und der Raddrehzahl, die wiederum mit der Getriebeübersetzung mit der Motordrehzahl verbunden ist (vergleiche Abschn. 6.6):

$$v_{Auto} = n_{Rad} \cdot \pi \cdot d_{Rad} \cdot k_{Rad, dyn} = \frac{n}{i_A \cdot i_G} \cdot \pi \cdot d_{Rad} \cdot k_{Rad, dyn}.$$

Also:

$$V_S = \frac{b_e \cdot 2 \cdot \pi \cdot n \cdot M}{\rho_B} \cdot \frac{1}{\frac{n}{i_A \cdot i_G} \cdot \pi \cdot d_{Rad} \cdot k_{Rad, dyn}} = \frac{b_e \cdot 2 \cdot M}{\rho_B} \cdot \frac{i_A \cdot i_G}{d_{Rad} \cdot k_{Rad, dyn}},$$

$$V_S = 2 \cdot \frac{b_e}{\rho_B} \cdot \frac{i_A \cdot i_G}{d_{Rad} \cdot k_{Rad, dyn}} \cdot M.$$

Aus der letztgenannten Gleichung kann man erkennen, dass die Fahrzeuggeschwindigkeit und die Motordrehzahl nicht mehr vorkommen. Das bedeutet, dass sich bei der Vollgasbeschleunigung eines Fahrzeuges in einem festen Gang die Anzeige des Bordcomputers kaum ändert. Denn die Drehmoment-Volllastkurve ist weitgehend konstant und damit ist auch das vom Motor abgegebene Drehmoment weitgehend konstant. Ein interessantes Ergebnis, das man mit einem Pkw leicht überprüfen kann.

Wenn man die Beschleunigung in einem niedrigen Gang vornimmt, dann steigt der streckenbezogene Kraftstoffverbrauch natürlich sehr stark an.

Die zum Kapitel gehörende Excel-Tabelle enthält alle notwendigen Gleichungen. Damit kann man für den aus Abschn. 6.12 bekannten Motor des Fiat Panda und die aus den Abschn. 6.10 und 6.16 bekannten Motoren die entsprechenden Zahlenwerte berechnen. Tab. 6.14 zeigt die Ergebnisse.

---

**Zusammenfassung**

Man kann deutlich erkennen, wie sehr bei den hubraumgroßen und drehmomentstarken Motoren der streckenbezogene Kraftstoffverbrauch ansteigt. Insbesondere in niedrigen Gängen nimmt er extreme Werte an. Das sieht man auf vielen Bordcomputeranzeigen selten, weil dort die maximale Anzeige begrenzt ist.

Wenn man sparsam fahren möchte, dann sollte man Vollgasbeschleunigungen, insbesondere in niedrigen Gängen, vermeiden und so früh wie möglich hochschalten. ◄

**Tab. 6.14** Streckenbezogene Kraftstoffverbräuche verschiedener Pkw in verschiedenen Gängen

|                                                                                                     | Panda 100 HP | Smart 1,5 cdi | A200  | SL 500 | Audi Q7 |
| --------------------------------------------------------------------------------------------------- | ------------ | ------------- | ----- | ------ | ------- |
| Hubvolumen in dm$^3$                                                                                 | 1,368        | 1,493         | 2,034 | 5,461  | 5,934   |
| Max. effektiver Mitteldruck in bar                                                                  | 12,0         | 19,9          | 11,1  | 12,0   | 21,2    |
| Maximales Drehmoment in Nm                                                                           | 131          | 236           | 180   | 521    | 1001    |
| Geschätzter effektiver spezifischer Kraftstoffverbrauch auf der Volllastkurve in g/(kWh)            | 270          | 220           | 270   | 270    | 220     |
| Streckenbezogener Kraftstoffverbrauchin l/(100 km)                                                  |              |               |       |        |         |
| 1. Gang                                                                                             | 69,1         | 76,1          | 72,1  | 187,5  | 275,2   |
| 2. Gang                                                                                             | 42,1         | 44,0          | 70,5  | 122,5  | 154,5   |
| 3. Gang                                                                                             | 28,9         | 28,0          | 39,5  | 82,2   | 100,3   |
| 4. Gang                                                                                             | 21,9         | 19,5          | 25,8  | 58,7   | 75,2    |
| 5. Gang                                                                                             | 18,0         | 15,0          | 20,0  | 42,8   | 57,4    |
| 6. Gang                                                                                             | 14,9         | 12,5          | 15,9  | 35,1   | 45,5    |
| 7. Gang                                                                                             |              |               |       | 31,3   |         |

## 6.15  Wie sieht der Fahrzyklus aus, mit dem man bislang den Kraftstoffverbrauch eines Pkw in Europa bestimmte?

> **Der Leser/die Leserin lernt**

Neuer  Europäischer Fahrzyklus NEFZ. ◀

In Europa wird seit 1992 ein Fahrzyklus verwendet, um den Kraftstoffverbrauch und die Emissionen eines Pkw zu ermitteln. Die Emissionsgrenzwerte, die ein Fahrzeug einhalten muss, werden immer wieder verschärft. Die entsprechenden Grenzwerte sind in der Öffentlichkeit als Euro-6-, Euro-5-, Euro-4- und …-Grenzwerte bekannt. Während die Grenzwerte öfter geändert werden, blieb der Fahrzyklus bis 2017 weitgehend unverändert. Geändert wurde im Wesentlichen nur, dass früher das Fahrzeug vor der Emissionsmessung warmgefahren werden durfte, während seit einiger Zeit die Emissionen vom Kaltstart an gemessen werden.

2017 wurde der bisherige Fahrzyklus durch das Testverfahren WLTP (Worldwide Harmonized Light-Duty Vehicles Test Procedure) ersetzt. Der WLTC-Zyklus des WLTP wird im Abschn. 6.16 genauer vorgestellt. Den Fahrzyklus fährt man nicht auf der Straße, sondern auf einem Rollenprüfstand. Dort können reproduzierbare Messwerte gesammelt werden. Der Fahrzyklus gibt vor, zu welchem Zeitpunkt man welche Geschwindigkeit

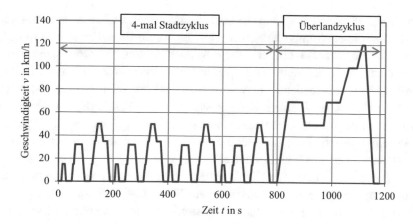

**Abb. 6.37** Neuer Europäischer Fahrzyklus (NEFZ)

fahren muss. Er gibt auch vor, welchen Gang man dabei verwenden muss. Abb. 6.37 zeigt den sogenannten Neuen Europäischen Fahrzyklus NEFZ. Er besteht aus einem Stadtzyklus, der viermal durchfahren wird, und einem Überlandzyklus. Auf diese Weise kann man den Kraftstoffverbrauch im Stadtverkehr, bei Überlandfahrten und im Durchschnitt ermitteln.

Die zum Kapitel gehörende Excel-Tabelle enthält in den Spalten E und F den NEFZ und in den Spalten H und N den sekundengenauen Geschwindigkeitsverlauf in Abhängigkeit von der Zeit. Er wird durch lineare Interpolation zwischen den Stützstellen berechnet.

In der Öffentlichkeit wird öfter bemängelt, dass der Fahrzyklus nicht der Realität entsprechen würde. Das stimmt natürlich. Letztlich fährt aber jeder Fahrer sein eigenes Fahrprofil. Und deswegen musste man sich irgendwann auf einen einheitlichen Kompromiss einigen.

Wenn man den Fahrzyklus genau anschaut, dann kann man erkennen, dass die maximale Geschwindigkeit 120 km/h beträgt. Das passt recht gut zu den Geschwindigkeitsbegrenzungen in vielen europäischen Ländern, nicht aber in Deutschland. Das bedeutet auch, dass sich der Gesetzgeber nicht für den Kraftstoffverbrauch und die Emissionen eines Fahrzeuges interessiert, das schneller als 120 km/h fährt. In diesem Geschwindigkeitsbereich optimierten in der Vergangenheit die Fahrzeughersteller die Motoren so, dass sich der Kunde freut, nicht aber unbedingt so, dass die Emissionen minimal sind.

Wenn man es genau nimmt, dann interessierte sich der Gesetzgeber nur für die Emissionen eines Fahrzeuges, das exakt den NEFZ fährt. Wenn man anders fährt, dann interessiert sich der Gesetzgeber nicht dafür. Viele Jahre lang spielte das keine Rolle, weil die Fahrzeugelektronik noch nicht so viele Möglichkeiten bot. Heute ist das Motorsteuergerät in der Lage, zu erkennen, ob das Fahrzeug gerade den NEFZ fährt. Das erkennt man innerhalb von 15 s nach dem Start eines Motors daran, dass der Motor in diesem Zeitraum von 0 km/h auf 15 km/h beschleunigt und dann konstant für acht Sekunden bei diesem Tempo betrieben wird. Es wurde immer wieder vermutet, dass manche Fahrzeughersteller eine derartige Zykluserkennung in den Steuergeräten eingebaut haben, um dann, wenn der NEFZ ausgeschlossen werden kann, das Fahrzeug kundenfreundlich, das bedeutet entweder leistungsstark oder sparsam zu betreiben. Letztlich wurde das im Rahmen der der sogenannten Diesel-Affäre auch festgestellt [47]. Zwischen der Industrie und dem Gesetzgeber gab es einen ständigen Wettbewerb zwischen einer Verschärfung der Gesetze und einer Intensivierung der Bemühungen, Gesetzeslücken zu erkennen und zu nutzen.

Der Wunsch nach einem sparsamen Fahrzeug, das zugleich emissionsarm ist, lässt sich ohne aufwändige Maßnahmen nicht erfüllen. Denn fast alle Abgasreinigungstechniken führen zu einem erhöhten Kraftstoffverbrauch. Deswegen kann man die heutigen Fahrzeuge nicht so sparsam einstellen, wie es der Kunde eigentlich gerne hätte. Chiptuner, die im Rahmen eines sogenannten „Ökotunings" ein Fahrzeug verbrauchsgünstiger einstellen, erhöhen deswegen im Allgemeinen die Schadstoffemissionen, speziell die Stickoxid-Emissionen ($NO_x$). Weil man aber im Betrieb eines Fahrzeuges die Emissionen nicht mehr überprüfen kann (Auch der TÜV kann das nicht im Rahmen der sehr einfachen Abgasuntersuchung AU.), rühmen sich die Ökotuner häufig, sie wären besser als die eigentlichen Fahrzeughersteller. Letztlich könnten die Fahrzeughersteller die Fahrzeuge genauso sparsam einstellen wie die Tuner, wenn sie nicht die Einhaltung der Europäischen Abgasgesetzgebung nachweisen müssten.

Bei den heutigen Otto-Motoren und der heutigen Abgasgesetzgebung werden die meisten Emissionen in den ersten Minuten nach dem Kaltstart erzeugt. Wenn dann nach einer gewissen Zeit der Motor und insbesondere die Abgasnachbehandlungsanlage Betriebstemperatur erreicht haben, reinigt der Katalysator das Abgas so gut, dass fast keine zusätzlichen Schadstoffemissionen gebildet werden. Die Optimierung aktueller Fahrzeuge bedeutet deswegen immer, dass man dafür sorgen muss, dass der Motor und die Abgasanlage so schnell wie möglich die optimale Betriebstemperatur erreichen.

**Zusammenfassung**

Der Neue Europäische Fahrzyklus war das Standardprofil, das zur Ermittlung des Kraftstoffverbrauchs und der Schadstoffemissionen von Pkw verwendet wurde. Der Zyklus entspricht im Einzelfall natürlich nicht dem Fahrverhalten eines bestimmten Fahrers. Der Zyklus wurde aber so zusammengestellt, dass er die wichtigsten Fahrzustände (Beschleunigung, konstante Geschwindigkeit, Abbremsung) in einer für ganz Europa repräsentativen Weise enthält. ◄

## 6.16 Wie kann man den bisherigen Europäischen Fahrzyklus nachrechnen?

**Der Leser/die Leserin lernt**

Berechnung der Betriebspunkte im Kennfeld eines Verbrennungsmotors, die ein Fahrzeug im NEFZ abfährt. ◀

Der bisherige Neue Europäische Fahrzyklus (NEFZ) besteht aus einer Folge von Beschleunigungsvorgängen, Konstantfahrten und Abbremsvorgängen. Zum Beschleunigen muss man eine entsprechende Beschleunigungskraft aufbringen. Zusätzlich müssen bei allen Fahrzuständen der Luftwiderstand und der Rollwiderstand überwunden werden. Beim Bremsen wird Energie in Reibungswärme umgewandelt, die heute kaum genutzt werden kann und nur die Umwelt erwärmt. Manche Hybridfahrzeuge können die Bremsenergie zumindest teilweise nutzen, um die elektrischen Energiespeicher aufzuladen. In einem solchen Fall spricht man vom rekuperativen Bremsen.

Wenn man weiß, wie schwer ein Fahrzeug ist und wie groß die Luftangriffsfläche (Stirnfläche) und der Luftwiderstandsbeiwert sowie der Rollwiderstandsbeiwert sind, dann kann man den NEFZ mit einfachen Gleichungen nachrechnen. In der zum Kapitel gehörenden Excel-Tabelle wird eine derartige Berechnung durchgeführt. Mit dieser Berechnung kann man auf sehr einfache Weise ausrechnen, welche Betriebspunkte im Kennfeld eines Motors gefahren werden müssen, um den Fahrzyklus abzufahren. Wenn man dann noch die Kraftstoffverbrauchswerte und die Emissionswerte in diesen Punkten kennt, kann man den Fahrzyklus problemlos nachrechnen.

Die Hersteller geben die Emissionskennfelder ihrer Motoren nicht bekannt. Deswegen können in diesem Buch die Emissionswerte auch nicht berechnet werden. Im Abschn. 6.9 wurde aber hergeleitet, wie man den Kraftstoffverbrauch eines Motors einigermaßen gut voraussagen kann. Diese Methode wird in der Excel-Tabelle verwendet, um den Zyklus-Kraftstoffverbrauch zu berechnen. Die Vorgehensweise stimmt nur näherungsweise, weil beispielsweise die Lastwechselvorgänge beim Getriebeschalten nicht einfach simuliert werden können oder weil das Kaltstartverhalten nicht abgebildet werden kann. Aber immerhin geben die Ergebnisse der Excel-Berechnung recht gut die realen Verhältnisse wieder und können auch voraussagen, wie sich der Verbrauch eines Fahrzeuges ändert, wenn es beispielsweise 100 kg schwerer ist oder wenn sich der $c_W$-Wert durch einen Dachaufbau ändert.

Die Excel-Tabelle zu diesem Kapitel ist folgendermaßen aufgebaut: Die ersten Zellen (A33:C43) enthalten die Fahrzeugdaten, wie man sie aus Autotestberichten ablesen kann. Die Zellen A45:C48 beschreiben die Drehzahlabhängigkeit des Rollwiderstandsbeiwertes. Diese Werte werden entweder geschätzt oder mit Ausrollversuchen (vergleiche Abschn. 6.12) ermittelt. Die Zellen A50:C55 beschreiben die Radabmessungen und den Schätzwert für den dynamischen Korrekturfaktor. Die Zellen A57:D67 enthalten

Angaben zu den Getriebeübersetzungen, Schätzwerte für den mechanischen Wirkungsgrad der Leistungsübertragung im Antriebsstrang und die Korrekturfaktoren für die
Drehmassen. Es handelt sich dabei um Schätzwerte aus dem Buch von Haken [1]. Die
Zellen A69:C75 beschreiben den Umgebungszustand und die Straßensteigung. Die
Zellen A77:C87 beschreiben die Motorgeometrie und den optimalen effektiven spezifischen Kraftstoffverbrauch. Die Zellen A89:B95 beschreiben das Motorbremsmoment,
das geschätzt wird oder mit den in den Abschn. 6.12 und 6.13 vorgestellten Methoden
berechnet wird. Die Zellen A97:I121 beschreiben die Volllastkurve und das Verbrauchskennfeld, das mit der im Abschn. 6.9 hergeleiteten Methode ermittelt wurde. Dieses
Kennfeld kann direkt aus der Excel-Tabelle des Abschn. 6.9 kopiert werden.

Mit diesen Eingabedaten wird der NEFZ berechnet. Spalte K enthält sekundengenau
die Fahrzeit, Spalte L die Sollgeschwindigkeit, Spalte M den Gang und Spalte N den
zurückgelegten Weg. Diese Daten wurden aus Tab. 6.14 kopiert. Spalte O berechnet die
Beschleunigung, die man benötigt, um in der nächsten Sekunde die Sollgeschwindigkeit
zu erreichen. Die Spalten P, Q und R berechnen die Fahrwiderstände. In Spalte S sind
sie addiert. Spalte T berechnet aus der Fahrgeschwindigkeit die Raddrehzahl. Die Spalte
U ermittelt aus dem gewählten Gang die Getriebeübersetzung. Spalte V enthält die sich
daraus ergebende Motordrehzahl. Spalte W begrenzt die minimale Motordrehzahl auf
die Leerlaufdrehzahl. Falls die Leerlaufdrehzahl größer ist als die in Spalte V ermittelte
Drehzahl, dann muss die Kupplung getreten werden, was in Spalte X vermerkt wird.
Spalte Y berechnet aus den Fahrwiderständen und der Fahrzeuggeschwindigkeit die auf
der Straße benötigte Leistung. Spalte Z enthält den zum jeweiligen Gang gehörenden
Getriebewirkungsgrad. In Spalte AA wird interpoliert, welche maximale Motorbremsleistung der Motor bei der aktuellen Drehzahl bereitstellen kann. Spalte AB ermittelt,
ob der Motor gerade arbeiten muss (Last) oder im Leerlauf betrieben wird oder ob er
das Fahrzeug gerade im Schubbetrieb abbremst. Falls das Fahrzeug gerade abgebremst
wird und die Motorbremsleistung dazu nicht ausreicht, muss die restliche Bremsleistung
von der Bremse aufgebracht werden. Spalte AC enthält diese Leistung und Spalte AD die
Information darüber, ob die Bremse gerade arbeitet oder nicht.

Aus dem Zusammenspiel von auf der Straße benötigter Leistung, dem Getriebewirkungsgrad und der Bremsenleistung wird in Spalte AE die aktuelle Motorleistung
berechnet. Ein negatives Vorzeichen kennzeichnet den Schubbetrieb. Spalte AF
berechnet den zur Motorleistung gehörenden effektiven Mitteldruck. Die Spalten AG
und AH berechnen mit der Funktion VERGLEICH, an welcher Stelle im Verbrauchskennfeld (A113:I132) sich der Motor gerade befindet. Mit der Funktion INDEX werden
die Drehzahlen und effektiven Mitteldrücke der Nachbarfelder ermittelt (Spalten AI bis
AL). Danach werden die Verbrauchswerte in den vier benachbarten Feldern ausgelesen
(Spalten AM bis AP). Anschließend wird beim kleineren Mitteldruck (Spalte AQ) und
beim größeren Mitteldruck (Spalte AR) linear die Drehzahl interpoliert. Dazu verwendet Excel die Funktion TREND, mit der man gut linear zwischen zwei Stützstellen
interpolieren kann. Die Spalte AS interpoliert dann nochmals den effektiven Mitteldruck zwischen den Spalten AQ und AR. AS enthält also gemäß der im Abschn. 6.9

vorgestellten Methode den Mehrverbrauch gegenüber dem Optimalverbrauch. Spalte AT enthält den Optimalverbrauch und Spalte AU die Summe von beiden. Daraus ermittelt AV die Kraftstoffmasse, die in diesem Zeitschritt verbrannt werden muss. Das ist das Endergebnis der langen Rechnung.

Die folgenden Spalten dienen nur zur weiteren Auswertung: Die Spalten AW bis AY kopieren die Kraftstoffmasse aus Spalte AV je nach Motorbetriebszustand in drei Bereiche (Leerlauf, Normalbetrieb und Schubbetrieb). Die Spalten AZ und BA geben die Arbeit an, die der Motor im Normalbetrieb bzw. im Schubbetrieb verrichten muss. Spalte BB enthält die Arbeit der Bremsanlage und Spalte BC die Arbeit, die über die Räder an die Straße gegeben wird.

Die Zellen A9:E16 sowie A19:C31 (Diese werden in den Abschn. 6.18 und 6.19 benötigt.) enthalten weitere Ergebnisse. Die Zeile 11 enthält die im gesamten Zyklus, in der Stadt und außerhalb der Stadt zurückgelegte Strecke. Die Zeile 10 enthält die dafür benötigte Zeit. Zeile 12 enthält die mittlere Geschwindigkeit. Diese drei Zeilen sind für alle Fahrzeuge gleich. Die dafür benötigten Kraftstoffmassen (Zeile 13) sind natürlich vom Fahrzeug und vom Motor abhängig. Zeile 14 enthält den streckenbezogenen Kraftstoffverbrauch in kg/(100 km) und Zeile 15 in l/(100 km). Zeile 16 enthält die entsprechende Herstellerangabe.

Die Excel-Datei enthält die NEFZ-Auswertungen für vier Fahrzeuge: Die Ottomotor-Pkw Mercedes A200 und Mercedes SL 500 sowie die Dieselmotor-Pkw Smart ForFour und Audi Q7. Diese Fahrzeuge wurden ausgewählt, weil ihre Verbrauchskennfelder über MTZ-Artikel bekannt sind und weil sie sehr unterschiedliche Fahrzeugtypen repräsentieren.

Man erkennt (Tab. 6.15), dass die Excel-Berechnungen die von den Fahrzeugherstellern angegebenen Kraftstoffverbräuche recht gut wiedergeben, ohne das an den Eingabedaten wie Drehmassenkorrekturfaktor oder Getriebewirkungsgrad manipuliert wurde. Hier könnte man ein Feintuning vornehmen. Allerdings muss man

**Tab. 6.15** Vergleich der gemessenen und berechneten Kraftstoffverbräuche im NEFZ bei vier verschiedenen Pkw

| | | Streckenbezogener Kraftstoffverbrauch in l/(100 km) | | |
| | | Gesamt | Stadt | Land |
|---|---|---|---|---|
| Smart | Herstellerangabe | 4,6 | 5,5 | 3,8 |
| | Rechnung | 4,3 | 5,0 | 3,9 |
| A200 | Herstellerangabe | 7,2 | 9,6 | 5,9 |
| | Rechnung | 6,9 | 8,8 | 5,8 |
| SL 500 | Herstellerangabe | 12,2 | 18,2 | 8,8 |
| | Rechnung | 11,6 | 16,8 | 8,5 |
| Audi Q7 | Herstellerangabe | 11,3 | 14,8 | 9,3 |
| | Rechnung | 11,0 | 14,1 | 9,2 |

berücksichtigen, dass die Simulation zwei wesentliche Effekte nicht berücksichtigen kann, nämlich das Kaltstartverhalten des Fahrzeuges und die Getriebeschaltvorgänge. Insofern ist es auch ausreichend, mit der in den Tabellen gezeigten Übereinstimmung zwischen Hersteller-Kraftstoffverbrauch und berechnetem Kraftstoffverbrauch zufrieden zu sein:

Nachdem die Excel-Tabellen vorbereitet sind, kann man mit dem Eingabedaten „spielen", um herauszufinden, wie man die Kraftstoffverbräuche verbessern könnte. Denn die Unterschiede zwischen den Fahrzeugen sind doch recht groß.

Wenn man beispielsweise den schweren Audi Q7 um eine Tonne leichter bauen würde (also 1700 kg statt 2677 kg), dann würde sich der Kraftstoffverbrauch im Gesamtzyklus um etwa 1,5 l/(100 km) verringern. Wenn man den Luftwiderstandsbeiwert von 0,35 auf 0,30 verringern würde, so würde sich der Verbrauch um etwa 0,2 l/(100 km) reduzieren. Man sieht daran sehr schön, dass beim Europäischen Fahrzyklus wegen der relativ geringen Geschwindigkeiten der Luftwiderstandsbeiwert keine große Rolle spielt.

Wie wäre es, wenn man den Smart-Motor in den Q7 einbaut? Das kann man einfach tun, indem man die entsprechenden Eingabefelder von der Smart-Tabelle in die Q7-Tabelle kopiert. Die Änderungen sind beachtlich: Der Kraftstoffverbrauch geht von ursprünglich 11,0 l/(100 km) auf 6,9 l/(100 km) zurück. Das entspricht einer Verringerung um etwa 40 %. Womit kann man das erklären? Der Smart-Motor ist nicht besser als der Q7-Motor. Beide haben im Bestpunkt einen effektiven spezifischen Kraftstoffverbrauch von 204 g/(kWh). Aber der Smart-Motor ist kleiner als der Q7-Motor. Das kann man sehr gut erkennen, wenn man die Kennfelder der beiden Motoren anschaut und untersucht, in welchen Kennfeldbereichen sich die Motoren beim Fahrzyklus aufhalten. Abb. 6.38 und 6.39 zeigen, in welchen Kennfeldbereichen die Motoren in ihren Originalfahrzeugen betrieben werden müssen, um den NEFZ-Zyklus zu fahren.

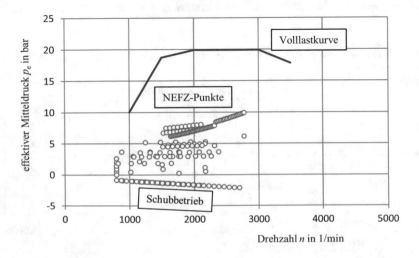

**Abb. 6.38** NEFZ-Zyklus im Kennfeld des Smart ForFour

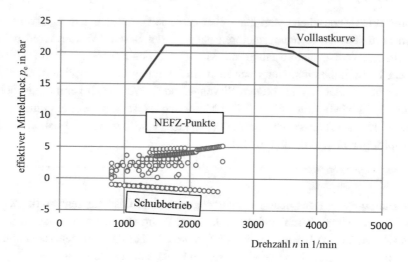

**Abb. 6.39**   NEFZ-Zyklus im Kennfeld des Audi Q7

Man sieht sehr schön, dass sich die Motoren nur in einem kleinen Kennfeldbereich aufhalten und dabei weder große Drehzahlen noch große Mitteldrücke erreichen. Der Motor im Audi Q7 muss gerade einmal einen effektiven Mitteldruck von 5 bar bereitstellen, während er über 20 bar auf der Volllastkurve bringen könnte.

Abb. 6.40 zeigt das Kennfeld des Smart-Motors, wenn er im Audi Q7 eingebaut wird. Man erkennt deutlich, dass sich der kleine 3-Zylinder-Smart-Motor sehr anstrengen muss, um den großen Q7 zu bewegen. Genau genommen schafft er es in einem kleinen Bereich des NEFZ-Zyklus nicht. Dort wird der Motor etwas überlastet und oberhalb

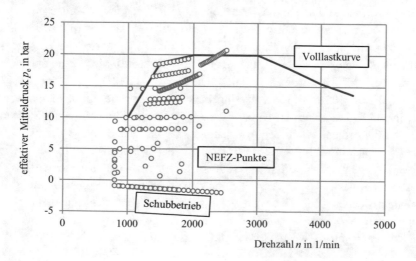

**Abb. 6.40**   Smart-Motor im Audi Q7

der Volllastkurve betrieben. Man kann aber erkennen, was den Kraftstoffverbrauch so deutlich reduziert: Verbrennungsmotoren haben ihren besten Wirkungsgrad bei hohen Mitteldrücken. Im Normalfall fahren die Motoren in den Fahrzeugen beim NEFZ nicht in diesem Kennfeldbereich. Nur wenn man ein Fahrzeug untermotorisiert, dann kommt der Motor in den Bereich des besten Wirkungsgrades. Wenn man beim Smart beispielsweise den 1,5-l-Motor durch einen 0,75-l-Motor ersetzt, so kommt er auf einen streckenbezogenen Kraftstoffverbrauch von 3,5 l/(100 km). Und der SL 500 benötigt mit dem A200-Motor gerade mal 6,7 l/(100 km).

---

### Zusammenfassung

Das Hauptproblem der heutigen Fahrzeuge ist also, dass sie sehr stark motorisiert werden, um schnell beschleunigen zu können. Wenn man sie so schwach motorisiert, dass sie gerade eine Höchstgeschwindigkeit von 120 km/h erreichen, dann können sie zwar nicht mehr stark beschleunigen, sie sind aber sehr sparsam. ◀

---

### Nachgefragt: Welchen Aufpreis darf ein sparsames Fahrzeug kosten?

In Tageszeitungen sind öfter Umfragen zu finden, in denen die Leserinnen und Leser gefragt werden, ob sie bereit sind, für ein sparsames Auto mehr Geld zu bezahlen. Natürlich bejahen die meisten die Frage, weil ja nicht gefragt wurde, welchen Aufpreis sie akzeptieren würden. Das kann man aber relativ leicht abschätzen:

Wenn ein aktueller Kleinwagen beispielsweise 15.000 EUR kostet und einen streckenbezogenen Benzinverbrauch von 5 l/(100 km) hat, dann kostet der Kraftstoff während des Fahrzeuglebens von 200.000 km nochmals etwa 15.000 EUR. Wenn das Auto mit einer Technik verkauft wird, mit der man 5 % des Kraftstoffes sparen kann, dann dürfte dieses Zubehör ca. 750 EUR kosten. Genau genommen wird der Käufer argumentieren, dass er die Investition aber sofort zahlen muss, während sich der Spareffekt erst im Laufe der Jahre summiert. Deswegen wird er wohl nicht bereit sein, einen Aufpreis von 750 EUR zu bezahlen, sondern eher eine Grenze bei 500 EUR setzen.

Von diesen 500 EUR sieht der Ingenieur, der die neue Kraftstoffspartechnik entwickeln soll, aber nur etwa ein Drittel. Denn natürlich möchten der Staat über die Mehrwertsteuer sowie der Autohändler, der Großhändler und der Fahrzeughersteller auch ihren Teil verdienen. Der Ingenieur wird sich sehr schwer tun, eine Technik zu entwickeln, die 5 % des Kraftstoffes einspart, aber weniger als 200 EUR kosten darf. Das ist das Dilemma der heutigen Fahrzeugentwicklung. Die Ingenieure haben viele gute Ideen, wie man Fahrzeuge sparsamer konstruieren kann. Aber der Kunde ist kaum bereit, den Aufpreis dafür zu bezahlen. Das wird sich erst dann ändern, wenn die Kraftstoffpreise deutlich ansteigen …

## 6.17 Was ist beim Fahrzyklus WLTC anders als beim NEFZ?

**Der Leser/die Leserin lernt**

Unterschied klar erkennen zwischen dem bisherigen Fahrzyklus NEFZ und dem neuen Fahrzyklus WLTC. ◄

Im Jahr 2017 wurde der bisherige Neue Europäische Fahrzyklus NEFZ durch den WLTC-Zyklus abgelöst. Der WLTC-Zyklus wird im Testverfahren WLTP (Worldwide Harmonized Light Vehicles Test Procedure) definiert [52]. Dieser neue Fahrzyklus (vergl. Abb. 6.41) hat im Wesentlichen zwei Änderungen gegenüber dem NEFZ.

Zum einen ist der Fahrzyklus viel dynamischer als der NEFZ. Das bedeutet, dass beim Beschleunigen größere Motorleistungen benötigt werden. Die größere Dynamik führt auch dazu, dass das Motorkennfeld besser abgedeckt wird als beim NEFZ. Abb. 6.42 zeigt das für den Motor des Smart ForFour. Im Gegensatz zum NEFZ (vergl. Abb. 6.38) gibt es praktisch keine Betriebsbereiche, in denen der Motor nicht betrieben wird.

Die zweite Änderung betrifft den Gangwechsel. Während beim NEFZ genau und für alle Fahrzeuge gleich festgelegt war, wann ein Gangwechsel zu erfolgen hat, berücksichtigt man im WLTC die Kennfeldbreite des Motors. Der Gangwechsel wird für jedes Fahrzeug individuell bestimmt. Das entspricht viel mehr der Realität. Denn im NEFZ haben beispielsweise ein Kleinwagen und eine Luxuslimousine immer den gleichen Gang eingelegt.

Der Algorithmus, mit dem der Gangwechsel individuell festgelegt wird, wobei man darauf achtet, dass nicht zu häufig der Gang gewechselt wird, ist sehr aufwendig. Mit einfachen Excel-Berechnungen kann der WLTC nicht simuliert werden. Deswegen wird im vorliegenden Buch weiterhin der bisherige NEFZ berechnet. ◄

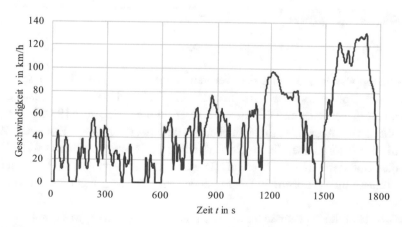

**Abb. 6.41** Der neue Fahrzyklus WLTC ist viel dynamischer als der bisherige Fahrzyklus NEFZ

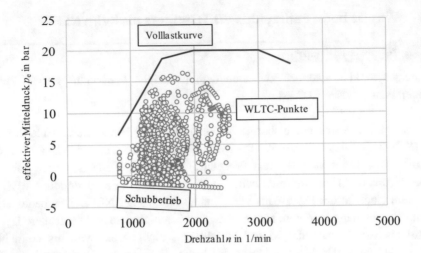

**Abb. 6.42** WLTC-Zyklus im Kennfeld des Smart ForFour: Das Kennfeld wird viel dichter abgedeckt als beim NEFZ

---

**Zusammenfassung**

Das neue Testverfahren WLTP nutzt einen Fahrzyklus WLTC, der mehr der Reali-tät entspricht als der bisherige NEFZ. Die Simulation des WLTC ist durch die individuelle Festlegung der Gangwechsel wesentlich aufwendiger als die Simulation des NEFZ. ◄

---

## 6.18   Wie viel Kraftstoff könnte man im Europäischen Fahrzyklus mit einem Start-Stopp-System sparen?

---

**Der Leser/die Leserin lernt**

Kraftstoffersparnis durch ein Start-Stopp-System. ◄

---

Ein Start-Stopp-System schaltet den Verbrennungsmotor immer dann aus, wenn das Fahrzeug steht, beispielsweise vor einer Ampel. Während des Motorstillstandes wird kein Kraftstoff verbraucht. Die Auswertungen in den Zellen A19:C21 (vergleiche Excel-Tabelle vom Abschn. 6.16) helfen bei der Beantwortung dieser Frage. Die Zeile 19 enthält die Kraftstoffmasse, die im Normalbetrieb des Motors verbrannt wird. Zeile 20 enthält die Kraftstoffmasse im Leerlauf. (Diese wird hier benötigt.) Zeile 21 enthält die Kraftstoffmasse im Schubbetrieb. Die folgenden drei Zeilen geben diese Massen relativ zur Gesamtmasse an.

Tab. 6.16 fasst die Ergebnisse für die vier untersuchten Fahrzeuge zusammen.

**Tab. 6.16**   Verbrauchsreduzierungen durch ein Start-Stopp-System

| Fahrzeug | Zyklus-Verbrauch in kg | Verbrauch im Leerlauf in kg | Ersparnis in % |
|----------|------------------------|-----------------------------|----------------|
| Smart    | 0,392                  | 0,017                       | 4,3            |
| A200     | 0,573                  | 0,025                       | 4,3            |
| SL 500   | 0,962                  | 0,117                       | 12,1           |
| Audi Q7  | 1,010                  | 0,070                       | 6,9            |

Man kann erkennen, dass insbesondere der Ottomotor des Mercedes SL 500 von einem Start-Stopp-System profitieren würde. Allerdings enthält der NEFZ einen relativ großen Anteil an Stadtfahrt. Nicht jeder Autofahrer hat in seinem persönlichen Fahrverhalten einen derart großen Anteil an Stadtverkehr.

Die Ersparnis von 4,3 % des Smart bedeuten, dass er auf 200.000 km insgesamt 370 l Dieselkraftstoff spart. Das entspricht etwa 400 EUR. Es ist nicht einfach, ein Start-Stopp-System zu entwickeln, das sich mit nur 100 EUR auf den Verkaufspreis des Fahrzeuges niederschlägt. Denn letztlich wird der Kunde das technisch aufwändige System nur kaufen, wenn es sich für ihn auch finanziell lohnt.

---

**Zusammenfassung**

Allgemein gilt, dass vor allem solche Autofahrer von einem Start-Stopp-System profitieren, die viel in Städten unterwegs sind und ein Fahrzeug mit hohem Kraftstoffverbrauch fahren. ◄

---

## 6.19   Wie viel Kraftstoff könnte man im Europäischen Fahrzyklus mit einem System sparen, das die Bremsenergie rückgewinnt?

**Der Leser/die Leserin lernt**

Kraftstoffersparnis durch rekuperatives Bremsen. ◄

Die meisten Fahrzeuge haben zwei Möglichkeiten zum Bremsen. Zum einen schalten die Verbrennungsmotoren in den sogenannten Schubbetrieb, wenn der Fahrer den Fuß vom Gaspedal nimmt. Der Motor erhält dann keinen Kraftstoff mehr und bremst das Fahrzeug durch sein Schubmoment ab. Wenn dieses Schubmoment nicht ausreicht, um den Bremsvorgang durchzuführen, dann muss zusätzlich die Fahrzeugbremse betätigt werden. Diese wandelt die kinetische Energie des Fahrzeuges in Wärme um. Beim rekuperativen Bremsen könnte man diese Energie nutzen, um über einen Generator die Akkus des Fahrzeuges aufzuladen. Das setzt aber voraus, dass der Elektromotor ein derart großes Bremsmoment aufbringen kann. Nicht jedes Hybridfahrzeug hat so starke Elektromotoren an Bord.

**Tab. 6.17** Kraftstoffersparnis durch rekuperatives Bremsen

| Fahrzeug | Arbeit des Motors in kWh | Arbeit der Bremsanlage in kWh | Maximale Ersparnis durch rekuperatives Bremsen in % |
|----------|--------------------------|-------------------------------|-----------------------------------------------------|
| Smart    | 1,30                     | 0,21                          | 16                                                  |
| A200     | 1,48                     | 0,19                          | 13                                                  |
| SL 500   | 1,84                     | 0,18                          | 10                                                  |
| Audi Q7  | 2,65                     | 0,42                          | 16                                                  |

Die Excel-Berechnung des NEFZ enthält auch diese Sparmöglichkeit (Zellen A25:C28). Die Zeile 25 gibt an, wie viel Energie von den Rädern auf die Straße gebracht wurde. Zeile 26 gibt an, welche Energie der Motor durch Verbrennung bereitgestellt hat. Zeile 27, welche Energie der Motor im Schubbetrieb aufgenommen hat. Zeile 28 gibt an, wie viel Energie durch die Bremsanlage vernichtet wurde. Diese Bremsenergie könnte man nutzen, um die elektrischen Energiespeicher aufzuladen. Beim Entladen der Energiespeicher könnte man sie wieder zum Antrieb des Fahrzeuges nutzen und entsprechend viel Kraftstoffenergie einsparen. Tab. 6.17 zeigt die Ergebnisse für die vier untersuchten Fahrzeuge, wobei nicht berücksichtigt wurde, dass man die Bremsenergie nicht verlustfrei in elektrische Energie und dann wieder in Antriebsenergie umwandeln kann.

---

**Zusammenfassung**

Im NEFZ lassen sich durch rekuperatives Bremsen etwa 10 % … 15 % Kraftstoff einsparen. ◄

---

## 6.20 Sollte man beim Ausrollen-Lassen eines Pkw eher auskuppeln oder nur vom Gas gehen?

**Der Leser/die Leserin lernt**

Methode, mit der man experimentell ermitteln kann, ob es sparsamer ist, einen Pkw ausrollen zu lassen oder ihn im Schubbetrieb zu betreiben. ◄

Wenn man mit seinem Fahrzeug beispielsweise auf eine Ortschaft zufährt und entsprechend die Geschwindigkeit reduzieren muss, dann gibt es zwei Möglichkeiten: Man kann beim Ausrollen-Lassen des Fahrzeuges den Gang eingelegt lassen oder nicht. (Manche Hersteller verwenden statt des Begriffes „Ausrollen-Lassen" auch die

Bezeichnungen „Freilauffunktion" oder „Segeln".) Wenn man mit eingelegtem Gang bremst, dann nutzt man den Schubbetrieb des Verbrennungsmotors, in dem überhaupt kein Kraftstoff verbrannt wird. Das Fahrzeug bremst aber relativ schnell ab, weil der Motor entsprechend bremst. Wenn man beim Ausrollen-Lassen den Gang herausnimmt, bremst das Fahrzeug nicht so schnell. Der Verbrennungsmotor läuft aber im Leerlauf und verbrennt demnach etwas Kraftstoff.

Welche Vorgehensweise besser ist, kann man mit der entsprechenden Excel-Berechnung testen. Die zum Kapitel gehörende Excel-Tabelle enthält die notwendigen Angaben:

Die Spalten A bis J enthalten die Informationen über das Fahrzeug, die Umgebung und den Motor aus den vorangegangenen Kapiteln. Die entsprechenden Daten können einfach von dort in die Excel-Tabelle kopiert werden.

Spalte K enthält die Zeit und Spalte L die Geschwindigkeit. In L9 wird die Anfangsgeschwindigkeit eingegeben. Die Spalten M und N machen Angaben darüber, ob der Fahrer Gas gibt und welchen Gang er eingelegt hat. In Spalte O ermittelt das Programm dann selbst, in welchem Zustand sich der Motor befindet. In P wird die zur Geschwindigkeit und zum gewählten Gang passende Motordrehzahl berechnet. Die Spalten Q, R und S berechnen die Fahrwiderstandskräfte durch Luftwiderstand, Rollreibung und Steigung.

In T9 wird der effektive Motormitteldruck vorgegeben. Dieser wird so lange konstant gehalten, bis der Fahrer den Fuß vom Gaspedal nimmt. Im Schubbetrieb steht hier anfangs der Mitteldruck, den man benötigt, um die Geschwindigkeit konstant zu halten. Im ausgekuppelten Betrieb steht hier null.

Die Spalte U berechnet aus dem Mitteldruck die vom Motor bereitgestellte Kraft, die in Spalte V durch den Getriebewirkungsgrad korrigiert wird. Spalte W berechnet die Beschleunigungskraft und Spalte X die Beschleunigung. Daraus wird dann in der nächsten Zeile in Spalte L die Geschwindigkeit im nächsten Zeitschritt bestimmt. Spalte Y berechnet aus der Geschwindigkeit den zurückgelegten Weg.

Die Spalten Z bis AN berechnen in gleicher Weise wie im Abschn. 6.16 die Kraftstoffmasse, die im Motor verbrannt werden muss, um den gewünschten Motorzustand (effektiver Mitteldruck oder Leerlauf oder Schubbetrieb) zu erreichen. Spalte AO berechnet den Kraftstoffmassenstrom und Spalte AP summiert die Kraftstoffmasse auf, die bis zu einem bestimmten Zeitpunkt verbrannt wurde.

Mit dieser Excel-Tabelle wird nun folgende Berechnung durchgeführt. Der Fahrer des Mercedes SL 500 nimmt bei Tempo 100 km/h den Fuß vom Gaspedal, kuppelt aus und lässt das Fahrzeug bis auf eine Geschwindigkeit von 60 km/h ausrollen. Die Zeit, die hierfür benötigt wird, beträgt 62 s. In dieser Zeit legt das Fahrzeug 1345 m zurück und verbraucht eine Kraftstoffmasse von 22,6 g.

Nachgefragt: Wie ist der Zusammenhang zwischen den $CO_2$-Emissionen und dem Fahrzeuggewicht?

Abb. 6.43 zeigt die $CO_2$-Emissionen ausgewählter Fahrzeuge in Abhängigkeit vom Fahrzeuggewicht. Jeder Punkt entspricht einem Fahrzeug der Modelljahrgänge 2002 bis 2006. Sehr gut kann man die prinzipielle Abhängigkeit der Emissionen und damit des Kraftstoffverbrauchs vom Gewicht erkennen. In guter Näherung verursacht ein Mehrgewicht von 100 kg einen streckenbezogenen Mehrverbrauch von etwa 0,5 kg/(100 km) im NEFZ. Lediglich Fahrzeuge mit besonderer Technik (wie beispielsweise das Hybridfahrzeug Prius oder Erdgasfahrzeuge) sind in der Lage, auch bei höherem Gewicht niedrigere $CO_2$-Emissionen zu haben.

In einem zweiten Versuch (2. Tabelle in der Excel-Datei) behält der Fahrer für 28 s das Tempo bei, indem er so viel Gas gibt, dass der Motor einen effektiven Mitteldruck von 1,95 bar bereitstellt. Bei diesem Versuch fährt das Fahrzeug im 7. Gang mit einer Geschwindigkeit von 100 km/h. Nach 28 s nimmt der Fahrer den Fuß vom Gaspedal und lässt das Fahrzeug im Schubbetrieb (7. Gang) ohne Kraftstoffverbrauch ausrollen. Nach insgesamt 55 s wird eine Geschwindigkeit von 60 km/h erreicht. Das Fahrzeug hat die gleiche Strecke wie zuvor zurückgelegt und dabei 39,7 g Kraftstoff verbraucht.

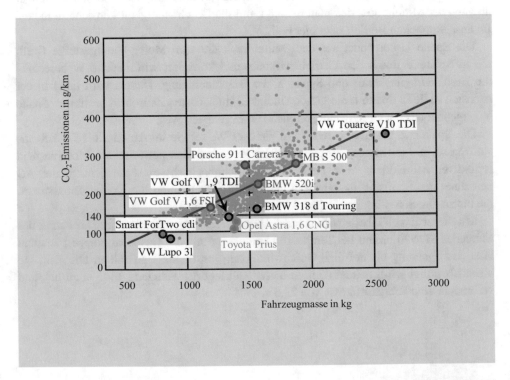

**Abb. 6.43** $CO_2$-Emissionen in Abhängigkeit vom Fahrzeuggewicht nach Robert Bosch GmbH [16]

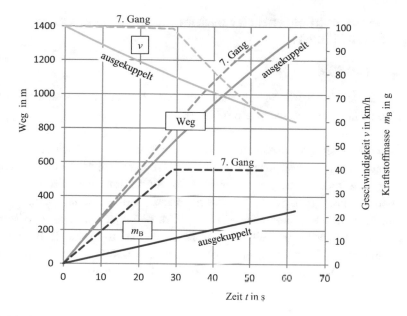

**Abb. 6.44** Geschwindigkeit, Weg und Kraftstoffmasse in Abhängigkeit von der Zeit beim SL 500

Abb. 6.44 zeigt die Rechenergebnisse in Abhängigkeit von der Fahrzeit. Man kann deutlich erkennen, dass der Motor im Schubbetrieb keinen Kraftstoff verbraucht, zuvor aber zum Aufrechterhalten der Geschwindigkeit schon recht viel Kraftstoff verbraucht hat. Im ausgekuppelten Zustand ist der Kraftstoffverbrauch im Leerlauf zwar vorhanden, aber recht gering. Beim Fahren im 7. Gang hat der SL 500 nach der gleichen Strecke wie im ausgekuppelten Zustand die Endgeschwindigkeit von 60 km/h erreicht. Er ist aber einige Sekunden früher am Ziel.

### Zusammenfassung

Was kann man daraus lernen? Beim untersuchten Fahrzeug ist es sparsamer, rechtzeitig vor dem Ortsschild auszukuppeln und das Fahrzeug ausrollen zu lassen, als noch eine Zeit lang das Tempo beizubehalten und dann im Schubbetrieb das Fahrzeug abzubremsen. Noch effizienter wäre es natürlich, beim Ausrollen-Lassen im ausgekuppelten Zustand den Motor abzuschalten. Allerdings funktionieren dann die Bremshilfe und die Servolenkung nicht mehr. Und wenn man ganz ungeschickt ist, dann blockiert auch das Lenkradschloss. Es kann also gefährlich sein, jede erdenkliche Kraftstoffsparmaßnahme umzusetzen. ◄

## 6.21 Wie soll man eigentlich beschleunigen: langsam oder schnell? (Teil 1)

---

**Der Leser/die Leserin lernt**

experimentelle Untersuchung, ob man mit dem Ziel einer sparsamen Fahrweise schnell oder langsam beschleunigen sollte. ◄

---

Einige Autofahrer sind verunsichert darüber, wie schnell sie beschleunigen sollen. Manche argumentieren, dass man langsam beschleunigen sollte. Denn ein schnelles Beschleunigen erfordert eine hohe Motorleistung und damit viel Kraftstoff. Andere argumentieren, dass man schnell beschleunigen sollte. Denn beim schnellen Beschleunigen wird der Motor nahe seiner Volllast betrieben. Dort ist der Wirkungsgrad des Motors besser als im Teillastgebiet. Außerdem sei das schnelle Beschleunigen nicht so schlimm, weil man zwar eine hohe Leistung benötigt, aber schneller am Ziel sei und deswegen auch nicht so lange Kraftstoff verbrauchen würde. Auch der ADAC argumentiert, dass man beim Beschleunigen das Gaspedal weit durchtreten soll. Man soll dabei aber nicht herunterschalten, denn die hohe Motordrehzahl im niedrigen Gang verursacht immer einen hohen Spritverbrauch.

Diese widersprüchlichen Aussagen kann man klären, indem man Fahrversuche unternimmt. Zwei Studenten führten folgendes Experiment durch:

Mit einem Audi A3 TFSI wurde eine Strecke von 1 km Länge befahren. Gestartet wurde mit einer Geschwindigkeit von 70 km/h. Danach wurde bis auf 100 km/h beschleunigt und danach mit dieser Endgeschwindigkeit der Rest der Fahrstrecke absolviert. Die Beschleunigung wurde unterschiedlich gewählt. Im ersten Experiment wurde so langsam beschleunigt, dass die komplette Fahrstrecke für die Geschwindigkeitssteigerung benötigt wurde. Im zweiten Versuch wurde mit Vollgas beschleunigt. Das dritte Experiment wurde mit einer mittleren Beschleunigung durchgeführt. Durch mehrmaliges Wiederholen des Experiments wurde folgendes Ergebnis abgesichert:

langsame Beschleunigung: $V_S = 8{,}9 \; l/(100 \; km)$,
Vollgas-Beschleunigung: $V_S = 7{,}6 \; l/(100 \; km)$,
mittlere Beschleunigung: $V_S = 9{,}0 \; l/(100 \; km)$.

Die Vollgasbeschleunigung führte also eindeutig zum geringsten Verbrauch.

Alternativ soll das Experiment mit einem Verbrauchskennfeld durchgerechnet werden. Dazu wird das Kennfeld des Audi A6 3,0 TFSI (vergleiche [36] und Abschn. 6.10) verwendet (Abb. 6.45).

Es soll eine Beschleunigung von 100 km/h auf 150 km/h im 6. Gang berechnet werden. Die dem Buch beiliegende Excel-Datei führt diese Berechnungen durch. Zunächst werden dem Fahrzeugprospekt und dem Kennfeld folgende Daten entnommen:

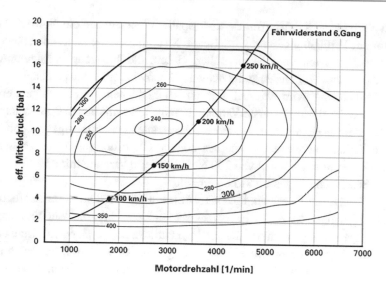

**Abb. 6.45**   Verbrauchskennfeld des TFSI-Motors von Audi [36] (wie Abb. 6.11)

| | |
|---|---|
| Fahrzeugmasse | $m = 1900$ kg, |
| Luftwiderstandsbeiwert | $c_W = 0{,}32$, |
| Fahrzeugquerschnittsfläche | $A = 2{,}26$ m², |
| Motordrehzahl bei 100 km/h | $n = 1800$/min, |
| Leistungsbedarf für 100 km/h | $P_e = 18$ kW, |
| Motordrehzahl bei 150 km/h | $n = 2700$/min, |
| Leistungsbedarf für 150 km/h | $P_e = 47$ kW. |

Mit Hilfe der im Abschn. 1.1 hergeleiteten Methode kann ein geschwindigkeitsabhängiger Rollwiderstandsbeiwert berechnet werden. Er beträgt 0,0174 bei 100 km/h und 0,0214 bei 150 km/h. Wie im Abschn. 1.1 schon erklärt wurde, enthält dieser Zahlenwert nicht nur die reine Rollreibung, sondern auch die komplette Reibung im Antriebsstrang.

In der Exceltabelle werden nun folgende Berechnungen durchgeführt. Die Spalte I enthält die Fahrzeit, J die Geschwindigkeit, K die zurückgelegte Strecke und L die Motordrehzahl. Durch lineare Interpolation wird in der Spalte M der Rollwiderstandsbeiwert bei der aktuellen Geschwindigkeit ermittelt. Die Spalten N und O berechnen die Roll- und die Luftwiderstandskraft. Spalte P enthält die gesamte Fahrwiderstandskraft. Spalte Q berechnet, wie groß die dafür benötigte Motorleistung ist. Spalte R rechnet diese in das Motordrehmoment um. In der Spalte S wird dieses Motormoment um einen gewissen Wert (Zelle K7) erhöht, der dann für die Beschleunigung verwendet wird. Spalte T rechnet dieses Moment in eine Motorleistung um. Spalte U berechnet den Kraftstoffmassenstrom, indem ein mittlerer Wert des effektiven spezifischen Kraftstoffverbrauchs (Zelle K8) verwendet wird. Spalte V summiert die insgesamt bis zu diesem

Zeitpunkt verbrannte Kraftstoffmasse auf. Spalte W berechnet die Vortriebskraft, die vom Motor zur Verfügung gestellt wird. Spalte X subtrahiert die Fahrwiderstände (Spalte P) und berechnet nach dem Newtonschen Gesetz die Fahrzeugbeschleunigung. Mit dieser wird im nächsten Zeitschritt die aktuelle Geschwindigkeit ausgerechnet.

Diese Berechnung wird viermal mit unterschiedlichen Beschleunigungen durchgeführt (bis Spalte BW). Die erste Variante beschleunigt mit einem Motormoment, das 40 Nm über dem liegt, das zum Fahren mit konstanter Geschwindigkeit benötigt wird. Die zweite Variante verwendet stattdessen 80 Nm. Die dritte Variante beschleunigt mit einem konstanten Motormoment von 250 Nm, die vierte Variante mit 350 Nm. Abb. 6.46 zeigt diese Beschleunigungen im Motorkennfeld.

Abb. 6.47 zeigt die Geschwindigkeit (oben) und die aufsummierte Kraftstoffmenge (unten) in Abhängigkeit von der Fahrstrecke. Man sieht, dass die vier Varianten unterschiedlich lange benötigen, um die Fahrstrecke zurückzulegen (3360 m). Man sieht aber auch, dass die langsamste Beschleunigung den geringsten Kraftstoffverbrauch aufweist. Dieses Ergebnis steht im Widerspruch zu dem zuvor geschildertem Fahrversuch.

Wie ist das zu erklären? Vielleicht liegt es daran, dass es zwei verschiedene Fahrzeuge sind. Vielleicht stimmen die Werte im Verbrauchskennfeld nicht mit der Realität überein. Vielleicht verhält sich der Motor beim instationären Betrieb (Beschleunigung) anders als im stationären Betrieb, für den dieses Kennfeld gilt. Vielleicht handelt es sich beim Verbrauchskennfeld aber auch um eine besonders gute Motoreinstellung. Man kann deutlich erkennen, dass der beste Wirkungsgrad des Motors nicht nahe bei Volllast ist, sondern bereits bei mittleren Drehmomenten. Diese Motorabstimmung begünstigt eindeutig das Fahren mit konstanter Geschwindigkeit und macht den Motor nahe der Volllastlinie deutlich schlechter, als es in anderen Kennfeldern (zum Beispiel Abb. 4.22 oder

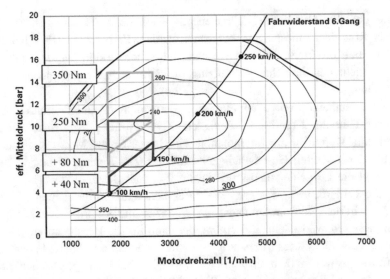

**Abb. 6.46**  Vier verschiedene Beschleunigungsmethoden im Motorkennfeld

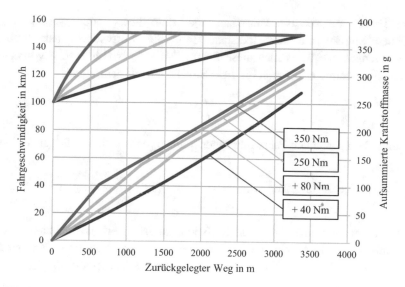

**Abb. 6.47** Geschwindigkeit und aufsummierte Kraftstoffmenge in Abhängigkeit vom zurückgelegten Weg

6.10) zu sehen ist. Letztlich bleibt dem interessierten Autofahrer nichts anderes übrig, als im direkten Fahrversuch die wirklichen Verbrauchswerte für sein eigenes Fahrzeug zu ermitteln.

### Zusammenfassung

Es gibt keine allgemein gültige Regel, ob man für eine sparsame Fahrweise immer schnell oder immer langsam beschleunigen sollte. ◀

## 6.22   Wie soll man eigentlich beschleunigen: langsam oder schnell? (Teil 2)

### Der Leser/die Leserin lernt

theoretische Untersuchung, ob man mit dem Ziel einer sparsamen Fahrweise schnell oder langsam beschleunigen sollte. ◀

Das im Abschn. 6.21 dargestellte Problem soll nun noch etwas theoretischer untersucht werden. Der streckenbezogene Kraftstoffverbrauch, für den man sich als Pkw-Fahrer üblicherweise interessiert, stellt so etwas wie eine Energiemenge pro Entfernung dar. Denn letztlich enthält ein bestimmtes Kraftstoffvolumen eine bestimmte Kraftstoffenergie. Deswegen soll der Beschleunigungsversuch im Folgenden energetisch untersucht werden.

Beim Fahren müssen die Fahrwiderstandskräfte überwunden werden. Das sind auf ebener Strecke die Rollwiderstandskraft, die Luftwiderstandskraft und die Beschleunigungskraft. Wenn man diese Kräfte $F$ längs der Fahrstrecke $s$ integriert, so erhält man die Energie $E$, die man für diese Strecke jeweils benötigt:

$$E = \int F \cdot \mathrm{d}s.$$

Für die drei oben genannten Fahrwiderstandskräfte ergeben sich also folgende Energien:

$$\text{Rollwiderstand}: E_{\text{roll}} = \int\limits_0^s \mu \cdot m \cdot g \cdot \mathrm{d}s = \mu \cdot m \cdot g \cdot s.$$

Dabei wird angenommen, dass der Rollwiderstandsbeiwert $\mu$ unabhängig von der Geschwindigkeit ist. In Abschn. 6.6 wurde gezeigt, dass das nicht unbedingt der Fall ist. Für die hier angestellte Betrachtung vereinfacht diese Festlegung aber die mathematische Berechnung. (Wenn man von einem geschwindigkeitsabhängigen Rollwiderstandsbeiwert ausgeht, verschärft sich das am Ende des Kapitels geschilderte Ergebnis nur noch mehr.)

$$\text{Luftwiderstand}: E_{\text{luft}} = \int\limits_0^s \frac{\rho}{2} \cdot c_{\text{W}} \cdot A \cdot v^2 \cdot \mathrm{d}s = \frac{\rho}{2} \cdot c_{\text{W}} \cdot A \cdot \int\limits_0^s v^2 \cdot \mathrm{d}s$$

Weil sich bei der Beschleunigung die Geschwindigkeit ständig ändert, lässt sich dieses Integral nicht allgemein lösen. Man kann aber folgende Abschätzung machen: Der Wert des Integrals liegt auf jeden Fall zwischen zwei Extremwerten, nämlich zwischen der Energie bei konstanter Fahrt mit der Anfangsgeschwindigkeit und der Energie bei konstanter Fahrt mit der Endgeschwindigkeit:

$$\frac{\rho}{2} \cdot c_{\text{W}} \cdot A \cdot (v_1)^2 \cdot s < \frac{\rho}{2} \cdot c_{\text{W}} \cdot A \cdot \int\limits_0^s v^2 \cdot \mathrm{d}s < \frac{\rho}{2} \cdot c_{\text{W}} \cdot A \cdot (v_2)^2 \cdot s,$$

Beschleunigung:

$$E_{\text{a}} = \int\limits_0^s m \cdot a \cdot \mathrm{d}s = m \cdot \int\limits_0^s \frac{\mathrm{d}v}{\mathrm{d}t} \cdot \mathrm{d}s = m \cdot \int\limits_{v_1}^{v_2} v \cdot \mathrm{d}v = \frac{m}{2} \cdot \left( (v_2)^2 - (v_1)^2 \right).$$

Diese letzte Energieform ist letztlich die Änderung der kinetischen Energie während der Beschleunigung. Man sieht, dass diese Beschleunigungsenergie unabhängig davon ist, ob man langsam oder schnell beschleunigt.

Das bedeutet zusammengefasst: Die Energie, die man zum Abfahren einer bestimmten Strecke bei zunehmender Geschwindigkeit benötigt, wird vom Luftwiderstand wesentlich bestimmt. Der Rollwiderstand ist unabhängig von der Geschwindigkeit.

Die Beschleunigungsenergie ist unabhängig davon, wie schnell beschleunigt wird. Wenn man also schnell beschleunigt, dann benötigt man für eine bestimmte Fahrstrecke umso mehr Energie, je schneller man fährt. Das bedeutet, dass man bei einer schnellen Beschleunigung nur dann Kraftstoff sparen kann, wenn die Zunahme des Motorwirkungsgrades größer ist als die Zunahme der wegen der höheren Geschwindigkeit und des damit erhöhten Luftwiderstandes höheren Fahrenergie. Wenn man, wie bei der Beschleunigung im Abschn. 6.21, bei kleiner Geschwindigkeit bereits in einem Kennfeldbereich fährt, in dem der Motor einen recht guten Wirkungsgrad hat, dann kann durch schnelles Beschleunigen keinen Kraftstoff mehr sparen. Wenn man bei kleiner Geschwindigkeit aber in einem Kennfeldbereich mit einem schlechten Motorwirkungsgrad fährt, dann kann man durch zügiges Beschleunigen Kraftstoff einsparen.

Die zu diesem Kapitel gehörende Exceltabelle zeigt folgendes Rechenbeispiel: Ein Fahrzeug wird von einer Geschwindigkeit $v_1$ (Zelle B17) auf eine Geschwindigkeit $v_2$ (Zelle B18) längs einer Strecke (Zelle B16) beschleunigt. Die Fahrzeugdaten sind in den Zellen B8 bis B15 angegeben. Zelle B20 berechnet die Änderung der kinetischen Energie und Zelle B22 die zur Überwindung des Rollwiderstands benötigte Energie. Bezüglich der Geschwindigkeitszunahme werden zwei Extremfälle berechnet. Die Zellen B23, B25 und B28 gehen davon aus, dass das Fahrzeug die ganze Strecke mit der niedrigen Geschwindigkeit fährt und dann am Ende schlagartig beschleunigt. Die Zellen B24, B26 und B29 gehen davon aus, dass die Beschleunigung bereits am Anfang der Strecke durchgeführt wird und dann die gesamte Strecke mit hoher Geschwindigkeit befahren wird. Die Zellen B28 und B29 berechnen die dazu gehörenden Gesamtenergiemengen. Zelle B30 berechnet den Quotienten dieser beiden Ergebnisse. Das Experiment wird für drei Beschleunigungen um jeweils 30 km/h, ausgehend bei 30 km/h, 50 km/h und 70 km/h, durchgeführt. Die Zellen E30 bis G30 zeigen: Wenn man maximal beschleunigt, benötigt man für das Abfahren der 1 km langen Strecke etwa 20 % mehr Energie. Man kann also nur dann Kraftstoff sparen, wenn der Wirkungsgrad des Motors bei der hohen Geschwindigkeit mindestens 20 % besser ist als bei der niedrigen Geschwindigkeit. Bei der Berechnung im Abschn. 6.21 war der Wirkungsgrad des Motors bei der hohen Geschwindigkeit nur gut 10 % besser als bei der niedrigen Geschwindigkeit. Das reicht nicht aus, um einen positiven Effekt zu erzielen.

### Zusammenfassung

Eine schnelle Beschleunigung ist dann sparsam, wenn der effektive Wirkungsgrad des Motors bei der hohen Geschwindigkeit wesentlich besser ist als bei der niedrigen Geschwindigkeit. Wenn sich die Wirkungsgrade nicht wesentlich unterscheiden, dann ist ein langsames Beschleunigen sparsamer. ◄

# Hybrid- und Elektrofahrzeuge

7

Auch wenn sich das Buch im Wesentlichen mit Verbrennungsmotoren beschäftigt, sollen im Kap. 7 zusätzlich einige Beispiele aus dem Bereich der Elektromotoren behandelt werden. Immerhin beherrschen sie momentan die Mobilitätsdiskussionen in der Öffentlichkeit. Noch ist unklar, wie schnell sich die Elektromobilität in Deutschland durchsetzen wird. Neben den Kosten und dem hohen Gewicht der Akkus spielt auch eine wesentliche Rolle, dass eine flächendeckende Infrastruktur zum Laden noch fehlt. Und zusätzlich ist unklar, ob die Europäische Union auch weiterhin so tun wird, als ob der Strom aus der Steckdose $CO_2$-frei sei.

## 7.1 Wie sehr würde in Deutschland der Stromverbrauch steigen, wenn alle Fahrzeuge elektrisch betrieben werden?

### Der Leser/die Leserin lernt

Ansteigen des Stromverbrauchs in Deutschland, wenn alle Fahrzeuge auf elektrische Antriebe umgerüstet werden. ◀

In der Tagespresse wird die Elektromobilität zurzeit sehr gelobt und ihre Vorzüge gegenüber den verbrennungsmotorisch betriebenen Fahrzeugen werden hervorgehoben. Hätte Deutschland eigentlich genügend elektrische Energie, um die Kraftstoffe durch Strom zu ersetzen?

Die Arbeitsgemeinschaft Energiebilanzen e. V. (vergleiche [37]) veröffentlicht regelmäßig Angaben zum Energieverbrauch in Deutschland. Für das Jahr 2017 wurden beispielsweise folgende Zahlen genannt:

**Elektronisches Zusatzmaterial** Die elektronische Version dieses Kapitels enthält Zusatzmaterial, das berechtigten Benutzern zur Verfügung steht https://doi.org/10.1007/978-3-658-29226-3_7.

© Springer Fachmedien Wiesbaden GmbH, ein Teil von Springer Nature 2020
K. Schreiner, *Basiswissen Verbrennungsmotor*,
https://doi.org/10.1007/978-3-658-29226-3_7

Verbrauch von elektrischem Strom in D:          1871 PJ
Verbrauch von Kraftstoff aus Mineralöl in D:    2691 PJ

(Ein PJ ist ein Peta-Joule und das sind 1 Billiarde Joule oder $10^{15}$ Joule).

Das bedeutet, dass mehr Energie in Form von Kraftstoff als in Form von Strom ver-braucht wurde. Nun ist der Wirkungsgrad eines Verbrennungsmotors im Fahrzeug viel geringer als der Wirkungsgrad eines elektrischen Antriebes. Wenn man für das ver-brennungsmotorische Fahrzeug im Schnitt von 10 % bis 20 % ausgeht, dann wurden von den 2487 PJ nur etwa 250 PJ bis 500 PJ für das Fahren verwendet. Der Rest wurde als Wärme an die Umgebung abgegeben. Um diese 250 PJ bis 500 PJ in Elektrofahrzeugen zur Verfügung zu haben, müsste bei einem Wirkungsgrad des elektrischen Antriebes von schätzungsweise 80 % eine elektrische Energie von ca. 300 PJ bis 600 PJ eingesetzt werden. Damit würde der Verbrauch von elektrischer Energie nicht allzu sehr steigen.

Problematisch wäre aber ein anderes Thema. Das Aufladen der Autobatterien würde wohl nahezu zeitgleich am späten Nachmittag erfolgen, wenn die meisten Autofahrer wieder zuhause sind. Die großen elektrischen Leistungen, die für das Aufladen vieler Batterien benötigt werden, könnten in vielen Fällen von der regionalen Stromversorgung (in der Straße) oder der überregionalen Stromversorgung nicht zur Verfügung gestellt werden. Durch intelligente Konzepte müsste man das Aufladen der Autobatterien über die Ruhezeit des Fahrzeuges hinweg gleichmäßig verteilen.

Die deutschen Kraftwerke stellen 2019 eine installierte Leistung von etwa 209 GW bereit [44]. Wenn man von einer Ladeleistung von 20 kW pro Pkw ausgeht, dann können mit beispielsweise 10 % dieser installierten Leistung gleichzeitig etwa 1 Mio. Elektro-fahrzeuge gleichzeitig geladen werden.

---

**Zusammenfassung**

Wenn also alle Fahrzeuge in Deutschland vom Verbrennungsmotor auf den Elektro-motor umgerüstet werden, dann würde der jährliche Stromverbrauch um etwa 15 % bis 30 % steigen. Entsprechend mehr Kraftwerke müssten zur Verfügung stehen. Allerdings stellt die Bereitstellung der Energie ein großes Problem dar, wenn viele Fahrzeuge gleichzeitig aufgeladen werden sollen. ◄

---

## 7.2    Nach welchen Konzepten kann man die Hybridantriebe unterscheiden?

**Der Leser/die Leserin lernt**

verschiedene Hybridkonzepte. ◄

Unter dem Begriff „Hybridantrieb" versteht man, dass an Bord eines Fahrzeuges mindestens zwei Motoren und zwei Energiespeicher eingebaut sind. Meistens meint man damit heute die Kombination eines Verbrennungsmotors (mit Kraftstofftank) und eines

Elektromotors (mit aufladbarer Batterie). Die Hybridtechnik ist teuer, bietet aber insgesamt sechs verschiedene Vorteile:

- Start-Stopp-Funktion,
- Boost-Funktion,
- rekuperatives Bremsen,
- Betriebspunktverlagerung,
- Hochspannung an Bord,
- lokal nahezu emissionsfreier Betrieb.

Unter Start-Stopp-Funktion versteht man, dass beim Stillstand des Fahrzeuges der Verbrennungsmotor ausgeschaltet wird. Das spart Kraftstoff. Das Fahrzeug fährt danach rein elektrisch an, was sehr sanft erfolgt und das „Abwürgen" des Verbrennungsmotors bei ungeschickter Kupplungsbetätigung verhindert. Erst danach wird der Verbrennungsmotor ein- und der Elektromotor ausgeschaltet.

Unter der Boost-Funktion versteht man die Möglichkeit, den E-Motor auch zum Beschleunigen des Fahrzeuges parallel zum V-Motor einzusetzen. Dadurch steigt das Beschleunigungsvermögen des Fahrzeuges.

Rekuperatives Bremsen nennt man die Möglichkeit, das Fahrzeug elektrisch abzubremsen, den E-Motor als Generator zu verwenden und die Bremsenergie zum Aufladen der Batterien zu verwenden. Damit gewinnt man einen Teil der Energie, die man zum Beschleunigen des Fahrzeuges benötigt hat, zurück.

Verbrennungsmotoren haben den besten Wirkungsgrad bei mittlerer Drehzahl und hoher Last. Dieser Betriebszustand wird nur kurzzeitig beim Beschleunigen und bei der Bergfahrt erreicht. Bei der Betriebspunktverlagerung betreibt man den Verbrennungsmotor in einem solchen Punkt hoher Last und nutzt die überschüssige Energie nicht zum Beschleunigen des Fahrzeuges, sondern zum Aufladen der Batterien. Diese Hybridfunktion ist sehr effektiv und spart viel Kraftstoff.

Heutige Pkw haben an Bord elektrische Verbraucher, die eine Spitzenleistung von etwa 2000 W benötigen. Dies ist für die 12-V-Autobatterie eine große Belastung mit Strömen von etwa 200 A. Die Fahrzeug-Ingenieure wünschen sich schon lange eine deutlich höhere verfügbare elektrische Leistung, um beispielsweise eine elektrische Katalysatorheizung, elektrisch betätigte Ventile, elektrische Öl- und Wasserpumpen, elektrische Klimakompressoren und viele andere elektrische Komponenten betreiben zu können. Das scheitert jedoch bislang am 12-V-Bordnetz. Wenn ein Fahrzeug über Hybridtechnik verfügt, dann sind Batterien mit einer Spannung von mehreren hundert Volt an Bord, die auch für die oben genannten Verbraucher genutzt werden könnten. Auf diese Weise könnte die Hybridtechnik die Effizienz des Verbrennungsmotors erhöhen.

Welche von diesen Vorteilen in Hybridfahrzeugen genutzt werden, hängt von der Leistung des E-Motors und vom Energieinhalt der Batterie ab. Elektrisch fahren und rekuperativ bremsen kann man nur mit entsprechend starken Motoren. Die Reichweite hängt dann von der Kapazität der Batterie ab. Man unterscheidet üblicherweise drei Hybrid-Konzepte (Tab. 7.1).

**Tab. 7.1**  Hybridkonzepte

|                                         | Micro-Hybrid                    | Mild-Hybrid                | Voll-Hybrid                |
| --------------------------------------- | ------------------------------- | -------------------------- | -------------------------- |
| E-Motor-Konzept                         | Riemengetriebener Generator     | Mit Kurbelwelle gekoppelt  | Mit Kurbelwelle gekoppelt  |
| E-Motor-Leistung                        | <5 kW                           | 5 kW … 25 kW               | >25 kW                     |
| Akku-Kapazität                          | ca. 0,5 kWh                     | 0,5 kWh … 1 kWh            | 3 kWh … 50 kWh             |
| Start-Stopp-Funktion                    | ja                              | ja                         | ja                         |
| Boost-Funktion                          |                                 | ja                         | ja                         |
| Rekuperatives Bremsen                   |                                 | ja                         | ja                         |
| Betriebspunktver-lagerung               |                                 |                            | ja                         |
| Hochspannung für andere Verbraucher     |                                 |                            | ja                         |
| Lokal nahezu emissionsfreier Betrieb    |                                 | ja                         | ja                         |

---

**Zusammenfassung**

Es ist klar, dass der Hybridantrieb umso teurer ist, je mehr er in Richtung Vollhybrid geht und je größer die elektrische Reichweite ist. Beispielsweise hat der bekannte Toyota Prius in der Version 2 eine Reichweite von ca. 2 km beim rein elektrischen Fahren, in der Version 3 eine von etwa 5 km. ◄

## 7.3  Stimmt es, dass Elektrofahrzeuge keine große Reichweite haben können?

**Der Leser/die Leserin lernt**

relativ geringe Energiedichte von elektrischen Energiespeichern. ◄

Elektrofahrzeugen und Hybridfahrzeugen wird immer vorgeworfen, dass sie kaum elektrische Energie mitführen können und deswegen keine große Reichweite im Elektrobetrieb haben. Diese Behauptung kann man relativ einfach nachprüfen:

Die Tab. 7.2 mit Daten aus [15], [48] und [49] enthält Angaben zum spezifischen Energieinhalt verschiedener Akkutypen. Man kann erkennen, dass heutige Akkutypen spezifische Energieinhalte von ca. 100 Wh/kg haben und dass man hofft, in ca. 15 Jahren auf Werte von 900 Wh/kg zu kommen.

**Tab. 7.2** Spezifischer Energieinhalt verschiedener Akkutypen

| Akkutyp | Spezifische Energie in Wh/kg |
|---|---|
| Bleibatterie | 35 |
| NiMH (Hochenergie) | 70 |
| NiMH (Hochleistung) | 43 |
| Lithium-Ionen (Hochenergie) | 180 |
| Lithium-Ionen (Hochleistung) | 70 |
| Lithium-Ionen (Ziel für 2030) | 900 |

Kraftstoff hat einen Energieinhalt, der durch den Heizwert gegeben ist, von ca. 42.000 kJ/kg. Das entspricht etwa 11.500 Wh/kg. Kraftstoffe haben also einen spezifischen Energieinhalt, der etwa 50- bis 100-mal höher ist als bei heutigen Akkus und immer noch ca. 10-mal höher ist als die Akkus, die man in 15 Jahren gerne hätte.

Nun kann man einwenden, dass die Verbrennungsmotoren mit dem Kraftstoff nicht besonders effizient umgehen. Sie nutzen im Bestpunkt nur ca. 1/3 der Kraftstoffenergie aus. Und im Kennfeld nutzen sie im Schnitt nur 10 % … 15 % der Kraftstoffenergie aus. Wenn man unterstellt, dass Elektroantriebe die gespeicherte elektrische Energie zu 80 % in mechanische Arbeit umwandeln und Verbrennungsmotoren das nur zu 10 % tun, so haben heutige Elektrofahrzeuge trotzdem immer noch nur ca. 1/7 der Reichweite von konventionellen Fahrzeugen (bei gleichem Gewicht des Kraftstoffes bzw. der Akkus). Und wenn man dann noch argumentiert, dass manche Fahrzeuge (z. B. Stadtfahrzeuge) keine Reichweite von 1000 km benötigen, sondern 50 km bis 100 km ausreichen, dann öffnet sich ein großer Markt für Elektrofahrzeuge.

**Zusammenfassung**

Elektrofahrzeuge sind aus energetischer Sicht dann interessant, wenn man keine großen Reichweiten benötigt. Denn bei großen Reichweiten würden die Batterien zu schwer werden. ◄

**Nachgefragt: Ist ein Elektrofahrzeug eigentlich $CO_2$-frei?**

In der Presse wird immer wieder behauptet, dass ein Elektrofahrzeug $CO_2$-frei sei. Das stimmt natürlich insofern, als beim Betrieb des E-Pkw kein $CO_2$ produziert wird. Allerdings wird bei der Herstellung des Stroms im Allgemeinen $CO_2$ gebildet (vergl. auch Abschn. 2.13). Denn die Energieversorgung Deutschlands bezieht den Strom nur zum Teil aus regenerativen Energieträgern. Das Umweltbundesamt gibt für das Jahr 2018 einen hochgerechneten Wert von etwa 474 g $CO_2$ an, der pro kWh elektrischen Stroms produziert wird.

Wenn man davon ausgeht, dass ein Pkw für eine Fahrstrecke von 100 km eine Energie von etwa 10 kWh (vergleiche Abschn. 7.4) benötigt, so entspricht das einer $CO_2$-Menge von etwa 45 g pro gefahrenem Kilometer. Das ist weniger als die

typischen Zahlenwerte von beispielsweise 120 g $CO_2$ pro Kilometer bei handelsüblichen Pkw mit Verbrennungsmotoren. Aber $CO_2$-frei ist ein Elektrofahrzeug in
Deutschland nur dann, wenn man den Autofahrer dazu zwingt, nur Ökostrom zu
„tanken".

## 7.4   Wie teuer wäre die Batterie eines Mittelklasse-Pkw, mit dem man 100 km weit elektrisch fahren möchte?

**Der Leser/die Leserin lernt**

relativ hohe Kosten von Batterien. ◀

Aus den Berechnungen im Abschn. 6.15 ist bekannt, wie viel Energie im Neuen
Europäischen Fahrzyklus (NEFZ) benötigt wird (vergleiche Tab. 7.3). In diesen Zahlen
ist bereits ein vollständig rekuperatives Bremsen enthalten: Die Bremsenergie wird ohne
Verluste gespeichert und später wieder zum Beschleunigen verwendet.

Wenn man also mit dem Smart elektrisch 100 km weit fahren möchte und sich
dabei an das Fahrprofil des NEFZ hält, dann benötigt man eine elektrische Energie von
7,8 kWh. Diese Energie wird in einem Akku gespeichert. Die heute modernen Akkus
sind Lithium-Akkus, die aber nur etwa zur Hälfte entladen werden dürfen, damit sie
nicht vorzeitig altern. Hinzu kommt, dass die Umwandlung der elektrischen Energie im
Fahrzeug auch nicht verlustfrei ist. Wenn man von einem elektrischen Wirkungsgrad von
80 % ausgeht und die Akkus nur zur Hälfte entlädt, dann benötigt man für den Smart
einen Akku mit einer Kapazität von etwa 20 kWh. Beim heutigen Preis (Stand: 2019) der
Lithium-Akkus (500 EUR pro kWh zum Beispiel für Elektrofahrräder oder Modellflug-
zeuge) ergeben sich Akkukosten von etwa 10.000 EUR. (In der Großserie sind die Akkus
günstiger. Für das Jahr 2025 rechnet man mit Akkukosten von 100 EUR pro kWh [46]).
Diese Akkus halten wohl nicht das ganze Fahrzeugleben lang. Wenn man davon ausgeht,
dass Handy- oder Notebookakkus nur wenige Jahre halten, kann man abschätzen, dass
auch der 10.000-EUR-Akku des Smart nach einigen Jahren erneuert werden muss.

**Tab. 7.3**  Energiebedarf einiger Pkw für den NEFZ

| Fahrzeug | Für den NEFZ auf der Straße benötigte Energie (kWh) | Streckenbezogener Energiebedarf (kWh/ (100 km)) |
|----------|-----------------------------------------------------|-------------------------------------------------|
| Smart    | 0,85                                                | 7,80                                            |
| A200     | 0,96                                                | 8,81                                            |
| SL 500   | 1,06                                                | 9,72                                            |
| Audi Q7  | 1,60                                                | 14,67                                           |

Bei einem Strompreis von 20 Ct/(kWh) kosten die 7,8 kWh für 100 km etwa 1,50 EUR. Die 4,6 l Dieselkraftstoff für 100 km kosten etwa 5 EUR. Wenn man elektrisch fährt, zahlt man also nur ein Drittel der Spritkosten, zumindest so lange, wie der Staat noch keine Autostromsteuer statt der Mineralölsteuer erhebt.

**Zusammenfassung**

Das Beispiel zeigt die Grenzen der heutigen Akkutechnik: Prinzipiell kann man Elektrofahrzeuge bauen. Selbst wenn man mit der geringen Reichweite zufrieden ist, sind die Kosten für die Akkutechnik aber indiskutabel hoch. Der Kraftstoff an der Tankstelle ist einfach noch zu preiswert ... ◄

## 7.5 Wie berechnet man den Kraftstoffverbrauch bei einem Plug-in-Fahrzeug?

**Der Leser/die Leserin lernt**

gesetzliche Methode zur Berechnung des Kraftstoffverbrauchs von Plug-in-Fahrzeugen. ◄

Plug-in-Fahrzeuge sind Hybrid-Fahrzeuge, bei denen der elektrische Energiespeicher nicht nur durch einen vom Verbrennungsmotor angetriebenen Generator aufgeladen werden kann. Er kann auch an der Steckdose aufgeladen werden, indem die Fahrzeugbatterie mit dem 220-V-Netz oder besser noch mit dem Drehstromnetz (400 V) verbunden wird. Das bedeutet, dass das Fahrzeug teilweise mit Energie fährt, die nicht vom Verbrennungsmotor, sondern vom Stromnetz kommt. Nun ist der Strom, der in Deutschland aus der Steckdose kommt, im Allgemeinen auch nicht $CO_2$-frei, weil er nicht nur regenerativ, sondern beispielsweise auch durch Kohle- und Gaskraftwerke bereitgestellt wird. Die Europäische Union hat aber festgelegt, dass im Straßenverkehr Strom aus der Steckdose als $CO_2$-frei betrachtet wird. Wenn ein Fahrzeughersteller die $CO_2$-Emissionen seiner Flotte reduzieren möchte, dann kann er das beispielsweise dadurch tun, dass er möglichst viele Elektrofahrzeuge verkauft, unabhängig davon, welchen Strom die Kunden einsetzen.

Wie ist das nun mit den Plug-in-Fahrzeugen? Für sie gilt: Je größer die Kapazität der Batterie ist, umso kleiner werden die $CO_2$-Emissionen des Fahrzeuges „gerechnet". Die EU (ECE R 101, vergleiche [38]) verwendet dazu folgende Umrechnungsgleichung:

$$V_S = \frac{D_e \cdot V_{S,\,\text{elektro}} + 25\,\text{km} \cdot V_{S,\,\text{V-Motor}}}{D_e + 25\,\text{km}}$$

mit $D_e$ = elektrische Reichweite.

Man bestimmt den streckenbezogenen Kraftstoffverbrauch im reinen Verbrennungsmotorbetrieb ($V_{S,\text{V-Motor}}$) und im elektrischen Betrieb mit voll aufgeladenem Akku ($V_{S,\text{elektro}}$).

Hier ist der Kraftstoffverbrauch im Allgemeinen gleich Null. Dann bildet man gemäß der Gleichung einen gewichteten Mittelwert unter Berücksichtigung der Reichweite $D_e$ im rein elektrischen Betrieb. (Die Zahl 25 km in der Gleichung bedeutet, dass man davon ausgeht, dass die Batterien alle 25 km aufgeladen werden). Wenn die so berechnete Reichweite beispielsweise 25 km beträgt, dann ist der Kraftstoffverbrauch des Verbrennungsmotors nur noch „die Hälfte wert". Das bedeutet, dass ein Plug-in-Fahrzeug , das im verbrennungsmotorischen Betrieb einen streckenbezogenen Kraftstoffverbrauch von 6 l/(100 km) aufweist, durch eine Batterie mit einer Reichweite von 25 km zu einem Verbrauch von 3 l/(100 km) umgerechnet wird. Diese Vorgehensweise ist in der Fachwelt sehr umstritten, denn diese 3 l/(100 km) kann der Fahrer nur im Kurzstreckenbetrieb erreichen. Bei längerer Autobahnfahrt ist ein solches Fahrzeug ein normales (und eher schwereres) Verbrennungsmotorfahrzeug mit einem normalen Spritverbrauch. Die EU wendet die obige Gleichung aber wohl bewusst an, um den Übergang zur Elektromobilität politisch durchzusetzen.

Abb. 7.1 zeigt die Gleichung in grafischer Form. Bei einer elektrischen Reichweite von 100 km zählt der verbrennungsmotorische Kraftstoffverbrauch nur noch zu 20 %. Das bedeutet, dass man in Zukunft wohl jeden großen und schweren Pkw auf einen kleinen Kraftstoffverbrauch umrechnen kann, indem man eine entsprechend große Batterie einbaut.

---

**Zusammenfassung**

Je größer die Reichweite eines Plug-in-Fahrzeuges im elektrischen Betrieb ist, umso mehr wird der Kraftstoffverbrauch im verbrennungsmotorischen Betrieb „heruntergerechnet". Die Gleichung hierfür hat der europäische Gesetzgeber so festgelegt, dass man auch schwere Fahrzeuge immer noch zulassen kann, wenn die Batterie genügend groß ist. ◄

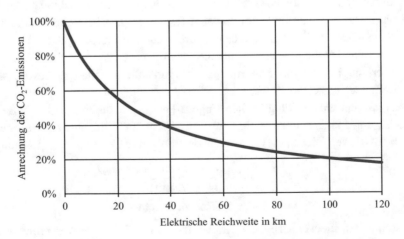

**Abb. 7.1** Anrechnung der verbrennungsmotorischen $CO_2$-Emissionen bei Plug-in-Fahrzeugen

## 7.6 Wann lohnt sich bei einem Hybrid-Fahrzeug die Lastpunktanhebung?

**Der Leser/die Leserin lernt**

Eine Lastpunktanhebung lohnt sich nur dann, wenn sich dadurch der Wirkungsgrad des Verbrennungsmotors deutlich verbessert. ◀

Es gibt ganz unterschiedliche Hybrid-Konzepte, bei denen ein Verbrennungsmotor und ein oder zwei Elektromotoren miteinander verbunden werden. Hofmann [49] erläutert die verschiedenen Konzepte in seinem Buch sehr ausführlich. In diesem Abschnitt wird auf eine relativ einfache Weise untersucht, wann sich die sogenannte Lastpunktanhebung lohnt. Darunter versteht man, dass der Verbrennungsmotor mehr Leistung bereitstellt, als momentan zum Fahren benötigt wird. Die überschüssige Leistung wird zum Aufladen der Batterien verwendet, um zu einem späteren Zeitpunkt rein elektrisch zu fahren. Der Vorteil dieser Vorgehensweise ist, dass der Verbrennungsmotor bei der Lastpunktanhebung in einem Kennfeldbereich mit einem höheren Wirkungsgrad betrieben wird. Der Nachteil dabei ist, dass die Umwandlung von mechanischer Leistung in elektrische Leistung und später wieder zurück verlustbehaftet ist. Letztlich müssen die Vorteile der Lastpunktanhebung größer sein als die Nachteile durch die elektrischen Verluste.

Hofmann erläutert in [49] die einzelnen Verluste beim seriellen Hybrid-Fahrzeug, bei dem die mechanische Energie des Verbrennungsmotors in elektrische und später wieder in mechanische umgewandelt wird. Abb. 7.2 aus [49] zeigt das auf sehr anschauliche Weise.

Damit die nun folgenden Berechnungen nicht zu umfangreich werden, wird davon ausgegangen, dass es nur folgende Verluste gibt:

$\eta_{\text{Gen}}$: Wirkungsgrad des Generators
$\eta_{\text{Bat,La}}$: Wirkungsgrad beim Aufladen der Batterie
$\eta_{\text{Bat,Entla}}$: Wirkungsgrad beim Entladen der Batterie
$\eta_{\text{E−Mot}}$: Wirkungsgrad des Elektromotors

Der Gesamtwirkungsgrad ist also das Produkt aus allen vier Wirkungsgraden:

$$\eta_{\text{Hybrid}} = \eta_{\text{Gen}} \cdot \eta_{\text{Bat,La}} \cdot \eta_{\text{Bat,Entla}} \cdot \eta_{\text{E-Mot}}$$

Dazu folgendes Beispiel: Zum Betrieb eines Fahrzeuges mit der Geschwindigkeit $v$ wird am Rad eine Leistung $P_0$ benötigt. Der verbrennungsmotorische Antrieb hat einen effektiven Wirkungsgrad von $\eta_0$. Der Kraftstoffmassenstrom $\dot{m}_{B,0}$ beträgt dann

$$\dot{m}_{\text{B,0}} = \frac{P_0}{\eta_0 \cdot H_{\text{U}}}$$

mit dem Kraftstoff-Heizwert $H_{\text{U}}$.

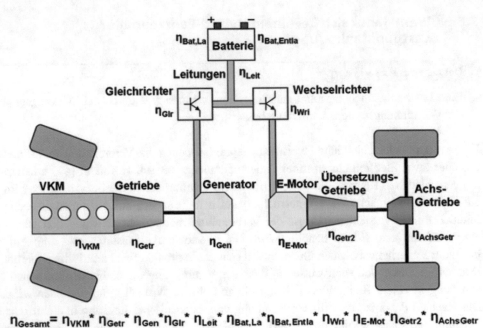

$$\eta_{Gesamt} = \eta_{VKM} * \eta_{Getr} * \eta_{Gen} * \eta_{Glr} * \eta_{Leit} * \eta_{Bat,La} * \eta_{Bat,Entla} * \eta_{Wri} * \eta_{E\text{-}Mot} * \eta_{Getr2} * \eta_{AchsGetr}$$

**Abb. 7.2** Beim seriellen Hybrid müssen die Wirkungsgrade der einzelnen Komponenten miteinander multipliziert werden, um den Gesamtwirkungsgrad der Energieumwandlung zu erhalten [49]

Wenn der Motor mit einer höheren Leistung $P$ bei einem effektiven Wirkungsgrad $\eta$ betrieben wird, kann $\Delta P = P - P_0$ am Generator umgewandelt werden. Nach den ganzen Umwandlungsverlusten stehen $\eta_{Hybrid} \cdot \Delta P = \eta_{Hybrid} \cdot (P - P_0)$ zum elektrischen Fahren zur Verfügung.

Man kann das Ganze folgendermaßen energetisch betrachten.

1. Fall: Der Pkw fährt eine Strecke $s$ mit einer Geschwindigkeit $v$ im reinen verbrennungsmotorischen Betrieb:

Mit den Gleichungen aus Abschn. 1.2 kann berechnet werden:

$$\text{Motorleistung:} \quad P_0$$

$$\text{Motorarbeit:} \quad W_0 = P_0 \cdot t = P_0 \cdot \frac{s}{v}$$

$$\text{Kraftstoffenergie:} \quad Q_{B,0} = \frac{W_0}{\eta_0} = \frac{1}{\eta_0} \cdot P_0 \cdot \frac{s}{v}$$

$$\text{Kraftstoffmasse:} \quad m_{B,0} = \frac{Q_{B,0}}{H_U} = \frac{1}{\eta_0 \cdot H_U} \cdot P_0 \cdot \frac{s}{v}$$

$$\text{Kraftstoffvolumen:} \quad V_{B,0} = \frac{m_{B,0}}{\rho} = \frac{1}{\eta_0 \cdot H_U \cdot \rho} \cdot P_0 \cdot \frac{s}{v}$$

2. Fall: Der Pkw fährt eine Strecke $x \cdot s$ mit $x \leq 1$ mit einer Geschwindigkeit $v$ im reinen verbrennungsmotorischen Betrieb mit Lastpunktanhebung und dann eine Strecke $(1 - x) \cdot s$ im reinen elektrischen Betrieb mit der Energie, die zuvor in der Batterie gespeichert wurde:

Kraftstoffvolumen:
$$V_{\text{B,L}} = \frac{1}{\eta_{\text{L}} \cdot H_{\text{U}} \cdot \rho} \cdot P_L \cdot \frac{x \cdot s}{v}$$

Energiebilanz an der Batterie:

Überschüssige Arbeit vom VM:  $\Delta W = (P_L - P_0) \cdot \dfrac{x \cdot s}{v}$

Elektr. Energie vom Generator:  $\Delta E_{\text{Gen}} = \eta_{\text{Gen}} \cdot (P_L - P_0) \cdot \dfrac{x \cdot s}{v}$

Elektr. Energie in Batterie hinein:  $\Delta E_{\text{Bat,La}} = \eta_{\text{Bat,La}} \cdot \eta_{\text{Gen}} \cdot (P_L - P_0) \cdot \dfrac{x \cdot s}{v}$

Elektr. Energie aus Batterie heraus:  $\Delta E_{\text{Bat,Entla}} = \eta_{\text{Bat,Entla}} \cdot \eta_{\text{Bat,La}} \cdot \eta_{\text{Gen}} \cdot (P_L - P_0) \cdot \dfrac{x \cdot s}{v}$

Arbeit zum elektr. Fahren:  $\Delta W_{\text{E-Mot}} = \eta_{\text{E-Mot}} \cdot \eta_{\text{Bat,Entla}} \cdot \eta_{\text{Bat,La}} \cdot \eta_{\text{Gen}} \cdot (P_L - P_0) \cdot \dfrac{x \cdot s}{v}$

Oder:  $\Delta W_{\text{E-Mot}} = \eta_{\text{Hybrid}} \cdot (P_L - P_0) \cdot \dfrac{x \cdot s}{v}$

Zeit zum elektr. Fahren:  $t_{\text{E-Mot}} = \dfrac{\Delta W_{\text{E-Mot}}}{P_0} = \eta_{\text{Hybrid}} \cdot \dfrac{(P_L - P_0)}{P_0} \cdot \dfrac{x \cdot s}{v}$

Wegstrecke zum elektr. Fahren:  $(1 - x) \cdot s = v \cdot t_{\text{E-Mot}} = v \cdot \eta_{\text{Hybrid}} \cdot \dfrac{(P_L - P_0)}{P_0} \cdot \dfrac{x \cdot s}{v}$

Diese Gleichung kann nach $x$ aufgelöst werden:

Anteil der Fahrstrecke mit dem VM:  $x = \dfrac{1}{1 + \eta_{\text{Hybdrid}} \cdot \frac{(P_L - P_0)}{P_0}}$

Mit dieser Gleichung kann ausgerechnet werden, nach welchem Anteil $x$ der Gesamtstrecke der Verbrennungsmotor ausgeschaltet werden kann, um den Rest rein elektrisch zu fahren. Es ist klar, dass $x$ umso kleiner ist, je größer die Lastpunktanhebung ist und je besser der Energieumwandlungswirkungsgrad in der elektrischen Anlage ist.

In der zu diesem Kapitel gehörenden Excel-Datei wird das Beispiel durchgerechnet. Die Zellen A9:C11 enthalten die Fahraufgabe. Die Zellen E7:F14 enthalten die Wirkungsgrade der Energieumwandlung. Das Fahrzeug wird im Bereich L15:N24 beschrieben. Die Umgebungsdaten befinden sich in L7:N12. Der effektive Wirkungsgrad des Verbrennungsmotors wird analog zu Abb. 6.5 durch einen linearen Ansatz beschrieben (H7:J13). Der Kraftstoffvolumenstrom ist linear abhängig vom effektiven Mitteldruck. Die Linearitätsbeziehung wird festgelegt durch den Kraftstoffverbrauch im Leerlauf und den effektiven Wirkungsgrad bei Volllast. Es wird davon ausgegangen, dass sich die Motordrehzahl bei der Lastpunktanhebung nicht ändert.

Um die Problematik zu untersuchen, wird in der Zelle F22 angegeben, auf welchen effektiven Mitteldruck der Lastpunkt angehoben wird.

Die wesentlichen Ergebnisse sind die Zellen B25, F29 und F30. F29 zeigt, nach welchem Streckenanteil $x$ der Verbrennungsmotor ausgeschaltet wird. B25 gibt den streckenbezogenen Kraftstoffverbrauch im reinen verbrennungsmotorischen Betrieb an. F30 zeigt das Ergebnis für den Hybridbetrieb.

Beispielhafte Rechenergebnisse sind in Tab. 7.4 dargestellt.

Man kann erkennen, dass im Schwachlastbereich bei 30 km/h (Beispiel 1) die Lastpunktanhebung auf einen eff. Mitteldruck von 5 bar oder 10 bar einen wesentlichen Verbrauchsvorteil bringt. Bei einer Fahrzeuggeschwindigkeit von 70 km/h (Beispiel 2) ist der Verbrauchsvorteil nur gering. Im Beispiel 3 mit einer Fahrgeschwindigkeit von 100 km/h führt die Lastpunktanhebung zu einer Verbrauchsverschlechtung, weil die Verluste bei der Energieumwandlung größer sind als der Vorteil im Wirkungsgrad des Verbrennungsmotors.

**Zusammenfassung**

Eine Lastpunktanhebung ist nur dann vorteilhat, wenn der Ausgangspunkt im verbrennungsmotorischen Betrieb einen relativ schlechten Wirkungsgrad hat. ◄

**Tab. 7.4** Die letzte Zeile in der Tabelle zeigt den Verbrauchsvorteil im Hybridbetrieb für mehrere Beispiele

| Größe | Einheit | Beispiel 1 | | Beispiel 2 | | Beispiel 3 |
|---|---|---|---|---|---|---|
| Geschwindigkeit | km/h | 30 | | 70 | | 100 |
| Motordrehzahl | 1/min | 2000 | | 2000 | | 2000 |
| Streckenbez. Verbrauch im verbr.mot. Betrieb | l/(100 km) | 4,13 | | 3,74 | | 4,83 |
| Eff. Mitteldruck im verbr. mot. Betrieb | bar | 0,64 | | 2,65 | | 5,88 |
| Eff. Mitteldruck bei Lastpunktanhebung | bar | 5 | 10 | 5 | 10 | 10 |
| Rel. Strecke $x$ beim Ausschalten des Verbr.motors | 1 | 0,153 | 0,078 | 0,580 | 0,307 | 0,637 |
| Streckenbez. Verbrauch im Hybrid-Betrieb | l/(100 km) | 2,16 | 1,98 | 3,50 | 3,35 | 4,87 |
| Verbrauchsvorteil | l/(100 km) | 1,97 | 2,15 | 0,24 | 0,39 | −0,04 |

## 7.7    Wie sehen die Fahrzeugantriebskonzepte in zehn Jahren aus?

**Der Leser/die Leserin lernt**

Es kann wohl niemand voraussagen, wie die Fahrzeugkonzepte in zehn Jahren aussehen werden. ◄

Zwei sehr spannende Fragen sind, bis wann sich der Elektroantrieb im Pkw durchgesetzt haben wird und ob die Brennstoffzelle überhaupt kommt. Die Antwort auf diese Fragen kann momentan niemand genau geben. Die Entwicklung der Fahrzeugantriebe hängt zum einen sehr stark von der Entwicklung der Kraftstoffpreise ab. Zum anderen hängt sie von der Subventionspolitik des Staates und der Stimmungslage der Bevölkerung ab. Die Einführung des Rußfilters bei Diesel-Pkw ist ein gutes Beispiel dafür, wie der Druck der Öffentlichkeit zur schnellen Einführung einer Technik führen kann. Die deutschen Autohersteller konnten die Rußemissionsvorschriften der Euro 4-Gesetzgebung auch ohne den teuren Rußfilter erfullen. Die öffentliche Meinung forderte aber die Einführung. Und so wurden in wenigen Jahren alle Neufahrzeuge mit einer derartigen Technik ausgerüstet.

Man sieht also, dass die Industrie nicht alleine über die Einführung von neuen Techniken entscheidet. Sie tut sich sogar sehr schwer damit, einige Jahre in die Zukunft zu schauen. Ein schönes Beispiel hierfür ist eine Veröffentlichung, die im Jahr 2000 von der renommierten Motorenforschungsfirma FEV in Aachen vorgenommen wurde [39]. In dieser Studie wurde versucht, die Antriebsvielfalt in Europa für die nächsten zehn Jahre vorherzusagen (Abb. 7.3).

Weder der Marktanteil der Dieselfahrzeuge noch der direkt einspritzenden Ottomotoren noch der vollvariablen Ventilsteuerung stimmen mit der Realität überein, weder im Jahr 2005 noch im Jahr 2010.

**Zusammenfassung**

Daraus kann man schließen, dass auch im Jahr 2019 niemand ernsthaft die Antriebsvielfalt für das Jahr 2029 voraussagen kann. Das Problem ist nur, dass man bereits heute mit den Forschungs- und Entwicklungsaktivitäten des Fahrzeuges der Zukunft beginnen muss. Da die Industrie nicht über beliebig viel Entwicklungsbudget verfügt, führt die Entwicklung einer Technik immer auch zur Vernachlässigung anderer Ideen. Derartige strategische Entscheidungen sind sehr schwer zu fällen. Auf jeden Fall tut sich die Industrie damit schwerer als die öffentliche Meinung … ◄

**Nachgefragt: Wie funktioniert ein Waste-Heat-Recovery-System?**
Hybridantriebe nutzen am meisten, wenn ein Fahrzeug sehr dynamisch im Stadtverkehr betrieben wird. Bei konstanter, hoher Geschwindigkeit auf der Autobahn

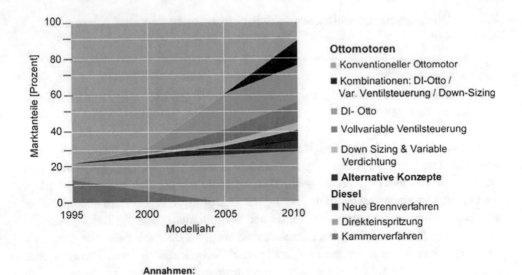

**Ottomotoren**
- ■ Konventioneller Ottomotor
- ■ Kombinationen: DI-Otto /
  Var. Ventilsteuerung / Down-Sizing
- ▨ DI- Otto
- ■ Vollvariable Ventilsteuerung
- ▨ Down Sizing & Variable
  Verdichtung
- ■ **Alternative Konzepte**

**Diesel**
- ■ Neue Brennverfahren
- ▨ Direkteinspritzung
- ■ Kammerverfahren

**Annahmen:**
- • Ausgereifte Technologie
- • Verfügbarkeit
- • Produktionskosten:    - Fortschrittlicher Verbrennungsmotor + 25%,
                          - Hybrid + 100%
- • Schwefelgehalt in Otto- und Dieselkraftstoff: 10 ppm.

**Abb. 7.3**   Antriebsvielfalt in Europa [39]

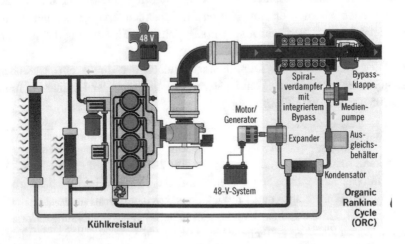

**Abb. 7.4**   Systemlayout des 48-V-Waste-Heat-Recovery-Systems von Volkswagen [45]

kann man durch die Hybridtechnik kaum Kraftstoff sparen. BMW hat vor vielen Jahren für solche Anwendungen eine Studie vorgestellt: den Turbosteamer [40]. In neuerer Zeit haben Volkswagen und MAN ein ähnliches System publiziert [45]

(Abb. 7.4). Bei diesem Konzept werden die Abwärmeströme vom Kühlwasser und Motorenöl sowie der im Abgas enthaltene Enthalpiestrom zur Verdampfung eines Wasser-Alkohol-Gemischs verwendet. Dieses treibt dann eine Dampfturbine (Expander) an, deren Wellenleistung zum Aufladen der 48-V-Batterie genutzt wird.

Bis zur eventuellen Serieneinführung des komplexen Systems werden aber sicherlich noch einige Jahre vergehen.

# Aufladung von Verbrennungsmotoren

**8**

Im Kap. 3 wurde ausführlich gezeigt, dass bei heutigen Pkw die Entwicklung der Verbrennungsmotoren eindeutig hin zu aufgeladenen Motoren geht. Im Kap. 8 sollen nun einige leichtere Beispiele aus dem Bereich der Aufladung berechnet werden. Für weitergehende Berechnungen wird auf die Bücher von Golloch [17] und Hiereth [41] verwiesen. Letztlich kann man die heutigen komplexen Aufladesysteme nur mit umfangreichen thermodynamischen Berechnungen zuverlässig auslegen.

## 8.1 Welche Aufladekonzepte gibt es?

| Der Leser/die Leserin lernt |
| --- |

verschiedene Aufladekonzepte. ◄

Im Abschn. 3.9 wurde gezeigt, dass man die Leistung eines Motors nur dann wesentlich erhöhen kann, wenn man die Luft mit Überdruck in die Zylinder pumpt. Es gibt heute im Wesentlichen zwei Konzepte, mit denen man den Druck der angesaugten Umgebungsluft erhöht: die mechanische Aufladung mit einem Kompressor (Abb. 8.1) und die Abgasturboaufladung (Abb. 8.2).

Bei der mechanischen Aufladung wird der Kompressor direkt vom Motor angetrieben und nimmt ihm deswegen einen Teil der Wellenleistung weg. Beim Turbolader wird der Verdichter von der Abgasturbine angetrieben, die einen Teil der im Abgas enthaltenen Energie nutzt. Auf den ersten Blick sieht es so aus, als ob die Abgasturboaufladung

**Elektronisches Zusatzmaterial** Die elektronische Version dieses Kapitels enthält Zusatzmaterial, das berechtigten Benutzern zur Verfügung steht https://doi.org/10.1007/978-3-658-29226-3_8.

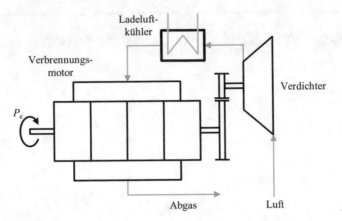

**Abb. 8.1**   Mechanische Aufladung mit einem Kompressor (Verdichter) nach [18]

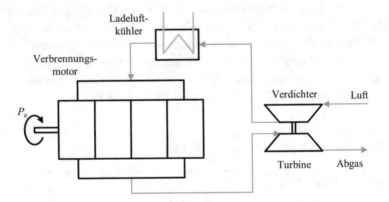

**Abb. 8.2**   Abgasturboaufladung mit einem ATL nach [18]

effizienter wäre als die mechanische Aufladung, da der ATL die bislang ungenutzte Abgasenergie nutzt. Das ist im Prinzip so auch richtig. Allerdings sind die Unterschiede zwischen beiden Konzepten nicht so groß, wie es den Anschein hat. Denn die Abgasenergie ist nicht „geschenkt". Vielmehr stellt die Turbine einen Strömungswiderstand dar, der dem Motor das Ausschieben der Abgase erschwert. Das führt zu erhöhten Motorverlusten.

Kompressoren sind relativ große Bauteile, weil sie mit kleinen Drehzahlen (etwa doppelte Motordrehzahl) betrieben werden. ATLs sind recht kleine Bauteile, weil sie mit sehr hohen Drehzahlen (teilweise über 200.000/min) arbeiten. Der Vorteil des Kompressors ist, dass er unmittelbar auf eine Drehzahländerung des Motors reagiert und schnell die benötigte Luft bereitstellt. Ein ATL-Motor reagiert nur verzögert auf die Drehzahländerung (sogenanntes Turboloch), da der Turbolader nicht beliebig schnell beschleunigt werden kann (Massenträgheitsmoment). Weil Turbolader aber effizienter als Kompressoren arbeiten und weil sie auch weniger Bauraum in Anspruch nehmen, werden sie zunehmend auch bei Ottomotoren eingesetzt.

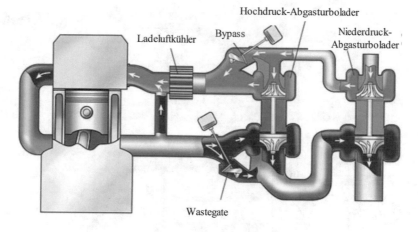

**Abb. 8.3** Zweistufige geregelte Aufladung (R2S™) von BMW/BorgWarner [42]

Um das Problem des Turbolochs zu minimieren, wurden in den letzten Jahren zwei Konzepte auf den Markt gebracht. BMW war der erste, der die sogenannte zweistufige Aufladung in einem Pkw realisierte. Das bei Industriemotoren schon lange bekannte Verfahren nutzt zwei ATLs unterschiedlicher Größe (Abb. 8.3). Der kleinere ATL lässt sich beim Beschleunigen des Motors schnell beschleunigen, ist aber für die Höchstleistung des Motors zu klein. Der große ATL übernimmt die Aufgabe im Bereich hoher Motorleistung. Dazwischen ist ein Leistungsbereich, in dem beide ATLs gemeinsam arbeiten und somit eine zweistufige Aufladung realisieren. Der kleine Turbolader muss bei großer Motorlast geschützt werden. Er hat deswegen Bypass-Leitungen um den Verdichter und die Turbine (Wastegate).

VW hat bei einigen TSI-Motoren einen Kompressor und einen Turbolader gekoppelt (Abb. 8.4). Der Kompressor ist für die Aufladung bei kleiner Motordrehzahl zuständig, der Turbolader für höhere Motorleistungen. Um den Kompressor bei hoher Motorleistung zu schützen, kann er mit einem Bypass umgangen werden. Zusätzlich wird sein Antrieb durch eine Magnetkupplung ausgeschaltet.

**Zusammenfassung**

Aktuelle Pkw mit aufgeladenen Motoren verwenden entweder eine mechanische Aufladung (Kompressor) oder eine Abgasturboaufladung. Für beide Verfahren gilt, dass der Motor entweder im Leerlauf recht wenig Ladedruck oder bei Nennleistung eher zu viel Ladedruck hat. Deswegen müssen zur Optimierung der Systeme aufwändige Maßnahmen (Bypass-Lösungen, mehrere Aufladesysteme, variable Turbinengeometrie) zusätzlich eingesetzt werden. ◄

**Nachgefragt: Was versteht man unter dem Miller-Verfahren zur NOx-Reduzierung?**
Stickoxide entstehen im Verbrennungsmotor unter anderem dann, wenn die Verbrennungstemperaturen hoch sind. Deswegen ist eine Methode der

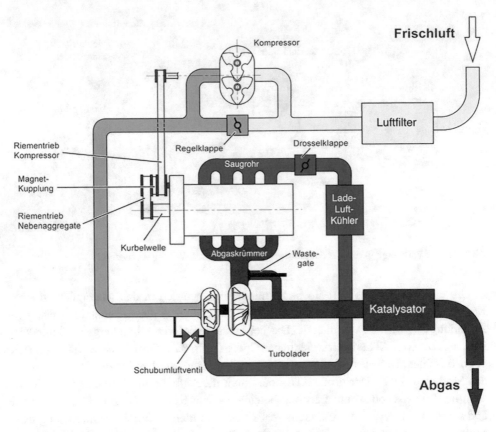

**Abb. 8.4**  Kombination von Kompressor und Turbolader beim TSI-Motor [43]

Stickoxidreduzierung, das Temperaturniveau im Zylinder niedrig zu halten. Das geschieht beispielsweise bei aufgeladenen Motoren durch die Kühlung der durch die Aufladung erwärmten Luft im Ladeluftkühler (vergleiche Abschn. 8.1). Dieser Kühler kann aber bestenfalls auf das Umgebungstemperaturniveau abkühlen. Besser wäre eine Abkühlung auf Temperaturen unterhalb der Umgebungstemperatur. Das Miller-Verfahren ermöglicht das, indem in der Ansaugphase das Einlassventil schon deutlich vor dem unteren Totpunkt geschlossen wird. Die Abwärtsbewegung des Kolbens nach dem Schließen des Einlassventils führt zu einer deutlichen Druckabsenkung, die mit einer Temperaturabsenkung einhergeht. Im unteren Totpunkt liegt dann eine recht niedrige Temperatur vor, sodass die Kompressionsphase deutlich abgekühlt beginnt.

Das frühe Schließen des Einlassventils führt aber auch dazu, dass weniger Luft im Zylinder ist. Deswegen kann man das Miller-Verfahren nur im Teillastgebiet einsetzen. Wenn man es auch bei Volllast einsetzen möchte, dann muss man die verkürzte Einlassphase durch einen erhöhten Ladedruck kompensieren. Dem setzen aber die heutigen Aufladesysteme dadurch Grenzen, dass sie den Ladedruck nicht beliebig anheben können. Eine Abhilfe sind dann zweistufige Auflade-systeme, bei denen ein erster Verdichter die Luft auf einen Zwischendruck ver-dichtet (zum Beispiel 2 bar oder 3 bar) und ein zweiter Verdichter diesen Druck nochmals deutlich erhöht. So sind absolute Ladedrücke von weit mehr als 4 bar möglich.

## 8.2 Nimmt ein Kompressor dem Motor nicht viel Leistung weg?

### Der Leser/die Leserin lernt

Berechnung der Antriebsleistung eines Kompressors. ◀

Ein Kompressor hat eine hohe Antriebsleistung und diese entnimmt er tatsächlich der Kurbelwelle. Das wird im Folgenden näher erklärt.

Der Mitteldruck eines Motors kann nur dann wesentlich gesteigert werden, wenn man die Luft mit Überdruck in den Zylinder presst (vergleiche Abschn. 3.9). Hier-für benötigt man einen Verdichter, der entweder vom Motor angetrieben wird oder von einer Abgasturbine. Im ersten Fall nennt man den Verdichter „Kompressor", im zweiten Fall ist es der Verdichter eines Abgasturboladers. Der Kompressor nimmt dem Motor die benötigte Antriebsleistung weg, sorgt aber dafür, dass dieser Leistungsverlust mehr als ausgeglichen wird. (Sonst würde sich der Einsatz eines Kompressors nicht lohnen.) Der Abgasturbolader nutzt die anscheinend ungenutzte Abgasenergie des Motors. In Wirklichkeit stellt die Abgasturbine einen Strömungswiderstand dar, der dem Motor das „Ausatmen" ähnlich schwer macht wie die Drosselklappe dem Ottomotor das „Ein-atmen". Insofern erhält der Abgasturbolader die Energie auch nicht geschenkt. Alles in allem ist der Abgasturbolader aber effizienter als der Kompressor.

Die Kompressorantriebsleistung kann man gemäß dem folgenden Beispiel berechnen:

Ein 4-Takt-Otto-Motor mit einem Hubvolumen von 1,8 l und einer Nenndrehzahl von 5800/min soll mechanisch aufgeladen werden. Der isentrope Wirkungsgrad des Kompressors betrage 60 %. (Dies ist ein typischer Zahlenwert für einen Kompressor.) Das Dichtesteigerungsverhältnis betrage 1,6. Die Temperatur nach dem drosselfreien Ladeluftkühler betrage 330 K. (Der Ladeluftkühler wird als drosselfrei angesehen. Das bedeutet, dass die Strömungsverluste im Ladeluftkühler vernachlässigt werden.) Die Umgebungstemperatur betrage 300 K, der Umgebungsdruck 1 bar.

Die Dichte der Umgebungsluft beträgt

$$\rho_U = \frac{p_U}{R \cdot T_U} = \frac{1\,\text{bar}}{287\,\frac{\text{J}}{\text{kg} \cdot \text{K}} \cdot 300\,\text{K}} = 1{,}161\,\frac{\text{kg}}{\text{m}^3}.$$

Die Dichte der Ladeluft beträgt

$$\rho_L = 1{,}6 \cdot \rho_U = 1{,}858 \,\frac{kg}{m^3}.$$

Der Ladedruck ergibt sich zu

$$p_L = \rho_L \cdot R \cdot T_{L\,nach\,LLK} = 1{,}6 \cdot \rho_U \cdot R \cdot T_{L\,nach\,LLK}$$

$$p_L = 1{,}6 \cdot 1{,}161 \,\frac{kg}{m^3} \cdot 287 \,\frac{J}{kg \cdot K} \cdot 330\,K = 1{,}760\,bar.$$

Das Ladedruckverhältnis $\Pi$ beträgt

$$\Pi_L = \frac{p_L}{p_U} = 1{,}76.$$

Der Luftmassenstrom wird mit einem geschätzten $\lambda_a$-Wert von eins folgendermaßen berechnet:

$$\dot{m}_L = i \cdot n \cdot \rho_L \cdot \lambda_a \cdot V_H = 0{,}5 \cdot 5800/\text{min} \cdot 1{,}858 \,\frac{kg}{m^3} \cdot 1{,}8l = 0{,}162 \,\frac{kg}{s}.$$

Die Verdichtungsendtemperatur berechnet sich aus dem isentropen Kompressorwirkungsgrad:

$$\eta_{V,isen} = \frac{T_{L,isen} - T_U}{T_L - T_U},$$

$$\frac{T_{L,isen}}{T_U} = \left(\frac{p_L}{p_U}\right)^{\frac{\kappa-1}{\kappa}} = 1{,}76^{\frac{1{,}4-1}{1{,}4}} = 1{,}175,$$

$$T_{L,isen} = 352{,}6\,K,$$

$$T_L = T_U + \frac{T_{L,isen} - T_U}{\eta_{V,isen}} = 300\,K + \frac{352{,}6\,K - 300\,K}{0{,}6} = 387{,}6\,K.$$

Im Ladeluftkühler muss folgender Wärmestrom abgeführt werden:

$$\dot{Q}_{LLK} = \dot{m}_L \cdot c_p \cdot (T_L - T_{L\,nach\,LLK}),$$

$$\dot{Q}_{LLK} = 0{,}162 \,\frac{kg}{s} \cdot 1007 \,\frac{J}{kg \cdot K} \cdot (387{,}6\,K - 330\,K) = 9{,}39\,kW.$$

Die Antriebsleistung des Kompressors beträgt

$$P_V = \dot{m}_L \cdot c_p \cdot (T_L - T_U) = 14{,}3\,kW.$$

Wenn man den effektiven Wirkungsgrad des Ottomotors mit 30 % abschätzt, so ergibt sich folgender effektiver Mitteldruck:

$$p_e = \eta_e \cdot \lambda_a \cdot \rho_L \cdot \frac{H_U}{\lambda \cdot L_{min} + 1} = 0{,}3 \cdot 1 \cdot 1{,}858 \,\frac{kg}{m^3} \cdot \frac{42.000 \,\frac{kJ}{kg}}{1 \cdot 14{,}5 + 1} = 15{,}1\,bar.$$

Das führt zu einer effektiven Motorleistung von

$$P_e = i \cdot n \cdot p_e \cdot V_H = 0,5 \cdot 5800/\text{min} \cdot 15,1\,\text{bar} \cdot 1,8\,\text{l} = 131\,\text{kW}.$$

Von dieser Motorleistung muss die Kompressorantriebsleistung abgezogen werden, sodass sich eine Netto-Motorleistung von 117 kW ergibt.

Wenn man den gleichen Motor ohne Aufladung durchrechnet, so ergibt sich eine Motorleistung von 82 kW. Das bedeutet, dass der Kompressor dem Motor zwar eine Antriebsleistung von 14 kW entnimmt, diese aber um 49 kW steigert, sodass netto immer noch eine Leistungerhöhung um 35 kW übrig bleibt. Die Kompressoraufladung lohnt sich also energetisch auf jeden Fall.

---

**Zusammenfassung**

Der Kompressor nimmt dem Verbrennungsmotor zwar Leistung weg. Er steigert die Gesamtleistung aber mehr, als er dem Motor Leistung entnimmt. ◀

---

## 8.3   Wie kann man zu einem Saugmotor einen passenden Kompressor suchen?

**Der Leser/die Leserin lernt**

Auslegung eines Kompressors. ◀

Bei der Kompressoranpassung muss ein geeigneter Kompressor gefunden werden, der den gewünschten Ladedruck und den gewünschten Durchsatz zur Verfügung stellt. Gleichzeitig wird das Übersetzungsverhältnis für den Laderantrieb bestimmt. Das zeigt das folgende Beispiel:

Bei einem älteren 4-Takt-Ottomotor mit einem Hubvolumen von 1,4 l und einem Drehzahlbereich von 1000/min … 6000/min soll durch einen Kompressor die effektive Motorleistung von 64 kW um ca. 10 kW angehoben werden. Ein Ladeluftkühler wird nicht vorgesehen.

Für die Volllastkurve gelten die Zahlenwerte in Tab. 8.1. Dabei wurden die Zahlenwerte für den effektiven Motorwirkungsgrad geschätzt.

Eine erste Nachrechnung des Saugmotors mit normalen Umgebungsbedingungen und einem stöchiometrischen Luftverhältnis

**Tab. 8.1** Volllastkurve eines 1,4-l-Ottomotors

| $n/(1/\text{min})$ | 2000 | 4000 | 6000 |
|---|---|---|---|
| $M/\text{Nm}$ | 86 | 115 | 102 |
| $P_e/\text{kW}$ | 18 | 48 | 64 |
| $\eta_e$ | 0,27 | 0,33 | 0,30 |

$$p_U = 1\,\text{bar},$$

$$T_U = 300\,\text{K},$$

$$\lambda = 1$$

ergibt im Nennleistungspunkt einen effektiven Mitteldruck von 9,16 bar. Mit dem geschätzten effektiven Wirkungsgrad von 30 % ergibt sich aus der Hauptgleichung für die Motorberechnung der Luftaufwand:

$$p_e = \eta_e \cdot \lambda_a \cdot \frac{p_U}{R \cdot T_U} \cdot \frac{H_u}{\lambda \cdot L_{min} + 1},$$

$$\lambda_a = \frac{p_e}{\eta_e} \cdot \frac{R \cdot T_U}{p_U} \cdot \frac{\lambda \cdot L_{min} + 1}{H_u} = 0{,}97.$$

Bei der Steigerung der effektiven Motorleistung um ca. 10 kW muss die Antriebsleistung des Kompressors berücksichtigt werden. Wenn man davon ausgeht, dass diese ca. 10 % der Motorleistung beträgt, dann ergibt sich eine neue effektive Motorleistung von ca. 80 kW. Mit diesem Wert und einem Erfahrungswert für die Temperatur nach dem Kompressor in Höhe von 400 K ergibt sich der erforderliche Ladedruck:

$$p_e = \eta_e \cdot \lambda_a \cdot \frac{p_L}{R \cdot T_L} \cdot \frac{H_u}{\lambda \cdot L_{min} + 1},$$

$$p_L = \frac{p_e}{\eta_e \cdot \lambda_a} \cdot R \cdot T_L \cdot \frac{\lambda \cdot L_{min} + 1}{H_u} = 1{,}67\,\text{bar}.$$

Der Luftmassenstrom beträgt dann unter der Annahme, dass sich der Luftaufwand nicht ändert:

$$\dot{m}_L = i \cdot n \cdot \frac{p_L}{R \cdot T_L} \cdot \lambda_a \cdot V_H = 0{,}098\,\frac{\text{kg}}{\text{s}}.$$

Gesucht wird also ein Kompressor, der bei einem Ladedruckverhältnis von 1,67 einen Massenstrom von ca. 0,10 kg/s fördert. Mit diesen Daten sucht man in den Kennfeldern verschiedener Kompressoren und findet beispielsweise das Abb. 8.5. In dieses Bild wurden bereits die Förderlinien des Kompressors und die Schlucklinien des Motors eingetragen. Die Förderlinien beschreiben, wie groß der Massenstrom ist, der bei einem gegebenen Druckverhältnis und einer gegebenen Kompressordrehzahl durch den Lader gefördert wird. Die Motorschlucklinien beschreiben das gleiche Verhalten für den Motor. Die Luftmasse, die durch den Motor geht, muss auch durch den Lader gehen. Dabei wird die Kraftstoffmasse in dieser einfachen Rechnung vernachlässigt. Gleichzeitig sind die Drehzahlen des Motors und des Kompressors durch seinen Antrieb (Getriebe) gekoppelt.

Der Punkt, bei dem sich die Motordrehzahl von 6000/min und die Laderdrehzahl von 10.000/min schneiden, ist näherungsweise der gesuchte Punkt. Damit ergibt sich ein Übersetzungsverhältnis des Laderantriebs von 10.000/6000 = 1,67. Überall dort, wo sich entsprechende Vielfache beider Drehzahlen schneiden, stellen sich die Betriebspunkte der Kombination Kompressor – Ottomotor ein. Man kann deutlich erkennen, dass

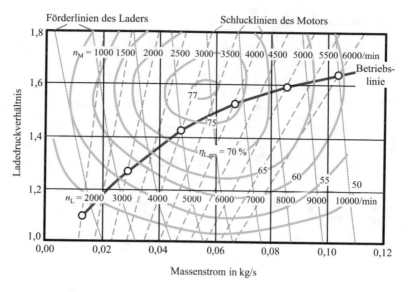

**Abb. 8.5** Typisches Kennfeld eines Kompressors

das Ladedruckverhältnis mit fallender Drehzahl ebenfalls abnimmt. Das ist typisch für alle Aufladesysteme, mit denen Verbrennungsmotoren aufgeladen werden: Bei kleinen Motordrehzahlen ist der Ladedruck immer relativ klein. Wenn man die Kombination Kompressor – Verbrennungsmotor so auslegt, dass sich bereits bei kleinen Motordrehzahlen ein großer Ladedruck einstellt, dann ist der Ladedruck bei Maximaldrehzahl zu hoch. Das würde dann zu einer mechanischen Überlastung des Motors führen.

Im Nennleistungspunkt ist ein Kompressorwirkungsgrad von ca. 61 % abzulesen, bei den beiden anderen Drehzahlen entsprechend andere Werte. Mit diesen Werten können die Antriebsleistung des Kompressors und die Ladelufttemperatur gemäß dem vorherigen Abschn. 8.2 berechnet werden. Dabei wurde angenommen, dass sich der effektive Motorwirkungsgrad und der Luftaufwand durch die Aufladung nicht ändern. Allerdings benötigt der aufgeladene Motor relativ viel Kraftstoff mehr, weil er nicht nur mehr Motorleistung für das Fahrzeug liefert, sondern auch noch die Antriebsleistung des Kompressors kompensieren muss.

Der Excel-Tabelle können dann die Ergebnisse entnommen werden, die in Tab. 8.2 dargestellt werden.

Man kann deutlich sehen, dass die Kompressoraufladung bei geringen Drehzahlen kaum hilfreich ist und zu einem deutlichen Mehrverbrauch führt. Deswegen wird bei manchen Fahrzeugen der Kompressor bei kleinen Drehzahlen ausgekuppelt.

Diese Abschätzungen sind immer noch sehr überschlägig. Denn durch die Aufladung steigt der maximale Druck im Zylinder, was bei Ottomotoren zu einer erhöhten Klopfgefahr führt. Diese Gefahr kann man durch ein verringertes Verdichtungsverhältnis und durch eine spätere Zündung verringern. Beide Maßnahmen wirken verbrauchsverschlechternd, was in der obigen Berechnung aber nicht berücksichtigt wurde.

**Tab. 8.2**  Ergebnisse der Kompressorauslegung

|                    | $n$                    | 2000  | 4000  | 6000  | 1/min |
|--------------------|------------------------|-------|-------|-------|-------|
| Saugvariante       | $P_e$                  | 18    | 48    | 64    | kW    |
|                    | $\dot{m}_B$            | 5,7   | 12,5  | 18,3  | kg/h  |
| Kompressorvariante | $P_e$                  | 19    | 60    | 77    | kW    |
|                    | $\dot{m}_B$            | 6,5   | 16,4  | 24,1  | kg/h  |
| Vergleich          | Leistungssteigerung    | 7 %   | 24 %  | 19 %  |       |
|                    | Verbrauchssteigerung   | 13 %  | 31 %  | 32 %  |       |

**Zusammenfassung**

Die Auswahl eines geeigneten Kompressors ist ein iterativer Prozess. ◀

## 8.4  Kann man irgendwie berechnen, wie groß der Massenstrom ist, der bei einem ATL-Motor durch das Wastegate strömt?

**Der Leser/die Leserin lernt**

Berechnung  des Wastegate-Massenstroms. ◀

Turboaufgeladene Motoren leiden darunter, dass das Strömungsverhalten eines Turbo-laders nicht genau zu dem eines Hubkolbenmotors passt. Deswegen liefern Turbo-lader, die im Teillastgebiet des Motors ausreichend Ladedruck zum Beschleunigen des Fahrzeuges liefern, einen zu hohen Ladedruck bei der Nennleistung. Die führt dann zu einer Überlastung des Verbrennungsmotors. Um den Motor zu schützen, wird ein Teil des Abgases in diesem Betriebsbereich nicht genutzt, sondern durch einen Bypass (Wastegate) an der Turbine vorbei geleitet, damit der Ladedruck begrenzt wird. Die Aus-legung eines Turbomotors wird in folgendem Beispiel gezeigt:

Die Leistung eines Saugdieselmotors soll durch einen Abgasturbolader verdoppelt werden. Der Ausgangspunkt lautet:

$$V_H = 2l$$
$$n = 4000/\text{min}$$
$$P_e = 57\,\text{kW}$$
$$\lambda = 1,4.$$

Der Umgebungszustand ist:

$$p_U = 1\,\text{bar}$$
$$t_U = 20\,°\text{C}.$$

Bei einem geschätzten effektiven spezifischen Kraftstoffverbrauch von 220 g/(kWh) ergibt sich aus der Hauptgleichung der Motorenberechnung ein Luftaufwand von 0,90. Der effektive Mitteldruck beträgt 8,55 bar. Der Luftmassenstrom beträgt bei den gegebenen Umgebungsbedingungen 0,0712 kg/s.

Für die Leistungsverdopplung muss der Mitteldruck auf 17,1 bar gesteigert werden. Aus der Hauptgleichung ergibt sich bei einer Ladelufttemperatur von geschätzten 340 K ein Ladedruck von 2,320 bar. Der Luftmassenstrom stellt sich bei gegebenem Luftaufwand auf einen Wert von 0,142 kg/s ein. Wenn der effektive spezifische Kraftstoffverbrauch konstant bleibt, dann führt das zu einem Kraftstoffmassenstrom von 7 g/s und damit zu einem gesamten Abgasmassenstrom von 0,149 kg/s.

Die isentropen Wirkungsgrade des Turboladers werden geschätzt (Erfahrungswerte):

$$\eta_V = 0,6$$

$$\eta_T = 0,7.$$

Damit ergibt sich die isentrope Temperatur nach dem Verdichter gemäß Abschn. 8.2 zu

$$T_{L,isen} = T_U \cdot \left(\frac{p_l}{p_U}\right)^{\frac{\kappa-1}{\kappa}} = 372,8\,K$$

und die reale Temperatur nach dem Verdichter zu

$$T_L = T_U + \frac{T_{L,isen} - T_U}{\eta_{V,isen}} = 425,9\,K.$$

Die Verdichterleistung beträgt dann

$$P_V = \dot{m}_L \cdot c_p \cdot (T_L - T_U) = 19,04\,kW.$$

Für die Berechnung der Abgasturbine werden Druck und Temperatur vor der Turbine benötigt. Die Temperatur hängt wesentlich von der Verbrennung ab (z. B. Einspritzbeginn). Der Druck stellt sich aufgrund der Geometrie der Turbine ein: Je enger die Turbine ist, umso höher ist der Druck, mit dem sich das Abgas vor der Turbine staut.

Für den aufgeladenen Motor werden folgende Erfahrungswerte geschätzt:

$$p_{vor\,T} = 2,2\,bar$$

$$t_{vor\,T} = 750\,°C.$$

Der Druck nach der Turbine ist der Umgebungsdruck. Damit ist das Druckverhältnis an der Turbine bekannt und diese kann ähnlich wie der Verdichter berechnet werden:

$$T_{A,isen} = T_{vor\,Turb} \cdot \left(\frac{p_U}{p_{vor\,Turb}}\right)^{\frac{\kappa-1}{\kappa}} = 837,6\,K.$$

Dabei müssen die Stoffwerte von Abgas (hier der Isentropenexponent) verwendet werden.

$$T_{A\ \text{nach Turb}} = T_{A\ \text{vor Turb}} - \eta_{T,\text{isen}} \cdot (T_{A\ \text{vor Turb}} - T_{A,\text{isen}}) = 893{,}3\,\text{K}$$

Die Turbinenleistung ergibt sich zu

$$P_T = \dot{m}_A \cdot c_p \cdot (T_{A\ \text{vor Turb}} - T_{A\ \text{nach Turb}}) = 22{,}03\,\text{kW}.$$

Man kann erkennen, dass die Turbinenleistung größer ist als die Verdichterleistung, nämlich ca. 3 kW. Das führt dann dazu, dass die Turbine den Verdichter beschleunigt, sich ein größerer Ladedruck aufbaut, mehr Luft angesaugt wird, mehr Abgasdruck, aber weniger Abgastemperatur entsteht und die Turbine eventuell noch etwas weiter beschleunigt wird. Irgendwann stellt sich dann ein Gleichgewicht ein.

Wenn der Ladedruck aber nicht größer als beispielsweise 2,32 bar werden soll, um zu verhindern, dass der Motor mechanisch überlastet wird, muss ein Teil des Abgases über ein Wastegate an der Turbine vorbei geführt werden. Dieser Anteil beträgt

$$\frac{\dot{m}_{\text{Wastegate}}}{\dot{m}_{A,\text{ges}}} = \frac{2{,}99\,\text{kW}}{22{,}03\,\text{kW}} = 13{,}6\,\%.$$

Die hier durchgeführten ATL-Berechnungen sind sehr überschlägig, weil mehrere Zahlenwerte gemäß der Erfahrung geschätzt wurden. Eine genauere Auslegung benötigt die Verwendung von entsprechenden Turbolader-Kennfeldern, was in diesem Buch aber nicht behandelt werden kann. Auch die Werte für Abgastemperatur und Abgasdruck vor der Turbine müssen sorgfältig berechnet werden, was aber die genaue Simulation der Verbrennung in den Zylindern erfordern würde. Das würde den Rahmen des Buches sprengen. Trotzdem sind die Berechnungen sinnvoll, weil sie die prinzipielle Vorgehensweise zeigen.

---

### Zusammenfassung

Die Auslegung eines Turboladers ist viel aufwändiger, als hier in der einführenden Betrachtung dargestellt werden kann. ◀

---

## 8.5    Was versteht man unter einer Sensitivitätsanalyse?

### Der Leser/die Leserin lernt

Auffinden von fehlerhaften Sensoren mit einer Sensitivitätsanalyse. ◀

Auf einem Motorprüfstand befindet sich Turbo-Dieselmotor. Im Rahmen einer Überprüfung des Motors wird der Motor bei einer Drehzahl von 2000/min vermessen. Dabei wird das Motormoment von 50 Nm bis zur Volllast bei fast 250 Nm angehoben. Gemessen werden die Drücke und die Temperaturen vor und nach Verdichter bzw. Turbine. Die Abb. 8.6 und 8.7 zeigen die entsprechenden Messwerte.

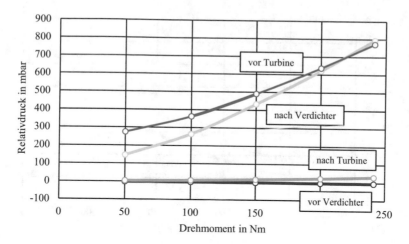

**Abb. 8.6**  Relativdrücke vor und nach Verdichter und Turbine

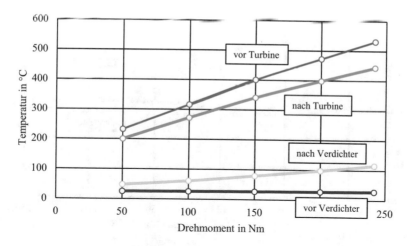

**Abb. 8.7**  Temperaturen vor und nach Verdichter und Turbine

Diese Messwerte sehen zunächst ganz unauffällig aus. Interessant ist, dass der Lade-druck mit zunehmendem Motordrehmoment stärker ansteigt als der Abgasdruck vor der Turbine. Das ist ein Zeichen für einen zunehmend besser werdenden Turbolader. Denn ein gut ausgelegter Turbolader liefert einen hohen Ladedruck bei einem niedrigen Abgas-druck vor Turbine.

Mit diesen Messwerten können die Verdichter- und die Turbinenleistung (analog zu Abschn. 8.4) ausgerechnet werden. Abb. 8.8 zeigt die Ergebnisse:

Man kann erkennen, dass es einen recht großen Unterschied zwischen der von der Turbine abgegebenen Leistung und der vom Verdichter aufgenommen Leistung gibt.

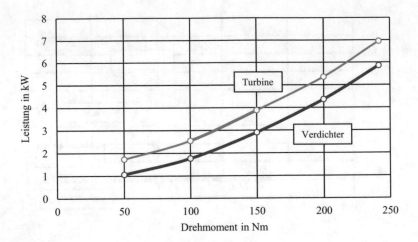

**Abb. 8.8**  Verdichter- und Turbinenleistung in Abhängigkeit vom Motordrehmoment

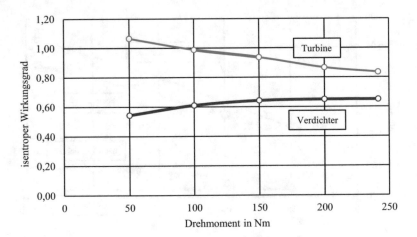

**Abb. 8.9**  Isentrope Verdichter- und Turbinenwirkungsgrade in Abhängigkeit vom Motordrehmoment

Wenn das der Realität entspräche, dann würde ein recht großer Teil der Turbinenleistung
in Form von Reibung verloren gehen. Das kann so eigentlich nicht sein.

Die isentropen Verdichter- und Turbinenwirkungsgrade (berechnet wie in Abschn.
8.2) zeigt Abb. 8.9.

Man erkennt deutlich, dass sich unrealistisch hohe Turbinenwirkungsgrade ergeben,
die teilweise sogar größer als 100 % sind. Die Ursache hierfür soll untersucht werden.

Die Gleichung zur Berechnung des isentropen Turbinenwirkungsgrades enthält die
gemessenen Temperaturen vor und nach der Turbine sowie die isentrope Temperatur

nach der Turbine. Diese wird berechnet unter Verwendung der Drücke vor und nach der Turbine (vergleiche Abschn. 8.4). Die Ursache für die eigenartigen Turbinenwirkungsgrade können also nur in den Messwerten für die Drücke und Temperaturen vor und nach Turbine begründet sein. Mit einer sogenannten Sensitivitätsanalyse wird im Folgenden untersucht, wie sehr die einzelnen Messwerte korrigiert werden müssten, um einen sinnvollen Turbinenwirkungsgrad zu berechnen. Dieser wird mit einem Wert von 70 % geschätzt.

Die Zeilen 34 bis 37 in der Exceltabelle geben an, wie sehr die Messwerte jeweils korrigiert werden müssen, um diesen Turbinenwirkungsgrad zu erzielen. Man kann erkennen, dass der Druck nach der Turbine so sehr korrigiert werden müsste (starke Unterdrücke von etwa 100 mbar), dass das nicht realistisch sein kann. Auch der Druck vor Turbine müsste relativ stark um ca. 20 % bis 40 % verfälscht sein, um die isentropen Turbinenwirkungsgrade zu erklären. Auch das erscheint nicht realistisch. Also bleiben die Temperaturen als Fehlerquelle übrig. Wenn man sie jeweils um ca. 10 K bis 15 K korrigiert, dann ergeben sich Turbinenwirkungsgrade von 70 %. Eine Fehlmessung der Temperatur in dieser Größenordnung kann durchaus durch eine nicht optimale Einbauposition des Temperatursensors verursacht sein. Welcher der beiden Sensoren der kritische ist, kann mit dieser Sensitivitätsanalyse nicht ermittelt werden. Aber immerhin können die Drucksensoren ausgeschlossen werden. Interessant ist, dass sich mit den korrigierten Temperaturen auch sinnvolle Turbinenleistungen ergeben. Diese sind nahezu identisch zu den Verdichterleistungen. Wenn durch die Korrektur eines Messwertes zwei voneinander unabhängige Rechenergebnisse sinnvoll werden, dann ist die Wahrscheinlichkeit sehr groß, dass dieser Messwert wirklich fehlerbehaftet war.

**Zusammenfassung**

Mithilfe einer Sensitivitätsanalyse kann man feststellen, welchen Einfluss Messfehler auf Rechenergebnisse haben. Auf diese Weise kann man Messwerte plausibilisieren und eventuelle Sensordefekte erkennen. ◄

## 8.6 Wie legt man einen Turbolader aus?

**Der Leser/die Leserin lernt**

einfache Auslegung eines Turboladers. ◄

Wenn man einen Verbrennungsmotor mit einem Turbolader auflädt, dann kombiniert man letztlich zwei Strömungsmaschinen miteinander: Der Hubkolben-Verbrennungsmotor ist eine Art von Luftpumpe, die Luft ansaugt und sie als Abgas wieder ausstößt. Der Turbolader ist ebenfalls eine Maschine, die Luft ansaugt und sie auf einem höheren Druckniveau wieder abgibt. Jede dieser beiden Strömungsmaschinen hat ein bestimmtes Durchströmverhalten. Dadurch wird festgelegt, welcher Luftmassenstrom bei welchen

Druckverhältnissen und Drehzahlen durch die jeweilige Strömungsmaschine strömt. Diese beiden Maschinen arbeiten nicht unabhängig voneinander. Denn der Luftmassenstrom, der durch den Verdichter des Turboladers strömt, muss auch durch den Motor strömen. Und die Abgasenergie, die vom Verbrennungsmotor bereitgestellt wird, treibt den Turbolader an und bestimmt dessen Drehzahl.

Die Erfahrung zeigt, dass das Strömungsverhalten dieser beiden Maschinen im Allgemeinen nicht zueinanderpasst. Wenn man den Turbolader so auslegt, dass er bei Nennleistung optimal zum Motor passt, dann liefert der Turbolader bei kleinen Motordrehzahlen nicht genügend Ladedruck. Der Motor lässt sich dann nicht gut „von unten heraus" beschleunigen. Wenn man den Turbolader so auslegt, dass er bei kleinen Motordrehzahlen schon einen hohen Ladedruck liefert, dann wird der Ladedruck bei großer Motorleistung so groß, dass der Verbrennungsmotor mechanisch überlastet werden würde. Die Kombination von Turbolader und Verbrennungsmotor ist also immer eine Kompromissauslegung.

In der Praxis hilft man sich oft mit einem sogenannten Wastegate. Dieses Wastegate öffnet dann, wenn der Ladedruck zu groß werden würde, einen Bypass an der Turbine vorbei. Dadurch, dass nicht mehr die ganze Abgasenergie genutzt wird, dreht die Turbine nicht mehr so hoch und der Ladedruck wird begrenzt. Zusätzlich wird der Verbrennungsmotor entlastet, weil er die Abgase nicht mehr komplett durch die Turbine drücken muss, sondern ein Teil weitgehend ohne Strömungsverluste an der Turbine vorbei geleitet wird.

Bei modernen Motoren wird statt des Wastegates zuweilen auch eine Turbine mit sogenannter variabler Geometrie (VTG – Variable Turbinen-Geometrie) verwendet. Bei der VTG-Turbine wird die komplette Abgasmenge genutzt. Es gibt keinen Bypass an der Turbine vorbei. Das Zuströmverhalten der Abgase auf das Turbinenlaufrad wird durch bewegliche Leitschaufeln beeinflusst. Diese verkleinern oder vergrößern letztlich den Durchströmquerschnitt der Turbine und beeinflussen so das Turbinendruckverhältnis. VTG-Turbolader werden zunehmend bei Dieselmotoren (auch im Pkw-Bereich) verwendet. Bei Ottomotoren gibt es bislang kaum Anwendungen, weil die sehr hohen Abgastemperaturen des Ottomotors die Leitschaufeln beschädigen würden.

Die Auslegung von Turboladern ist so komplex, dass sie im Rahmen des vorliegenden Buches kaum durchgeführt werden kann. Trotzdem soll in diesem Kapitel kurz das prinzipielle Vorgehen gezeigt werden.

Den Verdichter des Turboladers beschreibt man üblicherweise mit einem Kennfeld, wie es in Abb. 8.10 gezeigt wird.

Das Diagramm zeigt auf der waagerechten Achse den Luftmassenstrom, der durch den Verdichter strömt. Die senkrechte Achse zeigt das Verdichterdruckverhältnis, also das Verhältnis von Absolutdruck nach dem Verdichter zu dem Absolutdruck vor dem Verdichter. Die Isolinien im Kennfeld geben an, mit welchem Wirkungsgrad der Verdichter in dem jeweiligen Betriebspunkt arbeitet. Zusätzlich sind die Drehzahlen angegeben, bei denen der Verdichter betrieben werden muss, um den gewünschten Betriebspunkt (Massenstrom und Druckverhältnis) einzustellen. (Die Drehzahlen sind durch die Umfangsgeschwindigkeit der Verdichterräder angegeben.) Das Kennfeld ist

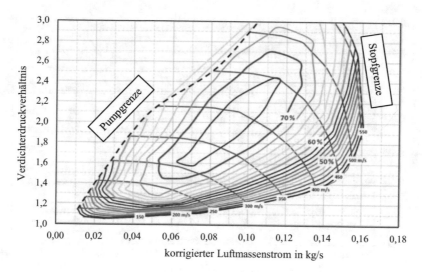

**Abb. 8.10**  Verdichterkennfeld

nach rechts durch die sogenannte Stopflinie begrenzt. Sie gibt an, welcher maximale Massenstrom bei der gegebenen Baugröße des Verdichters gefördert werden kann. Die linke Begrenzungslinie ist die sogenannte Pumpgrenze. Wenn bei großen Druckverhältnissen nur ein kleiner Massenstrom gefördert wird, kann es zu einer Strömungsumkehr im Verdichter kommen. Die Strömung an den Verdichterrädern reißt ab und sie pulsiert („pumpt") vorwärts und rückwärts.

Häufig werden bei den Verdichterkennfeldern der Massenstrom und die Drehzahl in sogenannten reduzierten Größen verwendet. Diese Reduzierung berücksichtigt den Normdruck und die Normtemperatur, bei denen das Kennfeld vermessen wurde. Der reduzierte Verdichtermassenstrom ergibt sich zu

$$\dot{m}_{V\,red} = \dot{m}_V \cdot \sqrt{\frac{T_{vor\,V}}{T_{norm}} \cdot \frac{p_{norm}}{p_{vor\,V}}}.$$

Die Turbine wird üblicherweise mit zwei anderen Kennfeldern beschrieben (vergleiche Abb. 8.11).

Die beiden Diagramme zeigen den Massenstrom, der durch die Turbine strömt, und den Wirkungsgrad der Turbine in Abhängigkeit vom Turbinendruckverhältnis. Die einzelnen Teillinien stehen jeweils für eine bestimmte Turbinendrehzahl. Man sieht sehr gut, dass die Turbinendrehzahl und das Turbinendruckverhältnis eng miteinander verbunden sind. Ein bestimmtes Turbinendruckverhältnis legt die Turbinendrehzahl weitgehend fest.

Der Turbinenmassenstrom wird üblicherweise gemäß folgender Gleichung reduziert:

$$\dot{m}_{T\,red} = \dot{m}_T \cdot \frac{\sqrt{T_{vor\,T}}}{p_{vor\,T}}.$$

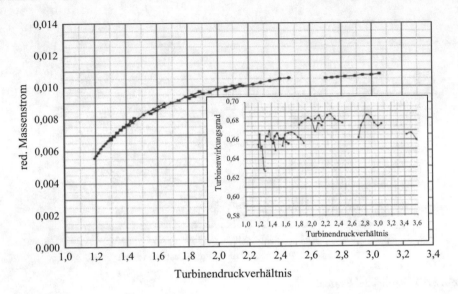

**Abb. 8.11**   Turbinenkennfeld

Wenn man nun einen Verbrennungsmotor mit einem bestimmten Turbolader koppelt, dann stellen sich Betriebspunkte ein, bei denen folgende Bilanzen erfüllt sein müssen:

**Massenbilanz**

Der Massenstrom durch die Turbine ist gleich dem Massenstrom durch den Verdichter plus dem Kraftstoffmassenstrom. Der Massenstrom durch den Motor ist gleich dem Luftmassenstrom (beim Luft ansaugenden Motor) bzw. gleich dem Abgasmassenstrom (beim Gemisch ansaugenden Motor).

**ATL-Energiebilanz**

Die von der Turbine abgegebene Leistung ist gleich der Verdichterleistung plus eventueller kleiner Reibungsverluste auf der gemeinsamen Welle.

**Drehzahl**

Die Verdichterdrehzahl ist gleich der Turbinendrehzahl, weil sie auf einer gemeinsamen Welle sitzen.

**Verdichter-Energiebilanz**

Die Verdichterleistung wird an die zu verdichtende Luft gegeben. Je kleiner der Verdichterwirkungsgrad ist, umso mehr Leistung wird benötigt, um ein bestimmtes Verdichterdruckverhältnis zu erreichen. Dieses Mehr an Leistung führt zu einer stärkeren Temperaturerhöhung der Luft.

**Turbinen-Energiebilanz**

Die Turbinenleistung wird dem Abgas entnommen. Je kleiner der Turbinenwirkungs-grad ist, umso mehr muss man den Druck vor der Turbine anheben, um die für den Antrieb des Verdichters notwendige Energie aus dem Abgas entziehen zu können. Die Anhebung des Druckes vor der Turbine erschwert dem Verbrennungsmotor aber das Ausschieben der Abgase, sodass dann die Ladungswechselverluste ansteigen und der Wirkungsgrad des Verbrennungsmotors abnimmt.

Die Berücksichtigung dieser Bilanz führt zu einer sehr aufwendigen Simulations-rechnung. Diese wird üblicherweise von kommerziellen Simulationsprogrammen (wie beispielsweise GT-Power von Gamma Technologies Inc. (www.gtisoft.com)) durch-geführt.

---

**Zusammenfassung**

Ein Turbolader stellt so etwas wie eine Rückkopplung in einem Verbrennungsmotor dar. Änderungen der Abgastemperatur haben über den Turbolader auch Auswirkungen auf den Ladedruck und damit erneut auf die Abgasenergie. Die Auslegung von Turbo-ladern ist deswegen sehr aufwendig. ◀

---

## 8.7   In welchem Kennfeldbereich benötigt ein Turbomotor ein Wastegate?

**Der Leser/die Leserin lernt**

Darstellung der Bedeutung eines Wastegates im Verdichterkennfeld. ◀

Im Abschn. 8.1 wurde erklärt, warum Turbomotoren häufig ein Wastegate verwenden. Im Abschn. 8.4 wurde ein Wastegate für einen Betriebspunkt ausgelegt. Im vorliegenden Abschnitt soll gezeigt werden, in welchen Kennfeldbereichen ein Wastegate benötigt wird.

Die Auslegung von Turboladern ist so komplex, dass sie im Rahmen des vorliegenden Buches kaum durchgeführt werden kann. Trotzdem soll in diesem Kapitel versucht werden, auf eine einfache Weise das Verhalten eines Turbomotors mit Wastegate zu beschreiben.

Die zum Abschnitt gehörende Excel-Tabelle ist folgendermaßen aufgebaut:

Die Zellen C8 bis C13 beschreiben einen 2-l-Turbo-Dieselmotor. Die Zellen C16 bis C26 stellen die Stoffwerte von Luft, Abgas und Kraftstoff zur Verfügung.

Die Zellen E78 bis F93 digitalisieren das Turbinenkennfeld aus Abschn. 8.6. Es wird angenommen, dass der Turbinenwirkungsgrad näherungsweise konstant ist und einen Wert von 68 % ausweist. Für den mechanischen ATL-Wirkungsgrad wird ein Wert von 95 % angenommen: 95 % der von der Turbine abgegebenen Leistung wird vom Verdichter aufgenommen. Die restlichen 5 % gehen als Reibungswärme verloren.

Die weiteren Zellen geben den reduzierten Turbinenmassenstrom in Abhängigkeit vom Turbinendruckverhältnis an. Die Turbinendrehzahl wird bei dieser Rechnung nicht berücksichtigt.

Der Zellenbereich E63 bis AC76 digitalisiert das Verdichterkennfeld aus Abschn. 8.6. Dargestellt sind acht Verdichterdrehzahl-Kennlinien als Wertetripel Massenstrom, Verdichterdruckverhältnis und Wirkungsgrad.

Die Zellen F60 und F61 enthalten den Umgebungsdruck und die Umgebungstemperatur, die verwendet wurden, um die Verdichter- und Turbinenkennfelder zu reduzieren. Sie werden für die Zurückberechnung der „richtigen", also unreduzierten Massenströme benötigt.

In der Zeile 32 wird für einen Betriebspunkt des Motors die Turboladerbilanz durchgeführt. Die Zelle E32 enthält die Motordrehzahl. Danach kommen die Umgebungsbedingungen sowie die Druckverluste im Ansaugsystem und im Ladeluftkühler. Diese kennt man aus Messungen am realen Motor. Die Zelle J32 enthält die Ladelufttemperatur. Diese ergibt sich aus der Auslegung des Ladeluftkühlers. Danach folgt der Luftaufwand, den man aus Messungen am realen Motor kennt. Das Luftverhältnis in Zelle L32 ist das Luftverhältnis, das bei diesem Betriebspunkt eingestellt werden soll. Die Zelle M32 enthält den effektiven spezifischen Kraftstoffverbrauch, den man in diesem Betriebspunkt erwartet. Die Zelle N32 gibt an, welcher Anteil der im Kraftstoff enthaltenen Energie vom Motor über die Wandwärme an die Umgebung abgegeben wird. Diese Größe ist im Allgemeinen aus thermodynamischen Simulationen bekannt. Sie wird benötigt, um die im Abgas enthaltene Energie zu berechnen. Denn letztlich befindet sich die im Kraftstoff enthaltene Energie entweder in der vom Motor abgegebenen Energie oder in der Abwärme des Motors oder im Abgas. Die Zelle O32 gibt dann noch den Druckverlust im Abgassystem an.

Die Zellen P32 und Q32 schätzen, welches Verdichterdruckverhältnis und welche Wastegate-Stellung benötigt werden, um den Betriebspunkt einzustellen. Diese Schätzgrößen müssen im Nachhinein nochmals überprüft werden.

Als Erstes wird der effektive Wirkungsgrad des Motors (R32) aus dem effektiven spezifischen Kraftstoffverbrauch (M32) berechnet. Danach wird die Abgastemperatur (S32 und T32) bestimmt. Das geschieht unter der Annahme, dass die Kraftstoffenergie, die nicht in der Motorleistung und nicht in der Wandwärme steckt, im Abgas zu finden ist.

Die Zellen U32 bis W32 berechnen die Drücke vor Verdichter, nach Verdichter und vor Zylinder aus den entsprechenden Druckverlusten und dem in Zelle P32 geschätzten Verdichterdruckverhältnis.

In Zelle X32 ist der Luftmassenstrom zu finden. Er ergibt sich aus dem Luftaufwand, den Zustandsgrößen vor dem Zylinder, dem Hubvolumen und der Motordrehzahl. Aus diesem Wert wird dann unter Verwendung des Luftverhältnisses in Y32 der Kraftstoffmassenstrom berechnet. Mit diesem und dem effektiven spezifischen Kraftstoffverbrauch des Motors ergibt sich dann die effektive Motorleistung in Z32 und der effektive Mitteldruck in AA32. AB32 enthält den Abgasmassenstrom. Der Druck nach der Turbine ergibt sich aus dem Umgebungsdruck und dem Druckverlust im Abgassystem (AC32).

In den folgenden Zellen werden die Verdichter- und die Turbinenleistung berechnet. Dazu werden die Beziehungen für isentrope Zustandsänderungen (vergleiche Abschn. 8.2) und die Verdichter- und Turbinenwirkungsgrade verwendet. In AD32 wird die isentrope Verdichtungsendtemperatur berechnet. Für die Berechnung der Verdichterleistung wird nun der Verdichterwirkungsgrad benötigt. Dieser ist im Verdichterkennfeld durch Vorgabe des Verdichterdruckverhältnisses und des reduzierten Verdichtermassenstroms (AE32) zu entnehmen. Die hierfür notwendige Interpolation erfolgt in Zellenbereich AD34 bis AO42.

Zunächst wird für jede Verdichterkennlinie bestimmt, zwischen welchen zwei Stützstellen der Verdichtermassenstrom inter- bzw. extrapoliert werden muss. Diese Stützstellen stehen in den Zellen AF34 bis AG 42. Die folgenden Zellen enthalten die zu diesen Stützstellen gehörenden Verdichterdruckverhältnisse und Verdichterwirkungsgrade. In den Nachbarspalten AL und AM stehen die inter- bzw. extrapolierten Werte für die Verdichterdruckverhältnisse und die Verdichterwirkungsgrade. Nun muss geklärt werden, welche Kennlinie das Verdichterdruckverhältnis liefert, das zuvor in Zelle P32 geschätzt wurde. Das Ergebnis dieser Untersuchung steht in AN35 bis AN39. AN36 und AN37 sind die Nachbarstützstellen im Verdichterdruckverhältnis. AN38 und AN39 sind die dazu gehörenden Verdichterwirkungsgrade. In AF32 wird der Verdichterwirkungsgrad interpoliert.

Man kann diese Vorgehensweise folgendermaßen zusammenfassen: Gegeben sind der reduzierte Verdichtermassenstrom und das geschätzte Verdichterdruckverhältnis. Aus dem Kennfeld wird durch Interpolation ermittelt, wie groß der dazu gehörende Verdichterwirkungsgrad ist. Mit den Augen kann man das relativ leicht tun. In Excel muss dazu aufwendig gesucht unter interpoliert werden.

In der Zelle AG32 berechnet Excel aus den Temperaturen, dem Luftmassenstrom und dem Verdichterwirkungsgrad die Verdichterantriebsleistung. Über den mechanischen Wirkungsgrad des Turboladers (AH32) ergibt sich dann in AI32 die benötigte Turbinenleistung. Für diese Turbinenleistung wird eine Temperaturdifferenz benötigt, die in Zelle AJ32 berechnet wird. Bei dieser Berechnung wird berücksichtigt, dass eventuell nicht der ganze Abgasmassenstrom durch die Turbine strömt, wenn in Zelle Q32 ein Teil des Abgases durch das Wastegate an der Turbine vorbeigeleitet wird. Mit dem Turbinenwirkungsgrad (AL32) wird die isentrope Turbinentemperaturdifferenz (AM32) berechnet. Aus dieser ergibt sich gemäß den Isentropenbeziehungen das Turbinendruckverhältnis (AO32). Dieses Turbinendruckverhältnis wird benötigt, um aus dem Abgas so viel Leistung zu entziehen, dass damit der Verdichter angetrieben werden kann und dieser den benötigen Luftmassenstrom auf das gewünschte Verdichterdruckverhältnis verdichtet.

Aus dem Turbinenkennfeld kann nun abgelesen werden, welcher reduzierte Abgasmassenstrom (AQ32) zu diesem Druckverhältnis passt. Dazu muss in Excel wieder aufwendig inter- bzw. extrapoliert werden. Das erfolgt in ähnlicher Weise wie beim Verdichterkennfeld im Zellenbereich AQ34 bis AS36. Das Ganze ist nicht so aufwendig, weil von einem konstanten Turbinenwirkungsgrad ausgegangen wird. In Zelle AR32 wird dann der nichtreduzierte Abgasmassenstrom berechnet. Dieser muss dem

Abgasmassenstrom entsprechen, der in Zelle AB32 aus dem Luft- und dem Kraftstoff-massenstrom berechnet wurde. Bei diesem Vergleich muss aber berücksichtigt werden, dass das Wastegate eventuell geöffnet ist (Q32) und deswegen nicht der gesamte Abgas-massenstrom durch die Turbine strömt. Letztlich wird in Zelle AS32 angegeben, wie groß der Fehler zwischen dem aus der Turboladerbilanz ermittelten Massenstrom und dem motorischen Massenstrom (AB32) ist. Wenn hier eine Diskrepanz auftritt, dann wurde zuvor das Verdichterdruckverhältnis in P32 falsch geschätzt.

Mit dieser Excel-Tabelle geht man nun folgendermaßen um: Man definiert den Betriebspunkt in E32:O32 und schätzt ein Verdichterdruckverhältnis und einen Abgas-massenstromanteil, der durch das Wastegate an der Turbine vorbeigeleitet wird (P32 und Q32). Dann ergibt sich ein Fehler in AS32. Man variiert die beiden Schätzgrößen so lange, bis der Fehler gleich null geworden ist. Dann sind alle Bilanzen erfüllt. Diese Variation der Schätzgrößen kann man natürlich sinnvollerweise auch mit der Zielwert-suche von Excel durchführen lassen.

Die zum Abschnitt gehörende Excel-Tabelle enthält die Ergebnisse von mehreren Berechnungen, indem in der Zeile 32 gerechnet wurde und das Ergebnis dann in die Zeilen 48 bis 56 kopiert wurde. (Achtung: Bitte nur die Zahlenwerte kopieren, nicht die Formeln.) Diese Berechnungen enthalten eine Volllastkurve des untersuchten Motors mit Drehzahlen von 1000/min bis 4000/min sowie die Teillastbetriebspunkte bei $n = 2000/$min und $p_e = 2$ bar bzw. $n = 3000/$min und $p_e = 8$ bar. Man sieht sehr deutlich, dass auf der Volllastkurve das Wastegate ab einer Drehzahl von 2000/min geöffnet werden muss, weil sonst die Verdichterdruckverhältnisse zu groß werden und nicht mehr im Betriebs-bereich des Verdichterkennfeldes liegen. Diese zusammenkopierten Ergebnisse sind

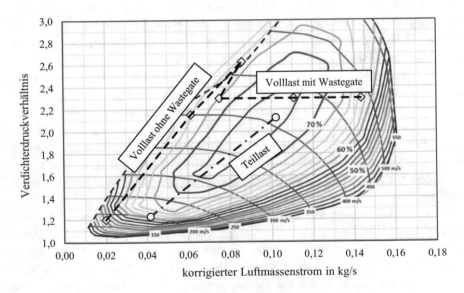

**Abb. 8.12**  Verdichterkennfeld mit den berechneten Betriebspunkten

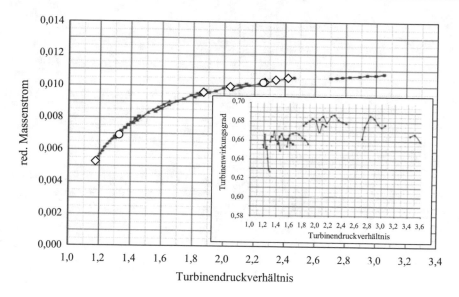

**Abb. 8.13** Turbinenkennfeld mit den berechneten Betriebspunkten

in der Excel-Tabelle auch grafisch über die Verdichter- und Turbinenkennfelder gelegt worden, damit man auch einen optischen Eindruck von den Verhältnissen bekommt (Abb. 8.12 und 8.13).

Man sieht sehr deutlich die Problematik der Abgasturboaufladung: Bei der kleinen Drehzahl von 1000/min liegt kaum Ladedruck vor. Und schon ab einer Drehzahl von 2000/min muss das Wastegate geöffnet werden. Durch das Wastegate können die wichtigen Betriebspunkte in die Nähe des Wirkungsgrad-Optimums im Verdichterkennfeld gelegt werden.

### Zusammenfassung

Nur durch Zusatzmaßnahmen wie beispielsweise ein Wastegate passen Verbrennungsmotor und Abgasturbolader im Motorkennfeld einigermaßen zusammen.

# Stoffwertetabellen

© Springer Fachmedien Wiesbaden GmbH, ein Teil von Springer Nature 2020
K. Schreiner, *Basiswissen Verbrennungsmotor*,
https://doi.org/10.1007/978-3-658-29226-3

| | Otto-kraftstoff | Diesel-kraftstoff | Pflanzenöl | RME (Biodiesel) | BTL | Ethanol | Flüssiggas | Erdgas | Wasserstoff |
|---|---|---|---|---|---|---|---|---|---|
| Spez. Heizwert $H_U$ in MJ/kg | 42,0 | 42,8 | 37,6 | 37,1 | 43,9 | 26,8 | 45,8 | 50,0 | 120,0 |
| Mindestluftmenge $L_{min}$ | 14,5 | 14,6 | 12,7 | 12,5 | | 9,07 | 15,5 | 17,2 | 34,2 |
| Dichte (bei 15 °C) $\rho$ in kg/l | 0,760 | 0,840 | 0,920 | 0,880 | 0,760 | 0,789 | 0,540 | | |
| Gaskonstante $R$ in J/(kg K) | | | | | | | | 520 | 4157 |
| Massenanteile: | | | | | | | | | |
| $h$ | 0,14 | 0,14 | | 0,12 | | 0,13 | 0,18 | 0,25 | 1,00 |
| $c$ | 0,84 | 0,86 | | 0,77 | | 0,52 | 0,82 | 0,75 | 0,00 |
| $o$ | 0,02 | 0,00 | | 0,11 | | 0,35 | 0,00 | 0,00 | 0,00 |

| Wasser | Spezifische Wärmekapazität | $c_W = 4{,}20 \text{ kJ/(kg K)}$ |
|---|---|---|
| Luft | Isentropenexponent<br>Spezifische isobare Wärmekapazität<br>Gaskonstante | $\kappa = 1{,}4$<br>$c_p = 1007 \text{ J/(kg K)}$<br>$R = 287 \text{ J/(kg K)}$ |
| Luftzusammensetzung | Molanteil $N_2$ ($\approx$ Volumenanteil $N_2$)<br>Molanteil $O_2$ ($\approx$ Volumenanteil $O_2$)<br>Molanteil $CO_2$ ($\approx$ Volumenanteil $CO_2$)<br>Molanteil Ar ($\approx$ Volumenanteil Ar)<br>Massenanteil $N_2$<br>Massenanteil $O_2$<br>Massenanteil $CO_2$<br>Massenanteil Ar | $\psi \, N_2 = 78{,}084 \text{ \%}$<br>$\psi \, O_2 = 20{,}946 \text{ \%}$<br>$\psi \, CO_2 = 0{,}035 \text{ \%}$<br>$\psi_{Ar} = 0{,}934 \text{ \%}$<br>$\xi \, N_2 = 75{,}51 \text{ \%}$<br>$\xi \, O_2 = 23{,}01 \text{ \%}$<br>$\xi \, CO_2 = 0{,}04 \text{ \%}$<br>$\xi_{Ar} = 1{,}29 \text{ \%}$ |
| Abgas | Isentropenexponent<br>Spezifische isobare Wärmekapazität<br>Gaskonstante | $\kappa = 1{,}34$<br>$c_p = 1136 \text{ J/(kg K)}$<br>$R = 288 \text{ J/(kg K)}$ |
| Molmassen | Wasserstoff<br>Kohlenstoff<br>Stickstoff<br>Sauerstoff<br>Schwefel | $M_H = 1 \text{ g/mol}$<br>$M_C = 12 \text{ g/mol}$<br>$M_N = 14 \text{ g/mol}$<br>$M_O = 16 \text{ g/mol}$<br>$M_S = 32 \text{ g/mol}$ |

# Stichwort-Tabellen

Die Stichwort-Tabellen geben an, welche Themen zur Bearbeitung der einzelnen Aufgaben benötigt und in welcher Aufgabe diese Themen zum ersten Mal behandelt wurden. Weil die Tabelle sehr umfangreich wird, ist sie hier nach Kapiteln getrennt dargestellt. Im Internet ist sie als komplette Excel-Tabelle abgespeichert.

© Springer Fachmedien Wiesbaden GmbH, ein Teil von Springer Nature 2020
K. Schreiner, *Basiswissen Verbrennungsmotor,*
https://doi.org/10.1007/978-3-658-29226-3

## Kap. 1

| | definiert in | Kapitel 1 | | | | | | |
|---|---|---|---|---|---|---|---|---|
| | | 1 | 2 | 3 | 4 | 5 | 6 | 7 |
| | | | | | | | | |
| **Mathematik / Excel** | | | | | | | | |
| Parameteranpassung | 1.1 | x | | | | | | |
| lineare Interpolation | 1.4 | | | | x | | | |
| Excel: lin. Interpolation | 1.4 | | | | x | | | |
| Excel: Zielwertsuche | 1.1 | x | | x | | | | |
| Excel: TREND | 1.4 | | | | x | | | |
| **Fahrzeug** | | | | | | | | |
| Kräfte am Fahrzeug | 1.1 | x | | x | x | | x | |
| Luftwiderstand | 1.1 | x | | | x | x | x | |
| Rollwiderstand | 1.1 | x | | | x | x | x | |
| Steigungswiderstand | 1.1 | x | | | x | | x | |
| Radleistung | 1.1 | x | | | x | | x | |
| Getriebewirkungsgrad | 1.1 | x | | | x | x | x | |
| **Thermodynamik** | | | | | | | | |
| therm. Zustandsgleichung | 1.1 | x | | | x | | x | |
| Gaskonstante | 1.1 | x | | | x | | x | |
| Luftdichte | 1.1 | x | | | x | | x | |
| **Kraftstoff** | | | | | | | | |
| Heizwert | 1.2 | | x | x | | | | x |
| Kraftstoffdichte | 1.2 | | x | x | | | | x |
| **Kenngrößen** | | | | | | | | |
| eff. Wirkungsgrad | 1.2 | | x | x | | x | x | |
| streckenbezogener Kraftstoffverbrauch | 1.2 | | x | x | | | x | x |
| Leerlaufverbrauch | 4.14 | | | | | | | x |
| **Verfahren** | | | | | | | | |
| Ottomotor | 1.2 | | x | x | | | x | x |
| **Leistung, Drehmoment, Mitteldruck** | | | | | | | | |
| Leistung – Wirkungsgrad – Kraftstoffmassenstrom – Heizwert | 1.2 | | x | x | | | x | x |
| eff. Leistung | 1.2 | | x | x | | | x | |

**Kap. 2**

| | definiert in | Kapitel 2 | | | | | | | | | | | | | | | | | | | | |
|---|:---:|:---:|:---:|:---:|:---:|:---:|:---:|:---:|:---:|:---:|:---:|:---:|:---:|:---:|:---:|:---:|:---:|:---:|:---:|:---:|:---:|:---:|
| | | 1 | 2 | 3 | 4 | 5 | 6 | 7 | 8 | 9 | 10 | 11 | 12 | 13 | 14 | 15 | 16 | 17 | 18 | 19 | 20 | 21 |
| **Mathematik / Excel** | | | | | | | | | | | | | | | | | | | | | | |
| Excel: Zielwertsuche | 1.1 | | | | | | | | | | | | | | | | | | | | x | |
| **Fahrzeug** | | | | | | | | | | | | | | | | | | | | | | |
| RDE | 2.19 | | | | | | | | | | | | | | | | | | | x | | |
| PEMS | 2.19 | | | | | | | | | | | | | | | | | | | x | | |
| **Thermodynamik** | | | | | | | | | | | | | | | | | | | | | | |
| therm. Zustandsgleichung | 1.1 | | | | | | | | | | | | | | | x | | | | | | |
| Gaskonstante | 1.1 | | | | | | | | | | | | | | | x | | | | | | |
| **Chemie** | | | | | | | | | | | | | | | | | | | | | | |
| Massenanteile | 2.1 | x | x | | | | | | x | | | | | | | | | | | | x | x |
| Molanteile | 2.8 | x | x | | | | | | | | | | | | | | | | | | x | x |
| Molmasse | 2.1 | x | x | | | | | | x | | | | x | | | | | | | | x | x |
| Stöchiometrie | 2.1 | x | x | | | | | | x | | | | x | | | | | | | | x | x |
| Kohlenstoffbilanz | 2.20 | | | | | | | | x | | | | | | | | | | | | x | |
| CO₂ | 2.1 | x | x | | | | | | x | x | | | | | | | | | | | x | x |
| Wasserstoff | 2.12 | | | | | | | | | | | x | | x | x | | | | | | | |
| Emissionen | 2.17 | | | | | | | | | | | | x | x | x | | | | | | | |
| Abgasreinigung | 2.17 | | | | | | | | | | | | | | | | x | x | x | | x | x |
| Trade-off | 2.17 | | | | | | | | | | | | | | | | x | x | | | x | x |
| SCR / AdBlue | 2.17 | | | | | | | x | | | | | | | | | | x | | | x | |
| **Kraftstoff** | | | | | | | | | | | | | | | | | | | | | | |
| Heizwert | 1.2 | | x | x | | | | | | | | | x | | | x | | | | | | |
| Kraftstoffdichte | 1.2 | x | x | | | | | | | | | | x | | | x | x | | | | x | x |
| Mindestluftmenge | 2.8 | | | | | | | | | | | | | | | | | | | | x | |
| Luftverhältnis | 2.4 | | | | x | x | x | | | | | | | | | | | | | x | | |
| Ethanol | 2.16 | | | | | | | | | x | | | | | | | x | | | x | x | |
| Bioethanol | 2.16 | | | | | | | | | | | | | | | x | x | x | | | | |
| E10 | 2.16 | | | | | | | | | | | | | | | x | x | x | | | | |
| alternative Kraftstoffe | 2.10 | | | | | | | | | x | | | | x | | | | | | | | |

| | definiert in | 1 | 2 | 3 | 4 | 5 | 6 | 7 | 8 | 9 | 10 | 11 | 12 | 13 | 14 | 15 | 16 | 17 | 18 | 19 | 20 | 21 |
|---|---|---|---|---|---|---|---|---|---|---|---|---|---|---|---|---|---|---|---|---|---|---|
| | | | | Kapitel 2 | | | | | | | | | | | | | | | | | | |
| **Kenngrößen** | | | | | | | | | | | | | | | | | | | | | | |
| streckenbezogener Kraftstoffverbrauch | 1.2 | x | x | x | | | | | | | | | x | | | | | | | | | x |
| **Verfahren** | | | | | | | | | | | | | | | | | | | | | | |
| Ottomotor | 1.2 | | | x | x | x | x | x | | | | | | | | | | x | x | | | |
| Dieselmotor | 2.3 | | | x | x | x | x | | | | | | | | | | | x | x | | | x |
| Erdgasmotor | 2.15 | | | | | | | | | | | | | | | x | | | | | | |
| Wasserstoffmotor | 2.12 | | | | | | | | | | | | x | | | | | | | | | |
| Verbrennung | 2.4 | | | | x | x | x | | | x | | | | | | | | x | | | | |
| Drosselklappe | 2.4 | | | | x | | x | x | | | | | | | | | | | | | | |
| Benzindirekteinspritzung | 2.4 | | | | x | | x | x | | | | | | | | | | | | | | |
| Ladungsschichtung | 2.4 | | | | x | | | x | | | | | | | | | | | | | | |
| Aufladung | 2.4 | | | | x | | | | | | | | | | | | | | | | | |
| **Leistung, Drehmoment, Mitteldruck** | | | | | | | | | | | | | | | | | | | | | | |

**Kap. 3**

| | definiert in | \| Kapitel 3 | | | | | | | | | | | | |
|---|---|---|---|---|---|---|---|---|---|---|---|---|---|---|
| | | 1 | 2 | 3 | 4 | 5 | 6 | 7 | 8 | 9 | 10 | 11 | 12 | 13 |
| **Mechanik** | | | | | | | | | | | | | | |
| mittlere Kolbengeschwindigkeit | 3.13 | | | | | | | | | | | | | x |
| Dauer eines Arbeitsspiels | 3.11 | | | | | | | | | | | | | |
| Kolbenfläche | 3.13 | | | | | | | | | | | x | | x |
| Hubvolumen | 3.4 | | | | x | | | | | | | | | x |
| Ventilgeometrie | 3.12 | | | | | | | | | | | | x | |
| **Thermodynamik** | | | | | | | | | | | | | | |
| therm. Zustandsgleichung | 1.1 | | | | | | | x | x | x | | | | |
| Luftdichte | 1.1 | | | | | | | | | x | x | | | |
| Luftvolumen im Zylinder | 3.1 | x | x | | | | | x | x | | | | | |
| **Kraftstoff** | | | | | | | | | | | | | | |
| Heizwert | 1.2 | x | | x | | x | x | x | x | | | | | |
| Kraftstoffdichte | 1.2 | x | | | | x | x | | | | | | | |
| Mindestluftmenge | 2.8 | x | | | | x | x | | x | | | | | |
| Luftverhältnis | 2.4 | | x | | | x | x | x | x | | | | | |
| Umsetzungsgrad | 3.5 | | | | | x | x | | | | | | | |
| Ethanol | 2.16 | x | | | | | | | | | | | | |
| **Kenngrößen** | | | | | | | | | | | | | | |
| eff. Wirkungsgrad | 1.2 | x | | | | | x | x | | | | | | |
| spez. eff. Kraftstoffverbrauch | 3.3 | | | x | | | | x | | | | | | |
| streckenbezogener Kraftstoffverbrauch | 1.2 | x | | x | | | | | | | | | | |
| Liefergrad | 3.7 | | | | | | | | | | | | | |
| Luftaufwand | 3.7 | | | | | | | | x | x | | | | |
| Hauptgleichung der Motorenberechnung | 3.8 | | | | | | | x | x | | | | | |
| Kolbenflächenleistung | 3.13 | | | | | | | | | | | | | x |

| | definiert in | Kapitel 3 | | | | | | | | | | | | |
|---|---|---|---|---|---|---|---|---|---|---|---|---|---|---|
| | | 1 | 2 | 3 | 4 | 5 | 6 | 7 | 8 | 9 | 10 | 11 | 12 | 13 |
| **Verfahren** | | | | | | | | | | | | | | |
| Ottomotor | 1.2 | | x | | | | x | | x | | | | | |
| Dieselmotor | 2.3 | | x | | | | x | | x | | | | | |
| Drosselklappe | 2.4 | | | | | | | | | x | | | | |
| Ladungswechsel | 3.9 | | | | | | | | | x | | | x | |
| Mehrventiltechnik | 3.9 | | | | | | | | | x | | | x | |
| Saugrohrschwingungen | 3.9 | | | | | | | | | x | | | | |
| Aufladung | 2.4 | | | | | | | | | | x | | | |
| **Leistung, Drehmoment, Mitteldruck** | | | | | | | | | | | | | | |
| Leistung – Wirkungsgrad – Kraftstoffmassenstrom – Heizwert | 1.2 | x | x | | | x | x | | | | | | | |
| Leistung – Drehzahl – Hubvolumen – Mitteldruck | 3.4 | | | | x | | | x | x | x | | x | | x |
| Leistung – Drehzahl – Drehmoment | 3.4 | | | | x | | | | | | | | | |
| eff. Mitteldruck | 3.4 | | | | x | | | | x | | | | | |

**Kap. 4**

| | definiert in Kapitel 4 | 1 | 2 | 3 | 4 | 5 | 6 | 7 | 8 | 9 | 10 | 11 | 12 | 13 | 14 | 15 | 16 | 17 | 18 | 19 | 20 | 21 | 22 | 23 | 24 | 25 | 26 | 27 | 28 |
|---|---|---|---|---|---|---|---|---|---|---|---|---|---|---|---|---|---|---|---|---|---|---|---|---|---|---|---|---|---|
| **Mathematik / Excel** | | | | | | | | | | | | | | | | | | | | | | | | | | | | | |
| doppel-logarithmische Darstellung | 4.28 | | | | | | | | | | | | | | | | | | | | | | | | | | | | |
| Excel: MITTELWERT | 4.16 | | | | | | | | | | | | | | | | | | | | | | | | | | | | x |
| **Mechanik** | | | | | | | | | | | | | | | | | | | | | | | | | | | | | |
| mittlere Kolbengeschwindigkeit | 3.13 | | | | | | | | | | | | | | | | | | | | | | | | | | | | |
| Hub-Bohrung-Verhältnis | 4.16 | | | | x | | | | | | | | | | | | x | x | | | | | x | | | | | | |
| Hub | 4.16 | | | | | | | | | | | | | | | | x | x | | | | | x | | | | | | |
| Bohrung | 4.16 | | | | | | | | | | | | | | | | x | | | | | | x | | | | | | |
| Hubvolumen | 3.4 | | | | | x | | x | | | | | | | | | x | x | x | | | | x | | | | | | |
| **Thermodynamik** | | | | | | | | | | | | | | | | | | | | | | | | | | | | | |
| therm. Zustandsgleichung | 1.1 | | x | x | | | | | | | | | | | | | | | | | | | | | | | | | |
| 1. Hauptsatz der Thermodynamik | 4.2 | | x | x | x | x | | | | | | | | | | | | | | | | | | | | | | x | |
| isentrope Zustandsänderung | 4.2 | | x | x | x | x | | | | | | | | | | | | | | | | x | | | | | | x | |
| Gleichraumprozess | 4.2 | | x | x | x | x | | | | | | | | | | | | | | | | | | | | x | | x | |
| Kompressionslinie | 4.3 | | x | x | x | | | | | | | | | | | | | | | | | | | | | | | | x |
| Expansionslinie | 4.28 | | | | | | | | x | x | | | | | | | | | | | | | | | | | | | x |
| p,V-Diagramm | 4.5 | | | | | x | x | x | x | x | x | | | | | | | x | | | | | | | | | x | | x |
| Polytropenexponent | 4.28 | | | | | | | | | | | | | | | | | | | | | | | | | | | x | |
| Zylinderdruckindizierung | 4.26 | | | | | | | | | | | | | | | | | | | | | | | | | | x | x | x |
| Druckverlaufsanalyse | 4.27 | | | | | | | | | | | | | | | | | | | | | | | | | | | x | |
| innere Energie | 4.27 | | | | | | | | | | | | | | | | | x | | | | | | | x | | | x | |
| Wandwärmeverlust | 4.25 | | | | | | | | | | | | | | | | | | | | | x | | | x | | | x | |
| Brennverlauf | 4.27 | | | | | | | | | | | | | | | | | x | | | | | | | | | | x | x |
| Summenbrennverlauf | 4.27 | | | | | | | | | | | | | | | | x | x | | | | | | | | | | x | x |
| **Chemie** | | | | | | | | | | | | | | | | | | | | | | | | | | | | | |
| Emissionen | 2.17 | | | | | | | | | | | | | | | | | | | | | | | x | | | | | |
| Abgasreinigung | 2.17 | | | | | | | | | | | | | | | | | | | | | | | x | | | | | |
| 3-Wege-Katalysator | 4.23 | | | | | | | | | | | | | | | | | | | | | | | x | | | | | |
| **Kraftstoff** | | | | | | | | | | | | | | | | | | | | | | | | | | | | | |
| Heizwert | 1.2 | | | | | | | | | | | | | | | | | | | | | x | | | | | | | |
| Kraftstoffdichte | 1.2 | | | | | | | | | | | | | | | | | | | | | | | | x | | | x | |
| Mindestluftmenge | 2.8 | | | | | | | | | | | | | | | | | | | | | | | x | | | | | |
| Luftverhältnis | 2.4 | | | | | x | | | | | | | | | | | | x | x | | | | | x | x | | | | |
| Umsetzungsgrad | 3.5 | | | | | x | | | | | | | | | | | x | x | x | | | | | x | x | | | | |

|  | definiert in Kapitel 4 | 1 | 2 | 3 | 4 | 5 | 6 | 7 | 8 | 9 | 10 | 11 | 12 | 13 | 14 | 15 | 16 | 17 | 18 | 19 | 20 | 21 | 22 | 23 | 24 | 25 | 26 | 27 | 28 |
|---|---|---|---|---|---|---|---|---|---|---|---|---|---|---|---|---|---|---|---|---|---|---|---|---|---|---|---|---|---|
| **Kenngrößen** | | | | | | | | | | | | | | | | | | | | | | | | | | | | | |
| eff. Wirkungsgrad | 1.2 | | | | | | | | | | | | x | x | | x | x | x | | | | | | | | x | | | |
| spez. eff. Kraftstoffverbrauch | 3.3 | | | | | | | | | | | | x | x | | x | x | x | | x | | | | | | x | | | |
| streckenbezogener Kraftstoffverbrauch | 1.2 | | | | | | | | | | | | | | | | | x | | | | | | | | | | | |
| innerer Wirkungsgrad | 4.7 | | | | | | | x | | | x | | | | | x | | | | | | x | | | | x | x | | |
| mechanischer Wirkungsgrad | 4.7 | | | | | | | x | | | x | x | | | | x | x | x | x | | | | | | | x | x | | |
| Luftaufwand | 3.7 | | | | | | | | | | | x | | | | | | x | | | | | | | | | | | |
| Kolbenflächenleistung | 3.13 | | | | | | | | | | | | | | | | | | | | | | | | | | | | |
| Kennfeld | 4.18 | | | | | | | | | | | | | | | | | | x | | | | | | | | | | |
| Ladungswechselverlust | 4.7 | | | | | | | x | x | | | | | | x | | | | | | | x | | | | x | | | |
| Vollastkurve | 4.18 | | | | | | | | | | | | | | x | | | | x | | | | | | | x | | | |
| Leerlaufverbrauch | 4.14 | | | | | | | | | | | | | | x | | | | | | | | | | | | | | |
| **Verfahren** | | | | | | | | | | | | | | | | | | | | | | | | | | | | | |
| Ottomotor | 1.2 | | | | | | | | | | | x | | | | x | x | | | | | | | | | | | | |
| Dieselmotor | 2.3 | | | | | | | | | | | | | | | | x | | | | | | | | | | | | |
| Einspritzung | 4.24 | | | | | | | | | | | | | | | | | | | | | | | | x | | | | |
| Einspritzdüse | 4.24 | | | | | | | | | | | | | | | | | | | | | | | | x | x | | | |
| Ladungswechsel | 3.9 | | | | | | | | x | | | x | | | x | | | | | | | | | | | x | | | |
| vollvariable Ventile | 4.11 | | | | | | | | | | | x | | | | | | | | | | | | | | | | | |
| Saugrohrschwingungen | 3.9 | | | | | | | | | | | | | | | | x | | | | | | | | | x | | | |
| Aufladung | 2.4 | | | | | | | | | | x | | | | | | | | | | | | | | | | | | |
| Motorsimulation | 4.9 | | | | | | | | | x | | | | | | | | | | | | | | | | x | | | |
| **Leistung, Drehmoment, Mitteldruck** | | | | | | | | | | | | | | | | | | | | | | | | | | | | | |
| Leistung – Wirkungsgrad – Kraftstoffmassenstrom – Heizwert | 1.2 | | | | | | | | | | | | | | | | | x | | | | x | | | | | | | |
| Leistung – Drehzahl – Hubvolumen – Mitteldruck | 3.4 | | | | | | | x | | | | | | | | | | | | | | | x | | | | | | |
| Leistung – Drehzahl – Drehmoment | 3.4 | | | | | | | x | | | | x | x | | | | | | | | x | | | | | | | | |
| innere Arbeit | 4.7 | | | | | | | x | | | | | x | | | x | | | | | | | | | | x | | | |
| innere Leistung | 4.7 | | | | | | | x | | | | | x | | x | x | | | | | | | | | | x | x | | |
| indizierter Mitteldruck | 4.7 | | | | | | | x | | | | | | | x | | | | | | | | | | | x | x | | |
| eff. Leistung | 1.2 | | | | | | | x | | | | x | x | | | | | | | | x | | x | | | x | x | x | x |
| eff. Mitteldruck | 3.4 | | | | | | | x | | | | x | x | x | | | | | | | x | | | | | x | x | x | x |
| Abgastemperatur | 4.21 | | | | | | | x | | | | | | | | | | | | | | x | | | | | | | |
| Reibleistung | 4.7 | | | | | | | x | | | x | | x | x | x | x | | | | | | x | x | | | x | x | | x |
| Reibmitteldruck | 4.7 | | | | | | | x | | | | | x | x | x | | | | | | | | x | | | x | x | | x |
| Verlustanalyse | 4.7 | | | | | | | x | | | | | | | x | | | | | | | | | | | x | | | |
| **Elektroantrieb / Hybrid** | | | | | | | | | | | | | | | | | | | | | | | | | | | | | |
| Akku, Batterie | 4.23 | | | | | | | | | | | | | | | | | | | | | | | x | | | | | |

**Kap. 5**

| | definiert in | \| | Kapitel 1 | 2 | 3 | 4 | 5 | 6 | 7 | 8 | 9 | 10 | 11 | 12 |
|---|---|---|---|---|---|---|---|---|---|---|---|---|---|---|
| **Mathematik / Excel** | | | | | | | | | | | | | | |
| Excel: VERGLEICH | 5.5 | | | | | | x | | | | | | | x |
| Excel: INDEX | 5.5 | | | | | | x | | | | | | | x |
| **Mechanik** | | | | | | | | | | | | | | |
| mittlere Kolbengeschwindigkeit | 3.13 | | x | x | x | x | | | | | | | | |
| Hub-Bohrung-Verhältnis | 4.16 | | x | x | x | x | | | | | | | | |
| Hub | 4.16 | | x | x | x | x | | | | | x | | | |
| Bohrung | 4.16 | | x | x | x | x | | | | | x | | | |
| Kolbenfläche | 3.13 | | x | | | | | | | | | | | |
| Hubvolumen | 3.4 | | x | x | x | x | | | | | | | | |
| Verdichtungsverhältnis | 4.2 | | x | | | | | | | | | | | x |
| Kurbeltrieb | 5.1 | | x | x | x | | x | | | | | | | x |
| Kolbenweg, -geschwindigkeit, - beschleunigung, -kraft | 5.1 | | x | x | | x | | | | | x | | | x |
| Massenkraft | 5.6 | | | | | | | x | x | | | | | |
| Mehrzylindermotor | 5.6 | | | | | | | x | | | | | | |
| Ventilgeometrie | 3.12 | | | | | | | | | x | | | x | |
| Ventilhubkurve | 5.8 | | | | | | | | | x | x | | x | |
| Nockengeometrie | 5.10 | | | | | | | | | | x | x | x | |
| **Leistung, Drehmoment, Mitteldruck** | | | | | | | | | | | | | | |
| Leistung – Drehzahl – Drehmoment | 3.4 | | | | | | | x | | | | | | |
| innere Arbeit | 4.7 | | | | | | | x | | | | | | |

**Kap. 6**

| | definiert in | 1 | 2 | 3 | 4 | 5 | 6 | 7 | 8 | 9 | 10 | 11 | 12 | 13 | 14 | 15 | 16 | 17 | 18 | 19 | 20 | 21 | 22 |
|---|---|---|---|---|---|---|---|---|---|---|---|---|---|---|---|---|---|---|---|---|---|---|---|
| **Mathematik / Excel** | | | | | | | | | | | | | | | | | | | | | | | |
| lineare Interpolation | 1.4 | | | | | | | | | x | | | | | | | | | | | | | |
| Differenzialgleichung | 6.7 | | | | | | | x | | | | | | | | | | | | | | | |
| Excel: Solver | 6.12 | | | | | | | | | | | | x | | | | | | | | | | |
| Excel: VERGLEICH | 5.5 | | | | | | x | | | x | | | x | | | | | | | | | | |
| Excel: INDEX | 5.5 | | | | | | x | | | x | | | x | | | | | | | | | | |
| Excel: TREND | 1.4 | | | x | | | x | | | x | | | x | | | | | | | | | | |
| Excel: Trendlinie | 6.3 | | | x | | | x | | | | | | | | | | | | | | | | |
| Excel: Differenzialgleichung | 6.6 | | | | | | x | | | | | | | | | | | | | | | | |
| **Fahrzeug** | | | | | | | | | | | | | | | | | | | | | | | |
| Kräfte am Fahrzeug | 1.1 | | | | | x | x | | x | x | | | x | x | | | | | | | | | x |
| Luftwiderstand | 1.1 | | | | | x | x | | x | x | | | | | | | | | | | | x | x |
| Rollwiderstand | 1.1 | | | | | x | x | | x | x | | | | | | | | | | | | x | x |
| Steigungswiderstand | 1.1 | | | | | x | x | | x | | | | | | | | | | | | | | |
| Radleistung | 1.1 | | | | | x | x | | x | x | | | | | x | | x | | x | x | x | | |
| Getriebebewirkungsgrad | 1.1 | | | | | x | x | | x | x | | | | | x | | x | | x | x | x | | |
| Reifenabmessung | 6.3 | | | | | | x | | | | | | | x | | | x | | x | x | x | x | |
| Beschleunigung | 6.5 | | | | | x | x | | | | | | | | | | x | | x | x | x | | |
| Drehmassenzuschlagsfaktor | 6.5 | | | | | x | | | | | | | | | x | | x | | x | x | x | | |
| Schubbetrieb | 6.12 | | | | | | | | | | | | x | x | | | x | | x | x | x | | |
| Getriebe | 6.5 | | | | | x | x | | x | x | x | | x | x | x | x | x | | x | x | x | | |
| NEFZ | 6.15 | | | | | | | | | | | | | | | x | | | | | | | |
| WLTC | 6.17 | | | | | | | | | | | | | | | | | x | | | | | |
| RDE | 6.17 | | | | | | | | | | | | | | | | | x | | | | | |
| PEMS | 6.17 | | | | | | | | | | | | | | | | | x | | | | | |
| Start-Stopp-System | 6.18 | | | | | | | | | | | | | | | | x | | x | x | | | |
| Bremsleistung | 6.12 | | | | | | | | | | | | x | x | | | | | | x | x | | |
| **Mechanik** | | | | | | | | | | | | | | | | | | | | | | | |
| Hubvolumen | 3.4 | | | | | | | | | | x | | | | | | | | | | | | |
| **Kraftstoff** | | | | | | | | | | | | | | | | | | | | | | | |
| Kraftstoffdichte | 1.2 | | | | | | | | | | x | | | | x | | | | | | | | |

| | definiert in Kapitel 6 | | | | | | | | | | | | | | | | | | | | | | |
|---|---|---|---|---|---|---|---|---|---|---|---|---|---|---|---|---|---|---|---|---|---|---|---|
| | | 1 | 2 | 3 | 4 | 5 | 6 | 7 | 8 | 9 | 10 | 11 | 12 | 13 | 14 | 15 | 16 | 17 | 18 | 19 | 20 | 21 | 22 |
| **Kenngrößen** | | | | | | | | | | | | | | | | | | | | | | | |
| eff. Wirkungsgrad | 1.2 | x | | x | | | | | | x | x | | | | x | | x | | x | x | x | | |
| spez. eff. Kraftstoffverbrauch | 3.3 | x | | | | | | | | x | x | | | | x | | x | | x | x | x | | |
| streckenbezogener Kraftstoffverbrauch | 1.2 | x | x | x | x | | | | | x | | x | | | x | | x | | x | x | x | x | |
| Kennfeld | 4.18 | x | | x | | | x | | | x | x | x | | x | | | x | | x | x | x | x | |
| Volllastkurve | 4.18 | | | | | | x | | | | x | | | | | | x | | x | x | x | x | |
| Leerlaufverbrauch | 4.14 | | | x | x | | | | | x | x | | | x | | | x | | x | x | x | x | |
| **Verfahren** | | | | | | | | | | | | | | | | | | | | | | | |
| Ottomotor | 1.2 | | | | | | | | | | x | | | | | | | | | | | | |
| Dieselmotor | 2.3 | | | | | | | | | | x | | | | | | | | | | | | |
| Kaltstart | 6.2 | | x | | | | | | | | | | | | | | | | | | | | |
| **Leistung, Drehmoment, Mitteldruck** | | | | | | | | | | | | | | | | | | | | | | | |
| Leistung – Drehzahl – Hubvolumen – Mitteldruck | 3.4 | | | | | | | | | x | x | x | | | | | | | | | | | |
| Leistung – Drehzahl – Drehmoment | 3.4 | | | | | | | | | x | x | x | | | | | | | | | | | |
| eff. Leistung | 1.2 | | | | | x | | | | | x | | | | | | x | | x | x | x | | |
| eff. Mitteldruck | 3.4 | | | x | | | | | | | x | | | | | | | | | | | | |

**Kap. 7**

| | definiert in | Kapitel 7 | | | | | | |
|---|---|---|---|---|---|---|---|---|
| | | 1 | 2 | 3 | 4 | 5 | 6 | 7 |
| | | | | | | | | |
| **Fahrzeug** | | | | | | | | |
| NEFZ | 6.15 | | | | x | | | |
| **Kraftstoff** | | | | | | | | |
| Heizwert | 1.2 | | | x | | | | |
| **Kenngrößen** | | | | | | | | |
| streckenbezogener Kraftstoffverbrauch | 1.2 | | | | | x | x | |
| Kennfeld | 4.18 | | | | | | x | |
| **Verfahren** | | | | | | | | |
| Ottomotor | 1.2 | | | | | | | x |
| Dieselmotor | 2.3 | | | | | | | x |
| Verbrennung | 2.4 | | | | | | | x |
| Benzindirekteinspritzung | 2.4 | | | | | | | x |
| vollvariable Ventile | 4.11 | | | | | | | x |
| Aufladung | 2.4 | | | | | | | x |
| **Leistung, Drehmoment, Mitteldruck** | | | | | | | | |
| Leistung – Drehzahl – Hubvolumen – Mitteldruck | 3.4 | | | | | | x | |
| Leistung – Drehzahl – Drehmoment | 3.4 | | | | | | x | |
| eff. Leistung | 1.2 | | | | | | x | |
| eff. Mitteldruck | 3.4 | | | | | | x | |
| **Elektroantrieb / Hybrid** | | | | | | | | |
| E-Motor | 7.1 | x | x | x | x | | x | x |
| Hybrid | 7.2 | | x | | | | x | x |
| Plug-in-Fahrzeug | 7.5 | | | | | x | x | |
| Lastpunktanhebung | 7.6 | | | | | | x | |
| Akku, Batterie | 4.23 | | x | x | x | | x | x |

# Kap. 8

| | definiert in | Kapitel 8 | | | | | | |
|---|---|---|---|---|---|---|---|---|
| | | 1 | 2 | 3 | 4 | 5 | 6 | 7 |
| **Mathematik / Excel** | | | | | | | | |
| lineare Interpolation | 1.4 | | | | | | | x |
| Sensitivitätsanalyse | 8.5 | | | | | x | | |
| **Thermodynamik** | | | | | | | | |
| therm. Zustandsgleichung | 1.1 | x | x | | | | | |
| isentrope Zustandsänderung | 4.2 | x | x | x | | | | |
| **Kraftstoff** | | | | | | | | |
| Heizwert | 1.2 | x | x | | | | | |
| Luftverhältnis | 2.4 | | | x | | | | |
| **Kenngrößen** | | | | | | | | |
| eff. Wirkungsgrad | 1.2 | | | x | | | | |
| spez. eff. Kraftstoffverbrauch | 3.3 | | | x | | | | |
| Luftaufwand | 3.7 | x | x | | | | | |
| Hauptgleichung der Motorenberechnung | 3.8 | x | x | | | | | |
| **Verfahren** | | | | | | | | |
| Aufladung | 2.4 | x | x | | | | | |
| **Leistung, Drehmoment, Mitteldruck** | | | | | | | | |
| Leistung – Drehzahl – Hubvolumen – Mitteldruck | 3.4 | x | x | | | | | |
| **Aufladung** | | | | | | | | |
| Ladedruck | 4.10 | | x | x | x | x | x | x |
| Ladedruckverhältnis | 8.2 | | x | x | x | x | x | x |
| Kompressor | 8.1 | x | | | | | | |
| Kompressorleistung | 8.2 | | x | x | | | | |
| Kompressorwirkungsgrad | 8.2 | | x | x | | | | |
| Kompressorkennfeld | 8.3 | | | | x | | | |
| Abgasturbolader | 8.1 | x | | | x | x | x | x |
| Verdichterleistung | 8.4 | | | | x | x | | x |
| Turbinenleistung | 8.4 | | | | x | x | | x |
| Verdichterwirkungsgrad | 8.5 | | | | | x | x | x |
| Turbinenwirkungsgrad | 8.5 | | | | | x | x | x |
| Turboladerauslegung | 8.6 | | | | | | x | |
| Wastegate | 8.1 | x | | | x | | x | x |

# Literatur

1 Haken, K.-L.: Grundlagen der Kraftfahrzeugtechnik. Carl Hanser Fachbuchverlag, München (2018)

2 Pischinger, S., Seiffert, U.: Vieweg Handbuch Kraftfahrzeugtechnik. Springer Vieweg, Wiesbaden (2016)

3 Langeheinecke, K., Kaufmann, A., Langeheinecke, K., Thieleke, G.: Thermodynamik für Ingenieure. Springer Vieweg, Wiesbaden (2013)

4 Nahrstadt, H.: Excel + VBA für Maschinenbauer; Programmieren erlernen und Problemstellungen lösen. Springer Vieweg, Wiesbaden (2017)

5 Martin, R.: Berechnungen in Excel: Zahlen, Formeln und Funktionen. Hanser Fachbuchverlag, München (2007)

6 Normenausschuss Technische Grundlagen. DIN 1303 - Einheiten. Berlin: Deutsches Institut für Normung e. V. (2002)

7 DIN 1313 – Größen. Berlin: Deutsches Institut für Normung (1998)

8 Normenausschuss Einheiten und Formelgrößen. DIN 1338 – Formelschreibweise und Formelsatz. Berlin: Deutsches Institut für Normung (1996)

9 Papula, L.: Mathematische Formelsammlung für Ingenieure und Naturwissenschaftler. Springer Vieweg, Wiesbaden (2017)

10 Volkswagen. Der XL1. [Online] 2014 www.volkswagen-xl1.com/. Zugegriffen: 26. Feb. 2014

11 Robert Bosch GmbH. (2005)

12 Umweltbundesamt. [Online] 2019 https://www.umweltbundesamt.de/themen/klima-energie/energieversorgung/strom-waermeversorgung-in-zahlen#Kraftwerke. Zugegriffen: 2. Aug. 2019

13 Daimler. Well-to-Wheel. [Online] 2010 http://www2.daimler.com/sustainability/optiresource/. Zugegriffen: 5. Aug. 2010

14 Volkswagen AG. (2006)

15 Van Basshysen, R., Schäfer, F.: Handbuch Verbrennungsmotor. Springer Vieweg, Wiesbaden (2017)

16 Robert Bosch GmbH. (2011)

17 Golloch, R.: Downsizing bei Verbrennungsmotoren. Springer, Berlin (2005)

18 Pischinger, S.: Verbrennungskraftmaschinen I und II. Lehrstuhl für Verbrennungskraftmaschinen, Aachen (2010)

19 Merker, G.P., Teichmann, R.: Grundlagen Verbrennungsmotoren. Springer Vieweg, Wiesbaden (2019)

20 Neußer, H.-J.: Die neuen 4,8-l-V8-Ottomotoren von Porsche mit Benzindirekteinspritzung und variablerVentilsteuerung. MTZ**12**, 1018 (2007)

21  Kiefer, W., et al.: Der neue Reihensechszylinder-Ottomotor von BMW (Teil 2). MTZ12, 1008 (2004)

22  Böhler, G., et al.: Der neue 1,8-l-Vierzylinder-Ottomotor für Opel-Automobile. MTZ4, 242 (2005)

23  BorgWarner BERU Systems. Bildarchiv. [Online] http://www.beru.com/deutsch/aktuelles/bildarchiv.php. Zugegriffen: 16. Aug. 2010

24  Sams, T., Klell, M., Pischinger, R.: Thermodynamik der Verbrennungskraftmaschine. Springer, Wien (2010)

25  Grohe, H., Russ, G.: Otto- und Dieselmotoren. Vogel Business Media, Würzburg (2014)

26  Küntscher, V., Hoffmann, W.: Kraftfahrzeug-Motoren. Vogel Business Media, Würzburg (2014)

27  Köhler, E., Flierl, R.: Verbrennungsmotoren. Vieweg+Teubner, Wiesbaden (2011)

28  Urlaub, A.: Verbrennungsmotoren. Springer, Berlin (2014)

29  Achenbach, K.-J., et al.: Die Ottomotoren M 266 für die neue A-Klasse. MTZ extra10, 126 (2004)

30  Digeser, S., et al.: Der neue Dreizylinder-Dieselmotor von Mercedes-Benz für Smart und Mitsubishi. MTZ1, 6 (2005)

31  Naunheimer, H., Bertsche, B., Ryborz, J., Novak, W., Fietkau, P.: Fahrzeuggetriebe. Springer, Berlin (2019)

32  Gscheidle, R., Fischer, R., Schlögl, B., Steidle, B., Wimmer, A.: Tabellenbuch Kraftfahrzeugtechnik. Verlag Europa-Lehrmittel, Haan-Gruiten (2017)

33  Kittler, E.: Eins minus. Auto, motor und sport14, 20 (2007)

34  Steiger, C.: Airwürden. Auto, motor und sport7, 34 (2006)

35  Lückert, P., Rau, E., Waltner, A.: Neuer V8-Ottomotor von Mercedes-Benz. MTZ12, 932 (2005)

36  Eiser, A., et al.: 3,0 l TFSI - Die neue V6-Spitzenmotorisierung von Audi. MTZ 9, 632 (2009)

37  AG Energiebilanzen e. V. Anwendungsbilanzen für die Endenergiesektoren 2013 bis 2017. [Online] 2019 www.ag-energiebilanzen.de. Zugegriffen: 1. Aug. 2019

38  United Nations Economic Commission for Europe (UNECE). Regulation No. 101. [Online] 2014 www.unece.org/fileadmin/DAM/trans/main/wp29/wp29regs/updates/R101r3e.pdf.   Zugegriffen: 26. Feb. 2014

39  Salber, W., et al.: Der elektronische Ventiltrieb - Systembaustein für zukünftige Antriebskonzepte (Teil1). MTZ12, 826 (2000)

40  Freymann, R., Strobl, W., Obieglo, A.: Der Turbosteamer: Ein System zur Kraft-Wärme-Kopplung imAutomobil. MTZ5, 404 (2008)

41  Hiereth, H., Prenninger, P.: Charging the internal combustion engine – powertrain. Springer, Berlin (2010)

42  BorgWarner    Turbo    Systems.Bildarchiv.[Online]http://www.turbos.bwauto.com/tools/showImage.de.aspx?image=/images/products/r2sScheme.jpg&amp;amp;text=Schematische%20Darstellung%20R2S%E2%84%A2. Zugegriffen: 10. Sept. 2010

43  Krebs, R., et al.: Neuer Ottomotor mit Direkteinspritzung und Doppelaufladung von Volkswagen. MTZ. Motortechnische Zeitschrift11, 844 (2005)

44  Fraunhofer-Institut für Solare Energiesysteme ISE. [Online] 2019 https://www.energy-charts.de/power_inst_de.htm. Zugegriffen: 2. Aug. 2019

45  Carstensen, A., et al.: Waste Heat Recovery im Pkw und Lkw. n: MTZ, Motortechnische Zeitschrift 4, 52 (2019)

46  Burkert, A.: Die Brennstoffzelle – Zwischen Euphorie und Ernüchterung. ATZ 4, 9 (2019)

47  Borgeest, K.: Manipulation von Abgaswerten. SpringerVieweg, Wiesbaden (2017)

48  Müller, J., Schmidt, E., Steber, W.: Elektromobilität – Hochvolt- und 48-Volt-Systeme. Vogel Business Media, Würzburg (2017)

49  Hofmann, P.: Hybridfahrzeuge – Ein alternatives Antriebssystem für die Zukunft. Springer-Verlag, Wien (2014)

50  Kraftfahrbundesamt. [Online] 2019 https://www.kba.de/DE/Statistik/Fahrzeuge/Neuzulassungen/Segmente/2018/2018_segmente_node.html. Zugegriffen: 2. Nov. 2019

51  Statista GmbH. [Online] 2019 https://de.statista.com/statistik/daten/studie/38983/umfrage/co2-emissionen-nach-fahrzeugklassen-neuzulassungen-pkw/. Zugegriffen: 2. Nov. 2019

52  United Nations Economic Commission for Europe: Worldwide harmonized Light vehicles Test Procedue (WLTP). [Online] 2019 https://wiki.unece.org/pages/viewpage.action?pageId=2523179. Zugegriffen: 2. Nov. 2019

53  Tschöke, Helmut (Hrsg.): Real Driving Emissions (RDE) – Gesetzgebung, Vorgehensweise, Messtechnik, Motorische Maßnahmen, Abgasnachbehandlung, Auswirkungen. SpringerVieweg, Wiesbaden (2019)

# Stichwortverzeichnis

© Springer Fachmedien Wiesbaden GmbH, ein Teil von Springer Nature 2020
K. Schreiner, *Basiswissen Verbrennungsmotor,*
https://doi.org/10.1007/978-3-658-29226-3

Printed in the United States
By Bookmasters